中学语文

课程标准与教材研究

付　煜◎主编

现代教育出版社

图书在版编目(CIP)数据

中学语文课程标准与教材研究/付煜主编. —北京：
现代教育出版社，2013.6
ISBN 978 - 7 - 5106 - 1800 - 0

Ⅰ. ①中. Ⅱ. ①付. Ⅲ. ①中学语文课-课程标准-高等学校-教材
②中学语文课-教材-研究-高等学校-教材 Ⅳ. ①G633.302

中国版本图书馆 CIP 数据核字（2013）第 110795号

中学语文课程标准与教材研究

策划编辑　刘立峰
主　　编　付　煜
责任编辑　杜晓沫　李　颖

出版发行　现代教育出版社
地　　址　北京市朝阳区安华里 504 号 E 座
邮　　编　100011
电　　话　（010）64251256
传　　真　（010）64251256

印　　刷　北京虎彩文化传播有限公司
开　　本　787mm × 1092mm　1/16
印　　张　23
字　　数　490 千字
版　　次　2013 年 7 月第 1 版
印　　次　2013 年 7 月第 1 次印刷
书　　号　ISBN 978 - 7 - 5106 - 1800 - 0
定　　价　39.80 元

本教材系 2011 年新世纪广西高等教育教改工程项目"中文师范生专业技能培养与课程设置改革的实践研究"（2011JGA120）研究成果；广西高等学校特色专业及课程一体化建设项目（GXTSZY228）研究成果。

编写说明

自 1904 年语文独立设科以来，语文教材便从社会读物中分离出来，从而，对语文教材的研究也就开始了。从所能查阅到的资料来看，到目前为止，各出版社公开出版的关于语文教材研究的专著有 50 余种，关于语文教材研究或涉及语文教材的硕博论文有 100 余篇，期刊文献有 300 余篇。近 20 年来主要有二十多位专家对语文教材进行了研究，温欣荣在《二十年来中学语文教材研究概览》一文中将语文教材研究分为七个方面：语文教材概念研究、语文教材理论基础研究、语文教材体系研究、语文教材改革研究、语文教材评述、语文教育专家个体的语文教材观研究、语文教材评价研究。这些研究比较全面细致，但是由于散见于不同的专著和论文中，因而不适宜作高校中文师范生的教材使用。

21 世纪以来，随着新的课程标准的颁布，中学语文教材施行"一纲多本"的编写原则。目前，教材版本异彩纷呈，这些新教材充满着教育的新理念，推动着基础教育课程改革的深入发展。但是，作为培养新世纪教师的高师院校对教材的研究明显不足。就"中学语文教材研究"来说，新课改以来的 10 年，就只有闫萍、段建宏的《中国现代中学语文教材研究》(2007 年)，洪宗礼、柳士镇、倪文锦的《母语教材研究》(2007 年) 等寥寥几部。且这些研究内容各有所侧重，结合语文课程标准来研究中学语文教材的论著就更少了，不能满足高师中文学生教学能力培养之用。

2011 年，教育部正式颁布了《教师教育课程标准（试行)》，该"标准"规定了高师生应该开设"学科课程标准与教材研究"课程；同年，教育部制定了《中学教师专业标准（试行)》，该"标准"要求高师生掌握所教学科课程标准，熟悉所教学科教材。

因此，我们联合语文教学论教研室、文学教研室、文艺理论教研室的相关教师编写了教材《中学语文课程标准与教材研究》，目的是使中文师范生在学习《语文课程与教学论》的基础上，进一步熟悉语文课程标准，并结合课标掌握教材理论、把握教材体系、熟悉教材内容、提高分析和处理教材的能力，以至于能在未来的工作中有效地提高语文教学的质量和效率。

本书从酝酿到编写，历时近两年，编委会多次召开会议，讨论商定了本书的编写体例、内容和形式。具体分工如下：付煜、郝春燕编写前言和第一章；段双全、林静编写第二章；侯艳编写第三章；林润之编写第四章；罗媛元、蒲日材、杨宗红、梁欢华编写第五章；白燕萍编写第六章；陈建华、段双全编写第七章；全书由付煜统稿。

本书在编写过程中，得到了浙江海洋学院、山东聊城大学、桂林理工大学、江西九江学院的帮助和支持。本书编写参阅、选摘了各类书籍、杂志中的有关材料，有的未能详细注明。在此一并表示真诚的谢意！

本书的编写和出版得到了现代教育出版社及刘立峰先生的支持和帮助，特向他们表示诚挚的谢意！

限于水平和能力，错漏在所难免，恳求广大师生提出宝贵意见和建议，以便我们再版时修订。诸般努力，目的是使这本教材在教学中能发挥更好的作用。

编　者

2013 年 3 月

目　录

前　言

一、本课程开设的背景

（一）《教师教育课程标准（试行）》的规定

2011 年 11 月 8 日，教育部正式颁布了《教师教育课程标准（试行）》。这是为了落实"教育规划纲要"、深化教师教育改革、规范和引导教师教育课程与教学、培养造就高素质专业化教师队伍而制定的。

《教师教育课程标准》体现教师教育机构设置教师教育课程的基本要求，是制定教师教育课程方案、开发教材与课程资源、开展教学与评价，以及认定教师资格的重要依据。

《教师教育课程标准》明确了中学职前教师教育课程目标与课程设置，其中，"中学学科课程标准与教材研究"是"中学学科教育与活动指导"学习领域设置的课程之一。

（二）《中学教师专业标准（试行）》的要求

2011 年 12 月 12 日，教育部正式公布中学教师专业标准征求意见稿。为促进中学教师专业发展，建设高素质中学教师队伍，根据《中华人民共和国教师法》和《中华人民共和国义务教育法》，制定了《中学教师专业标准（试行）》（简称《专业标准》）。

《专业标准》是国家对合格中学教师的基本专业要求，是中学教师开展教育教学活动的基本规范，是引领中学教师专业发展的基本准则，是中学教师培养、准入、培训、考核等工作的重要依据。

《专业标准》对中学教师必须掌握的学科教学知识提出了四项基本要求：1. 掌握所教学科课程标准。2. 掌握所教学科课程资源开发的主要方法与策略。3. 了解中学生在学习具体学科内容时的认知特点。4. 掌握针对具体学科内容进行教学的方法与策略。其中第一条要求明示了要掌握所学学科课程标准，其他三条虽是从掌握"方法与策略"，了解"认知特点"入手的，但这些都要以"课程资源"、"具体学科内容"为基础，也就是说，教师或师范生们要达到这四项要求，首先必须熟悉学科教材。

二、相关概念的含义

（一）"中学"的含义

"中学"最基本的理解就是指基础教育一个学段的修业年限，是学制内涵的构成要素之一。学制即学校教育制度的简称，它规定着各级各类学校教育的性质、任务、入学条件、培养目标、修业年限及其制约关系与衔接关系。

1904 年，颁布癸卯学制，规定初等教育段（9 年），分初等小学堂（5 年）和高等小学堂（4 年），中等教育段（5 年），为中学堂，不分级。这可以称为"九五"制。

1912 ~ 1913 年陆续颁布壬子癸丑学制，规定初级教育段（7 年），分初等小学堂（4 年）和高等小学堂（3 年）；中等教育段（4 年），不分级。这可以称为"七四"制。

1922 年中华民国教育部公布"新学制系统"（即壬戌学制），规定初等教育段（6 年），分初小 4 年与高小（2 年）；中等教育段（6 年），分初中（3 年）和高中（3 年）。直到 1949 年，未再公布过新的学制系统。这可以称为"六六"制。

20 世纪 50 年代末到 60 年代初，中国学制基本上形成了两种教育制度、三类主要学校、多种形式办学的系统。其中，全日制学校是中国第一类学校，学制规定小学 6 年、初中 3 年、高中 3 年。这也是"六六"制。

"文革"十年，中小学修业年限大幅缩短，到 1973 年，中小学学制最短为 9 年（小学 5 年、初中 2 年、高中 2 年），最长为 10 年（小学 5 年、初中 3 年、高中 2 年或小学 6 年、初中 2 年、高中 2 年）。1978 年十一届三中全会以后，学制作了进一步调整，初步改变了这种中小学修业年限过短的倾向。

现行的基础教育学制包括初等教育（普通小学）和中等教育（分为初中和高中两个阶段），并将小学（6 年）、初中（3 年）联体办学，推行"九年一贯制"，使九年义务教育成为一个连续、系统、整体的学制模式。在"九年一贯制"里，初中阶段教育为义务教育第四学段（7—9 年级）。

本教材所讨论的"中学"是从修业年限上来界定的，是指传统意义上的初中（3 年）和高中（3 年）。本教材的适用对象是高等院校中文师范本科生，他们的见习、实习以及就业都可以在初中学校或者高中学校进行。所以，作为中文高师本科生，就必须对中学语文课程标准和语文教材有一定的认识和研究。

（二）课程计划的含义

课程计划是"课程的总体规划"。① 新中国成立前，课程计划称为课程规条、课程规程；新中国成立后，学习前苏联改称教学计划，后又改为课程计划。

课程计划是教育行政部门颁布的指导各级各类学校课程设置的总体规划，是有关教学和教育工作的行政指导性文件，在我国具有法律效应。其主要内容是：明确某级某类学校的教育目的；列出所开设的各门学科，如语文、数学、历史、地理、物理、化学等；规定各门学科的学习时数，以及在各年级的安排顺序；安排其他各项活动，如生产劳动、体育活动、班团队活动等；对学期、学年、假期的时间进行规定和划分。

课程计划制定的基本原则有：教学为主，全面安排；精简课程，打好基础；适当分段，相对完整；互相衔接，基本一贯；突出主要学科，保证课程之间的联系；统一性、稳定性和灵活性相结合。②

（三）语文课程标准（教学大纲）的含义

新中国成立前，课程标准称为学科课程标准；新中国成立后，1952 年学习前苏联改称教学大纲，2001 年开始，教学大纲改称课程标准。

课程标准是依据课程计划的规定，以纲要的形式对某一具体学科教学内容进行编订的纲要性文件。在我国，课程标准是由国家教育主管部门组织制定并发布的，具有法律效力。③ 课程标准为教师教学和学生学习提供依据、为编写教科书提供依据，为考试和评价提供依据。

语文课程标准是语文教材编写、语文教学、评估和考试命题的依据，是国家管理和评价语文课程的基础。④ 现行语文课程标准由前言、课程目标与内容、实施建议、附录四个部分构成。

语文教学大纲是国家有关部门根据教学计划，以纲要的形式制定并颁发的语文学科教学指令性文件。它具有纲领性、法规性、权威性，它是编制语

---

① 辞海（缩印本）［K］. 上海：上海辞书出版社，2010，1038.
② 王策三. 教学论稿［M］. 北京：人民教育出版社，2005，201－203.
③ 裴娣娜. 教学论［M］. 北京：教育科学出版社，2007，174.
④ 语文课程标准研制组. 全日制义务教育语文课程标准（实验稿）解读［M］. 武汉：湖北教育出版社，2002，1.

文教材的规范、依据，是组织中学语文教学的原则，评估语文教学的标准。①
2000 年版的语文教学大纲由教学目的、教学内容和要求、教学中应重视的几
个问题、教学评估、教学设备、附录等六部分构成。

比较而言，教学大纲具体规定教学内容特别是知识点和单项技能，侧重
关注教师教学；课程标准则明确了课程目标（学生学习的预期结果），即不
仅给出学习内容，还明确了最终要求学生到达的标准，侧重关注学生学习
过程。

（四）语文教材的含义

有关专家从三个层面界定语文教材的含义。

一是专指语文教科书，是根据语文课程标准对语文教学内容进行系统阐
述而形成的文本，是学生学习语文的主要材料。

二是特指与语文教学活动相关的材料，包括语文教科书、各种语文练习
册、语文多媒体教学软件、语文教学挂图、语文教学指导书、语文参考
书等。

三是泛指"大语文教材"，即凡是对语言文字修养产生积极影响的书面
的、非书面的材料都是语文教材。夏丏尊曾在《学习国文的着眼点》指出：
"国文科是语言文字的学科，除了文法修辞等部分以外，并无固定的内容。
只要是白纸上写有黑字的东西，当做文字来阅读、玩味的时候，什么都是国
文科的材料。"②

本书所讨论的语文教材专指语文教科书。语文教科书的结构包括：目
录、选文、作业、图表与附录等。

课程计划、课程标准、教材是课程的三个载体。课程计划指导了中学各
个学科课程标准的编写；语文课程标准为语文教材编写提纲依据，为语文教
学提供依据，为考试评价提供依据；语文教材是语文课程标准的具体化，根
据语文课程标准可以编写不同的语文教材，即："一纲多本"。

三、本课程的性质和目的

（一）课程性质

本课程是本学院重点建设学科"课程与教学论（语文）"课程体系中的
一门课程，它和《中学语文教学设计》一起是核心课程《语文课程与教学

---

①　李春华. 百年回顾：中学语文教学大纲的发展进程［J］. 广西民族学院学报（哲学社会科
学版），2004（7），203.

②　倪文锦，欧阳汝颖. 语文教育展望［M］. 上海：华东师范大学出版社，2002，111.

论》的配套课程，是训练师范生语文教学实践技能的一门基础课程。

语文教材是语文课程标准的物质体现形式，它以具体的内容和直观的形式体现课程标准的指导思想，它是依据课程标准编定的。随着教学观的改变，教材观也发生了变化。新课程改革倡导教师要"创造性地理解和使用教材"，这就引发了"教教材"与"用教材教"这两种教材观的冲突。所以，在教学中，教师对教材态度不同，所产生的教学效果也不同。而要解决这些问题，教师必须关注"学生课程"，重构"教师课程"——对教材进行二次开发和教学艺术处理，使之转化为适合在课堂上呈示，同时也适应学生学习需求的教学内容。

中学语文教材的特点是综合性的，非统一、非封闭的，甚至是可创生的。因而《中学语文课程标准与教材研究》课程不只是"文本课程"，更是"体验课程"，在特定的教学情境中，每个教师和学生对给定的内容和意义都有其自身的解读。由此就凸显了这门课程的三个特征：理论性、应用性和实效性。

1. 理论性。本课程仍属专业课程，有一定的理论性，不只是基础理论层面的理论，更是应用层面的理论。在理论知识上保持应用理论的品格，不过度深入阐释、论证。它呈示的案例是语文教学实践的原生态，蕴含着丰富的理论因素，可以不受该章理论阐述的束缚，去感悟、体会，获得个人的默会知识。

2. 应用性。在内容上，一切以师范生毕业后初步的从教所需为前提，学会利用教材、开发教材资源，是从事语文教学工作最必须、最常用的。

3. 实效性。本课程重视师范生从教的基本技能培养和训练，让学生通过案例教学，内化教学理论，与教学活动有机整合，在教学情境中模仿学习；以教学活动任务或教研项目为驱力，通过创设丰富的教学情境，使学生在活动中获得丰富体验，从体验中学习；以主题、问题或专题为引导，让学生运用信息技术工具和研究方法开展教研活动，从发现中学习；让学生通过展示自己的学习作品和微格教学行为效果，在与同伴、教师或学习群体的交流中学习，在评价、反思中学习。通过多边互动的学习方式，丰富学习的资源、时空、方式、体验，提高教学实效。

（二）课程目的

1. 中文师范生能够对中学语文教材进行二次开发和教学艺术处理，使之转化为既适合在课堂上呈示又适应学生学习需求的教学内容，真正确立起与新课程一致的、体现素质教育精神的教育观念，提高他们的语文教育专业素养，以利于语文新课程的实施。

2. 通过本课程学习，使每个师范生明白：中学语文教材的特点是综合性的，非统一、非封闭、可创生的，是"体验课程"，对给定的内容和意义都有其自身的解读。从而解决教学理论与教学实践脱节的问题，增强教学的针对性、实用性和实效性，使中文系师范生在走上教学工作岗位前就基本明确基础教育课程改革的核心理念、主要内容和实施现状，且具有较为熟练的教学设计技能。

四、本课程的教学内容与学习方法

本课程的内容可以概括为五部分，第一部分，语文课标简史；第二部分，语文课标解读；第三部分，语文教材简史；第四部分，语文教材编写研究，包括教材的功能价值、选文标准、内容要素、编制原则及教材应用等问题的研究；第五部分，语文教材解读研究，包括阅读教材解读、综合性学习·写作·口语交际教材解读等。

学习本课程，要求首先学习《语文课程与教学论》课程知识；本课程将为学生提供中学语文课程标准、语文教材的历史演进、编辑体例等基础知识，以及课标的解读、教材的解读运用、教材内容向教学内容转化等训练内容。学习本课程关键是要理解"中学语文课程标准"与"中学语文教材"的关系，理解语文课程标准尤其是语文课程目标的内涵。为了达成语文课程目标，语文教科书如何选择、组织内容，如何认识语文课程目标与语文教材内容的对应关系，从而将中学语文课改精神、教材理论与课堂教学实践结合起来，培养学生创新思维和操作能力，为学习"中学语文教学设计"这门课程奠定基础，为中学语文教学实践奠定基础。

第一章　中学语文课程标准沿革

【导学】本章的学习目标是，理解课程标准（教学大纲）、语文课标标准的基本含义与基本功能；大致了解中学语文课程标准（教学大纲）的发展变化脉络，初步探究其发展变化的原因。学习本章的主要方法是与"前言"结合起来学习，边听取教师讲授，边阅读相关文献，尤其要选读几个重要课程标准的具体内容，搜集整理相关研究资料，并探讨本章后面的思考题。

新中国成立前，课程标准受西方课程论影响，语文课程标准称为语文学科课程标准；新中国成立后，学习前苏联教育经验，语文学科课程标准改称语文教学大纲；2001 年开始，语文教学大纲改称语文课程标准。

比较而言，教学大纲在教学内容和教学建议上有更具体的规定，特别是基础知识和基本技能的训练，它侧重关注教师教学；课程标准则明确了课程性质、目标和实施要求，还包括学生学习建议与评价，它侧重的是学生学习的过程与预期效果。

第一节　新中国成立前的中学语文课程标准

一、清末时期

20 世纪初，随着西方分科教育观念影响的不断扩大，学科意义上的语文教育逐步在全国推行。这一时期，主要有三种具有课程标准意义的章程出台，如表 1-1-1。

表 1-1-1　20 世纪初具有课程标准意义的章程统计表

序号	年份	名称	备注
1	1902	钦定学堂章程	没有实行。
2	1904	奏定学堂章程	规定了中小学各学科的教学内容、时间、方法等。
3	1909	学部奏变通中学堂课程分为文科实科折	规定了中学文科、实科中国文学的学习内容、时间等。

1902 年，清政府颁布了《钦定学堂章程》。因该年为壬寅年，故称为"壬寅学制"，但这个学制因为学制年限太长等原因没有实行。1904 年又颁布了《奏定学堂章程》。这年是癸卯年，故称为"癸卯学制"。这是我国第一个正式颁布并在颁布后在全国实际推行的学制，也是我国近代第一个较为系统完备的学制。它对蒙学堂、小学堂、中学堂等各学科的教学内容、教学时间、教学方法等作了原则规定。1904 年以后，学部对学堂章程作了多次修订。1909 年《学部奏变通中学堂课程分文科实科折》规定中学分设文科、实科，对文科、实科中国文学的学习内容、学习时间等作了不同的要求和安排。

二、民国时期

1912 年（中华民国元年）1 月 9 日，中华民国教育部正式成立，颁布了新学制（壬子学制）。此后，教育部又陆续颁布了小学、中学等各级各类学校的有关法令规程，如"中学校令施行规则"等。1913 年（农历癸丑年），教育部将这些法令规程的内容与《壬子学制》互相补充，形成《壬子癸丑学制》。在学校名称、培养目标、修业年限等方面都做了变动，增加了一些新内容。教育部还公布了《普通教育暂行办法》和《普通教育暂行课程标准》等规定，如"中学校课程标准"等，见表1-1-2。

表1-1-2　民国时初期课程标准统计表

次序	颁布年份	名称	备注
1	1912	中学校令施行规则	有关中学的法令规程
2	1913	中学校课程标准	对前者补充。

实际上，民国初年至1922年学制改革前，学校课程标准没有根本的改变，只是把清末的学堂章程稍作调整。从1923年课程纲要的正式颁布，到新中国成立之前，共有七套十四种中学国语（国文）课程纲要（课程标准）出台，可以分为创立期和修订期两个阶段，如表1-1-3。

表1-1-3　1923—1948年语文程标准统计表

次序	颁布年份	名称	备注
1	1923	新学制课程标准初级中学国语课程纲要	最早具有大纲规模的文件。
		新学制课程标准纲要高级中学公共必修的国语课程纲要	
		高级中学第一组必修的特设国文课程纲要	
2	1929	初级中学国文暂行课程标准	对教学目的、要求、内容、时间、教法、作业等方面的要求比1923年的课标更为具体。
		高级中学普通科国文暂行课程标准	
3	1932	初级中学国文课程标准	在1929年基础上，对教学目标、教材大纲、实施方法等略加增删，没有根本性变动。
		高级中学国文课程标准	
4	1936	初级中学国文课程标准	
		高级中学国文课程标准	
5	1940	修正初级中学国文课程标准	
		修正高级中学国文课程标准	
6	1941	六年制中学国文课程标准草案	未在全国推行。
7	1948	修订初级中学国文课程标准	没有实施。
		修订高级中学国文课程标准	

（一）创立期的语文课程标准

1923年6月，全国教育联合会、新学制课程标准起草委员会公布了其拟定的《中小学各科课程纲要》，其中有初、高级国语科课程纲要。初级中学国语课程纲要由叶圣陶起草，高级中学部分由胡适起草，这两份纲要的条目类似。内含目标、内容和方法、毕业最低限度的标准等条目并附有略读书目举例。其中规定国语课的教学目的是"使学生有自由发表思想的能力；使学生能看平易的古书；引起学生研究中国文学的兴趣。"这份纲要在编写体例上，比前几份文件有了长足的进步，虽然它不是政府公布的正式文件，但却得到了广泛认同。

（二）修订期的语文课程标准

《新学制课程标准纲要》实施几年后发现一些问题，因此，1929 年，国民党政府教育部颁布了《初级中学国文暂行课程标准》和《高级中学普通科国文暂行课程标准》，内含目标、作业要项、时间支配、教材大纲、教法要点、毕业最低限度等条目。在教材大纲部分，精读、文法与修辞、略读都被列入阅读内容，并对选用教材的标准、教材排列的程序都作了具体规定。这份文件对教材排列的程序是这样规定的：语体文与文言文并选，语体文渐减，文言文渐增，各学年分量的比例递次为七与三、六与四、五与五；各种文体错综排列，第一年偏重记叙文抒情文，第二年偏重说明文抒情文，第三年偏重议论文应用文。这份课程标准已趋规范，文体训练序列安排较为科学。1936 年、1940 年国民党政府教育部对这份课程标准进行了两次修订，第二次修订后，公布了《修正初级中学国文科课程标准》和《修正高级中学国文科课程标准》。至此，我国的语文课程标准（教学大纲）的制定已经步入内容比较充实、体系大体完备、条目便于实施、单独编印成册的草创阶段。

1941 年 9 月，国民党政府教育部又颁布了《六年制中学国文课程标准草案》，这一课程标准草案的内容共分为目标、时间支配、教材大纲、实施方法概要四个部分。在内容的分项列述中，穿插了一些"注"，这在一般官方文献中是不多见的。这种"注"多半是补充交代前列各项的相互关系的……更多的是补充交代原因的。"在课程标准中加'注'，目的是让教师既知其'然'，更知其所以'然'，把拟制者的意图和见解揭示得更清楚、更直接。"这对今天课程标准的制定有很好的借鉴作用。

第二节　新中国成立后的中学语文教学大纲

新中国成立的 60 多年来，中学语文教学大纲为了适应社会发展变化经过了多次比较大的修订，这个时期颁布且较重要的教学大纲共有五套十八种，如表 1－1－4。

表 1-1-4　新中国成立后中学语文教学大纲统计表

次序	颁布年份	名称	备注
1	1956	初级中学文学教学大纲（草案）	新中国成立以来最严谨、最详尽的大纲。
		初级中学汉语教学大纲（草案）	
		高级中学文学教学大纲（草案）	1958 年停用。
2	1963	全日制中学语文教学大纲（草案）	1966 年停用。
3	1978	全日制十年制学校中学语文教学大纲（试行草案）	1963 年大纲的恢复与改进。
	1980	全日制十年制学校中学语文教学大纲（试行草案）	对前者的修订。
	1986	全日制中学语文教学大纲	第一个正式本。
	1990	全日制中学语文教学大纲	对前者的修订。
	1991	中小学语文学科思想政治教育纲要（试用）	对前者的补充。
4	1988	九年制义务教育全日制初级中学语文教学大纲（初审稿）	1990 年起在全国少数学校试验。
	1992	九年义务教育全日制初级中学语文教学大纲（试用）	对前者的修订。
	1994	《九年义务教育全日制初级中学语文教学大纲（试用）》的调整意见	对前者的调整。
	1996	全日制普通高级中学语文教学大纲（供试验用）	与初中衔接。
	2000	九年义务教育全日制初级中学语文教学大纲（试用修订版）	对 1992 年的修订。
	2000	全日制普通高级中学语文教学大纲（试用修订版）	对 1996 年的修订。
5	2001	全日制义务教育语文课程标准（实验稿）	新课程标准。
	2003	普通高级中学语文课程标准（实验）	与前者配套。
	2011	义务教育语文课程标准（2011 版）	对 2001 年的修订。

（一）分科性质的语文教学大纲

上个世纪 50 年代初，语文教育界认为把语言和文学混在一起教学，必然会影响教学效果。1956 年，受前苏联教育经验的影响，教育部主持编订了中学汉语、文学分科教学大纲（如上表），这是新中国成立后颁布实施的第一套语文教学大纲，它"按文学史和汉语知识的体系进行直线式排列"，在编排上有严格的逻辑顺序，其中的汉语知识体系到现在还在影响我国的语文教学。它结束了新中国成立初期我国语文教学中无序、无计划的混乱局面，纠正了重道轻文的偏向，改变了我国语文自设科以来汉语、文学混教互扰的情况，初步建立了语文学科内部比较完整的汉语学科和文学学科体系，强调了语文学科的严整性和语文知识的系统性，为探索语文教学的科学化作出了有益的尝试。但是由于这套大纲中规定的教学内容过多、难度过大，过分拘泥于学科体系的建立，造成知识教学脱离实际，学生难学，教师难教，因此，这套大纲仅施行了三个学期便终止，1958 年 3 月，中央宣传部宣布汉语、文学仍合并为语文。

（二）拨乱反正的语文教学大纲

1958 年下半年，语文教学受到"大跃进"的影响，在没有语文教学大纲指导的情况下，片面强调语文教育与政治结合，语文教学成了空头政治说教，严重违背了语文教学规律，使语文教学质量明显下降，引起社会对语文教育的不满。正是在此背景下，1959 年，教育部在语文界广泛开展了语文学科性质、目的、任务和文道关系的大讨论。

1963 年，在大讨论的基础上教育部制定了《全日制中学语文教学大纲（草案）》。这是一个拨乱反正的语文教学大纲，它总结了"大跃进"时期教育的教训，吸取了大讨论的积极成果，正确阐述了语文学科的性质、目的和任务，指出了处理好语文教学中的文与道关系的重要性，提出了要重视读写能力的培养，并进一步明确了写作训练的序列，"初中阶段要求能写记叙文、应用文和简单的说明文、议论文。高中阶段要求能写比较复杂的记叙文、应用文和一般的说明文、议论文"。此外，它还强调了对课文的安排要做到由简单到复杂，由浅入深，难易适当。"课文的深浅难易，必须符合学生的年龄特征，既不宜过深过难，超过学生的接受能力，也不宜过浅过易，落后于学生的智力发展。"这份大纲符合语文教学规律，颁布后受到了师生好评。可惜的是，此大纲仅仅施行了三年，1966 年"文革"开始便被迫停止。

"文革"十年，学校停课闹革命，没有语文教学大纲产生，也没有统一的语文教材，由各地按照当时的思想政治路线自行编写。

1978 年，教育部制定颁布了《全日制十年制中学语文教学大纲（试行草案）》（第一版），这是又一个拨乱反正的语文教学大纲。这份大纲"与1963 年《全日制中学语文教学大纲（草案）》在结构、编排体系方面基本相同，不同之处是语文知识采取了纵的排列方法，自成体系"。它吸收了 1963 年《全日制中学语文教学大纲（草案）》的长处，并融入了外国教育教学成果，重新明确了语文学科的性质、目的、任务，进一步强调听、说、读、写能力的协调发展，并提出在培养语文能力和开拓学生视野、发展智力的同时，还要进行思想教育和审美教育。这份大纲基本解决了语文教育与思想教育这个长期影响语文教学的大问题，与以往大纲相比较，这是一个突破。

（三）不断修订的语文教学大纲

1978 年版语文教学大纲经 1980 年修订后印行第二版，1986 年和 1990 年又先后作了较大的修订。

1986 年国家教委颁布的《全日制中学语文教学大纲》的宗旨是"降低难度，减轻负担，明确要求"。大纲进一步强调了语文的工具性和重要性，第一次从素质教育及培养"四有"公民的高度来强调语文教学的重要意义，说明思想政治教育必须渗透在教学过程中，在教学目的中还增加了"开拓视野、发展智力、培养健康的审美观"的要求。"语文学科对于提高学生的思想道德素质和科学文化素质，培养有理想、有道德、有文化、有纪律的社会主义公民，具有重要的意义"。为了减轻学生负担，大纲明确规定"不用语文基础知识的名词术语考学生，只考运用能力"；删去了逻辑知识部分；规定了基本篇目作为考试的范围，其他篇目各地可以相机处理，这就为实行"一纲多本"创造了条件；为适合教材编写"一纲多本"的需要，大纲还删去了关于教材编排的规定。这些都是具有突破性的改革，这个大纲是新中国成立后颁布的第一个"正式"大纲。

1990 年大纲主要修订了两方面的内容：一是根据党的十三届四中全会的精神，加强了思想政治教育因素：二是进一步降低了难度，以减轻学生的负担。大纲把原来教学目的中关于"必须以马克思主义为指导"的话移到前言之中，并第一次提出了"为社会主义物质文明和精神文明建设服务"的要求，"语文教学必须以马克思主义为指导，全面贯彻教育方针，面向现代化，面向世界，面向未来；必须进行教学改革，大面积提高教学质量，为社会主义物质文明和精神文明建设服务"。

1991 年，国家教委制定了《中小学语文学科思想政治教育纲要（试用）》，强调要发挥语文学科的教育作用，加强对中小学生进行思想政治教育。这是对语文教学大纲的补充。

（四）义务教育语文教学大纲

义务教育大纲自成一个体系。最早，1988 年，国家教委根据义务教育法制订了《九年制义务教育全日制初级中学语文教学大纲（初审稿）》。这个大纲着眼于素质教育，提高学生的道德品质素质和科学文化素质。大纲强调读写听说能力的全面提高；强调语文能力的训练；强调发展智力，培养良好的学习习惯和应用能力。这个大纲 1990 年起在全国少数学校试验。

1992 年，国家教委颁布了《九年义务教育全日制初级中学语文教学大纲（试用）》，这是 1988 年大纲（初审稿）的修订本。1994 年因实行新工时制，调整了课时，修订为第二版。2000 年，教育部对试用稿又作了修订，颁布了试用修订版。这个大纲由教学目的、教学内容和要求、教学中要重视的问题、教学评估、教学设备五个部分外加两个附录组成。对于语文学科的性质，大纲是这样表述的，"语文是最重要的交际工具，是人类文化的重要组成部分"。教学目的则要求，"在小学语文教学的基础上，进一步指导学生正确地理解和运用祖国语文，提高阅读、写作和口语交际能力，发展学生的语感和思维，养成学习语文的良好习惯"。和过去的大纲相比，新大纲有很大发展，体现了"工具性"和"人文性"并重的精神。教学要求也具体化了，有的还量化了，如要求学生识字量为 3500 字，默读速度为每分钟 500 字左右，课外自读每学年不少于 80 万字，其中文学名著 2－3 部，作文每学年一般不少于 14 次，字数不少于 0.7 万字等。这些对我们今天制定课程标准来说都有很好的借鉴作用。此外，教学评估和教学设备两部分也是新增加的，同时还提出了一些新的要求，如对教师的评估要"重视教师的教学过程和教学效果，不要以学生的考试成绩作为唯一的评估依据"等。对学生而言，注重培养学生自学能力、健康个性、健全人格，突出学生在语文学习中的主导地位，特别强调"创新精神"、"创造性思维"在语文教学中的重大现实意义和深远的历史意义。

1996 年，国家教委颁布了《全日制普通高级中学语文教学大纲（供试验用）》。这是和义务教育初中语文新大纲相衔接的高中语文新大纲。这个大纲吸收了语文教学改革和语文教育科学研究的成果，体现了许多新的精神，如对语文学科的性质的表述是"语文是最重要的交际工具，也是最重要的文化载体"，它第一次提出了"发展个性和特长"的要求，还对阅读和写作能力的训练进一步提出了量化的要求。"用普通话流畅地朗读课文。默读注重效率，具有一定阅读速度（一般的现代文阅读每分钟不少于 600 字）""恰当地运用各种表达方式写一般实用文（45 分钟能写 600 字左右的文章）"，这个大纲规定，语文课程由学科类课程和活动类课程组成，学科类课程又分必修课（在高一、高二开设）、限定选修课（在高三开设）和任意选修课，活动类课程包括阅读活动、写作活动、听说活动和实践活动等。1997 年在江西、山西、天津进行试验。2000 年颁布了试用修订版，扩大到 10 个省市进一步试验。

（五）义务教育语文课程标准

2001 年 7 月，教育部公布了《基础教育课程改革纲要（试行稿）》，为了贯彻这一纲要精神，2001 年秋季由教育部制定了《全日制义务教育语文课程标准（实验稿）》，新课程标准既注重九年义务教育语文教学的连贯性，又注重其阶段性，把九年的语文学习分为四个学段，第一学段（1－2 年级）、第二学段（3－4 年级）、第三学段（5－6 年级）、初中（7－9 年级）为第四学段。新课程标准是 2000 年版语文教学大纲的发展。它的"新"，在内容上表现在四个方面：其一系统地提出了知识和能力、过程和方法、情感态度和价值观"三个维度"的课程目标，并使之具体地综合地体现在各个阶段目标之中；其二，大力倡导自主、合作、探究式的新型学习方式；其三，突出跨领域的综合性学习；其四，强调课程的现代性和创新性。新课程标准在形式上也焕然一新，它由三部分组成，第一部分为前言，在前言中增添了课程的基本理念、课程标准的设计思路。第二部分为课程目标，分为总目标和阶段目标。第三部分为实施建议，增添了课程资源的开发与利用。

2003 年春季教育部制定了《普通高级中学语文课程标准（实验）》，这个标准与《全日制义务教育语文课程标准（实验稿）》相配套。与以前的语文教学大纲相比较，这个高中新课标主要有四个方面的变化：课程性质的定位由"工具"论到"工具——人文统一"论；课程目标由"知识能力"论到"语文素养"论；课程结构的设计由单一必修课到必修选修双课并行；学习方式由被动接受到自主、合作、探究。

2011 年 12 月 28 日，教育部正式印发了《义务教育语文课程标准（2011版）》，计划 2012 年秋季开始执行。语文课程标准（2011 版）主要作了五个方面的修订：加强社会主义核心价值体系在语文课程中的渗透；进一步突出培养学生的社会责任感、实践能力和创新能力；进一步突出语文课程的核心目标——学习祖国语言文字的运用；进一步增强课程目标的切合性和教学实施的可操作性；针对语文教学和社会语言文字运用中的突出问题，采取一些新的措施，增强了改革力度。《语文课标（2011 版）》的目标和内容比《语文课标（实验稿）》更加明确、清晰和充实。

总的来说，语文课程标准（教学大纲）的变化，反映了语文教学理念的变化。从语文课标的结构来看，1923 年以前的语文课标没有清晰的结构；1923 年语文课标的结构是明确的；1932 年颁布的语文课程标准奠定了其结构基础，1932 年至新中国成立前，语文课标结构比较固定；新中国成立后，语文课程标准改为语文教学大纲，其结构又发生变化；新世纪新课标的结构又焕然一新。从语文课程目标来看，语文课程目标在语文教学大纲中一般表述为"教学目的"和"教学要求"，教学目的相当于语文课程的总目标，教学要求相当于具体目标；语文课程目标不是仅仅局限在读写听说能力和基础知识的范畴，还承担着促进民族团结，发扬民族文化和精神，弘扬爱国主义精神等重要任务，如 1904 年的"并使习通行之官话，期于全国语言统一，民志因之团结"，1932 年的"了解固有的文化，以培养其民族精神"，1992

年的"激发学生热爱祖国语文的感情，培养健康高尚的审美情趣，培养社会主义思想品质和爱国主义精神"，2011 年的"语文课程对继承和弘扬中华民族优秀文化传统和革命传统，增强民族文化认同感，增强民族文化认同感，增强民族凝聚力和创造力，具有不可替代的优势"等；语文课程目标的确定遵循了继承与发展的原则，而且不断精确、全面、可操作。

【思考题】

1. 课程标准与教学大纲的内涵有何异同？

2. 你认为中学语文课程标准（教学大纲）的发展脉络主要可以分为几个阶段？其发展变化的原因有哪些？

3. 在百年语文课程标准发展史中，你认为比较重要的语文课程标准（教学大纲）是哪几个？

4. 将新语文课程标准与人教版语文教科书相对照，并作简要分析。

第二章　中学语文课程标准解读

【导学】本章的学习目标是，理解语文课程的性质、基本理念、初中语文课程总目标、义务教育第四学段（初中）的语文教学目标、高中语文必修及选修课程的目标、语文课程的实施建议等。此外，还对义务教育和普通高中两大课程标准中的思想与理念进行了综合解读。学习本章的主要方法是文献法、研讨法与应用法。

1997 年下半年开始，许多报刊展开了关于语文教育的大讨论，1999 年初，开始了研制语文课程标准的准备工作，2000 年 9 月义务教育语文课程标准的研制工作正式开始，经过反复研讨，确定了其设计思路。2001 年 7 月全日制《义务教育语文课程标准（实验稿）》正式出版发行，2003 年 4 月《普通高中语文课程标准（实验）》正式出版发行，2011 年 12 月《义务教育语文课程标准（2011 年版）》修订发行。

第一节　《义务教育语文课程标准》解读

全日制义务教育语文课程标准有两个版本：《义务教育语文课程标准（实验稿）》〔以下简称《标准（实验稿）》〕、《义务教育语文课程标准（2011 年版）》〔以下简称《标准（2011 年版）》〕。《标准（2011 年版）》的结构与《标准（实验稿）》基本一致，只是《标准（实验稿）》第二部分的"课程目标"在《标准（2011 年版）》表述为"课程目标与内容"。内容上主要有五个方面的修订："加强社会主义核心价值体系在语文课程中的渗透；进一步突出培养学生的社会责任感、实践能力和创新能力；进一步突出语文课程的核心目标——学习祖国语言文字的运用；进一步增强课程目标的切合性和教学实施的可操作性；针对语文教学和社会语言文字运用中的突出问题，采取一些新的措施，增强了改革力度"；目标表述方面则更为明确和清晰。其结构如表 2-1-1。

表 2-1-1　《义务教育语文课程标准（2011 年版）》基本结构表

义务教育语文课程标准	前言	课程性质		
		课程基本理念		
		课程设计思路		
	课程目标与内容	总目标与内容		
		学段目标与内容	第一学段	识字与写字 阅读 写作 口语交际 综合性学习
			第二学段	
			第三学段	
			第四学段	
	实施建议	教学建议		
		评价建议		
		教材编写建议		
		课程资源开发与利用建议		
	附录			

一、义务教育语文课程性质解读

语文课程性质是语文课程开发、实施、评价等全部课程活动的出发点，是语文课程与教学能独立存在的依据，对语文课程与教学起着制约和规范作用。因此，把握语文课程性质是我们认识语文课程与教学的理论起点。

《标准（2011年版）》对语文课程的性质表述是："语文课程是一门学习语言文字运用的综合性、实践性课程。义务教育阶段的语文课程，应使学生初步学会运用祖国语言文字进行交流沟通，吸收古今中外优秀文化，提高思想文化修养，促进自身精神成长。工具性与人文性的统一，是语文课程的基本特点。"

（一）语文是人类文化的重要组成部分

文化是一个内涵非常丰富复杂的词汇，据统计世界上关于文化的定义有200多种，给文化下定义已经成为了一种科学研究现象。外国学者比较权威的文化定义都收集在《大英百科全书》中，譬如，人类学之父泰勒的著名描述性定义："文化或文明是一个复杂的整体，它包括知识、信仰、艺术、道德、法律、风俗和作为社会成员的人通过学习而获得的任何其他能力和习惯。"我国常用的文化定义跟上述定义相似，既是描述性的，又是历史性的："文化是人类在社会历史发展过程中所创造的物质财富和精神财富之总和，特指精神财富，如文学、艺术、哲学、道德、宗教、法律、风俗等。"不过随着对文化研究的深入，关于文化的分类和定义层出不穷，像广义文化狭义文化、显性文化隐性文化、高雅文化通俗文化，遗传性定义、心理化定义、结构性定义等等。新时期我国的文化定义也呈现出新趋势，例如有人认为"凡人化的东西，就是文化"，即按人的需要和理想所改变的所创造的东西，就是文化。如饮食文化、旅游文化……还有人认为"文化是内在自然的人化和外在自然的人化"，即文化使人人化，使人成为富含精神之人；使物人化，使物成为富含精神之物。

语文课程包含着丰富的思想文化内涵，凝结人类智慧的结晶，打下了深刻的人文烙印。文质兼美的语文教材比其他教材更有着得天独厚的人文因素，例如酒文化：《林教头风雪山神庙》、《短歌行》；医药文化：《扁鹊见蔡桓公》、《捕蛇者说》；建筑文化：《中国石拱桥》、《苏州园林》；科技文化：《活板》、《从甲骨文到缩微图书》；军事文化：《曹刿论战》、《殽之战》；民间艺术文化：《口技》、《核舟记》；旅游文化：《醉翁亭记》、《登泰山记》等等。所以语文教学中突出语文的文化性，就是发现教材中的文化因素，培养学生的人文精神，促进学生的个性自由发展。

（二）语文课程具有工具性

古代语文是士子进身的工具，"学而优则仕"；是统治阶级的工具，"教化万民"。而在特殊时期，例如，"大跃进"（1958－1960）和"文革"（1966－1976）时期，语文是"政治"工具，语文课上成了政治课。

新课程标准前的一些语文教学大纲也都强调了语文的工具性质：

1963 年大纲："语文是学好各门知识和从事各种工作的基本工具。"

1978 年大纲："语文是从事学习和工作的基础工具。"

1996 年高中大纲（与 1992 年初中大纲配套）："语文是最重要的交际工具，也是最重要的文化载体。"

2000 年 3 月大纲："语文是最重要的交际工具，是人类文化的重要组成部分。"

关于语文课程的工具性，叶圣陶先生认为，"语文不是关于知识的学科，学语文的目的就是在日常生活中会用语言文字，因为语言作为工具是日常生活不可缺少的"（《叶圣陶语文教育论集》）。张志公先生也认为，语言是"进行思维和交流思想的工具，因而是学习文化知识和科学技术的工具，是进行各项工作的工具"（《张志公语文教育论集》）。

说语文是重要的交际工具，具体表现在：（1）人与人交往的工具（对外）。在人与人交往过程中言语是表情达意最及时、最准确的工具，它贯穿在人类的一切交际活动中，实现着人类交际的各种重要功能。当然表情语（眼语、眉语、鼻语、面部表情等）、体态语（手语、体语等）、标志语（如号声、汽笛声、烽火台、路标等）、行业语（海军的旗语、盲人的盲语等）也是表情达意工具，但它们的适用范围、所表达的意义很有限。（2）个人思维、想象的工具（对内）。思维想象要借助言语方可进行，言语是思维、想象的"物质外壳"（凭借物）。（3）学习其他学科的工具。人的学习活动必须从语文开始，所以语文是"百科之母"。任何一门课程的内容都离不开语文的表现形式，任何一门课程的学习都离不开语文的表达方式，掌握了这个工具才能学好其他学科。（4）生活与工作的工具。听广播、看电视、读书看报、处理工作等等，随时都要用语文。

（三）语文课程具有人文性

语文的人文性是指其所包含的思想感情和历史文化。语文教育就是要让学生在逐渐提高语文能力的过程中，感受到其中的思想、文化和感情，并内化为自身的修养，为塑造健全人格奠定基础。注重语文教学的人文性特征，就是要在语文教学中引导学生挖掘其中的人文价值，体验独特言语文字魅力，学习中华民族的优秀文化传统，担负起传承民族文化、民族精神的重要任务。

　　语文的人文性体现在尊重和发展学生个性，培养学生健全的人格方面。语文的人文性，是和政治性、知识性有别的。语文教学不是道德说教，不是政治观念的诠释；同时，自然学科以传授显性知识为主，显性知识具有明显的层次性、系统性、稳固性，这些学科的教学有着明显的、固定的先后顺序。而语文教学则不仅要传授知识，还对学生人格的形成有着重要影响。为了培养学生的健全人格，语文教学必须重视学生的个性发展。既要教会学生掌握语言工具，又要根据学生的个性发展进行个性化指导，这是语文学科的特殊性。

　　王尚文教授认为，"人文性是指对人自身完善的关注与追求，包括人的尊严、价值。言语的发展与人的成长密不可分。读文是精神的内化，作文是精神的外化，内在的是人的情意、思想、精神、品质、胸襟、眼光，外在的则是言语文章。个性、理想、信念、品德、情操等方面，虽然边界是模糊的，但核心内涵却是清楚的"（《"人文说"和"工具说"的分歧》）。语文是对人的关注，是对人的精神的培育；语文学习要注重整体感知、体味、感悟；语文教学要触动学生的情意、心灵，使学生得到熏陶和感染，达到潜移默化、润物无声的效果。

　　（四）语文课程性质是工具性和人文性的统一

　　人文性也是一个内涵复杂深邃的概念。至于人文性和文化性的关系，有人说人文性包含文化性，有人说文化性包含人文性。还有人说人文性就是要重塑"五四新文化运动"中建构的"自由民主科学精神"。我们认为人文性强调的是人在一切场合所展现的精神品质，包括以"群体"为基础和以"个体"为基础的一切人类精神。

　　语文课程中的人文性主要指语文课本的字里行间所富含的人性和文化性。就语文教学而言，就是要挖掘"文质兼美"的选文中的人性和文化性，使学生们在人文精神的感召下形成正确的世界观和人生观，并帮助学生继承和发扬中华和世界优秀文化，开阔视野，丰富人生阅历。其他学科中也有人文，但语文中的人文是其他学科所不能替代的。

　　"工具性和人文性的统一"是说工具性和人文性同时负载在语文中。语文工具不是一般的物质工具，而是一种特殊的言语工具。言语工具的特点是它同思想内容密不可分，而思想内容所体现出的精神实质就是人文性。所以在说语文有工具性的时候实际上也意味着语文具有人文性。另一方面，在强调语文的人文性的时候，是在谈论语文中的人情、人性、道德、习俗等，而语文中的这些真性情、真道德、真精神不能独自存在，它们是要凭借言语这个工具来呈现的，所以说语文具有人文性的时候实际上也意味着语文具有工具性。总之，语文的工具性是承载人文的工具性；语文的人文性是依托工具的人文性。人文性是语文的内核，工具性是语文的信息凭借物。工具性是"表"，人文性是"里"，表里统一。因此，任何片面强调"工具性"和"人文性"的做法都是错误的，都是不能完成语文课程肩负的使命的。"统一论"对语文教学有如下启示：不要把语文课上成了工具课，不能仅仅进行单一的知识技能训练；不要把语文课上成了思想课，不能单纯强调政治教育；不要把语文课上成文学课，不能只强调文学性；要把语文课上成素质课，在讲人文的过程中渗透知识，在讲知识的过程中渗透人文。

二、义务教育语文课程基本理念解读

"理念"一词的含义有"新观念"的意思，它代表着一种比较前沿的基本思想，语文新课标中关于语文课程理念的提法比以往的大纲提法有了很大的发展，集中体现在四个方面："全面提高学生的语言素养；正确把握语文教育的特点；积极倡导自主、合作、探究的学习方式；努力建设开放而有活力的语文课程。"

（一）全面提高学生的语文素养

全面提高学生的语文素养体现了语文工具性和人文性相统一的思想。《标准（2011 年版）》明确指出："九年义务教育阶段的语文课程，必须面向全体学生，使学生获得基本的语文素养。语文课程应激发和培育学生热爱祖国语文的思想感情，引导学生丰富语言积累，培养语感，发展思维，初步掌握学习语文的基本方法，养成良好的学习习惯，具有适应实际生活需要的识字写字能力、阅读能力、写作能力、口语交际能力，正确运用祖国语言文字。语文课程还应通过优秀文化的熏陶感染，促进学生和谐发展，使他们提高思想道德修养和审美情趣，逐步形成良好的个性和健全的人格。"我们在理解以上基本理念时，必须把握两点：

1. 提高每一个学生的素养。九年义务教育阶段的语文课程是为全体学生设计的，不是为少数尖子学生设计的。例如，热爱祖国语文的思想情感是每一个公民应该具备的基本品质。语文是民族文化、民族精神的载体。因此，在语文教学中，应该把培育学生热爱祖国语文的思想情感作为首要目的，使爱国主义教育在语文教学中得到具体落实。但是，我们必须清醒地看到，由于受应试教育的干扰，语文课程要真正做到面向全体学生，还需要广大语文教育工作者作出不懈的努力。

2. 提高学生多方面的素养。过去我们习惯说提高"语文能力"。"语文能力"指读写听说的能力。"能力"是指人能胜任、能完成某项工作的自身

条件（包括心理和生理的条件），重在"功用性"；而现在提"语文素养"。"素养"是指人通过长期的学习和实践在某一方面所达到的高度，包括功用性和非功用性。"语文素养"就包括：字词句篇的积累；语感，思维品质，学习方法和习惯的养成；识字写字、阅读、写作和口语交际能力以及文化品位、审美情趣、知识视野、情感态度的形成等。提高学生语文素养的目的在于进一步开发语文教育在实用之外的功能，重视语文课程在实施过程中增强底蕴、提高修养的功夫。

语文素养可分为"学科素养"和"基础素养"两个部分。"学科素养"是指体现语文学科特性的素养，如有关语文学科的知识、能力、方法、习惯、态度等。"基础素养"是指各门学科都需要培养的共性素养，如有关思维品质、品德修养、审美情趣、个性与人格培养等。语文素养的培育绝不是这两种素养的简单相加。基础素养的培育是在学科素养培育的一体化过程中完成的。学科素养的培育是显性的，基础素养的培育是隐性的。因此，我们在培育学生的语文学科素养时，要有目的地渗透基础素养的培育，学生的基础素养提高了，反过来又可以促进学生学科素养的提高，这样，语文素养的培育可以步入一个良性循环的轨道。

（二）正确把握语文教育的特点

语文教育的特点包括：人文性、实践性和母语性。

1. 语文课程要体现人文性特点。语文课程丰富的人文内涵对学生精神领域的影响是深广的，学生对语文材料的反应又往往是多元的。因此，应该重视语文的熏陶感染作用，注意教学内容的价值取向，同时也应尊重学生在学习过程中的独特体验。

（1）重视语文的熏陶感染作用。语文是人的生命活动，语文教育对促进人的发展具有多元价值，它不仅仅在于教给学生某种知识和技能，更重要的是，通过一篇篇凝聚着作家灵感、激情和思想，闪耀着人类精神财富光辉的文字，能潜移默化地影响学生的情感、情趣和情操，使学生受到思想浸润、道德感染，并最终积淀为精神世界中最深处的最有价值的东西——世界观、人生观、价值观。这才是语文课程育人意义之所在。

（2）注重教学内容的价值取向。叶圣陶曾说："语文教材无非是例子。"但是，并不是说随随便便什么材料都可以拿来作"例子"的，这例子必须是文质兼美的、积极向上的、富有启发意义和创新精神的。语文课程资源十分丰富，校本教材的生成，教学内容的选择都有非常广阔的空间，但是必须注意，数字化时代，图书、广播、电视、网络、媒体各种信息浩若烟海，鱼龙混杂，优劣参半，开卷"有益"也可能"有害"，即使有益的作品，"含金量"也有差异。因此，为了让学生在语文学习中更多受益，提高效率，必须重视语文教学内容的精心选择。

（3）尊重学生的独特体验。与自然科学类课程相比，语文课程中有大量具体形象的、带有个人情感和主观色彩的内容。也就是说，语文课程教学要更多地强调个性理解，独特体验。学生的独特体验是由于各人的知识背景、生活经验、体悟的角度等方面的差异造成的。也即，面对同样的作品，特别是文学作品，人们会有不同的理解和感受，"一千个读者就有一千个哈姆莱特"，这是由艺术欣赏的客观规律决定的。因此，语文教育特别需要提倡师生间的平等对话，也特别需要注意珍惜和尊重学生独特的情感体验和独创性的理解。

2. 语文课程要突出实践性特点。语文的工具性决定了语文课程是一门实践性很强的课程。所以语文教育天然地应以培养语言的实践能力和良好习惯为根本目标。即培养学生正确理解和运用祖国语文的能力，使他们具有适应实际需要的识写字能力、阅读能力、写作能力、口语交际能力和综合语文实践能力，而不是以单纯传授语言、文学知识和研究语言和文学理论为目标。语文课程要帮助学生掌握语言、文字、文章、文学、文化的知识与理论系统，但更要学以致用。语文教育的过程是让学生掌握语文工具，学会使用语文工具的过程，吕叔湘先生说："使用语文是一种技能——任何技能都必须具备两个特点：一是正确，二是熟练。要正确必须善于模仿，要熟悉必须反复实践。"学生学习语文的过程就是一个不断地进行读写听说等语文实践的过程，是一个在语文实践中受到熏陶感染的过程。在这样一种实践的过程中掌握语文知识，形成语文能力，陶冶品德情操，提高文化品位，具备参与社会实践的基本能力。

3. 母语学习要高品位高起点。语文是母语教育课程，学生学习母语，因为有早已具备的语言心理机制为基础，具有对本国本民族文化背景熟悉的有利条件，亲身处于使用这种语言的社会环境之中，有书刊、广播、电视、媒体等丰富的学习资源，有大量的读写听说的实践机会，生活中时时处处都有语文活动，可以说生活即语文。对于学生来说，尤其是中学生来说，从小学到中学，一直在感受和践行母语，对母语的语言规则、习惯都已有了一定程度的了解。所以，语文学习必须切合学生语言发展实际，高品位、高起点，大量的进行语文实践，让学生去热情拥抱语文，这样语文教育才会有生机，有趣味，有高效。

（三）积极倡导自主、合作、探究的学习方式

《基础教育课程改革纲要（试行）》中指出，要"改变课程实施过于强

调接受学习、死记硬背、机械训练的现状，倡导学生主动参与、乐于探究、勤于动手，培养学生搜集和处理信息的能力，获取新知识的能力，分析和解决问题的能力以及交流与合作的能力。"学生是学习的主体。语文课程必须根据学生身心发展和语文学习的特点，关注学生的个体差异和不同的学习需求，倡导自主、合作、探究的学习方式。

1. 自主学习

"他主"学习是被动的学，"自主"学习就是"我要学"、"我想学"。自主学习是指学习主体有明确的学习目标，对学习内容和学习过程具有自觉的意识和反应的学习方式。前苏联著名教育家苏霍姆林斯基说"真正的教育在于能让学生实行自我教育"。倡导自主学习，教师要解放思想，敢于放手，改变一切包办代替的做法，学生能做的事，老师不要做，那种从字词段落到主旨、写作手法、课后练习，面面俱到，讲深讲透的包办做法要坚决抛弃。让学生自主阅读、自主写作、自主积累、自主实践，动口读、动手写、动脑思，教师从旁加以引导和帮助。要激发学生的学习兴趣，帮助学生提高学习的自觉性，让他们在自主学习的过程中，逐步掌握语文学习方法，养成良好的学习习惯。要让学生明白，学习语文主要靠自己的努力，自主学习是获得语文感性与理性认识的最佳途径。叶圣陶先生说："教是为了达到不需要教。"教学的最终目的是要学生获得自主学习的能力和习惯。

2. 合作学习

合作学习是"为了完成共同的任务，有明确的责任分工的互助性学习"。人是社会动物，要学会生存，就必须学会合作。今天的学生，从小就应该开始培养合作意识和团队精神，让他们在学习中学会合作。我们要知道，倡导自主学习，不是要学生独自的孤立的学习，而是在合作的群体中自主学习，相互激励，共同进步。比如，给学习群体一个共同的任务，让每一个学生在这任务中积极地承担个体的责任，在活动中相互支持、相互配合，遇到问题能协商解决，能通过有效的沟通解决群体内的冲突，对各人分担的任务进行群体加工，对活动的成效一起进行评估，这样通过合作提高学习效率，增强合作精神。合作学习的形式很多，分组讨论，兴趣小组，课题研究，语文综合实践活动等等，可以生生合作、师生合作，也可以校际合作、家校合作和校社合作。

3. 探究学习

语文探究学习是指告诉学生问题或由学生独立地发现问题，并由学生自主探究出问题结论的学习方法。即从现实社会生活中，选择一些与语文有关的问题作为研究的主题，或在教学中，为学生创设一定的情境，通过学生自主独立地发现问题和解决问题等一系列活动，使学生的知识、技能、情感、态度得到有效发展，特别是探索精神和实践创新能力得到有效发展。

语文探究性学习的主要特征是问题性、实践性、参与性与开放性。在探究学习中，提出具有启发性、挑战性的问题是探究学习的关键，所以教师要注意培养学生的问题意识，激发学生解决问题的欲望。探究学习关注学习的过程，学生的学习是一个体验的过程，因而在探究学习中，学生不仅能掌握知识，养成发现、分析、解决问题的能力，更能从中获得一定的体验。因此，探究性学习评价应以形成性评价为主，评价的重点放在学生在探究过程中表现出来的对探究过程和方法的理解上，不能把是否探究出结论或结论是否正确作为唯一或主要评价指标。

当然，语文探究学习与科研人员的科学研究不同，其目的不在搞发明创造，撰写论文论著，而在培养学生的探究思维与习惯。因此，探究性学习不能把大部分学生撇在一边，由教师和少数学生组成语文课题组"攻关"，而要重视培养全体学生的探究意识和探究习惯，让学生在探究学习中体验探究的过程和方法，体验在探究中获得新知识和能力的乐趣。

在实际的语文教育教学中，学习的方式很难有严格的区分，在教学中不能割裂自主学习，探究学习和合作学习的关系，自主中有合作，合作中有探究，任何一种有效的学习方式都应该是这三种特征的完美结合。语文学习有共同的规律，又有鲜明的个性差异。有一定的规律而无固定的模式，倡导自主、合作、探究的学习方式，只是一种教育的理念，不是具体的学习方法，在实践中要积极引导并鼓励学生大胆探索，形成适合自身特长的有效学习策略和学习方法，为终身学习和发展奠定良好的基础。

（四）努力建设开放而有活力的语文课程

语文课程要着眼于促进学生当前与未来生活质量的提高，着眼于促进社会的进步与可持续发展，因此，语文课程必须构建出开放而有活力的课程体系。

1. 语文课程要关注学生。以往的课程忽视学生主体的特点和需要，只是一味强调学科本身的完整性，对学生的兴趣需要关注不够，以致有些内容尽管超出了学生的接受能力，仍舍不得丢掉，导致了学生厌学。孔子说：知之者，不如好之者；好之者，不如乐之者。所以，语文课程要致力于培养学生对祖国语文的兴趣与感情，既要注意学生当前的一时兴趣，又要致力于培养学生长期的学习兴趣与志趣，从而培养学生终身学习的意识。

2. 语文课程要面向生活。有人指出当前中学语文教育存在八个方面的失衡：政治思想性强、文化人文性弱；统一性、标准化多，个性、多样性少；学院气、学究气浓，生活气息、时代气息淡；官僚气、中央味浓重，民间气息、地方味轻淡；对崇高追求、牺牲精神的歌颂多，赞美生活的美好、品味世俗生活的乐趣少；强调阅读能力的训练多，关注阅读的兴趣少；强调文笔写法多，对文章情感关注少；强调考试评价方法多，使用其他评价方法少。这八个方面的失衡，大多与语文联系生活不紧密，面向社会不够有关，这从反面告诉我们语文课程建设在联系生活、面向社会方面要加强。上一轮语文课程改革之后，语文教材知识内容大为更新，知识面大大扩展，但是，教材在联系社会生活实际方面仍有待加强。如选择学习内容时，由于强调基本选文必须是经过时间考验的，有一定文学史、文化史地位的作品，因此，尽管大纲中已明确指出"要重视选取反映新中国成立以来的社会生活和时代精神的现代文……各地可以编选少量乡土内容的课文"，但是课文篇目中，新近创作的反映时代新生活的鲜活的作品仍然不多，反映学生周围日常生活的作品更少，而主题过于宏大、历史性过强、政治性过强、思想过于深刻，带有说教性质的选文，仍然占据相当大的比重。所以，语文课程必须走出象牙之塔，实行全面开放。在这里，面向生活主要是指面向日常生活环境和学生已有的生活经验，面向生活的未来发展趋势。

当然，在课程内容面向生活这一问题上不能片面理解，否则就会走向极端化，出现偏差。语文面向生活，并不是简单地加大其实用性，比如大量增加应用文，如申请书、请假条、说明书、计划、总结、合同等的分量。语文源于生活，而且高于生活，语文不能也不应该成为生活的附庸。语文课程对于生活来说，除了它的应用价值（工具价值）以外，还有着更深广的社会人文价值。语文课程要面向生活，更主要的还是强调语文学习的人文性，强调语文学习要促进学生文化品位、生活格调、生活质量的提升。因为面向生活，不仅指联系生活的需要，还要强调提升生活的质量，比如语文中的诗歌、散文、戏剧、小说等文学作品，对于提高学生对生活的深刻理解和深入感悟，引导学生更加热爱生活，都具有重要的不可替代的促进作用。

3. 语文课程要加强综合性。传统学科课程大多是自足的封闭系统。由于过于强调学科本位，致使学科之间彼此孤立，相互隔离。由于分化过细，课程内部各部分之间割裂现象严重。这种课程不利于促进学生的全面发展。语文是一门综合性极强的学科，与其他学科有着千丝万缕的联系，著名语文教育家于漪曾说：孤立地就语文谈语文，永远谈不清楚语文，孤立地就语文学语文，也永远学不好语文。因此，要创建开放的语文课程，就必须进一步加强其综合性，主动沟通语文与其他学科之间的联系，沟通语文与社会生活的联系，从语文课程中可以学到其他学科的知识和方法，同时，在其他课程中也可以学到语文。这样，就可以拓宽学语文用语文的天地，在语文课程中建立跨领域的学习平台，向学生展示层次多样的语文课程图景，提供丰富的语文营养和多角度发展的途径，也给语文课程自身增添生长活力。

4. 语文课程要广开课程资源。构建开放的大语文课程体系，必须增强课程的资源意识，大力开发利用语文课程资源，促进课内外学习和运用的结合，使学生扩大语文学习的视野，提高学习、运用语文的积极性，使学生在愉悦中增长知识，培养能力，陶冶情操。所以，语文教师要有强烈的资源意识，积极主动的通过多种途径开发和利用语文课程资源，创造性地开展各类语文活动，增强学生在各种场合学语文用语文的意识，全方位地提高学生的语文素养。

总的来说，语文课程建设必须打破固有模式，尊重学生主体的个性，积极吸收新的教育理念，探索课程建设的新思路，注重在课程中传达新思想，充分利用现代教育技术，努力建设开放而有活力的语文课程。

三、义务教育语文课程总目标解读

课程目标是人才培养总目标的具体体现，是课程标准的主体部分，是课程编制、课程实施和课程评价的准则和指南。课程目标的制定要依据国家的教育方针、基础教育的教育目的以及学生身心发展的规律。课程目标规定的是学生应完成的教育任务和学科内容。

语文课程目标，是从语文学科的角度规定人才培养的具体规格和质量要求。从语文课程性质及语文课程改革基本理念出发，《标准（2011 年版）》制定了语文课程的总目标和阶段目标，这些目标按照横向和纵向两种方式排列。横向是指"识字与写字"、"阅读"、"写作"、"口语交际"、"综合性学习"五个方面的内容；纵向是指"知识和能力"、"过程和方法"、"情感态度和价值观"三个实现语文课程目标的维度，这三个维度也是目标设计的结构框架的隐形线索。依据于语文课程性质及课程理念，三个维度所强调的各有所侧重：从"工具性"及"具有适应实际生活需要的识字写字能力、阅读能力、写作能力、口语交际能力"课程理念出发，强调了"知识和能力"维度；从"语文课程是一门学习语言文字运用的综合性、实践性课程"这一性质出发，强调了"过程和方法"维度；从"人文性"及"全面提高学生的语文素养"课程理念出发，强调了"情感态度和价值观"维度。

语文课程目标的设定，体现着课程改革以人和社会发展为本的精神，有着适度的超越现实的前瞻性，同时，又考虑到现实的教育水平，具有一定的适应性和包容性。《标准（2011 年版）》提出的义务教育语文课程总目标共有 10 条，前五条目标从语文素养的宏观方面着眼，在"情感态度和价值观"和"过程和方法"两个维度上有所侧重，后五条目标从具体的语文能力培养方面着眼，侧重"知识和能力"这个维度。具体如下。

1. 语文知识学习。第 6 – 10 条中有汉语拼音知识、阅读知识、文学作品知识、文言文知识、写作知识、口语交际知识、语文工具书知识等。

2. 语文能力培养。第 6 – 10 条中：识字写字能力——识 3500 个左右常用汉字，正确工整地书写汉字，并有一定速度。阅读能力——能初步理解、鉴赏文学作品，九年课外阅读总量 400 万字以上。写作能力——能文从字顺地表达自己的意思，能根据日常生活需要，运用常见的文体和表达方式写作，发展书面语言运用能力。口语交际能力——学会汉语拼音，会说普通话，会倾听、表达、交流，初步学会运用口头语言文明地进行人际沟通和社会交往。信息能力——会使用常用的语文工具书，初步具备搜集和处理信息的能力。第 4 条中：思维能力——在发展语言能力的同时，发展思维能力。第 5 条中：学习能力——能主动进行探究性学习，激发想象力和创造潜能，在实践中学习和运用语文。积极尝试运用新技术和多种媒体学习语文。

3. 情感、态度、价值观养成。言为心声，文情并茂。语文教材大多是情深意切的美文，本来就凝聚着强烈的情感。所以在语文教育中要渗透情感、态度、价值观的教育。实际上让学生掌握知识，提高能力，目的是让学生成才，成人。做人光有知识和能力还不够，因此形成健康的情感、态度、价值观是终极目标。第 1 – 5 条中要求学生养成如下具体品质：（1）情感（人对客观事物的态度体验）——热爱祖国语言文字、具有爱国主义精神、社会主义道德品质。（2）态度（人对客观事物的看法和采取的行动）——积极的人生态度、强烈的自信心、良好的习惯，主动学习，实事求是、崇尚真知的科学态度。（3）价值观（人对客观事物是否有用是否符合自己需要的一种判断）——正确的世界观、人生观、价值观、多元文化观。

"总目标"的基本精神体现了人文性与工具性的统一，突出了三种思想。第一，强调了学生在语文学习中的主体地位，如"能主动进行探究性学习""具有独立阅读的能力"、"注重情感体验"等；第二，凸显了现代社会对语文能力的新要求，如"初步具备搜集和处理信息的能力，积极尝试运用新技术和多种媒体学习语文"、"具有日常口语交际的基本能力"、"激发想象力和创造潜能"、"关心当代文化生活，尊重多样文化，吸收人类优秀文化的营养，提高文化品位"等；第三，突出了语文课程的实践本质，如"能主动进行探究性学习，在实践中学习和运用语文"、"能说普通话，能正确工整地书写汉字"、"学会运用多种阅读方法"、"能阅读日常的书报杂志"、"能借助工具书阅读浅易文言文"、"能表达自己的见闻、体验和想法"、"运用口头语言文明地进行人际沟通和社会交往"等。

总之，培养学生的知识和能力，注意过程与方法，养成健康的情感、态度和价值观，是语文义务教育阶段的总目标。在实践中，达成知识目标，要依靠认知结构的形成和发展规律；达成能力目标，要依靠科学训练；达成情意目标，要依靠潜移默化。

四、义务教育语文课程第四学段目标及教学建议解读

语文课程第四学段目标包括"识字与写字"、"阅读"、"写作"、"口语交际"、"综合性学习"五个方面。在目标的表述方面，尽量采用了行为目标（以事先规定的行为期望为中心）来表述；一些难有达成度的目标，就体现在学习的过程与方法之中，采取描述性表述，呈现为展开性目标（以学习过程为中心）和表现性目标（以学生在学习中的表现为中心）。

（一）"识字与写字"课程目标及教学建议

识字、写字是阅读和写作的基础，是语文教学的一项基本任务。《标准（2011 年版）》第四学段从"知识和能力"、"过程和方法"、"情感态度和价值观"三个维度提出了关于"识字与写字方面"的 4 条目标，"累计认识常用汉字 3500 个左右"、"在使用硬笔熟练地书写正楷字的基础上，学写规范、通行的行楷字，提高书写的速度"、"能熟练地使用字典、词典独立识字，会用多种检字方法"是侧重于"知识和能力"的目标，"临摹名家书法"是侧重于"过程和方法"的目标，"体会书法的审美价值"，"写字姿势正确，有良好的书写习惯"是侧重于"情感态度和价值观"的目标。

当前，汉字教育出现了"错别字情况严重，书写质量普遍偏低"的问题，这要求我们要转变汉字教育理念，不能把识字写字学习当做阅读、写作的附庸。我们教学生识字写字，尤其要关注写字姿势和习惯，注重书写的育人功能。学习写字的过程，是学生语言规范意识、书写技能、习惯、性格养成的过程。在这个过程中增强学生对祖国语言文字的热爱和对中华民族的理解，提高审美感受力。《标准（2011 年版）》教学建议中也指出："按照规范要求认真写好汉字是教学的基本要求，练字的过程也是学生性情、态度、审美趣味养成的过程。每个学段都要指导学生写好汉字。要求学生写字姿势正确，指导学生掌握基本的书写技能，养成良好的书写习惯，提高书写质量。"这充分体现了对写字过程的重视，也反映出了对写字教学功能认识的深化，体现了工具性与人文性的统一。

（二）"阅读"课程目标及教学建议

阅读是搜集处理信息、认识世界、发展思维、获得审美体验的重要途径，是语文课程中极其重要的学习内容。《标准（2011 年版）》第四学段在"阅读"方面共提出 12 条目标，这 12 条目标都涉及"知识与能力"维度，其中，第 2、4、11 这三条目标涉及"过程和方法"维度，第 1、2、7、8、9 这五条目标涉及"情感态度和价值观"维度。这三个维度纵向贯穿于 12 条阅读教学目标，体现了阅读教学要求"工具性与人文性统一"的语文课程性质。其内涵阐释如下。

1. 重视读书和积累。如"阅读"目标第 9 条提出，"注重积累、感悟和运用，提高自己的欣赏品位"，第 12 条提出，"学会制订自己的阅读计划，广泛阅读各种类型的读物，课外阅读总量不少于 260 万字，每学年阅读两三部名著。背诵优秀诗文 80 篇（段）"。阅读教学建议也指出，"要重视培养学生广泛的阅读兴趣，扩大阅读面，增加阅读量，提高阅读品位。提倡少做题，多读书，好读书，读好书，读整本的书。关注学生通过多种媒介的阅读，鼓励学生自主选择优秀的阅读材料。加强对课外阅读的指导，开展各种课外阅读活动，创造展示与交流的机会，营造人人爱读书的良好氛围"。读书是语文学习的第一要务，读书对学生思想文化修养的提升具有关键作用，语文教学要重视阅读的"兴趣、习惯、品位、方法和能力"。

2. 重视学生在阅读过程中的主体地位。"阅读"12 条目标中 8 次用到"自己"一词，如"对课文的内容和表达有自己的心得，能提出自己的看法"、"欣赏文学作品，有自己的情感体验……对作品中感人的情境和形象，能说出自己的体验"、"阅读简单的议论文，区分观点与材料（道理、事实、数据、图表等），发现观点与材料之间的联系，并通过自己的思考，作出判断"、"注重积累、感悟和运用，提高自己的欣赏品位"、"能利用图书馆、网络搜集自己需要的信息和资料"、"学会制订自己的阅读计划，广泛阅读各种类型的读物"等，这些"自己"强调了学生阅读的自主性和独立性，让学生自行在阅读过程中发现、构建文本的意义。

3. 重视学生的阅读感受和体验。在重视学生阅读过程中的主体地位的同时，《标准（2011 年版）》也特别强调学生在阅读过程中的感受和体验。因为语文是人文性很强的学科，大多数的阅读文章都包含着浓厚的感情色彩，在阅读过程中我们应该少一点理性分析，更多地去感受体验文本的感情，从而受到熏陶、感染。阅读教学建议也指出，"阅读是学生的个性化行为。阅读教学应引导学生钻研文本，在主动积极的思维和情感活动中，加深理解和体验，有所感悟和思考，受到情感熏陶，获得思想启迪，享受审美乐趣"。

4. 学会阅读"非连续性文本"。"阅读"目标第 8 条指出，"阅读由多种材料组合、较为复杂的非连续性文本，能领会文本的意思，得出有意义的结论"。"非连续性文本"是相对于句子和段落具有"连续性"的文本而言的阅读材料，一般以图表、图画等形式呈现。其特点是直观、简明、概括性强，易于比较，在人们的日常生活和工作中运用比较普遍，实用性强。学会从"非连续性文本"获取所需要的信息，得出有意义的结论，是现代公民必须具备的阅读能力。

5. 强调在阅读过程中培养能力。首先，过去的教学大纲比较注重训练"分段"和概括"段意"、"中心思想"，《标准（2011 年版）》基本不再涉及这些概念，如第 3、4、7、8 条提出的是"体味、提出、体验、体会、领会、领悟、把握"等行为目标动词，"中心思想"改为"情感体验"等概念，其外延扩大了很多，不像"中心思想"具有统率性和唯一性。其次，过去的教学大纲比较注重语文知识的系统学习，《标准（2011 年版）》不主张系统讲授知识，提出在阅读过程中随文学习知识，在运用中学习知识，如"阅读"目标第 5、6、10 条分别提出的"在阅读中了解叙述、描写、说明、议论、抒情等表达方式"，"能够区分写实作品与虚构作品，了解诗歌、散文、小说、戏剧等文学样式"，"随文学习基本的词汇、语法知识……"在语法修辞知识的教学建议中也指出，"语音、文字、词汇、语法、修辞、文体、文学等丰富的知识内容。在教学中应根据语文运用的实际需要，从所遇到的具体语言实例出发进行指导和点拨……要避免脱离实际运用，围绕相关知识的概念、定义进行系统、完整的讲授与操练"。

（三）"写作"课程目标及教学建议

写作能力综合体现了学生的语文素养。《标准（2011 年版）》在第四学段提出了 8 条写作目标，其中，第 4 和第 5 条侧重于"知识和能力"维度，第 3、6、7、8 条侧重于"过程和方法"维度，第 1 条和第 2 条侧重于"情感态度和价值观维度"。这 8 条目标同样体现了语文的工具性与人文性相统一的课程性质，其内容如下。

1. 重视写作方法与实践。写作目标较少提写作知识，而是注重写作实践。主张多写、多改，规定写作的次数、字数，主张在写作实践中提高写作能力，同时，就写作实践本身提出写作能力要求。如"注重写作过程中搜集素材、构思立意、列纲起草、修改加工等环节，提高独立写作的能力"，"能从文章中提取主要信息，进行缩写；能根据文章的基本内容和自己的合理想象，进行扩写；能变换文章的文体或表达方式等，进行改写"，"根据表达的需要，借助语感和语文常识，修改自己的作文，做到文从字顺。能与他人交流写作心得，互相评改作文，以分享感受，沟通见解"，"作文每学年一般不少于 14 次，其他练笔不少于 1 万字，45 分钟能完成不少于 500 字的习作"等，写作教学建议中再次强调指出"写作教学应抓住取材、构思、起草、加工等环节，指导学生在写作实践中学会写作。重视引导学生在自我修改和相互修改的过程中提高写作能力"。

2. 注重发展个性，培养创新精神。我国的作文教学，一向重视实用，对自我表现、发展个性比较忽视，尤其是学生作文，受到应试教育的影响，为了高分，把作文变成了与个性、心灵毫不相干的东西，写成的文章内容"假大空"，形式"八股化"、"模式化"，根本谈不上个性与创新。写作教学目标指出，"写作要有真情实感"、"有自己的感受和认识，表达力求有创意"、"运用联想和想象，丰富表达的内容"；写作教学建议也指出，"写作是运用语言文字进行表达和交流的重要方式，是认识世界、认识自我、创造性表述的过程"，"要求学生说真话、实话、心里话，不说假话、空话、套话"，"为学生的自主写作提供有利条件和广阔空间，减少对学生写作的束缚，鼓励自由表达和有创意的表达"。我们说，作文是学生的精神家园，这就要求作文不能造假，要说真话，抒真情，写个性，有创意，讴歌真善美，鞭挞假恶丑，培养正确的作文价值取向。

3. 注重培养适应社会需要的写作能力。受应试教育的影响，学生作文的功利性很强，但功利性强并非就一定能适应社会需要。与适应社会需要的写作终极意义相反，不少学生作文，眼光褊狭、无病呻吟、顾影自怜，脱离社会实际。《标准（2011 年版）》针对一些学生的狭隘功利，提出了培养学生适应社会需要的写作目标。如写作教学目标提出，"力求表达自己对自然、社会、人生的感受、体验和思考"，"多角度观察生活，发现生活的丰富多彩，能抓住事物的特征，有自己的感受和认识，表达力求有创意"。写作教学建议也要求通过作文"认识世界、认识自我"。所以，作文教学在关注学生个性发展的同时，也要注重适应社会的实际需要，培养学生适应社会实际需要的写作能力即书面语言交际能力。

（四）"口语交际"课程目标及教学建议

口语交际能力是现代公民的必备能力。过去的教学大纲一般是将"听"和"说"的教学内容和要求分成两个系列，《标准（2011 年版）》中将这两系列合在一起，改成了"口语交际"。突出"交际"，重视学生在交际情境中的倾听、表达、应对和文明交流能力，并在第四学段提出了 6 条口语交际目标，其中，第 2、4、5、6 条侧重于"知识和能力"维度，第 1 条和第 3条侧重于"情感态度和价值观"维度，总地来说仍然是三维融合，整体设计，操作性也较强。同时，这些口语交际目标充分体现了课程要"面向现代化，面向世界，面向未来"的思想，具有前瞻性。在"口语交际"课堂教学中应主要有以下教学策略。

1. 创设口语交际符合实际的环境。"口语交际"教学建议指出"教学活动主要应在具体的交际情境中进行，不宜采用大量讲授口语交际原则、要领的方式。应努力选择贴近生活的话题，采用灵活的形式组织教学"。口语交际是在特定的环境里产生的言语活动，因此，我们应该努力创设符合生活实际的交际情境，使学生产生身临其境的感觉，从而激发学生的情绪，调动学生的兴趣，积极体验口语交际过程。

2. 创设口语交际双向互动的条件。"口语交际"教学建议指出"口语交际是听与说双方的互动过程"，口语交际的核心是"交际"二字，注重的是人与人之间的交流和沟通。这是听方与说方双向互动的过程，不是听和说的简单相加。只有交际双方处于互动状态，才是真正意义上的口语交际。因此，对于一些互动性不够明显的交际话题，如"劝阻"、"道歉"、"祝贺"、"请教"、"安慰"、"解释"等话题，我们应该多想办法，实现口语课堂教学中的双向互动。

3. 创设口语交际实践锻炼的机会。"口语交际"教学建议指出"重视在语文课堂教学中培养口语交际的能力，鼓励学生在各科教学活动以及日常生活中锻炼口语交际能力"。口语交际教学最重要的是培养学生的口语交际能力，而不是传授口语交际知识。其主要途径有两条：第一，坚持在课堂教学过程中培养，这要求我们用好教材中设计的"口语交际"内容，如即席讲话、主题演讲、课堂讨论等，使学生当堂训练，积累口语交际经验；第二，重视日常生活中的实践机会，日常生活中本身存在着大量的交际活动，我们要引导学生利用这些活动进行有目的的锻炼，同时，我们可以有针对性地组织有价值的活动，如宣传教育活动、献爱心活动、小记者活动等，给学生增加交际实践的机会。

（五）"综合性学习"课程目标及教学建议

"综合性学习"本身是一种学习方式，语文的综合性学习是达成"自主、合作、探究"学习方式的重要途径，所以专门列出来加以强调，这也表明了对"过程和方法"这一维度的重视。《标准（2011 年版）》在第四学段提出了 4 条综合性学习目标，其综合性主要表现在三个方面。第一，学习目标的综合。具体表现在识字与写字、阅读、写作和口语交际这四个方面学习目标的综合，如"自主组织文学活动，在办刊、演出、讨论等活动过程中，体验合作与成功的喜悦"，"能从书刊或其他媒体中获取有关资料，讨论分析问题，独立或合作写出简单的研究报告"，"能用文字、图表、图画、照片等展示学习成果"。与此同时，还表现"知识和能力"、"过程和方法"、"情感态度和价值观"三个维度目标的综合。第二，学习领域（内容）的综合。"学习领域"的综合范围包括学生学习和生活的各个方面，要使他们学会在各个领域里学语文、用语文，在运用中进一步学好语文。有关的课程目标如第1、2、3条。在综合性学习教学建议中也指出"综合性学习主要体现为语文知识的综合运用、听说读写能力的整体发展、语文课程与其他课程的沟通、书本学习与生活实践的紧密结合"，"综合性学习的设计应开放、多元，提倡与其他课程相结合，开展跨领域学习"。第三，学习方式的综合。学习方式的综合是指书本学习与实践活动相结合，接受性学习与探究性学习相结合，课内学习与课外学习相结合。相关的综合性学习课程目标如"选出研究主题，制订简单的研究计划。能从书刊或其他媒体中获取有关资料，讨论分析问题，独立或合作写出简单的研究报告"等。

关于"综合性学习"的教学应突出两点，第一，加强实践。第二，强调自主。加强实践，首先就是要重视人人参与，使学生有强烈的参与与合作意识，人人主动积极地投身其中，善于与他人合作，如"共同讨论"、"体验合作与成功的喜悦"等；其次是要重视应用，教学中加强"学"、"用"之间的联系，使学生在课内学到的东西马上能用到生活实际中去，从而增强学生的信心和兴趣，如"自主组织文学活动"、"提出学习和生活中感兴趣的问题"、"关心学校、本地区和国内外大事"等。强调自主，主要是指由学生自行设计和组织活动，特别注重探索和研究过程，即由学生自主确定学习目标、活动内容及方式等，教师在各环节中起指导作用。

总之，综合性学习的价值在于："倡导学生主动参与、乐于探究、勤于动手，培养学生搜集和处理信息的能力、获取新知识的能力、分析和解决问题的能力以及交流与合作的能力。"［《基础教育课程改革纲要（试行)》］

第二节　《普通高中语文课程标准》解读

与历次语文课程改革相比，本次高中语文课程改革力度最大。本次课改，根据新的课程理念，调整了课程内容和目标，相应地，课程结构也做了很大的调整，由过去单一的必修课程变为必修课与选修课合一的设置。在《普通高中语文课程标准（实验)》（后称《高中课程标准》）中，必修课程包含5个模块，选修课程包含5个系列，如表2－1－2。

表 2-1-2　《普通高中语文课程标准》基本结构表

普通高中语文课程标准	前言		课程性质与地位；课程的基本理念；课程设计思路。
	课程目标	必修课程目标	阅读与鉴赏；表达与交流。
		选修课程目标	诗歌与散文；小说与戏剧；新闻与传记；语言文字应用；文化论著研读。
	实施建议		教学建议；评价建议；教科书编写建议；课程资源的利用与开发。
	附录		

一、普通高中语文课程结构解读

（一）开拓创新传统课程

传统的高中语文课程设置，强调的是共同性，只有必须课程，无选修课程。这种情况不利于高中生个性、特长的发展，也难以培养出特色人才。语文课程设置上过分追求统而全的局面需要改变，必须增加选修课，使高中课程设置走向个性化、灵活化。这样就可以体现语文课程的时代性、基础性和选择性，使学生既能进一步提高语文素养，又为具有不同需求的学生提供更大的发展空间。而《高中课程标准》对高中教育阶段的语文教学内容要求做了整合和规划，在课程结构上，设置必修课程和选修课程两部分；而且，具体的内容以模块设置。相对于中国传统的课程设置，具有极大的创新意义。

从总的结构上，《高中课程标准》将不同程度、不同领域的知识用不同模块的形式，呈现给每个学生，体现了语文内容的基础性与选择性相结合的螺旋式上升结构体系，符合学生学习的心理发展规律，开拓了学生的学习空间，使学生体味到学习的乐趣。

必修课突出课程的基础性和均衡性，目的是使学生具有良好的思想文化修养和较强的运用语言文字的能力，在语文的应用、审美和探究等方面得到比较协调的发展。选修课程主要致力于让学生选择学习，促进学生有个性的发展。课程的选择性，主要体现在以下两个方面：一是国家规定的课程增加了选择性，除了必学、必读、必做的内容，还有选学、选读、选做的内容，体现了内容和要求上的弹性。二是开发地方课程和校本课程。这样做，既能创建具有地方特色的课程，以适应当地经济、社会发展的需要，又能使课程满足不同学生的需求，促进个性健康发展。不同模块的知识，既体现了知识之间的区别与联系，同时，又给予学生在学习和教师在施教时以一定的弹性和灵活度。这样的设计有利于学校灵活安排课程，也有利于满足学生多样的学习需求，符合当今社会学生主动发展以及有个性发展的理念。

（二）高中语文课程结构体现了共同基础与多样选择的统一

《高中课程标准》规定，语文学科课程由必修部分和选修部分组成：必修部分有 5 个模块；选修部分有 5 个系列，若干个模块。这一课程总体结构体现了共同基础与多样选择的统一。

第一，课程结构体现了基础性要求与发展性要求的结合。应该说必修课程和选修课程都有基础性要求和发展性要求，但必修课程更加强调共同的基础性要求，《高中课程标准》明确指出，必修课程要突出课程的基础性和均衡性。必修课程"阅读与鉴赏"的 12 个课程目标和"表达与交流"的 9 个课程目标都体现了共同的基础性要求。《高中课程标准》同时指出，选修课程也应该体现基础性，但更应该致力于让学生有选择地进行学习，促进学生有个性的发展。5 个选修系列的课程目标更多地体现了在必修课程基础上的发展性要求。我们可以这样认为，选修部分在强调基础性的同时，更加强调学生有个性的发展性要求。

第二，课程结构体现了规定性和选择性的结合。必修课程是所有高中学生必须学习的，体现了课程的规定性。对选修课程，学生可以根据自己的基础、兴趣爱好和学习潜能有选择地学习。一个学生修完必修课程后，可以在一个选修系列或几个选修系列中选修 4 个模块，4 个选修模块学习结束，学习兴趣浓厚并希望进一步深造的学生，还可以再选修 2－3 个模块，这就体现了课程的选择性。尽管选修课程的选择性很强，但选修课程中仍有规定性要求，其课程目标是《课程标准》规定的，模块的教学课时也是规定的。

第三，课程结构体现了均衡发展和个性发展的结合。通过必修课程的学习，学生应具有良好的思想文化修养和较强的运用语言文字的能力，在语文的应用、审美和探究等方面得到协调均衡的发展。选修课程则更应该满足学生兴趣和进一步深造的需求，以促进学生个性发展。

第四，课程结构体现了有序性和开放性的结合。课程结构的有序性体现在相对稳定的结构系统上，体现在学习目标的序列上。开放性则体现在学校依据新课标有选择地、创造性地设计和实施课程方面，体现在学生对选修课程的选择方面，体现在课程资源的开放性和课程资源的开发利用方面，体现在语文学科与其他学科的有机交融上。

二、普通高中语文课程基本理念解读

（一）理解全面发展的育人理念

《高中课程标准》的首条基本理念是："全面提高学生的语文素养，充分发挥语文课程的育人功能。"这一理念告诉我们：高中语文课程应着力于学生语文素养的全面提升，有着不容忽视的育人功能。

1. 全面提高学生的语文素养

"全面提高学生的语文素养"是在《全日制义务教育语文课程标准（实验稿）》中就提出的基本理念。我国一向遵循马克思主义关于人的全面发展的思想，并将这一思想贯彻到基础教育中。"全面提高学生的语文素养"是对这一教育思想的继承，是将这一思想落实到语文课程实践中。

（1）学生提高的全面性

"全面提高"应有两个指向：一是面向全体学生，就如《基础教育课程改革纲要（试行）》所说的，"让绝大多数学生经过努力都能够达到体现国家对公民素质的基本要求"。高中语文课程应当以全体学生语文素养的提高为使命，高中语文课程的设计也应当把目标建立在"让绝大多数学生经过努力都能够达到"这一基点上。二是让每个学生都获得全面的发展。从语文教育的范畴来说，就是让学生的语文素养得到综合的、协调的提高，而不是过分强调某方面，致使学生的语文素养形成一种畸形的状态。这对长期以来我国基础教育中重升学而轻发展的"应试教育"、"精英教育"、"淘汰教育"来说，是一个匡正。这一点必须引起极大的关注。

（2）语文素养的完整性

考察我国语文教育的历史，可以看到语文教育的目的观及其实践的发展变化。20 世纪初，语文独立设科，旨在养成学生"读古来经籍"的能力。五四革新后，国语课、国文课以培养学生读写能力为主要目的。中华人民共和国成立后，语文课正式定名，意在全面培养学生听、说、读、写的能力，但由于种种原因，实际上仍是重读写轻听说，且过分强调思想政治教育。60 年代，经过"关于语文教学目的任务的讨论"，语文课强调"工具性"，强调"文道统一"，强调基础知识和基本能力的教学，"双基"成为语文教学的核心概念。80 年代国家改革开放，语文课强调正确理解和运用祖国的语言文字，培养听、说、读、写能力及良好的学习习惯，发展智力，培养审美情趣和爱国主义精神等。但由于应试思想日益膨胀，语文课实际上仍然朝着传授知识、训练技能的方向前行。此后，在"培养能力比传授知识更重要"的思想指引下，"语文能力"渐渐成了语文教学的核心概念。21 世纪，基础教育课程改革，主张实施"工具性与人文性相统一"的语文教育，强调"语文素养""是《全日制义务教育语文课程标准》和《普通高中语文课程标准》中的一个核心概念"① 语文教育目的观的演变过程，反映出人们对语文课程认识的不断深化和提高。

与以听说读写为其明确标识的"语文能力"相比较，"语文素养"可以说是目前所能够找到的最能全面反映、高度概括语文学科内涵及人的语文品质元素的概念。一般来说，"能力"是指胜任、完成某项工作的自身条件（包括心理和生理条件），重在解决问题的"功能性"上。而"素养"则是指通过长期的学习和实践在某一方面所达到的品质高度，包括解决问题的"功能性"和"意向性"两个方面。关于"语文素养"的内涵，巢宗祺先生这样解释："《语文标准》所提的'语文素养'包括：字、词、句、篇的积累，语感，思维品质，语文学习方法和习惯，识字、写字、阅读、写作和口语交际的能力，文化品位，审美情趣，知识视野，情感态度，思想观念等内容。"② 也有人认为："语文素养，是指学生在语文方面表现出的'比较稳定的、最基本的、适应时代发展要求的学识、能力、技艺和情感、态度、价值观'，具有工具性和人文性统一的内涵。"③

要把语文教育观真正从应试教育转到素质教育的轨道上来，语文教师必须完整地理解语文素养的基本内涵，从而建立全面发展学生语文综合品质的课程目的理念。

2. 发挥语文课程的育人功能

《高中课程标准》指出："工具性与人文性的统一，是语文课程的基本特点。"语文课程的育人功能正是由其特殊的性质决定的。

（1）准确理解语文课程的性质

"语文"一词的本义"语言文字"告诉我们，语文课就是语言课，我国语文课就是母语教育课，高中语文课程即是高中阶段对学生实施母语教育的课程。

① 工具性是其本质属性。虽然人们对"语文"一词的含义有语言文字、语言文学、语言文章、语言文化等多种解释，但一直以来人们对语文课工具性本性的认识是一致的。语文课程的工具性是由语言的工具性决定的。语言

---

① 语文课程标准研制组. 普通高中语文课程标准（实验）解读［M］. 武汉：湖北教育出版社，2004，66.

② 语文课程标准研制组. 全日制义务教育语文课程标准（实验稿）解读［M］. 武汉：湖北教育出版社，2004，35.

③ 语文课程标准研制组. 普通高中语文课程标准（实验）解读［M］. 武汉：湖北教育出版社，2004，65.

是人类在必须通过交流来实现合作的情形下产生的，因而交际是语言的最基本功能，语言是人类表达思想和获取信息的工具。从教育目标方面来说，语文课程的重要目标之一是让学生掌握交流、沟通的工具。从学习内容方面来说，语文课程要求学生学习的不仅是赖以交流的最基本的工具符号，而且是运用这种工具进行交际时表现的鲜活生动的智慧。从学习方式方法方面来看，学生是在反复使用语言工具的实践中，认识到它的原理和方法，进而掌握它的应用技巧。由此可见，语文课程的工具性是渗透在语文教育的各个方面，并在实施过程中表现出来的。

②人文性是其重要属性。人文性也是语文的一个客观存在，只是对其认识有一个发展的过程。长期以来，人们从社会历史观出发，认为语文课具有很强的思想性。从 20 世纪晚期开始，在文化理念指引下，人们通过对语言的文化属性探讨，逐步形成了对语文课人文性的认识。语言是人类文化中及其独特的一个元素，它既是人类文化的基本内涵之一，又是承载人类文化的一种工具。语言作为一种符号系统，是一种可以预知的直观内容。但语言的形式又不是独立存在的，他是人类思想的物质外壳，是反映人类思维成果的中介物。所以，当语言作用于人的感官时，人的反应并非停留在语言的符号形式上，而是由此及彼地投射在语言所表示的精神内涵上。语言的这种特殊性质说明语文课程具有强烈的人文性，说明语文课程对学生精神世界的影响是深广的。通过语文学习，学生将认识到中华文化的深厚博大和世界文化的丰富多元，吸收民族文化的智慧和人类文化的营养，不断提高自己的文化品位和审美情趣，从而在爱国情感、社会道德等方面得到陶冶和培养，逐步形成积极的人生态度和正确的价值观。

当然，从整体上讲，语言的形式与内涵是语言本体中的两个互相关联不可分割的元素：没有语言形式作为表达符号，人的精神便无以呈现，人际交往也就无法进行，社会化便难以实现；没有人的精神活动，没有人表情达意的需要，语言符号也就根本不会出现。所以语言的形式与内涵都不可能独立存在，工具性和人文性的统一是语文最完整的性质观。工具性与人文性统一的基本特点，也是语文课程有别于其他课程的根本所在。

（2）语文课程的功能系统

《标准（2011 年版）》指出："语文课程应致力于学生语文素养的形成和发展。语文素养是学生学好其他课程的基础，也是学生全面发展和终身发展的基础。"《高中课程标准》也指出："高中语文课程应进一步提高学生的语文素养，使学生具有较强的语文应用能力和一定的审美能力、探究能力，形成良好的思想道德素质和科学文化素质，为终身学习和个性的发展服务。"

这些都说明了语文课程的奠基作用和促进学生语文素养全面发展的多重功能。

① 德育功能。德育，是指学校对学生进行的政治教育、思想教育、道德教育的总称。从我国基础教育培养目标看，《基础教育课程改革纲要（试行）》就指出："新课程的培养目标应体现时代的要求，使学生具有爱国主义、集体主义精神，热爱社会主义，继承和发扬中华民族的优秀文化传统；具有社会主义民主法制意识，遵守国家法律和社会公德；逐步形成正确的世界观、人生观、价值观；具有社会责任感，努力为人民服务……成为有理想、有道德、有文化、有纪律的一代新人。"这说明德育是包括语文课程在内的所有课程的共同任务。从课程特点看，语文作为一门人文性课程，积淀着深厚的民族文化，具有强烈的人文精神，是实施教育德育功能的最佳课程。语言学习的原理也告诉我们，语言的形式与内涵总是作用于学习者，因此语文课程对学生精神世界的影响是客观存在的。语文教师要注意遵循语文教育的自身规律，将思想品德教育渗透在语文教育之中，使学生受到潜移默化的影响。

② 智育功能。智育是一种着力开发和提升人的智力的教育。智力是人的观察力、记忆力、思维力、想象力的总和，其中思维力是核心。智力培养对于提高学生认识问题、解决问题的能力来说尤为重要。语文课程在智育方面有着强大的功能。语言和思维是密不可分的，语言是思维的物质载体，思维是语言的精神内涵；思维通过使用语言符号进行，语言符号因思维机器表达的需要而存在。因此，学习语言的过程即是锻炼思维的过程。具体说来，语文课选材的广域性能拓展学生的视野，从而能发展学生思维的广阔性；语文课精彩生动的选文有助于活跃学生的思维，培养学生的联想和想象能力；语言的规范性及文章的逻辑性有助于发展学生思维的严密性；表达交流活动有助于锻炼学生的观察力；课文背诵有助于增强学生的记忆力，等等。

③ 美育功能。美育即审美教育，是学生掌握审美基础知识，形成审美能力，养成健康高尚的审美情趣的教育活动。它是学生获得全面、和谐发展的重要一环。语文是一门充满美的魅力的课程，在审美教育方面有着得天独厚的条件，其丰富的内容反映着底蕴丰厚的中华文化和多姿多彩的世界文化，具有极高的审美价值。语文教材里大量优秀的古今中外文学作品所特有的语言美、形象美、意境美、风格美等，都会给学生带来很高的审美享受和深刻的美学思考，是其他教育课程难以媲美的。语文教师应当从课程中发掘审美教育的元素和机会，适时引发学生的审美体验及感悟，使学生不断提高对美的感受力、鉴赏力和创造力。

④ 情感教育功能。情感与人的价值取向密切相关，也是激发人的选择性行为的重要元素。当今，科学技术的发展推动了社会化程度的不断提高，人际交流的互动性、广域性日益增强，社会发展已经进入了重视开发情商价值的时代。同时多元文化的影响也使学生面临着更多、更重的遴选负担，因而情感教育已成为基础教育一项迫在眉睫的重要任务。情感教育的指向，从量的角度来说主要是丰富性，从质的角度说主要是健康性。语文作为一门人文性课程，浸透着人类情感元素，弥漫着诱发情感的动因。这主要反映在语文教材中，选文蕴含着作者丰富激越的情思，感人的内容及生动的语言强烈地感染着学生。在与文本的对话中，学生常常浸泡在情感的海洋中，喜、怒、哀、乐、爱、恶、惧、欲的本能时时翻滚，亲情、友情、爱情的需要不断增加，人生观、世界观、价值观不断升华。语文教师应在课程实施的过程中，充分发挥课程的情感教育功能，不断陶冶净化学生的情感，培养学生健康高尚的情感。

上述四大功能是在同一个课程本体上发生的，这说明他们之间的关系是十分密切的。语文教师应当重视发挥语文课程的整体功能，促进学生全面发展。《高中课程标准》指出："高中语文课程必须充分发挥自身的优势，弘扬和培育民族精神，使学生受到优秀文化的熏陶，塑造热爱祖国和中华文明、献身人类进步事业的精神品格，形成健康美好的情感和奋发向上的人生态度；应增进课程内容与社会发展、科技进步和学生成长的联系，引导学生积极参与实践活动，学习认识自然、认识社会、认识自我、规划人生，实现本课程在促进人的全面发展方面的价值追求。"要做到这一点，我们必须树立全面发展的学生观、素质观和以工具性、人文性的统一为根本的性质观、功能观。语文课程要求通过实践活动来实现其全面育人的功能，要求通过与社会、科技、生活等联系来进行教育活动，让语文的育人功能落到实处。

（二）理解"促进学生均衡而有个性发展"的课程理念

《高中课程标准》的第二条基本理念是"注重语文应用、审美与探究能力的培养，促进学生均衡而有个性的发展"。根据这一理念，我们应当解放思想，舍弃过去那种狭隘的，只重视"双基"传授的教学观，舍弃大一统教学思想下的重共性而轻个性的培养观，树立更高、更广、更符合实际需要的人才发展观。

长期以来，我国语文教学实践存在重知识积累，轻知识应用；重共性思维，轻个性思维等现象，因而使语文课程明缺失全面性、综合性、均衡性。课程改革后，基于从生活中运用语文的综合化、社会化去考量，基于高中学生语文学习的进程及其语文水平的发展，同时也根据社会对人才的语文能力的要求，《高中课程标准》强调"注重语文应用、审美与探究能力的培养"。即，高中学生要使语文能力均衡发展，必须加强语文应用、审美与探究这三种能力的培养。

1. 应用能力的培养

语言是人类最基本的交际工具，可以说，在基础教育课程体系中，语文与社会生活的联系是最有密切、最为广泛的。曾有语文老师说："世界是语文的，语文是世界的。"语文教材的内容可以无所不包，语文课程的价值意义不可小觑。但如何最大限度地呈现语文课程的社会生活意义，更好地帮助学生将所学的语文知识运用于社会生活，仍是当前语文教学中一个值得反思的问题。局限于本本主义的"题海"练习，语文的教、学与社会生活相脱离，仍是现今语文课堂教学上的通病，很多年前吕叔湘先生针砭语文教育时弊的言论至今依然适用。

① 正确理解语文的"应用性"

由于语言与思维、与表情达意的关系，语文课的内容与社会生活的联系是天然的。这就是语文应用性的根本体现。想真正实现语文课程与社会生活的真实联系，就要使学生通过语文学习能"适应现实生活和学生自我发展的需要"，即具有应用语文的能力。所以，我们应更加重视语文学习活动与生活实际的联系，要让学生在应用中掌握语文。《全日制义务教育语文课程标准（实验稿）》中说："语文是实践性很强的课程，应着重培养学生的语文实践能力，而培养这种能力的主要途径也应是语文实践。"因而，语文教师应该更加注重实践活动在教学中的运用。

② 加强联系才能落实"应用性"

语文课应加强与社会、科技的联系。教材的选择、教学内容的组织，应积极反映社会现实生活，让学生感受到语文课浓厚的生活气息、时代气息。现代科学技术不断进步，网络日益普及，这一切在悄悄地改变语文教学的形式。语文教材应当打破单一纸质文本的旧模式，给学生提供一定的超文本学习材料。课程的实施也应联系社会实际，渗透现代元素：教学组织上，既重视课内也重视课外；教学方式上，革除教师"一言堂"，重视师生多元互动；教学手段上，积极利用多种媒体，等等。只有这样，学生才能真正明白语文学习的意义，明白语文与生活的关系，明白语文应用的价值和方法。

语文课还要加强与其他课程的沟通。语文素养是学生学好其他课程基础，但学生并不是等到语文素养完全形成了才去学习其他课程的。其他课程的学习离不开听、说、读、写这些语文基本活动，因而学习其他课程也是在实践语文、应用语文。我们必须改变过去那种分科分离、课程互不相干的教学理念，在学习其他课程时注意应用语文，在学习语文时应注意联系其他课程。

2. 审美情趣的培养

如前所述，语文是一门充满美的课程，有着特殊的美育功能。我国中小学语文课一向重视美育。1924 年 4 月，时任临时国民政府教育总长的蔡元培先生发表《对于教育方针之意见》论及国语国文的美育问题，认为"国语国文之形式，其依准文法者属于实利，而依准美词学者属于美感。其内容……美育当占其二十五"。① 1956 年，我国初、高中的文学教学大纲都把"培养正确的审美观点，特别是对于社会生活的明确的是非、善恶观念和热烈的爱憎感情"作为教育任务之一。② 此后，历次语文教学大纲都在"教学目的"中强调培养学生"健康高尚的审美观"或"健康高尚的审美情趣"。

① 审美教育与全面发展

之所以重视语文教育课的美育，除了突出语文课自身具有的功能外，更重要的还在于强调现代社会对人的审美品质的要求。人类文明进步的历史和现实都告诉我们，社会生活的方方面面都贯穿着审美的追求，人类艺术追求美，科学发明也追求美。随着人类文化的不断进步，人类文明程度的不断提高，社会就更加渴望、更加崇尚对美的发现、追求和创造。所以语文教学更应发挥自身的功能，培养学生的审美能力。除此之外，我们还应当看到，审美教育对学生知、情、意的发展起着着有力的推动作用。健康高尚的审美会引起良好的情绪体验，它影响着人在是非、爱憎、善恶等问题的选择和行为力度，因而美育对学生的全面发展来说十分重要。在学校教育中，语文课可以说是音乐、美术两门课程之外最重要的美育领域。

② 文学教育是语文课最重要的美育途径

我国是一个有着丰富文学遗产的国家，同时也是一个有着悠久的文学教育历史的国家。当今，中学尤其是高中语文课程的选材大多是优秀的文学作品。文学的创造和鉴赏都是一种审美的过程，文学作品教学的美育价值便不言而喻。鉴于此，高中语文教学应重视对学生进行美的熏陶，应关注学生在学习过程中的情感活动，通过揭示文学任务形象的美好心灵，使学生产生仰慕之情；通过感悟优美的意境，使学生产生愉悦之情；通过分析精彩的语言，使学生有真切感受；通过欣赏巧妙的构思，使学生有仿效的冲动，等

---

① 舒新城. 中国近代资料（下册）［G］. 北京：人民教育出版社，1961，1037.
② 人民教育出版社中学语文编辑室. 中学语文教材和教学［M］. 北京：人民教育出版社，1981，36.

等。语文课应该通过以上种种活动，提升学生的审美意识，审美情趣和发现美、追求美、创造美的能力。

3. 探究能力的培养

《普通高中语文课程标准》指出："高中学生身心发展渐趋成熟，已具有一定的阅读表达能力和文化积累，促进他们探究能力的发展应成为高中语文课程的重要任务。"显然，在高中语文课程中强调培养探究能力是以高中学生年龄发展的阶段特征为基础的，是符合心理发展规律的。

① 培养探究能力是现代社会对语文教育提出的要求

探究能力，是指通过分析研究、多方求证，解决疑问的能力。探究是发现创造的前提。所以，造就社会人才的学校教育就应该注重学生探究能力的培养，而现代社会已经越来越重视人才的探究能力，它要求人们的思想敏锐，具有勇于探究、勤于探究的精神和创造革新的能力。而正如《新课标》所说的那样，高中学生"已具有一定的阅读表达能力和知识文化积累"，即具备了发展探究能力的基础。因此，蕴含着深厚的文化智慧和人文精神的语文课程，更应当积极发展学生的探究能力，而这也是语文课程时代性、现代化的一种表现。

② 把被动学习语文的过程变为主动探究的过程

高中语文课程不仅要用课文中表现出来的文化内涵感染学生，还要用课文中蕴涵的人类智慧及探究精神教育学生。同时更为重要的是，必须改变过去那种以传授为主、课堂联系为辅的教学方法，使学生学习语文的过程变为主动探索未知领域的过程。在教学过程中，教师要重视激活学生的思维，将重结论变为重过程，将给答案变为提问题，进而将提问题变为让学生自己找问题；要重点关注学生思考问题的深度和广度，注重问题的延伸性和拓展性。为了把学生培养成为现代社会所需要的创造型人才，《全日制义务教育语文课程标准（实验稿）》已经提出了"积极倡导自主、合作、探究的学习方式"的理念，力图革新原有的教学方式。高中语文课程应当主动建构探究型的教学方式，使学生不断增强探究的意识和兴趣，逐步掌握探究的方法。

应用、审美、探究能力，是时代对高中生整体素质提出的要求。教育者应通过语文课程使得学生形成这几个方面的基本能力，满足学习、生活、工作的需要；在这个基础上，促进学生有个性地发展，让学生充分发挥自身的潜能和优势，成为人才。这样才能真正促进学生均衡而有个性地发展。

（三）理解"开放而有序的语文课程"的理念

比较《全日制义务教育语文课程标准（实验稿）》倡导的"开放而有活

力的语文课程"理念，高中语文课程理念有着明显的变化和发展，即要求"遵循共同基础与多样性选择相统一的原则，建构开放、有序的语文课程"。根据语文课程的性质和功能，高中语文课程必须既要重视全体学生的共同基础，又要为学生的个性化发展提供选择空间；既要重视课程的开放性与多样化，又要强调课程结构的稳定性与有序性。

1. 共同基础与多样选择相统一

共同基础与多样选择相统一是高中语文课程的立课原则，这一原则反映了"均衡而有个性"的学生发展观。由此可见，高中语文课程的建构思想是符合高中学生语文素质培养的目标需要的。所谓共同基础，是指全体学生都应当从高中语文课程中获得必需的语文素养。所谓多样选择，是指高中语文课程应当顾及学生的个性差异和发展差别，将课程系统改造成为可供学生选择的有机集合。共同基础与多样选择的统一为多样选择提供前提，同时也框定了选择范围；而多样选择是在共同基础上的发展，即学生的个性化选择离不开已有的共同基础。

（1）使学生获得必需的语文素养

高中语文课程首先要解决的是打好共同基础的问题，即要使全体学生都获得必需的语文素养。

① 精选高中语文学习内容。学习内容是学习目标赖以实现的基础。精选学习内容，是指从语文学科体系中恰当地选择促进高中学生语文素养进一步发展的元素，使学生学习并掌握。学习材料是学习内容的载体，它既包含着也反映着学习的内容，因而精选学习内容既关系到选编教材，也关系到选用教材。根据上述原理，高中语文教师应视精选学习内容为己任，关注课程，研究教材，使学生学有所用，获得语文素养的发展。

② 变革高中语文学习方式。学生语文素养的发展，既取决于学习内容的选择和组织，也取决于学习方式方法。因此，高中语文教学一方面要从方法功能学的角度改变原有的教学方法，另一方面要遵循"高中学生身心发展渐趋成熟，已具有一定的阅读表达能力和知识文化积累"的特点革新学习方法，逐步培养学生发现学习、探究学习的习惯，推进语文素养的进一步提高。

（2）促进学生特长与个性的发展

课程是教学的前提，是目标达成的基础。促进学生特长与个性的发展，首先要求课程建构必须顾及学生的个性差异，其次要能适应学生特长与个性发展的需要，使课程具有适当的选择性。

① 课程建构要顾及学生差异。《高中课程标准》在模式上有了较大的变

化，即变单一的综合化课程为既有指向"共同基础"的必修课模块又有呼应"多重选择"选修模块的组合型、拓展型课程系统。其目的就在于既要"使全体学生获得必需的语文素养"，又要"为每一个学生创设更好的学习条件和更广阔的成长空间，促进学生特长和个性发展"。

② 研究课程要注重学生发展。《高中课程标准》的必修选修模式对语文教师来说是件新事物，因而为了促进学生发展更有必要去研究课程。研究课程不仅要分析学科内部的逻辑关系，而且要通过不同课程构建与学生个体发展的内在联系去发现课程特有的教育功能。在必修课重在共同基础、选修课重在多样选择的大框架下，处理好课程实施与学生发展的关系，尤其是选修课同学生特长与个性发展的关系。

2. 稳定结构与资源开发相结合

由于语文课程是一门社会性的课程，学生在学习需要等方面存在着个体差异，因此语文课程就必须有选择、再造的空间以及对多方面资源的开发和利用。

（1）把握课程设置与课程实施的关系

《高中课程标准》强调"课程应该具有相对稳定的结构，并形成富有弹性的实施机制"，就是针对课程结构的特征以及课程体系与课程实施的关系提出来的。

① 保持课程结构的稳定性。高中语文教师应当通过研究去掌握《高中课程标准》的结构方式及其内部关系，特别是必修课与选修课的关系。必修课中"阅读与鉴赏"与"表达与交流"两个方面的目标与五个综合性模块的关系，选修课中"诗歌与散文"、"小说与戏剧"、"新闻与传记"、"语言文字应用"、"文化论著研读"等五个系列及其相关专题性模块的关系，以保证实施过程中课程结构的完整性、有序性。

②弹性化地实施课程。《高中课程标准》指出："学校应在课程标准的指导下，有选择性地、创造性地设计和实施课程。"这不仅强调了课程实施的弹性化，也为如何弹性化地实施课程做出了指引。弹性化地实施课程，一方面要积极开发和利用各方面的课程资源，建立于课程互补互动的资源网络；另一方面，则要根据学生的学习需要、发展需要，做好选修课的组织和教学工作。

（2）提高教师的课程水平

《高中课程标准》的实施，主要依靠的是教师。新的课程结构也让教师面临新的问题，新的挑战。

①提高教师的课程修养。课程修养是指对课程理论的掌握水平以及驾驭

课程的能力。它主要反映在教师的课程观、对课程的理解程度和实施课程的水平上。当前，提高教师的课程修养，主要是组织教师重修课程的基本理论以及学习新的课程理论。

②提高教师的专业水平。面对新的高中语文课程，高中语文教师不仅要学习课程理论及新的课程标准，还要加强专业进修，全面提升自己的专业素养，这样才能上好必修课；同事要根据自己的专业特长，选择某个方面为业务发展重点，深入学习，提高认识水平，以便上好选修课。

三、普通高中语文课程整体目标解读

在整个高中语文课程的目标体系中，作为课程改革最本质的体现，"知识与能力"、"过程与方法"、"情感态度价值观"三个维度是一条主线，贯穿于总目标和具体目标中。这三个维度是相互交融、渗透的关系，是以整体的而不是分割的、立体的而不是平面的结构纳入课程目标当中。

高中语文课程目标分为总目标、必修课程目标和选修课程目标三部分阐述。

总目标也就是《高中课程标准》中"课程目标"这一部分的开头。这是对语文课程目标的总概括，体现高中语文课程的性质与特点，课程改革的基本理念以及课程目标的设计思路。总目标着重从"过程与方法"这一角度切入设计，分为"积累·整合"、"感受·鉴赏"、"思考·领悟"、"应用·拓展"、"发现·创新"五个部分。各部分用两个关键词来提领，使整个目标系统的框架更加清晰，描述了两个既相互联系又有一定差异的学习过程。总目标的五个方面是并列的五种语文能力，互为依托，彼此兼容，既有区别又有联系地体现了全面提高学生语文素养的整体要求，体现了"积累、审美、思维、应用、探究"等语文能力均衡发展的共同基础性。

必修课程与选修课程的目标是在总目标的思想基础上进一步展开的，作为两条线索贯穿于整个体系之中，使语文课程的目标体系显得严谨完整。必修课程目标按"阅读与鉴赏"、"表达与交流"两条线索进行描述，选修课程分别根据"诗歌与散文"、"小说与戏剧"、"新闻与传记"、"语言文字运用"、"文化论著研读"五个系列拟定目标。可以说，必修课程的目标与过去教学大纲中的"内容与要求"有一定的继承性。选修课的五个系列目标，则是《高中课程标准》的首创，使课程的多样性得到实实在在的体现。

（一）积累·整合

针对高中学生学习语文的需要和特点，"积累·整合"部分要求学生能

熟悉所学内容，并结合进一步的语文实践，使自身语文素养的各方面要素融汇整合。高中学生不但要有随文的积累，更要有知识目标的积累，并在积累中注意梳理；要逐步形成适合自己的语文学习方式：一要掌握基本的学习方法，了解学习方法的多样性，有针对性地采用恰当的学习方法；要通过梳理，在学语文、用语文的实践中将语文素养的各方面要素整合起来。

语文课程目标提出的整合，是全新的理念。"整合"内容包括以下三方面：

一是学习目标的整合。语文知识和语文能力不是语文学习目标的全部，还应包括语文学习的过程和方法，以及情感、态度、价值观等。

二是课程内容的整合。整合课程内容一方面是学科内课程内容的整合，另一方面要拓展语文学习的范围，注重跨领域的学习，在更广泛的空间学习语文知识和进行语文实践。

三是学习方法整合。学习方法的整合要"根据自己的特点，扬长避短，逐步形成富有个性的学习方法"，同时要恰当地综合运用自主、合作、探究的学习方式，以最大限度地提高语文学习的效率。

（二）感受·鉴赏

从课程目标表述中可以看到，新语文课程重视培养学生的审美能力，这也是对过去语文教育中一些偏差的反思。过去语文教育只重视语文知识的获得与语文能力的形成。这里所说的语文知识和语文能力，只是通过语文教育所获得的一部分显性成果，还有一部分语文教育成果是隐性的，是以"内在"的形式作用于学生的，如培养学生情感、态度、价值观以及审美意识等。

语文教育追求显性成果而忽视隐性成果，从根本上讲，是忽视受教育者作为人的完整存在，因为人不仅是一种物质存在，还是一种精神存在。语文课程目标强调"培养人"不仅要强调知识与能力的培养，还要以提升人的文化品位，发展人的健康个性，逐渐形成健全人格为目标。

要培养学生的审美意识与能力，就要引导学生扩大视野，关注自然和人生，广泛涉猎艺术、科学等领域；要培养学生对美的敏感力、感受力和鉴赏力，引导学生通过发现美、感受美、领悟美，最终将外在的美逐步内化为自身美好的情感、高尚的情趣和良好的道德修养。

（三）思考·领悟

这一部分主要强调的是思维培养、理性学习、探究学习的要求。

相对于义务教育阶段而言，高中语文课程对学生的阅读提出了更高的要求，即要"根据自己的学习目标，选读经典名著和其他优秀读物，与文本展开对话。通过阅读与思考，领悟其丰富内涵，探讨人生价值与时代精神，以利于逐步形成自己的思想、行为准则，树立积极向上的人生理想，增强为民族振兴而努力的使命感和社会责任感。养成独立思考、质疑探究的习惯，增强思维的严密性、深刻性和批判性"。此外，高中学生还要"学习认识自然、认识社会、认识自我、规划人生"，不仅仅是按照他人制定的计划学习，要逐形成自己的学习目标。这一部分的"阅读、思考、领悟、探讨"目标既指向阅读理解能力、语文探究能力，又指向情感、态度、价值观；这里既注重思考、质疑、探究的习惯和良好的思维品质形成，又主张提倡独立学习，合作学习，共同提高。

（四）应用·拓展

这一部分侧重于提高和发展语文的应用能力。要求学生通过高中语文学习，获得良好的应用能力，能正确、熟练、有效地运用语文知识；在广阔的应用实践中，进一步了解自己在语文学习方面的长处、弱点和倾向，在这一基础上再选择某个方面有重点地发展。要注意，有选择的方面既要满足自己的爱好，有利于发展自己的潜能，又要符合社会的需要和客观条件的要求。

语文应用要重视对文化现象和问题的认识、思考、传承和交流。要注重跨学科跨领域的学习，包括同一领域里不同学科之间的沟通，不同学习领域之间的沟通，学习、工作和生活领域之间的沟通。在语文应用中，开阔视野，拓展应用范围，提高语文综合应用的能力。

（五）发现·创新

这一部分对有志于在语文探究、创新方面发展的高中学生提出了更高的要求。它要求学生"注意观察语言、文学、和中外文化现象，学习从习以为常的事实和过程中发现问题，培养探究意识和发现问题的敏感性"，还主张创新学习思维和表达方式，"用历史眼光和现代观念"来审视古代作品，"不断提高探究能力，逐步养成严谨、求实的学风"。

"发现·创新"要求学生不但要乐于接受现成的知识，乐于和他人持相同的态度和见解，还应敢于发表与他人不同的新知与新见。总之，创新是当前课程改革的一大热点，也是一大难点。《高中课程标准》将"发现·创新"作为课程目标的一个方面，既是学科教育的要求，也是着眼于学生发展的必要要求。而创新必备的两点，即一是创新精神，二是创新能力。

四、普通高中语文必修课程目标解读

必修课程目标的制定，要贯彻课程改革精神，其原则首先是要突出学生基本语文素养的发展，关注学生三个维度目标的达成；其次，以创新精神和实践能力的培养为重点，尊重学生在学习过程中的主体地位和个性差异，鼓励学生积极参与、充分发展；再次，重视语文作为母语教育学科的精神哺育功能，重视其对学生精神成长的重要作用，强调德育在语文学科各个教育环节中的渗透，真正落实德育熏陶感染、潜移默化的作用。

高中语文必修课程目标分为"阅读与鉴赏"与"表达与交流"两个方面。

（一）阅读与鉴赏

《高中课程标准》中关于"阅读与鉴赏"的目标共有 12 条，具体分析如下。

1. 第 1 条目标在整个阅读鉴赏目标要求中起着统领作用。以"立人"为本提出阅读鉴赏目标，这是《高中课程标准》的根本要求，是从学生的全面发展和终身发展角度出发，从教育的本质上来理解阅读鉴赏活动，侧重情感态度价值观这一维度，强烈地体现了课程改革对人的尊重，彰显了语文阅读教学中的人文精神。这是对语文学科认识的一种新高度，新境界，也是义务教育阶段阅读要求的发展。

2. 第 2 条目标强调发展学生独立阅读能力这一重点。（1）阅读的整体性。阅读能力的基础要求，就是"从整体上把握文本内容，理清思路，概括要点，理解文本所表达的思想、观点和感情"。这一目标大致是按"综合——分析——综合"的思路进行表述。（2）阅读的主体性和多元化。阅读教学要通过多重对话，尤其是师生之间平等的、互动的对话，去实现对课文的多元解读。要真正做到让学生积极参与、独立思考，就必须尊重学生对课文的多元反应。（3）将阅读落实到语言层面。文本阅读离不开对字、词、句的理解揣摩，对字、词、句的理解揣摩又不能脱离语境孤立进行，因此对语境的重视是十分必要的。

3. 第 3 条目标强调了关于个性化阅读的问题。（1）强调阅读活动中的个性差异。个性发展是本次高中课程改革的核心，这就要求阅读教学不仅要重视阅读知识技能的训练和指导，更要重视对作为阅读主体的学生的心理引导。（2）从个性化阅读指向创造性思维的培养。无论是教师还是学生，都应在研读文本的同事善于质疑，努力借助原有生活经验、思想情感及已经积累的阅读体验，从文本中激发出新的联想和想象，对文本的意义加以适当的引申，进而赋予其新的意义。

4. 第 4、第 5 条目标提出了三种类型文本的区分和阅读、朗读方法问题。新的高中语文课程根据发展学生探究、审美、应用能力的要求，根据三元思维特征（即分析性思维、创造性思维、实用性思维），把文本分为论述类文本、文学类文本和实用类文本。这是一种结合了能力层面和思维特征侧面的综合性分类，强调文本与语文能力培养的密切关系。阅读强调了精读、略读、浏览、速读等方法的结合，朗读强调了思想感情和阅读感受的恰当表达。

5. 第6、第7条目标提出了文学鉴赏的目的、态度、能力和方法问题。（1）鉴赏的目的和态度。鉴赏文学作品是一种积极的审美活动，主体精神的投入、情感的活跃是根本的要求，不能只有理性分析而没有什么的体验。（2）鉴赏能力。在能力目标中渗透着对过程与方法的要求，强调感性与理性的统一，主观与客观的统一，情感与思想的统一，内容与形式的统一。（3）文学鉴赏的精神导向。文学作品中所表现的情感，往往是时代精神的折射，甚至表现了一个民族的某种民族精神，表现了全人类某种普遍文化心理。（4）文学阅读鉴赏的具体方法与知识要求。强调了体裁和表现手法在阅读鉴赏中的重要性，说明了文学知识与鉴赏能力的关系，其目的旨在"用于分析和理解作品"。

6. 第8条目标着重提出中国古代文学作品的阅读鉴赏问题。基础教育的根本任务，是培养具有中国根的中华民族优秀后代。这条目标正是突出弘扬和培育民族精神的重要性，体现出教育对我国古代文化的重视。

7. 第9条目标是关于文言文阅读的要求。这一条侧重从语体的角度提出一般的"文言文"阅读要求，目标定位在"读懂"与"背诵"，强调了文言文阅读的"实际能力"。也就是重在提高对古诗文语言的感受能力、背诵能力，并最终能"举一反三"，实现文言文阅读能力的迁移。

8. 第10条目标强调课外阅读问题。目标强调"具有广泛的阅读兴趣，努力扩大阅读视野"，强调"正确、自主地选择阅读材料……丰富自己的精神世界，提高文化品位"。即希望学生在课外阅读中从培养阅读兴趣入手，逐渐过渡到有正确目的的有效阅读，达成"丰富精神世界，提高文化品位"的目标。

9. 第11、12条目标强调阅读鉴赏中的合作以及工具书、多媒体的运用。合作学习是当今社会人际和谐关系在认知行为上的一种导向，它是对以往所强调的独立学习的一种社会化调整。工具书及多媒体的运用不仅是对传统学习方法的有效继承，也是顺应人类文明发展潮流，掌握先进学习方法的必需和必然。

（二）表达与交流

《高中课程标准》中关于"表达与交流"的目标共有9条，具体分析如下。

1. 第 1 条目标强调学生通过观察以丰富自己的经验与思考。这是从客观和主观两方面提出表达与交流得以进行的基础条件。从客观方面来说，表达与交流的基础源于生活，所以必须多角度"观察生活"以获取丰富的生活资料、写作素材。从主观方面讲，表达与交流的动因来自于学生的内在需求，故必须"丰富情感体验"，这样才会产生独特的感受和思考。

2. 第 2 条目标强调了写作态度和写作精神。"负责的态度"和"真情实感"，这是情感态度方面的要求，体现了科学理性精神的本质。高中学生不能停留在义务教育阶段所要求的大胆表达、自由表达上，应着重培养表达与交流的自觉意识，把自己对社会的看法"以负责的态度"陈述出来，并培育科学理性精神。

3. 第 3 条目标提出了书面表达的基本要求和思维培养目的。一方面强调写作中情感、态度和价值观对写作主题的积极导向作用，指出写作要"观点明确，内容充实，感情真实健康"，体现了写作教学中的"立人"原则。另一方面，也非常重视写作思维，要求"思路清晰连贯，能围绕中心选取材料，合理安排结构"，并提出了在写作实践中"发展创造性思维"的要求。

4. 第 4 条目标主要是书面表达的个性化目标。强调"有个性"、"有创意"、"自主写作"、"多想多写"，这是着眼于学生的个性发展、终身发展而提出的要求。提倡写作的个性化，就能真正还学生以写作的主体地位，就能有效地培养学生的自我意识和独立的个性人格。

5. 第 5 条目标具体提出了书面表达的能力要求。它强调写作的语言基本功，要求"进一步提高记叙、说明、描写、议论、抒情等基本表达能力"，并力求语言表达的"准确、鲜明、生动"。其中，"综合运用多种表达方式"的要求力图淡化文体界限，只关注基本表达方式的科学训练和灵活、综合运用；"推敲、锤炼语言"也涉及语言表达中的修改问题。

6. 第 6 条目标强调写作要重视修改和合作。修改是查漏补缺，是精益求精。修改的方法多种多样，特别要重视在合作中修改。另外，写作成果的展示与评价也是文章修改的必要环节。因为展示和评价既是过程与方法维度的要求，也是写作能力的体现，还包括情感态度的展现。

7. 第 7 条目标是口头表达与交流的总要求。这一目标强调了语文学习中培养"人际交往能力"的重要性，体现了"重视听说"的教学理念。它既有听说方面"善于倾听，敏于应对"的要求，又说明了重视听说教学对培养学生的内在文明素养和外在仪态仪表的意义。

8. 第 8 条提出了口头表达与交流的技能技巧问题。口头表达与交流的主要特点，是现场性和交际性。现场性要求口语表达要"能根据不同的交际场合和交际目的，恰当地进行表达"；交际性要求口语表达要重视互动交流，要注意"语调和语气、表情和手势"，因为这样才能增强口语交际的效果。

9. 第 9 条目标提出了口头表达与交流的具体方式及要求。这一目标分别提出了演讲、讨论、辩论、朗诵等口语具体表达方式要求。但口语的表达交流固然需要形式，但更需要有丰富的人文精神内涵。目标中的"有个性和风度"、"积极主动"、"传达作品的思想内涵和感情倾向"等就体现了对学生口语表达的内在要求。

五、普通高中语文选修课程目标解读

从选修课目标来看，五个系列课程目标的共同之处是：都明确了课程对于提高学生语文素养以及培养学生人文精神的意义，都提出了要关注学习方法，都强调了应用和实践。其具体内容如下：

（一）诗歌与散文

围绕课程总要求，该系列的课程目标既强调了鉴赏诗歌散文对培养文学兴趣，养成健康高尚的审美情趣的意义，又强调了"鉴赏诗歌、散文的基本方法"，还强调了进行诗歌散文创作实践的意义。"鉴赏"是学习诗歌与散文系列课程的基础，鉴赏中当然包含"涵咏、体味、背诵"等基本方法的掌握。而就创作而言，不仅要"尝试诗歌、散文的创作"，还要"组织文学社团，展示成果，交流体会"。

（二）小说与戏剧

小说与戏剧是诗歌、散文以外的基本文学题材，也是与文学审美密切相关的课程。"小说与戏剧"部分共有 6 条目标。第 1、第 2 条是课程的教育目标，强调通过小说、戏剧作品的阅读鉴赏，培养学生的思想感情，提高学生的文学修养和文化素养；第 3 条目标是要求掌握初步的小说、戏剧鉴赏方法并形成"写小说、戏剧评论"的基本能力；第 4 条针对小说的"朗读"和戏剧的"表演"特性，提出要在艺术活动实践中加深对作品的理解和体验，从而更有效地获得学习效果；第 5、第 6 条目标则鼓励学生去尝试研究或创作。

（三）新闻与传记

"新闻与传记"课程目标的核心是，引导学生关注生活，关注社会，培养学生的社会责任感，让学生学会有深度地思考，学会规划人生，培养自己的信息素养和信息处理能力。这部分课程目标共有 5 条，前 3 条目标是关于"新闻"的，后 2 条是就"传记"而言的。第 1、第 4 条目标明确了课程的

意义，强调了阅读新闻和传记对学生情感、态度和价值观的影响，第 2、第 3、第 5 条目标是对新闻、通讯、传记的具体阅读要求和写作要求。

（四）语言文字应用

课程目标中的第 1、第 2 条是从在生活在跨学科中学习和综合运用的角度提出"语言文字应用"的总体要求，即要求在多种形式的学习和实践中提高语言文字应用能力。第 3 条是关于阅读和写作应用文时的语言文字应用要求，即阅读时要"能把握主要内容和关键信息"，写作时"力求准确、简明、得体"。第 4 条目标是就交际实践领域提出应用语言文字的要求，即在"演讲与辩论，学习主持集会、演出"等活动中提高语言文字应用能力。第 5、第 6 条目标是强调对语言文字应用现象和问题的关注、思考及研究，鼓励学生用语言知识和方法来解释语言现象和问题，并提倡应用过程中的创新。第 7 条目标是关于语言文字应用的方式和途径的，提出应关注语言文字应用的现代化手段。

（五）文化论著研读

课程目的在于关注学生思考文化问题的广度和深度，增强学生文化探究的意识和兴趣，促进学生文化探究能力的发展。课程目标的重点在积累与传承、思辨与探究、验证与提高。第 1 条目标从总体上提出本系列选修课的要求，并阐明文化论著研读的意义；第 2 条目标具体提出研读文化论著的基本要求和方法，要求了解论著作者和论著的主要情况和主要问题，注重资料查询和选读等方法。第 3 条目标强调研读文化论著要"探究论著中的疑点和难点"，要能发现、分析和解决问题，并注重研读中的"交流切磋，共同提高"。第 4 条目标指出分析现实生活中的文化现象和关注先进文化的传播和发展问题，鼓励学生对生活中的文化现象进行思考，并投身到先进文化的传播与交流之中。

六、普通高中语文课程教学实施建议解读

（一）教学建议解读

1. 全面发挥语文课程的功能，促进学生素质的整体提高。这一条教学建议强调要注意全面地发挥语文课程的教学教育功能，关注学生的语言积累以及语感和思维的发展，帮助学生在阅读与欣赏、表达与交流实践中，掌握学习语文的方法，增强语文应用能力，培养审美能力、探究能力。高中语文教学还应体现高中课程的共同价值，重视情感、态度、价值观的正确导向，充分发挥本课程的优势，促进学生整体素质的提高。

2. 针对高中语文课程的特点实施教学。这一条教学建议强调应该重视语文的熏陶感染作用和教学内容的价值取向，尊重学生在学习过程中的独特体验；引导学生掌握运用语文的规律，重视培养语感和整体把握能力。

3．积极倡导自主、合作、探究的学习方式。这一条教学建议强调语文教学应为学生创设良好的自主学习情境，激发其学习兴趣，调动其持久的学习积极性和主动性，帮助他们树立主体意识，了解自己，了解学习的对象，根据各自的特点和需要，调整学习心态和策略，探寻适合自己的学习方法和途径。

4．教师和语文课程同步发展。教师是学习活动的组织者和引导者。教师应认真研究《基础教育课程改革纲要（试行）》和语文课程标准，研究自己的教学对象，从本课程的目标和学生的具体情况出发，灵活运用多种教学策略，有针对性地组织和引导学生在实践中学会学习。在教学中，教师要合理使用教科书和其他有关资料，充分发挥教的主动性和创造性。教师要不断提高自身的素养，在和学生平等对话的合作互动中，取得教学相长的双重效果。教师宜根据各自的特点和条件，发展自己的优势和特长，形成个性教学风格和特色。

5．关于必修课程的教学。必修课程分为"阅读与鉴赏"、"表达与交流"两个系列。学校可以根据必修课程两个系列的目标，组织各个模块的内容，实施教学。

（1）阅读与鉴赏教学建议

强调教师要为学生的阅读实践创设优化的环境，提供良好的条件，充分关注学生阅读态度的主动性、阅读需求的多样性、阅读心理的独特性，而不要以自己的分析讲解来代替学生的独立阅读。应鼓励学生敢于批判质疑，在讨论中发表不同意见；要尊重学生个人的见解。教师应该鼓励学生用自己的情感、经验、眼光、角度去体验作品，对作品作出有个性的反应，对作品中自己特别喜爱的部分作出反应，作出富有想象力的反应，在阅读鉴赏过程中，培养学生创造性思维能力。对文学作品的解读，不宜强求统一的标准答案。具体可以从几个方面着手：①阅读理论类文本，着重思考其思想的深刻性、观点的科学性、逻辑的严密性、语言的准确性，把握观点与材料之间的联系。②阅读实用类文本，从材料的来源与真实性、事实与观点的关系、基本事件与典型细节、作者的感情倾向和理性评价等方面进行理解。常用应用文教学，应主要借助文本示例来了解其功用和基本格式，以学生自学为主，不必作过多分析。③阅读文学作品，应引导学生设身处地、身临其境地去感受，重视对作品主体形象和情感基调的整体感知和直觉把握，关注作品内涵的多义性和模糊性，鼓励学生积极地、富有创意地建构文本意义。④阅读文学作品应努力做到"知人论世"，通过查阅有关资料，了解与作品相关的作家身世经历、时代背景、创作缘由等材料。⑤精读一定数量的优秀古代散文和诗词曲作品，着重理解其思想内涵，领略其艺术特色。了解古代诗词曲格律知识，只用来帮助学生理解作品，不列入考试范围。⑥指导学生学会使用有关工具书，自行解决古诗文阅读中的障碍，教师可适当点拨。教师对文言常识作必要的讲解，要注意"少而精"，重在启发学生自主学习，自行探讨，切实提高学生阅读古诗文的能力。⑦诵读是古代诗文教学的重要方法。教师应激发学生诵读的兴趣，指导诵读的方法，培养学生诵读的习惯。⑧根据学校的条件和不同学生的具体情况，适时地向学生推荐难易程度相当、文化品位高的读物。⑨提倡分享与合作，鼓励开展多种活动进行阅读成果的交流，如写书评、读后感、角色扮演，举办读书报告会、作品讨论会等，在交流、碰撞中，激发思想火花，提高阅读能力。

（2）表达与交流教学建议

强调应重视发展学生的创造性思维，鼓励学生自由地表达、有个性地表达、有创意地表达，尽可能减少对写作的束缚，为学生提供广阔的写作空间。同时重视培养学生的口语交际能力。口语交际教学应注重人际交往的文明态度和语言修养，如有自信心、有独立见解、互相尊重、善解人意、谈吐文雅等；重视在各种交际实践中学会口语交际，教师应为学生的口语实践提供具体指导。具体可从几个方面着手：①鼓励学生积极参与生活，体验人生，关注社会热点问题，激发写作欲望。引导学生表达真情实感，不说假话、空话、套话，纠正为文造情的不良写作倾向。②根据预定的写作目的搜集素材，可采用走访、考察、座谈、问卷等方式进行社会调查；也可通过图书、报纸、期刊、文件、网络、影视、录像、录音、照片及口述记录等途径获得有用信息。③鼓励学生将自己或同学的文章加以整理，按照要求进行文字加工和简单的美术编辑，编成文集。④采用多媒体等现代传媒手段演示自己的文稿。学习用电脑进行文稿编辑、版面设计，用电子邮件进行交流。⑤口语交际教学主要应在具体的交际情境中进行。努力选择高中学生关心的、贴近生活的交际话题，采用灵活的形式组织教学，不必过多传授口语交际知识。鼓励学生在各科教学活动以及日常生活中锻炼口语交际能力。

6. 关于选修课程的教学。开设选修课是为了满足学生的不同需要，对必修课的内容有所延伸、补充、拓展或提高。高中语文选修课有的侧重于实际应用，有的着眼于鉴赏陶冶，有的旨在引导探索研究。开设选修课，有利于构建多层次的语文课程体系，有利于为学生的自主选择提供可能，从而促进学生全面发展和有个性地发展。学校有必要根据所具备的条件和学生的需求，按照相关的课程目标开设选修课。

选修课的设计，必须以课程目标和学生的需求为依据，要充分考虑学生的学习现状，还必须从学校自身的条件出发，不能盲目模仿其他学校。有两种情况的选修课可以首先列入计划：一是反映社会发展需求和学生愿望的课程，应该努力创造条件建设；二是学校和所在地区具有某种特殊条件，或者教师具有某些特长，可以以这些优势为生长点，建设地本或校本特色课。当然，根据学生的实际需要和高中学生的学习特点设计的选修课，仍然有可能出现学生不知如何选择和选择之后发现不适合自己的情况，因为学生对所开设的选修课的具体内容和要求未必完全了解。所以在学生选课时，有必要给予深入细致的指导。

（1）诗歌与散文教学建议

①诗歌与散文应有较大的阅读量，在此基础上精选重点学习篇目，进行作品鉴赏。②应在教学中加强诗文的朗读和诵读，在朗读和诵读中感受作品的意境和形象，得到情感的体验，心灵的共鸣，精神的陶冶。③可采用多媒体教学辅助手段，帮助学生感受和理解作品。④可提供必需的作家作品资料，或引导学生自行从书刊、网上搜集有关资料，帮助对作品的理解。⑤应重视作品阅读欣赏的实践活动，不必系统而应结合实践活动相机讲授鉴赏理论和文学史知识。⑥应充分激发学生的想象力和创造潜能，注重对作品的多元解读，不要过于追求统一答案。⑦提倡举办诗歌散文朗诵会。⑧鼓励学生组织文学社团，创办文学刊物，积极向校内外报刊投稿。

（2）小说与戏剧教学建议

①小说与戏剧应重视作品阅读欣赏的实践活动，不必系统而应在实践活动中相机讲授鉴赏理论和文学史知识。②可采用多媒体教学辅助手段，结合观摩剧、小说改编的戏剧影视作品、剧场的戏剧演出、有关音像资料，帮助学生理解和感悟作品。③可提供必需的作家作品资料，或引导学生自行从书刊、网上搜集有关资料，帮助对作品的理解。④组织小说、剧本阅读欣赏报告会、讨论会，交流阅读欣赏的心得。⑤通过尝试戏剧表演，加深对戏剧作品的体验。⑥鼓励学生组织文学社团，创办文学刊物，积极向校内外报刊投稿。

（3）新闻与传记教学建议

①阅读即时性新闻和典型性新闻作品相结合，重在指导学生阅读典范性新闻作品。②新闻阅读与新闻写作相结合，让学生掌握新闻的基本要素和具体要求。③对典型性新闻作品的学习，要理解其基本内容和社会影响，有的还可以了解其采写过程，深入把握作者立场、观点，学习其敬业精神和捕捉

重大新闻的能力。④新闻与传记的写作应从浅易入手，就学校社区生活和熟悉的人物，尝试习作。也可以从写新闻评述、综述，传记性小故事开始，逐步提高。⑤在新闻与传记的习作中引导学生运用调查、访问、讨论、查找资料，上网检索等多种方式获取素材，提高学生搜集信息和处理信息的能力。

（4）语言文字应用教学建议

①应注重在生活和其他学科的学习中学习语文，使学生在实践中经受锻炼，拓展视野和应用范围，提高运用语言文字的能力，在实际运用中进一步了解自己的语文学习状况。要引导学生在广泛的阅读中，学会从大量的信息中筛选和整合有效信息，逐步提高提取信息的速度。在跨领域学习中，要关注语言文字方面的目标。②指导学生阅读规范的应用文，明了应用文的性质和用途，注意应用文的格式、术语、语言特点和风格。引导学生结合生活实际开展活动或创设情境，练习写作。③选择合适的语言文字方面的著作，推荐给学生阅读。帮助学生用所学的基本知识和初步的方法，认识、分析有关的语言问题。④重视调查、分析、探究的过程。引导学生注意观察学习和生活中的语言文字现象，有计划地收集材料，展开专题研究；鼓励学生参加专题研讨会、读书报告会等活动，有条件的学校可以举办专家讲座，或访问专家学者。⑤引导学生从日常的语言现象和所阅读的各种文章中认识思维规律，并在自己的语言实践中自觉地运用规律。注重在思维活动中发展思维品质，提高思维能力。注意用语文课程中生动的实例展开教学，力求科学性与趣味性相结合。⑥鼓励学生创造性地设计多种形式的活动，例如，学做节目主持人、给初学普通话的人正音、开设文章病院、举办语言疑难杂症征答活动等。⑦要鼓励学生独立思考，勇于创新；还需要引导学生脚踏实地，尊重他人的劳动及成果，养成严谨、虚心、求实的作风。

（5）文化论著研究教学建议

①强调指导学生阅读文化论著，交流阅读体会，对其中的主要内容或观点进行讨论。应指导学生领会精神，抓住重点，不必面面俱到，纠缠枝节问题，深究微言大义。对著作中的疑难问题，应引导学生自行钻研、互相探讨，必要时教师可作适当的讲解。②积极开发和利用本地教学资源，引导学生联系生活实际和现代社会中的现象考察文化问题，学习对身边的这类现象进行分析和解释，提出自己的见解，通过口头、文字、图表、图片等多种形式展示成果。③探究学习的目的是要培养学生的探究习惯和探究能力，让学生体验探究的过程，学习探究的方法，所追求的探究结果应该切合实际，不能盲目拔高目标。④这里"探究"的范围应是古今中外的文化问题。其他领域的探究学习中，撰写考察报告、论文之类涉及语文的活动，属于语文"应

用”的范畴。进行文化问题的探究，也要注意提高学生的语文运用能力。⑤应指导学生通过阅读论著、调查梳理材料，学习文化问题探究的方法，吸收优秀文化的营养，增强文化意识，提高认识和分析文化现象的能力，更好地传播先进文化。

（二）评价建议解读

1. 评价的基本原则

（1）评价的根本目的是为了促进学生语文素养的全面提高。此原则强调在九年义务教育语文课程基础上进一步提高学生的语文应用能力、审美能力和探究能力，全面提高学生的语文素养。对学生的语文素养的评价强调从知识和能力、过程和方法、情感态度和价值观几方面进行全面考察。（2）评价应以课程目标为基准，面向全体学生。强调在课程目标基础上，尊重学生的个体差异，关注学生的不同兴趣、不同表现和学习需要。评价要有利于鼓励学生对课程的自主选择，促进每个学生的健康发展，要根据学生的个体差异和个性化要求，采用生动活泼、灵活多样的评价方法。（3）评价要充分发挥诊断、激励和发展功能。强调评价不应片面地强调评价的甄别和选拔功能，首先应充分发挥其诊断、激励和发展功能。语文课程评价重在激发学生提高语文素养的热情，并有利于教师发现学生学习上的优势，在此基础上提出有针对性的发展建议，同时反思自己的教学行为，不断调整和完善教学过程，促进自身的发展。（4）提倡评价主体多元化。这一原则强调语文课程评价一方面要尊重学生的主体地位，指导学生开展自我评价和促进反思，另一方面要鼓励同伴、家长等参与到评价之中，使评价成为学校、教师、学生、同伴、家长等多个主体共同积极参与的交互活动。（5）评价应注意必修课和选修课的联系与区别。必修课和选修课的目标既有联系又有区别，共同构成高中语文课程总目标。语文课程评价既要注意两者的相互衔接，更要注意它们的不同特点。必修课的评价应立足于“共同基础”，而选修课的评价在注重基础的同时，更多地着眼于差异性和多样性。选修课的评价尤其要突破一味追求刻板划一的传统评价模式，努力探索新的多元评价方式来促进目标的达成。（6）评价应根据不同情况综合采用不同方式。学生发展的不同侧面有不同特点和表现形式，对评价也有不同的要求。因此不同的评价方式都有其优势和局限，都有适用的条件和范围。

2. 必修课程的评价

（1）阅读与鉴赏评价与论述类文本阅读评价，强调考查学生的抽象思维能力。对实用类文本阅读的评价，着重考查学生对文本内容的准确解读，以及对文本信息的筛选和处理能力。实用文体的语言风格、格式等特征，学生只需作基本的了解。文学类文本要重视评价学生对作品的整体把握，特别是对艺术形象的感悟和文本价值的独到理解，鼓励学生的个性化阅读和创造性解读。文言文阅读评价，重点考查阅读不太艰深的文言文能力，还要注意考查学生能否了解文化背景，感受中国文化精神，用历史眼光和现代观念审视作品的内容和思想倾向。（2）表达与交流的评价。对写作的评价，应关注学生的写作态度和写作水平。论述类文本写作评价，应考查能否恰当地表达自己的观点，并能用可靠的材料支撑观点。实用类文本写作评价，应考查学生能否根据此类文本中常用文体的特点和要求，完成常见实用文的写作。口语交际评价，应考查学生参与口语交际实践活动的态度，能否把握口语交际的基本要求，善于倾听，在交流中捕捉重要的信息，清楚、准确、自信地表达自己的思想和感情。

3．选修课程的评价

（1）诗歌与散文。对于诗歌与散文的评价应重视学生的阅读兴趣和文化视野。在诗歌散文评论和创作方面，既要考察学生的参与态度，也要评价其成果的水平。（2）小说与戏剧。小说和戏剧评价应强调关注学生对作品的人物、情节、场景等的感受，还要结合小说创作和戏剧实践进行评价。与诗歌与散文评价一样，注重从言、象、情、志等不同层面进行评价。（3）新闻与传记。重在评价学生是否关心国内外大事，是否养成阅读新闻的习惯，并能准确把握主要内容和关键信息；还要评价学生能否运用多种形式写作简短新闻和进行内容真实，文字生动的传记写作。（4）语言文字应用。注意考查学生是否能综合运用有关知识、能力和方法，进行广泛阅读和交流讨论；在交流中是否能注意所掌握和运用的材料充分而真实可信，并有针对性；语言表达是否严密而有条理，并讲究语言艺术和实际效果。关于应用文的写作，重在评价学生是否具有良好的文风，掌握基本的格式要求。强调考查学生能否运用所学的知识归纳等能力，考查学生是否能运用一些基本的知识和方法分析、探究语言文字问题。（5）文化论著研读。考查学生是否认真研读经典原著，对论著内容的理解和观点的把握是否正确，能否借助注释、工具书、参考资料自主学习。注意评价他们在研读文化论著时提问题的角度、思考的深度，还要注意考查他们的阅读兴趣和文化视野。

（三）教科书编写建议解读

编写建议强调了教科书编写的马克思主义哲学和教育学指导原则，强调要遵循学生的身心发展特点和根据语文课程的特点来编撰教科书。同时，教科书的编写要具有时代性、开放性和典范性，并要注意体例和呈现方式的多样化。在教科书编写过程中要注意运用现代信息技术。

（四）课程资源的利用与开发

　　课程资源的利用与开发强调要满足多样化和选择性的需要，必须增强课程资源意识，重视课程资源的利用和开发；各地区、各学校应该认真分析本地和本校的课程资源特点，充分利用已有的资源，积极开发潜在的资源，积极创造条件利用和开发地本和校本课程；各学校也应该注意学校之间资源的互补与共享，强调语文教师应高度重视课程资源的利用与开发，创造性地开展各类活动来参与必修课和选修课的建设，增强学生在各种场合学语文、用语文的意识，多方面地提高学生的语文素养。

第三节　语文课程标准综合解读

　　前两节，对《标准（2011 年版）》和《高中课程标准》的各自内涵进行了全面地详细地具体的解读。本节，从整体的角度，对这两大课程标准进行综合分析。分析的内容主要在三个方面，即标准中的教育观、课程观和教学观。

一、语文课程标准中的教育观

（一）语文教师观

　　"新课标"强调教师不再是课堂知识被动的传授者，而是课程的主动研究者、开发者和创造者；教师不再是学生学习的布置者，而是学生学习的指导者、帮助者、合作者；"教师应转变观念，更新知识，不断提高自己的综合素养。应创造性地理解和使用教材，积极开发课程资源，灵活运用多种教学策略，引导学生在实践中学会学习"。在这里，"新课标"明确了教师的地位和角色，教师不再是书本知识的灌输者，而应是课程的开发者，教材的研究者，课堂教学的组织者，学生学习的引导者、合作者和伙伴。在新课程改革中，积极的、能动的教师形象正逐渐取代消极的、被动的教师形象。

（二）语文学生观

　　所谓"学生观"就是教师对学生的看法，对学生在教学中地位的认识与理解。传统教育观认为学生是学习的被动接受者，是知识的储存器，不承认学生的智力差别和个性差异。"新课标"认为"学生是学习和发展的主体"，"语文课程必须根据学生身心发展和语文学习的特点，关注学生的个性差异和不同的学习需求，爱护学生的好奇心、求知欲，充分激发学生的主动意识和进取精神，倡导自主、合作、探究的学习方式"。同时，"新课标"特别强调语文课程要"面向全体学生"，注重"学生全面发展"，这是我国素质教育的目的和时代对教育提出的要求。"新课标"对学生的认识还有一个突破，就是特别强调对学生"实践能力和创新精神"的培养。这一点是针对目前我国中小学生"动手能力弱"、"创新意识和个性不足"的缺陷提出的。"新课标"提出"语文是实践性很强的课程，应着重培养学生的语文实践能力"。"在发展语言能力的同时，发展思维能力，激发想象力和创造潜能"，"培养学生主动探究、团结合作、勇于创新精神"。

（三）语文生活观

所谓语文生活观，就是一种对"语文"与"生活"关系的认识理念，也即对语文和生活关系的基本态度与看法。"新课标"指出，语文"是母语教育课程，学习资源和实践机会无处不在，无时不有"。"新课标"还指出，在语文教学中要"努力选择贴近生活的话题，采用灵活的形式组织教学"。另外，"新课标"还提出综合性学习和口语交际教学，"鼓励学生在各科教学活动以及日常生活中锻炼口语交际能力"。如此等等，都非常清楚地强调了语文与生活密不可分的关系，证明了语文与生活融合是语文学习的有效途径和趋势。正如温立三指出："语文与生活的关系似乎从来没有像现在这么密切。"语文学习的外延与生活的外延相等，生活中处处有语文，处处可以学语文的"大语文"教育观，正在成为一种教育常识与现实。在生活中学习，在实践中提高，这是一条母语学习不变的规律。

（四）语文创新观

"新课标"运用"创新"、"创意"、"创造"等字眼，多次提到了创新理念。概括起来，有六个角度的论述。一是课程角度："语文课程应该是开放而富有创新活力的。"二是教师角度："语文教师应高度重视课程资源的开发与利用，创造性地开展各类活动。""教师应转变观念，更新知识，不断提高自身的综合素养。应创造性地理解和使用教材。"三是学生角度："语文综合性学习……是培养学生主动探究、团结合作、勇于创新精神的主要途径。""在发展语言能力的同时，发展思维能力，激发想象力和创造潜能。"四是教学角度："正确处理基本素养与创新能力的关系。"五是阅读角度："逐步培养学生探究性阅读和创造性阅读的能力，提倡多角度的、有创意的阅读。"六是写作角度："多角度地观察生活，发现生活的丰富多彩，捕捉事物特征，力求有创意的表述。"

之所以强调语文创新教育，是"知识经济"的需要，是社会经济发展对培养人才提出的新要求，是素质教育全面发展学生智慧品质的需要，也是素质教育的核心要义所在。语文创新教育有四大任务，第一是培养学生的创新意识，激发创造动机；第二是培养学生的创新精神，形成创造性人格；第三是培养学生的创新能力，发掘创造潜能。第四是培养学生的创造技能和创新方法。

（五）语文评价观

传统的语文教学评价有重知识轻能力、重结果轻过程、重理性轻感性、重书本轻实践、重课内轻课外、重笔试轻口试、重量评轻质评、重少数轻多数、重他评轻自评、重选拔轻发展等弊端。"新课标"拨乱反正，提出了要进行科学的多元评价，而不仅仅是重视量化评价和总结性评价。

首先，"新课标"强调评价的目的是激励、促进与发展，不是甄别和选拔，如"语文课程评价的目的不仅是为了考查学生实现课程目标的程度……从而有效地促进学生的发展"。第二，评价的价值取向应是"全面性"的，应"突出语文课程评价的整体性和综合性"，"要从知识与能力、过程与方法、情感态度与价值观几方面进行评价"，"考试只是评价的方式之一"，应不以"分数"论英雄，不以"成绩"定优秀。第三，评价的重点是"形成性评价"，如"形成性评价和终结性评价是必要的，但应加强形成性评价"，在过程中要质量。第四，评价方法要多样，过程评价与终结评价、量化评价与质性评价、鼓励性评价与批评性评价、个体评价与集体评价、自评与他评等要结合运用，灵活运用。第五，评价主体要互动多元，"实施评价，应注意教师的评价，学生的自我评价与学生之间互相评价相结合"。要加强学生的自我评价和相互评价，并且还积极倡导学生家长参与评价，实现评价主体的"多元性"。

二、语文课程标准中的课程观

（一）语文资源观

课程资源有广义和狭义之分。广义的课程资源指有利于实现课程目标的各种因素和一切条件，如生态环境、人文景观和网络资源等；狭义的课程资源指形成课程的直接因素来源，典型的如教材、学科知识等。"新课标"也强调课程资源及其开发，它从四个方面阐释了课程资源及其开发与利用。

1. 语文课程资源包括课堂教学资源和课外学习资源，例如：教科书、教学挂图、工具书、其他图书、报刊，电影、电视、广播、网络，报告会、演讲会、辩论会、研讨会、戏剧表演，图书馆、博物馆、纪念馆、展览馆，布告栏、报廊、各种标牌广告，等等。自然风光、文物古迹、风俗民情，国内外的重要事件，学生的家庭生活，以及日常生活话题等也都可以成为语文课程的资源。

2. 各地区都蕴藏着自然、社会、人文等多种语文课程资源。要有强烈的资源意识，去努力开发，积极利用。

3. 学校应积极创造条件，努力为语文教学配置相应的设备；还应当争取社会各方面的支持，与社区建立稳定的联系，给学生创设语文实践的环境，开展多种形式的语文学习活动。

4. 语文教师应高度重视课程资源的开发与利用，创造性地开展各类活动，增强学生在各种场合学语文、用语文的意识，多方面提高学生的语文能力。

以上四点，第一点强调的是课程资源的内容和分类；第二点、第三点和第四点分别从地区、学校、教师三方面提出了开发和利用课程资源的要求。总之，是要我们树立"课程资源"意识，努力创造条件，高度重视课程资源的开发与利用。课程资源及其开发与利用观念的提出和界定，为我们建立"开放而有活力的语文课程"创造了条件，为我们语文教学走出课堂，走向社会、走向生活、走向自然奠定了基础，为我们培养学生具有创新精神、合作意识、开放视野和实践能力建立了教育平台。

（二）语文课程观

新课程的核心理念"一切为了每一个学生的发展"，体现在"新课标"中指出的"九年义务教育阶段的语文课程，必须面向全体学生，使学生获得基础的语文素养"，"语文课程应致力于学生语文素养的形成与发展。语文素养是学生学好其他课程的基础，也是学生全面发展和终身发展的基础"。

"新课标"的课程目标全面而富有系统性、具体而富有操作性。在"总目标"之下，提出各学段的"阶段目标"，体现了语文教学的整体和阶段性。从总目标看，"知识和能力、过程和方法、情感态度和价值观"三个维度一条隐线，使语文素养成为一个整体。从分目标看，四个学段"识字与写字、阅读、写作、口语交际、综合性学习"五个领域一条显线，使语文素养落到了"实处"。

"新课标"明确了语文课程的"性质"，认为"语文是最重要的交际工具，是人类文化的重要组成部分。工具性与人文性的统一，是语文课程的基本特点"。工具性是从语文的功能上说的，"人文性"是从语文内涵上看的，两者不矛盾，相互统一为一整体。

"新课标"还强调了语文课程的两个基本特点——实践性和综合性。"新课标"指出："在教学中努力体现语文的实践性和综合性。""语文是实践性很强的课程，应着重培养学生的语文实践能力，而培养这种能力的主要途径也应是语文实践。""新课标"还在阶段目标中专门增设了"综合性学习"板块。这些都说明语文的实践性和综合性很强，要注重"课程实践与整合"，要与生活、社会融合。

（三）语文教材观

"新课标"在"教材编写建议"中明确地说明了新课改背景下的语文教材观与传统语文"教材观"的不同。这些不同主要体现在以下几个方面：

1. 面向时代。如，"新课标"认为"教材编写要以马克思主义为指导，坚持面向现代化，面向世界，面向未来"。

2. 多元文化。如，"新课标"认为"教材应体现时代特点和现代意识，关注人类、关注自然，理解和尊重多样文化"。

3. 人文内涵。如，"新课标"认为"选文要具有典范性，文质兼美，富有文化内涵"。

4. 学法指导。如，"新课标"认为"教材应符合学生的身心发展特点，适应学生的认识水平，密切联系学生的经验世界和想象世界，有助于激发学生的学习兴趣和创新精神"，"教材应注意引导学生掌握语文学习的方法。语文知识、课文注释和练习等应少而精，具有启发性，有利于学生在探究中学会学习"。

5. 资源开发。如，"新课标"认为"教材的体例和呈现方式应灵活多样……重视运用现代信息技术"。"语文教师应高度重视课程资源的开发与利用"。

"新课标"打破了传统语文教材只重视"教科书"的观念，积极倡导"大语文"教材观，开发包括课内资源与课外资源、素材性资源与条件性资源、学科资源与活动资源、显性资源与隐性资源在内的所有资源，走上了"开放性"的教材与教学之路。

（四）语文知识观

传统的语文教学特别重视"知识教学"，1961 年我国语文界提出"加强双基"的口号，1963 年的《语文教学大纲》又规定了语文学科的"工具性"本质，提出了"加强基础知识教学和基本技能训练"的教学原则。"新课标"虽然提出"不刻意追求语文知识的系统和完整"，"语文知识的学习重在运用，其概念不作为考试内容"等等，但这只是"淡化语文知识"而不是"弱化语文知识"。其中的关键问题不是不要语文知识，而是教学什么样的语文知识才有用有效的问题。

"新课标"把"知识与能力、过程与方法、情感态度与价值观"作为语文课程的"三维目标"，就说明还是要重视语文知识教学的。但应该教学什么样的语文知识呢？要教学现在依然有生命力的"陈述性知识"、"程序性知识"、"策略性知识"以及"即时信息"、"直接经验"等有效的语文知识，而应该摒弃那些繁琐的、陈旧过时的语文信息与知识。钱吕明在《语文教学与研究》中撰文说："20 世纪语文教学研究的最大贡献，就是建立了一套语文知识体系，这一套知识体系经过几代人的努力，来之不易，轻易否定是不负责的……问题关键是应该用语文知识，而不是被语文知识所用。"[1] 显然，这种说法是有道理的。因为知识是能力的基础，只要把语文知识用在培养语文能力、语文素养服务上，语文知识教学还是十分有必要的。但归根结底，这就要看教什么样的语文知识，才有助于学生语文素养的提高。

（五）语文教学媒介观

语文教学媒介很多，按古今来分有传统媒介和现代媒介。传统教学媒介有黑板、卡片、图片、挂图、图表、图书、报刊、标本、模型、实物等等；现代教学媒介有照相机、幻灯机、投影机、录音机、广播、电视、电影、录像机、语音实验实、电脑等等。

"新课标"十分强调多媒体教学。不仅重视继续挖掘传统媒体的功能，更重视运用现代多媒体。"新课标"指出"现代社会要求公民具备良好的人文素养和科学素养，具备创新精神、合作意识和开放的视野，具备包括阅读理解与表达交流在内的多方面的基本能力，以及运用现代技术搜集和处理信息的能力"。"新课标"还指出，"应当密切关注当代社会信息化的进程，推动语文课程的变革和发展"、"初步具备搜集和处理信息的能力"、"利用图书馆、网络等信息渠道尝试进行探究性阅读"、"能利用图书馆、网络搜集自己需要的信息和资料"等等。

总之，"新课标"特别强调现代教学媒介的使用。这与《基础教育课程改革纲要（试行）》中的论述"大力推进信息技术在教学过程中的普遍应用"，"促进信息技术与学科课程的整合，逐步实现教学内容的呈现方式、学生的学习方式、教师的教学方式和师生互动方式的变革"，"充分发挥信息技术的优势，为学生的学习和发展提供丰富多彩的教育环境和有力的学习工具"等是一致的。

三、语文课程标准中的教学观

（一）语文教学观

"新课标"改变了传统语文教学的"双基论"，认为语文教学的目的是为了培养学生的"语文素养"。"新课标"关于"语文素养"有这样的论述，"九年义务教育阶段的语文课程，必须面向全体学生，使学生获得基本的语文素养。语文课程应培育学生热爱祖国语文的思想感情，指导学生正确地理

---

① 钱吕明. 语文意识：通向语感的阶梯. 语文教学与研究 ［J］. 2004 (3).

解和运用祖国语文，丰富语言的积累，培养语感，发展思维，使他们具有适应实际需要的识字写字能力、阅读能力、写作能力、口语交际能力。语文课程还应重视提高学生的品德修养和审美情趣，使他们逐步形成良好的个性和健全的人格，促进德、智、体、美的和谐发展"。也就是说，"语文素养"主要指：①语言的积累，语感的培养。②语文能力要适应实际需要。③形成良好的个性和健全的人格。

"新课标"倡导语文教学方式应该是"平等对话"。它指出"语文教学应在师生平等对话的过程中进行"，"阅读教学是学生、教师、文本之间对话的过程"。这一"对话论"观点强调"不应以教师的分析代替学生的阅读实践"，直击传统语文教学的"满堂灌"、"一言堂"，体现了现代进步的教育理念。

"新课标"重视教学手段、媒体的"现代化"，倡导运用现代信息技术于语文教学过程，改变教学内容的呈现方式、教学方式和学习方式。"新课标"还强调了教学评价的促进、激励功能，淡化了教学评价的甄别和选拔功能。如"语文课程评价的目的不仅是为了考查学生实现课程目标的程度，更是为了检验和改进学生的语文学习和教师的教学，改善课程设计，完善教学过程，从而有效地促进学生的发展。不应过分强调评价的甄别和选拔功能"，论述的就是语文教学评价的这一功能。

（二）语文学习观

"新课标"中教育理念改变最大的是学习方式的转变。自主合作探究式学习、研究性学习、综合性学习、个性化学习……都是新课程改革中兴起的崭新学习理念。这些理念在大力改变着传统的封闭的接受式学习方式。

自主、合作、探究式学习，是一种复合式学习。自主是基础，"合作"是条件，"探究"是核心。正如"新课标"所说的"学生是学习和发展的主体。语文课程必须……充分激发学生的主动意识和进取精神……培养学生主动探究、团结合作、勇于创新精神……"。

研究性学习，就是"探究式"学习。它当然也提倡"自主意识"、"合作精神"，但它更注重的是学科内部的专题研究。这种学习方式是相对于传统的"接受式学习"方式提出的，它具有自主性、开放性、实践性和探究性的特点。"新课标"多次要求学生"能主动进行探究性学习，在实践中学习、运用语文"。"新课标"还要求学生能提出问题、学会观察、共同讨论、搜集资料、处理信息、学会撰写简单的"研究报告"，在"探究"过程中学会学习。

综合性学习是"新课标"提出的新概念。它既是一种"综合课程"、

"跨学科课程"，更是学生的一种新型学习方式。"新课标"极力提倡"开展综合性学习活动、拓宽学生的学习空间，增加学生语文实践的机会"。"新课标"还指出："语文综合性学习有利于学生在感兴趣的自主活动中全面提高语文素养，是培养学生主动探究、团结合作、勇于创新精神的重要途径，应该积极提倡。"从这个角度看，自主、合作、探究式学习是实现综合性学习必要条件，综合性学习又是培养自主、合作意识和探究精神的必由之路，两者互为条件、紧密相连。

个性化学习也是"新课标"提出的又一崭新的学习理念。以人为本、以儿童为中心、发展个性、注重差异、因材施教……这些观念贯穿于整个"新课标"，形成了本次"课改"的关键性内容。"新课标"要求我们"遵循学生的身心发展规律和语文学习规律，选择教学策略"。还要求我们"尊重学生的个体差异，鼓励学生选择适合自己的学习方式"，"尊重学生在学习过程中的独特体验"，"珍视个人的独特感受"，"使他们逐步形成良好的个性"。

（三）语文训练观

传统语文教学和现代语文教学都重视语文训练，但传统语文训练是机械的、单调的、重复的，它把教学内容分解成一个个知识点、能力点，然后围绕这些点设计大量的习题，再让学生反复机械地做练习，显然，这是违背语文教学规律的。"新课标"也提出"要注重语言的积累、感悟和运用，注重基本技能的训练"，但这里所指的训练是科学的、有度的、有效的。

从现代课程与教学论上看，训练不仅仅是学生独立学习并巩固知识的过程，而且是师生、学生之间的一种互动，一种交往过程，也是学生情感、态度、价值观的建构过程。训练不应成为教师惩罚、控制和鉴别学生的手段，而应是学生重要的发展方式。作为现代的教师不但要学生训练，更要重视如何训练，训练效果如何。一句话，要明确训练的发展目的和功能，把训练作为学生发展的方式，赋予学生自主训练和作业的权利，通过训练为学生提供自我表现、自我反思的时空，为教师提供了解学生发展进程的途径。

语文训练的终极目标是提高学生的语文素养。语文素养形成当然要靠"训练"，但必须是有目的有意义的、形式多样的、有度有效的训练，绝不可能是"机械的"、"单一的"、"僵化的"训练。因此，我们可以把"训练"看成是手段，是达成"语文素养"的必须中介和途径。所以，我们必须从单一的着眼于巩固知识的机械训练向着眼于提高学生运用知识的能力和培养学生情感、态度、创新精神和实践能力的训练转变。

（四）语文实践观

传统的语文教学强调的是"知识学习"和"技能训练"，现代的语文学习更加强调"实践学习"、"活动体验"。"新课标"就多次提到并极力倡导现代语文教学的新型的"实践观"、"活动观"。

"新课标"指出："语文是实践性很强的课程，应着重培养学生的语文实践能力，而培养这种能力的主要途径也应是语文实践……语文又是母语教育课程，学习资源和实践机会无处不在，无时不有。因而应该……在大量的语文实践中掌握运用语文的规律。""给学生创设语文实践的环境，开展多种形式的语文学习活动。""能在老师的指导下组织有趣味的语文活动，在活动中学习语文，学会合作。""策划简单的校园活动和社会活动，对所策划的主题进行讨论和分析，学写活动计划和活动总结。"从以上引文可以知道，"新课标"反对单一的"传递——接受"式教学，而主张开展多种多样的实践活动，由此提高学生的实践能力和创新能力，全面发展学生的素养。而提出在自然中学习，在实践中成长，也是卢梭和杜威等著名西方教育家所提倡的。

目前我国"新课改"积极倡导"综合性学习"和"综合实践活动"课程。这些新的实践学习形式是在过去"课外活动"、"活动课"的基础上发展完善起来的。"新课标"设置的"综合实践活动"主要内容包括研究性学习、社区服务与社会实践、劳动与技术教育以及信息技术教育等四个彼此紧密联系的要素。这四个要素又主要围绕"人与自然、人与社会、人与自我"三种关系维度来组织活动内容、确定活动主题。"新课标"指出："综合性学习主要体现为语文知识的综合运用、听说读写能力的整体发展、语文课程与其他课程的沟通、书本学习与实践活动的紧密结合。""综合性学习"、"活动课程"等新的学习和课程方式的出现为学科课堂教学"活动化"、"综合化"铺平了道路，为课外活动"课程化"、"课堂化"奠定了基础。综合实践活动课程的开设、综合性学习的开展，反映了"新课标"明确而清晰的新型实践观和活动观。

【思考题】

1. 初、高中语文课程的性质是什么？如何理解工具性与人文性的统一是语文课程的基本特点？

2. 初、高中语文课程的基本理念有哪些？如何理解全面提高学生的语文素养？

3. 初中语文课程的总目标有哪些？这些总目标如何体现了语文课程工具性与人文性统一的基本性质？如何体现了语文课程改革的新理念？

4. 高中语文必修、选修课程的目标各有哪些？

5. 分别阐释初、高中语文课程的实施建议。

6. 将初、高中语文课程标准分别与人教版语文教科书相对照，分析语文教科书是如何体现语文课程标准思想的。

第三章　中学语文教材沿革

【导学】本章的学习目标是，掌握中学语文教材编写的历史轮廓，尤其是语文独立设科以来，中学语文教材编写的特点和历史趋势，以及新世纪课程改革中中学语文实验教材的编写体现出的新特点，进而把握在新课程理念指导下，未来中学语文教材所寻求的突破点，从而树立清醒的中学语文教材建设理念。学习本章的主要方法是运用对比手法，比较各个时期教材的不同特点，把握中学语文教材建设的发展趋势；同时搜集整理相关研究资料，探讨本章后面的思考题。

中国的语文教育从有文字记载算起大约有 3000 多年历史，一般分为 3 个阶段：古代语文教育、近现代语文教育和当代语文教育。从商代到清末是中国古代语文教育阶段，20 世纪初，"癸卯学制"的颁行标志着中国现代语文教育的开始，1949 年新中国的成立则拉开了中国当代语文教育的序幕。我国中学语文从 1903 年单独设科到新中国成立前，有四十多年的教学历史，走过了一段艰难曲折的道路。先驱者们大胆创新，艰苦求索，对语文教育的一系列问题，进行了不断地思考和研究，编写过约一百多套初、高中语文教材。新中国成立以后的 30 年中，有志之士在教材建设上惨淡经营、执著追求，取得了不少成绩。可惜全国基本上只有一套教材，教材编写中的一些老大难问题：教材体系、全面提高学生语文素质、发展学生的个性和特长、培养学生的自学能力等等，始终没有得到很好解决。80 年代以来，"一纲多本"，多种中学语文教材竞相斗艳，出现了前所未有的大好形势。21 世纪伊始，在第八次基础教育课程改革背景下，中华人民共和国教育部制定并颁行了语文课程标准，推动了新一轮语文教育改革的发展。中学语文教材的建设也随之开始了新一轮的探索。为了较为准确全面地反映我国中学语文教材编写和出版的历史演变概况，我们遵循语文教育发展的历史，对其各个时期的中学语文教材作简要描述。

第一节　传统语文教材

传统语文教材即古代语文教材。中国古代的学校教育，从未专门设立过单独的语文学科，语文教育是与经学、史学、哲学、伦理学等教育融合在一起的。传统的语文教材主要有经学教材、蒙学教材、文选教材三种类型。

经学教材以儒家经典为主，在汉唐时主要是"五经"，即《诗》、《书》、《礼》、《易》、《春秋》；宋代又增添了"四书"，即《大学》、《中庸》、《论语》、《孟子》。这种以"五经"、"四书"为主体的经学教材构成了我国古代学校教育的一套较完整的课程、教材体系，一直被沿用到清朝末年。

以识字为主的蒙学教材，有周秦时期的《史籀篇》、《仓颉篇》，汉代的《急就篇》、《凡将篇》，隋唐的蒙学教材出现《太公家教》、《兔园册》、《蒙求》等一些集识字、文史典故、道德训诫为一体的读本。而最具代表性的则是人们熟知的"三"、"百"、"千"，即《三字经》、《百家姓》、《千字文》。这三本影响巨大的传统识字课本的编写方式是：将一定数量的常用字编成篇章，句式简短、对称、押韵，用字重复率极低。据统计"三"、"百"、"千"用字，总字数为 2708 字：其中，《三字经》1140 字，《百家姓》568 字，

《千字文》1000 字，剔除重复用字，得单字字种 1462 字。在 2708 字的篇幅里包含了 1462 个字种，篇幅之节省，覆盖面之广，令人深思；同时，三书互补，也使一些常用字有一定的复现率，发挥出整合的优势，这对我们今天的语文教材的编写仍有重要启示和借鉴作用。

文选教材是供青少年研读经书时穿插着诵习的诗文选本，如《文选》（南朝梁·萧统编）、《文章正宗》（宋·真德秀编）、《东莱博议》（宋·吕祖谦编）、《古文观止》（清·吴楚材、吴调侯编）、《古文辞类纂》（清·姚鼐编）、《经史百家杂钞》（清·曾国藩编）、《唐诗三百首》（清·蘅塘退士编）等。诸多的选本中，最优秀且影响和流传最久远的当首推《文选》。《文选》所选的都是名家名篇，全书七百余篇作品，分辞赋、诗歌、杂文三大类，大类以下又分 38 类，类以下再分小类，形成了以文体分类、兼顾作品时代顺序的特色。《文选》开我国文选型语文教材之先河，一直为后世所仿效。这种文选传统延续到近现代，成为语文教材的一种主要模式。

第二节　近现代中学语文教材

从 1905 年清政府颁发法令废止科举前后这一时期到新中国成立前的语文教育，是中国近现代的语文教育。1903 年清政府颁布"癸卯新制"，语文开始单独设科。并由于清政府废科举兴学校，传统语文教材不再适应教育教学需要，于是在这一时期出现了许多新的中学语文教材。

一、清朝末年的中学语文教材

清末废科举、兴学堂。光绪二十七年（1901 年）清政府重谕府及直隶州书院改为中学堂，北京五城设立中学，苏州正谊书院改为苏州府中学，至此，我国中学教育已具雏形了。中学教育的确立推动了近代中学语文教材的产生。然而，直至 1903 年之前，还没有新编的中学语文教材。

1904 年，癸卯学制在全国颁行。中小学堂普遍设立，并统一学制，开设了"读经讲经"和"中国文学"课程。课程设置的改革正是语文教材建设发展的一个重要动因。随着癸卯学制的颁行，与之相适应的中学语文教材建设颇有成果。《中学文粹》（许贵，1904）、《国文教科书》（吴曾祺，1908）、《中学国文读本》（林纾，1908）等教材相继出版。这些教材的编制方法几乎都继承了"文选"传统，选入大量名家范文；选文都是文言一统天下；编排方式多采取时代逆序，即所选文章由近及远，由清文上溯到秦汉文。此外，有的教材还以眉批或篇首加例言或篇末加总评的形式对范文进行评析。

在这些教材中，尤其值得一提的是刘师培编写的《中国文学教科书》（1906年）。它十分重视分析"小学"，并讲授句法、章法、篇法，总论古今文体，配以选文。这种编法，打破了文学读本历来是纯粹选文荟萃的成规，而以语言文字知识为纲，这就向现代语文教材编写体系前进了一大步。

这一年（1906年）还出版了以下一些中学语文教材：章士钊的《中等国文典》，是介绍汉语语法知识的教材。廉泉的《国粹教科书》，所选都是古文，"甄辑平时经史读本，附以姚刘曾吴诸家圈识缮写成册"。选文加圈点，奋翮生的《祖国文范》也用圈点法，"取秦汉唐宋最佳之文，严加选择，存百余首，简要精核，专备教科之用"。这套教材以深浅分四卷，"卷一以平畅为主，卷二以谨严为主，卷三以洲雅为主，卷四则取史记及最佳词赋数篇以备研究高深之助"。俞固礼的《中等作文教科书》上篇为"文章典"，介绍词句篇章的知识，下篇"修辞典"，介绍句法、章法、篇法等文章修辞技巧。不仅如此，我国新编的最早的中学语文教材还应追溯到1903年。这一年梁启超着手编写了一本适宜高等小学和中学用的教材，名为《中国之武士道》。作者在编写凡例中指出："兴味为教育儿童之要件，本编所采事实，皆最有兴味，能刺激人脑识者，故以充高等小学及中学之教科最宜。"从上所述可见，我国清末时期就出现了分科型的语文教材，有专门选文的国文教材，有介绍文章作法的作文教材，还有的编者尝试编写专题性的语文知识教材，如语法教材及文字学教材。这一时期的文选教材选古今名家的文章作范文，不选诗歌和骈体文，采用传统的评点方法，选文范围较窄，不能使学生了解各种文体，编写体例上有评无注，给教学带来了诸多不便。但是，清朝末年，废科举，兴学堂，设置国文科，废除蒙学读本、古文选本等传统教材，代之以具有现代意义的国文教材，其意义是不可低估的。正是在这一时期，语文教材从社会读物中分离出来，具有了纯粹为学校使用的教学专门用书的性质。白话文也慢慢介入中小学语文教材，启动了中小学语文教材由文言向白话转变的缓慢历程。

二、民国初年的中学语文教材

1911年10月，辛亥革命胜利。次年，中华民国临时政府成立，我国国体由君主专制改为"民主共和"。这一年（1912年）公布了《中学校令》："中学校修业年限定为四年。"中学学制由清末的五年改为四年。同年，教育部颁发《普通教育暂行办法通令》，改称"学堂"为"学校"，废止读经；并规定"凡各教科书，务合乎共和国宗旨，清学部颁行之教科书一律禁用"。12月，还公布了《中学校令施行规则》，指出了"国文要旨"。随后，"合乎共和国宗旨"和"国文要旨"的中学语文教材陆续编出。

这一时期的中学语文教材，除了吴曾祺编的《国文教科书》继续使用外，流行较广的还有谢蒙编的《国文教本评注》（四册，1915 年中华书局出版）。刘法曾、姚汉章的《中华中学国文教科书》（四册，1912 年中华书局出版）开始打破由近代上溯远古的习惯，斟酌选文的深浅程度进行编排。开始选入诗歌和骈体文。有的文句加连圈，对课文分段并注明大意，末附总评。陆基的《中学新国文》（1913 年出版）选入了公文程式、章程规则等应用文，在文章分段之处，详加说明，以示作法。此外，这一时期还出现了全由编者自己编写的教材，如彪蒙编译所的《中学论说模范》（初、续编、1912 年彪蒙书室发行）和蔡娜的《中等新论说文范》（1912 年上海会文堂发行）。根据中学语文教学要求"兼习文字源流、文法要略和文学史"，出现了《文字源流》、《文法要略》、《中国文学史》、《中学文法要略》等中学语文教材。

这一时期的中学语文教材，仍然全以文言编撰，选文范围有所扩大，选入了诗歌，高年级还选了一些经籍文章，教材的体例主要是分段评点注释，说明文章作法，与上一时期相比，变动不大。但在编制体例方面有所突破。例如谢蒙编写的《国文教本评注》影响最大，而且最有特色。这套教科书突破了旧式文选型教科书单纯以时代为序的"直线式"编排的老套路，兼顾时代先后及文字深浅，并且尝试以文体分编的新体例。如其第三册共分六编：第一编论著之属（15 篇），第二编序录之属（11 篇），第三编书牍之属（22 篇），第四编碑刻之属（14 篇），第五编杂记之属（7 篇），第六编杂文之属（4 篇）。这里的"编"虽然不是严格的现代意义上的单元，但显然已经具有组元的思想，它开创了我国中学语文教科书以单元组织课文的先例。同时，与先前的语文教材相比，这套教材的助读系统明显得到扩充。每篇选文都编有题解、作者简介、夹评夹注、顶批、黑圈白圈、总评及注释等充实的助读材料，旨在使学生"读一篇可知结构之妙用，读全书可悟作法之不同"。与此同时，这一时期还出现了一些非文选型的语文知识教材。如庄庆祥的《共和国教科书文法要略》，把一部分语文知识抽取出来另编教科书，与以往单一的文选型课本相比，也是一种突破。就语文教材体系而言，这类教材的出现也算是开了分编型教材的先河。

三、20 世纪 20 年代的中学语文教材

1919 年的五四运动有力地推动了中小学国文科的革新。言文一致的"国语"科在此时诞生，这是中国现代语文教育史上继"国文"单独设科以

来又一件具有重大意义的事。1922 年 11 月教育部参酌全国教育会联合会和全国学制会议的两个会议决案，公布了新的学校教育制度，一般称这个学制为"新学制"，新学制改中学为六年，初中、高中各三年。全国教育会联合会除推动学制改革外，还组织起草中小学课程标准纲要，1923 年 6 月公布的《中学国语课程纲要》，制定了初高中的语文教学目的。同时，《初中国语课程纲要》（叶圣陶拟）、《高中公共必修国语课程纲要》（胡适拟）等一系列中学课程纲要也第一次较为完整地提出了语文学科的性质、教学目的、任务、教材体系、教学原则、内容、方法及各阶段教学要求。这表明我国现代中学语文教学的体制已经初步形成。

在这一背景下，20 世纪 20 年代的中学语文教材有了长足的发展。总体来说，这一时期的中学语文教材在编制上，最大的特点是打破了文言一统天下的局面，白话文逐渐占领中学语文教材阵地。1920 年，由洪北平编的中等学校用《白话文范》四册，由商务印书馆出版，这是中学白话文教材产生的标志，是专选白话文作为中学语文教材的最早的一套教材。这一时期中学语文教材的编制大致形成这样的格局：就初中语文课本来说，文言、白话合编的教材占据绝大多数，两种选文往往是无规则地混合在一起，也没有形成单元体例。高中语文课本还没有出现文言、白话合编的形式。编制方面的突破主要表现在两个方面：一是大量反映新时代、新文化、新思想的现代白话文作品被选入教材，改变了文言文一统天下的局面；二是作业系统已开始作为教材的一个结构要素被编进教材书中。如穆济波编写的《高级国语读本》就在课文后面附设"本篇参考"和"本篇研究"，其中"本篇研究"即为一些思考性的问题。同时，这个时期教材的助读设计也有新的探索。如孙俍工编的《初级中学国语文读本》在书前置有详细的有关阅读、写作、说练的目标，试图对传统语文教材在目标、编写结构上做量化及程序化的探索。

此外，这一时期的中学语文教材除了打破文言一统天下的局面、在编制和助读设计上有所探索外，还有一个重要的特点，就是文学作品开始在语文教材中占有较大比重，并增选了学术论文，灌输国学知识。选文编排方式与清末民初时期有所不同，一般把文体分为记叙、抒情、议论、说明等几类，低年级多选记叙文，高年级多选议论文。废除了对课文的评语圈点，改用新式的标点符号和注音字母。当时，还出现了一些学校自编的语文教材，如北京孔德学校编的《初中国文选读》（十一册，1926 年本校编印），国立北京师大附中选辑的《国文读本》（三册，1925 年本校编印）。由于语文教学由重视写作转为重视阅读，所以除了课本以外还编辑出版了一批课外补充读物，如选辑古籍中重要的篇章为特种读本，不依中学年级编制，专供学生自修略读用的读本，经传百家的选本，外国文学名著，各家诗文集选本等。可以说，新学制时期的中学语文教材面貌新，多家出版，形式多样。

四、20 世纪 30 年代的中学语文教材

1929 年国民党政府教育部颁布了中小学课程暂行标准，1932 年颁布了正式的课程标准，1936 年对制订的课程标准进行了修订。虽然有这几次变动，但中学国文科的教学目标、教材大纲、教学方法等没有很大变动。课程标准中的"教材大纲"一项，对中学语文教材选材的标准，教材的排列程序，文法与修辞、略读、习作等项都作了规定。在这一时期里，教育部门没有专门机构编写语文教材，仍是采取民间编写，政府部门审查，出版后由学校自行选用的办法。十年时间，各种语文教材如雨后春笋，竞相出版，数量颇多。因此，可以说，20 世纪 30 年代是我国语文教材建设最辉煌的时期之一，此期丰富的语文教材为以后的语文教材编制提供了许多可资借鉴的资料和经验。

这一时期，白话文在初级中学的语文教材中已经站稳了位置，人们讨论的焦点从要不要白话文转向了文言和白话的比例问题。在编写体例方面，教材编写者就单元组合方式进行了多种尝试与探索。如把有关的语文知识，特别是读写知识或整或散地编进一般文选型的教材，形成一个语文知识系统；单元的组合方式随之复杂起来。当时，比较通行的中学语文教材有：傅东华编写的复兴中学教材《国文》（初、高中各六册，1933～1934 年商务印书馆出版）和宋文翰编写的《初中国文》（六册，1937 年中华书局出版）等。其中值得一提的是叶圣陶、夏丏尊主编的《国文百八课》（1935 年开明书店出版），主要供初中国文教学及自学者使用，共六册（后只出到第五册），每册十八课，故总称"百八课"。《国文百八课》的编制体系是："每课为一单元，有一定的目标，内含文话、文选、文法或修辞、习问四项，各项打成一片。文话以一般文章理法为题材，按程配置；次选列古今文章两篇为范例；再次列文法或修辞，就文选中取例，一方面仍求保持其固有的系统；最后附列习问，根据着文选，对于本课的文话、文法或修辞提举复习考验的事项。"（《国文百八课·编辑大意》），由此可知，这套教材以"文话"为系统来组织，系列清楚，单元组织严密，既注意了各项教学内容的互相配合，又注意到教材整体计划的安排。"习问"把课文和知识结合起来设计，与"文话"、"文选"、"文法"紧密配合，有一套训练系统；重视语文知识的实用性，选用了相当数量的应用文。诚如编者所言"本书编辑旨趣最重要的一点就是想

给予国文科以科学性，一扫从来玄妙笼统的观念"，①　其编排方式，打破了以往仅仅依据文章体裁或按文学史系统等编排语文教材的做法，把系统的语文知识同学生的学习规律结合在一起，组成一个有机的整体，形成一个语文教学体系，在建立语文教学科学体系上作了极有意义的探索。

此外，孙俍工编的《国文教科书》（初、高中各六册，1932 年神州国光社出版）在编辑例言后附两个表：本书编制系统及文体内容分表、各学期钟点分配与教材排列表，每册前附教学细目表，将本学期精读、略读，作文的文体文法及作文的要目，排定程序及时数，每一单元前各附单元教学提要表，详列本单元的教学目的，各篇体裁内容、作文练习题举例及参考书要目。还将各学期略读书目，列于卷首。朱文叔编的《初中国文读本》（六册，1933 年中华书眉出版）特约作者编写课文。徐蔚南编的《初中创造国文读本》（1932 年世界书局出版），插入字画照片与艺形作品等。潘尊行编的《初中精读国文范程》（六册，1935 年商务印书馆出版）在每一篇课文前列出生字新词与成语，要求学生自己翻检工具书解释词义。上述这些做法，在中学语文教材编写史上都是创举。

在选文方面，此期的中学语文教材的选文大多依据新标准教材大纲的规定，选择注重唤起民族意识、发扬民族精神的内容。语体文和文言文并选，由低年级到高年级各学年语体与文言的比例为 7∶3、6∶4、5∶5。各种文体的排列，第一学年偏重记叙文抒情文，第二学年偏重说明文抒情文，第三学年偏重议论文应用文；教材的排列程序第一学年以体制为纲；第二学年以文学源流为纲，第三学年以学术思想为纲；在课文中穿插编排语法修辞及写作知识。尤其高中语文教材，基本上是以文言为主，编入了少量的白话文，并遵照新课程标准的规定，即三个学年都以文体、文学源流、学术思想为纲。这一规定使这个时期的教材增添了整齐一致的色彩，这在高中语文教材编写史上还是第一次。

五、20 世纪 40 年代的中学语文教材

抗日战争的特殊背景，对 20 世纪 40 年代的语文教材建设造成了极大的影响。这时出现的"部编"② 语文教材，又称为"国定本"语文教材，被指

---

① 夏丏尊，叶绍均. 国文百八课·编辑大意［M］. 北京：人民教育出版社，1995，1.

② 1940 年，南京国民政府利用抗战以来教材的印刷、运输发生很大困难和大批学校急需教材的时机，强令取消了自 1906 年开始的教材"审定制"，代之以教材"部编制"，由国立编译馆统一筹划和组编中小学各科的"部编"教材。1940 年至 1946 年由国立编译馆主编的初中六册国文课本全部编完，前后延续了五、六年之久。

定为全国各中学"统一"用书。为了加强思想控制，教材强制地加入了很多国民党要员的文章，被严重异化成国民党党义教育的传声筒，引起了语文教学界乃至教育界的普遍不满与抵制。这一时期，民间多样的教材依然不断地编辑、印行，其中，开明书店出版的一系列教材很有特色。如《开明新编国文读本》甲、乙两种（甲种为白话本，乙种为文言本），《开明高级国文读本》（白话本）、《开明文言读本》等，这些教材扩大了选材范围，着重选取各式各体的实用文章。此外，40 年代前后，在敌后出现的一些"活用课本"、"自学课本"等都是这一背景的特殊产物。这些特殊的教材因其编制上的特殊构想，也为语文教材的建设提供了有益的启示。

从抗日战争到解放战争的十余年中，陕甘宁边区和解放区的中小学语文教材编制也有长足的发展。1945 年，胡乔木主编、新华书店出版的《中等国文》可以说是解放区中学语文教材的代表。该书的"说明"中指出：这套教材"确认国语教学的基本目的，是对于汉语汉文的基本规律与主要用途的掌握"，并以此作为全书编制的主要线索；其编写贯彻整体性原则，全书有全书的整体构思，一册有一册的整体构思，一个单元有一个单元的整体构思；并使课与课之间、单元与单元之间、册与册之间都有某种联络、循序渐进；课本的编排，五课为一组，前四课是读文，末一课为语文规律的说明，即把语文基础知识编进单元，并让它与范文并列成为正式课文；各课后面有教学参考、注释和习题；习题除训练语文技能外，更重视启发学生的思维，培养学生良好的思维品质。编者希望进行各种实际语文练习的时间应不少于全部课程所占时间的一半，这足以显示该教材的编辑重心是立足于应用。"为应用而编，为应用而选，为应用而评，为应用而教，为应用而练"，可谓是《中等国文》的指导思想。不过，由于过分强调实用性和汉语汉文的知识性，因而，语文学科的文学性等特质在这套教材中被淡化了。《中等国文》的编辑思想和编辑体例对以后教材的编写产生了很大的影响。同时，解放区出版的中学语文教材还有：晋察冀边区教育处审定的《中级国文》（1948 年华北新华书店出版），以及《初中国文》（1948 年 3 月出版）、《高中国文》（1949 年 3 月出版）等。这些教材重视编写语法、修辞和写作等语文知识，对语文规律作出说明。另外，对语文训练也有了加强，在课文后附录了习题，供学生讨论、思考及完成作业，这说明教材的编写体例正逐步趋于完善。

综上所述，我们可以看出近现代中学语文教材编写演进的一些特征：在编辑用语和部分选文上，逐步实现了由文言向白话的历史性转变；在体例结构上，从以单篇文章为中心、以时代及体裁为经纬的文选型过渡到以一组文章为范例、具有较严密的助读系统和作业系统、且有教学法功能的单元型；并在单元的组合方式上，进行了各种探索。这些都是近现代语文教材区别于传统语文教材的重要特征。然而，近现代的中学语文教材大体上仍拘于文选模式，没有大的突破。尤其是语文训练的内容薄弱，缺乏系统和序列，相当不完备，更是一大缺点。这些局限，在当前中学语文教材的改革中，值得引起充分的注意。

第三节　当代中学语文教材

1949 年 10 月 1 日，中华人民共和国成立。中学语文教材的编制历史也由此翻开了崭新的一页。

一、20 世纪 50 年代的中学语文教材

1949 年华北人民政府教科书编审委员会选用中小学课本之时，叶圣陶说："前此中学称'国文'，小学称'国语'，至是乃统而一之。彼时同人之意，以为口头为'语'，书面为'文'，文本于语，不可偏指，故合言之。"1950 年，教育部制定的《小学语文课程暂行标准（草稿)》开始使用"语文"名称；同年，由中央人民政府出版总署编审局编辑出版的中学语文课本，也正式用"语文"名称。新中国成立初期的中小学语文教材，基本上都是以老解放区的语文课本为蓝本改编、修订而成的。1950 年 9 月，确定了教材必须由国家统一供应的方针。此后，全国中小学陆续统一使用人民教育出版社编写出版（以下简称"人教版"）的教材。至此，"语文"学科从命名到教材都趋于统一，中小学语文课一律定名为"语文"，不再使用"国语"、"国文"名称，教材也一律使用统编本，不再使用"自编本"。

与此同时，在当时一切领域均须向前苏联学习的大环境下，1952 年下半年前苏联教育家凯洛夫的教育学被介绍进入中国，它对中国的语文教学产生了广泛的影响。在教材建设中，值得关注的是汉语、文学分科教学。根据"应当把中小学语文一门课程分为语言和文学两种独立的学科进行教学"（《关于改进中小学语文教学的报告》）的改革指示，人民教育出版社编出了《汉语》课本和《文学》课本。《汉语》课本供初中使用，共编 6 册，依据现代汉语的知识系统分为七个部分，按照"绪论——语音——文字——词汇——语法——标点——修辞"的序列编排。《文学》课本初、高中各 6 册。初中《文学》课本包括文学作品以及结合文学作品讲授的文学理论常识和文学史常识。初一年级按照思想内容组织单元，初二年级按照作家和作品年代

的先后排列顺序，初三年级按照诗歌、散文、小说、戏剧四种体裁组织单元。高中《文学》课本以文学史为纲编排。总的来说，这套分科型教材明确规定了中学汉语与文学的教学任务、教学内容与教材编排体系以及教学原则与教学方法。然而，由于过分强调语言体系、纯文学性与文学史系统，而忽视了基本的读写能力培养，偏离了中等基础教育的要求。虽然这套教材试教不到两年，还没有完成一轮就被停止使用了，但它在中学语文教材编写历史上是一次重大的变革。

二、20 世纪 60、70 年代的中学语文教材

1959 年 6 月，中央召开教育工作会议，确定语文为重点学科，从此，语文在中小学课程中的重要地位和性质得以确立。1963 年 5 月，教育部制定出《全日制中学语文教学大纲（草案）》。这个《大纲》是新中国成立后的第一个正式的中学语文大纲，具有拨乱反正的重大意义。《大纲》对中学语文教材提出了选材面广，课文量多，文质兼美等要求。

根据 1963 年的《大纲》精神，人民教育出版社编写了《新编十二年学校中学语文课本》。课本强调语文的工具性，反对把语文课上成政治课；它以培养学生的读写能力为主要线索编排教学内容，初步建立起由浅入深、循序渐进的综合教学体系。它选材广泛，编排采取了三方面的措施：一是根据训练的重点组织课文，一是配合课文编入讲解语文知识的短文，一是按照训练的要求编配各种练习。同时，为了便于由浅入深地在一定阶段集中解决主要问题，各年级还安排了培养阅读能力和写作能力的不同教学重点——初一着重培养记叙能力，初二着重培养说明能力，初三着重培养议论能力。总体说来，这套教材具有教学目标明确、选文文质兼美、读写结合紧密等特点。但也存在着编排头绪繁杂、体系比较松散等一些问题。不过，它的"记叙文——说明文——议论文"的文体编选顺序和结构一直沿用下来。可以说这套教材是新中国成立后，继文学、汉语分科教学之后，第二套改革力度最大的中学语文教材。

从 1966 年 5 月开始的"文革"，直至 1976 年 10 月粉碎"四人帮"的十年浩劫中，教育领域是重灾区。这个时期《新编十二年学校中学语文课本》被废除，各省市使用自编教材，在特定的思想政治路线指导下，这些自编教材基本上没有体现出什么科学性、规律性。它们最突出的特色是"语录加大批判"，都以"阶级斗争"、"路线斗争"为纲，选文多为当时的政论文及"大批判"文章，不顾语文学科的特性，致使语文教学几乎处于一种被取消的境地。

三、新时期以来的中学语文教材

1978 年 12 月，党的十一届三中全会召开，标志着我国进入了社会主义现代化建设的新时期。新时期的中学语文教材建设出现了前所未有的崭新局面。合编型教材与分编型教材共存，是这一时期人民教育出版社出版的语文教材的显著特色。

就合编型教材而言，这一时期，初中语文教材在编排体系方面有了新的探索。当时全国通用的初中语文教材，在 1978 年版本的基础上，历经了 1982、1986 年两次大的修订。从纵向说，阅读训练、作文训练、听说训练和基础知识四条线索贯穿 6 册书；从横向说，一个年级的语文基本能力和基础知识的教学要求和教学内容就是一个层次。横向层次与纵向线索交叉，就构成了一个结构"网络"。这些交叉点，就是单元。初中有 48 个单元，就是 48 个交叉点。每个交叉点，都是读写听说训练和语文知识教学的小综合体，全套教材的"网络"式的能力训练体系是比较严整的。这种编排方式力求形成一套比较有序的训练体系，一方面使听说读写训练各自有独立的序列，另一方面又通过一个个单元使它们像麻花似的拧成一个整体．发挥"综合"的优势。

分编型教材是根据教育部 1982 年颁发的《全日制重点中学教学计划（试行草案）》的精神编写的。初中分《阅读》和《作文·汉语》，高中分编为课内《文言读本》、《文学读本》、《文化读本》、《写作与说话》，课外《现代文选读》、《文学作品选读》、《文化作品选读》。高中的这套教材摆脱了以"文选系统"、"文体序列"和"讲读中心"为基本特征的传统模式，建立了以"训练系统"、"能级递进"和"自学指导"为基本特征的新模式，构成了一个比较科学、比较系统、比较新颖而又切实可行的语文训练体系。如阅读训练的安排，不是文选式，也不限于单元式，而是根据阅读对象的特点，把阅读训练分为三大类：文章阅读训练（现代文阅读训练、文言文阅读训练），文学阅读训练，文化科学著作阅读训练。每类训练又自成系统。如《文言读本》每个单元都包括诵读课文、复背课文、文言常识、点读练习、翻译练习、浏览课文等六个部分；各单元的训练重点要求依次是正读音、识文字、通义训、察语气、明文法、断句读、辨辞采、别文体等。这种体例借鉴了传统语文教育和前人读写实践的有益经验，是比较符合文言文教学特点的。

四、《义务教育法》颁布后的中学语文教材

20 世纪 80 年代以来，是中国改革开放的年代，我国的政治、经济、文

化、教育都发生了重大变化。教材改革也加快了步子，并逐步呈现出繁荣的局面。1980 年前后，教育部主持召开了两次中学语文教材改革座谈会。这两次座谈会取得了良好的效果。在第二次座谈会上递交的教材改革方案就有 20 多份。人民教育出版社中学语文室借着这股改革的东风，在全国作了较大规模的关于中学语文教学现状的调查。在这基础上，于 1982 年开始，着手编写六年制重点中学阅读课本、写作课本。与此同时，全国各地纷纷拟定教材改革方案，编写实验教材。随后在 1986 年，全国人大通过了《义务教育法》。同年，国家颁布了《中国教育改革和发展纲要》，提出了"中小学语文教材要在统一基本要求的前提下实行多样化"的方针。在这些政策的指导下，我国中学教育课程计划、教学大纲、教材体系逐步形成，出现了"一纲多本"新格局。

这一时期，经国家教委中小学教材审定委员会审查通过的义务教育初中语文教材有人教社编写出版的四年制和三年制（各一套）初中教科书《语文》，这套教材的编者们力求在更新教材结构方面做出新的探索，建立一个合理有效的学科体系。他们一方面对语文知识和训练做了逐层分解，明确地列出一个个知识点、训练点；一方面将这些知识点、训练点做出系列的编排，然后按照整体的编辑思路配合选文组成单元，把阅读训练、写作训练、听说训练以及语文基础知识训练等要素尽可能有机地组合起来。以人教社义务教育三年制初中语文教材为例，其编制体系特点是把初中语文学习计划分为三个阶段：第一阶段（第一学期）认识语文运用与实际生活的关系，着重培养一般的语文能力，课文按照其反映的生活内容分类编排，如家庭生活、学校生活、社会生活、革命生活、经济文化生活等；第二阶段（第二、三、四学期），联系生活着重培养记叙、说明、议论的能力，三种表达方式依次作为三个学期的训练重点，课文按表达方式编排；第三阶段（第五、六学期）着重培养在实际生活中运用语言文字的能力，培养初步的欣赏文字作品的能力，课文按照问题分类编排。这样，整套教材按照从综合到分解再到综合，由简及繁，由浅入深的思路构建。

此外，还有几种初中语文教材也颇具特色。如上海 S 版初中语文教材，由上海教育出版社出版，上海石油化工总厂和闸北区教育局编写，主编姚麟园。"表达"和"阅读"分编又合册。初一年级"阅读与认识"，初二年级"整体阅读"，初三年级"比较阅读"，初四年级"赏析性阅读"。"表达"和"阅读"各自成序列，又互相配合，相互渗透、促进。"江苏本"九年义务教育初中语文教材（试用），这套教材面向广大农村城镇普通初中，由江苏教育出版社出版，江苏省泰州中学编写，主编洪宗礼。每学期一册书，包括阅读、作文和语文知识三个系统。这套教材的特点是注意整体性，形成"分之则系列分明，合之则相互为用"的新体系。"辽宁本"初中语文教材（试用），由辽宁教育出版社出版，辽宁省鞍山十五中编写，主编欧阳代娜。这是一套分编型初中语文教材，《阅读》、《写作》各6册。《阅读》以培养理解能力为主线，着重训练学生的听、读能力；《写作》以培养表达能力为主线，着重训练学生的说、写能力。

目前，由教育部中小学教材审定委员会审查通过，批准正式出版，并且向全国推荐使用的九年义务教育初中语文教材共有9种：

1. 人民教育出版社编三年制初中语文教材（简称"人教版·三年"）。

2. 人民教育出版社编四年制初中语文教材（简称"人教版·四年"）。

3. 四川省教委和西南师范大学九年义务教育教材编写委员会编，四川教育出版社出版的试用语文课本（简称"四川本"）。

4. 广东省教育厅、福建省教委、海南省教育厅和华南师范大学共同组织编写，广东高教出版社出版的初中语文试用课本（简称"广东本"）。

5. 北京师范大学"五·四"学制教材编写委员会编，北京师范大学出版社出版的四年制初中语文课本（简称"师大本"）。

6. 四川西昌地区教材编写组编（颜振遥编），四川人民出版社出版的初中语文试用课本（简称"自学辅导本"）。

7. 北京师范大学附中教材编写组（沈天心主编），中国科技大学出版社出版的三年制初中语文试用课本（简称"附中本"）。

8. 江苏泰州中学、泰州教研室编（洪宗礼主编），江苏省教育出版社出版的初中语文试用课本（简称"苏教版"）。

9. 辽宁鞍山十五中学欧阳黛娜编，辽宁教育出版社出版的初中语文试用课本《语文·阅读》、《语文·写作》（简称"辽宁本"）。

此外，还有由省市教育行政部门组织编写的，由大学单独或共同编写的，由企业和教研机构联合编写的，以至一所中学集体编写或个人独立编写的教材。在试用中影响较大的有以下几种：

1. 上海中小学课程教材改革委员会组织华东师范大学和上海徐汇区教育局编写，上海教育出版社出版的6－9年级语文试用课本（简称"上海 H版"）。

2. 上海中小学课程教材改革委员会组织上海石油化工总厂和闸北区教育局编写，上海教育出版社出版的6－9年级语文试用课本（简称"上海 S版"）。

3. 浙江省九年义务教育初中语文教材编委会编，浙江教育出版社出版的初中语文试用课本（简称"浙江本"）。

4. 广西教育学院教研部耿法禹主编，广西教育出版社出版的初中语文实验课本（简称"广西本"）。

5. 华东师大一附中陆继椿主编，华东师大出版社出版的"分类集中分阶段进行语言训练"初中语文实验课本（简称"双分本"）。

6. 北京教育学院高原编，开明出版社、北京师范大学出版社出版的《作文三级训练手册》和《阅读三级训练课本》（简称"三级训练本"）。

7. 人民教育出版社编写出版的初中《阅读》、《作文·汉语》（简称"人教分编本"）。

8. 朱绍禹主编，东北师范大学出版社出版的初中实验课本《现代语文》、《古代语文》（简称"东北师大本"）。

这一时期，在初中语文教材改革的同时，普通高中语文教材建设也逐渐呈现出"一纲多本"的局面，在教材编写实践中亦有新的探索。如北京师范大学实验中学的高中语文教材《高级中学语文课本》，其编排体系为每册课本分阅读和表达（说和写）两部分。以阅读为例，阅读部分由现代实用文阅读、中国古代名著阅读、各类文学名著的鉴赏阅读、文化学术著作研究四个方面组成。每册的阅读教学约设计 8－10 个单元，课文约 30－35 篇。单元结构为：开头是"单元说明"，指出单元的教学目的、要求及组元的缘由；然后是 2－5 篇课文，每篇课文前有"提示"，课文后有"思考与练习"；每个单元最后安排"单元知识与综合练习"，这是单元教学的知识归总和学习检测。可见，这套高中语文教材具有完整的序列性、注重能力培养，特别是在文学审美教育和文化积累方面更具优势。又如人民教育出版社周正逵主编的《高中语文实验课本》，打破"文选系统"、"文体循环"和"讲读中心"为基本特征的传统模式，建立以"训练系统"、"能级递进"和"自学指导"为基本特征的新模式。华东师范大学、上海徐汇区教育局组织编写、上海教育出版社出版的 H 版《高级中学语文课本》则以训练阅读能力为主线来进行编写，这些教材无论编写指导思想、编写体系和体例都显示了新的革新气象。

据统计，目前全国使用比较普遍的高中语文教材主要有以下几种：

1. 人民教育出版社中学语文教研室与北京大学中文系合作编写的全日制普通高中语文新课程标准实验教材（简称人教版新课标本）。全套必修教材共 5 个模块，分为五册；每册 4 个单元，每单元 4 课。所选课文以文学类为主，教材特点是：以文学带动语文教学，通过文学与语言的互动，全面提高语文能力；不单独编写系统的写作知识和理论，注重学生对课文内涵的深入体悟，强调阅读欣赏与表达交流的有机融合。

2. 江苏教育出版社出版、江苏普通高中语文教科书编写组编的普通高中语文课程标准实验教科书（简称苏教版国标本）。特点是根据学生精神成长的需要确立学习专题，每个专题以人文母题为统领，而每一个专题、每一个板块都以语文学习活动为支撑点和立足点，以学生语文素养的提高为宗旨。每个专题紧紧围绕"阅读与鉴赏"、"表达与交流"两条主线，设计了一系列符合语文学习规律的学习活动，引导学生开展丰富多样而又实在有效的语文实践。

3. 语文出版社出版的普通高中语文课程标准实验教材（简称语文版）。特点是以文体组元，内容分为"阅读与鉴赏"、"表达与交流"以及综合性的"探究性学习"三个系列。每单元围绕一定的主题（思想内容或文体特点、学习重点等），将三个内容综合编排，以"阅读与鉴赏"为主线，将读、写、听、说活动进行有机整合。

4. 山东人民出版社出版、山东省教研室编的新课标高中语文实验教材（简称鲁教版）。特点是五个模块各由4个单元构成，每个单元围绕一个话题组织选文，共20个话题。20个话题涉及八大学习领域：人生、情感、生活、自然、社会、艺术、科教、文化。不同领域的话题相互间隔分布，同一领域的话题在五个模块中循环出现，20个话题既相对独立，又有内在关联。同时，五个模块还各设计了一个活动性学习专题，编排在教科书的后面，作为单元学习的进一步拓展和升华。

5. 广东教育出版社出版的普通高中课程标准实验教科书（必修）（简称粤教版），特点是以"活动"、"文体"、"语体"三线安排单元，体现教材的基础性、传统性和时代性。以"文体"安排单元，理清了中学语文的文体，加强了语文的基础知识素养，以"活动"与"文体"兼顾安排单元，体现语文工具性与人文性的统一；集中编排语体单元，强调了语文教材文言文的基础性。同时，强化阅读，构建了三个层级的阅读系统：基本阅读——扩展阅读与参考阅读——推荐阅读，加强阅读理论和方法的指导。安排活动，促成写作、说话、阅读能力的培养。

6. 上海教育出版社出版的、王荣生、倪文锦主编的国家课程标准高中语文实验课本（试编本）（简称沪教版）。这套教材最大的特点是每篇课文后面都设计有"整合与建构"板块，详细列出核心的课程与教学内容或主要的教学环节，从而突显了教学目标，明确了教学任务，规范了教学进程，以此达成课程目标内容化、课程内容教材化、教材内容教学化的教材编写目标。

总体而言，这一时期较有影响的中学语文教材多达30来种，其中人民教育出版社的中学语文教材（即人教版中学语文教材）一直占主流教材之位置，此外具有代表性的中学语文教材是江苏教育出版社出版的中学语文教材（即苏教版语文教材）和语文出版社出版的中学语文教材（即语文版中学语文教材）。这些教材有着强烈的革新意识，总体倾向是注重语文的素养教育功能，注重语文学科的人文性，注重面向现代化和面向世界。相应地，从对学生的教育目标而言，它们注重整体语文素养的提高，注重语文能力的培养，重视文化熏陶。教材非常突出的特征是，在选文上注意文化内涵、趣味性、可读性。它们的面世不仅极大地推动了中学语文教材建设，而且对整个中学语文教学的发展起了重要的促进作用。

纵观中学语文教材建设史，中国中学语文教材的变迁有着明显的延续性和发展性，在 20 世纪的大部分时间里，中学语文教材发生着具有浓郁时代性的演变。演变虽然有曲折，有回流，但总体的趋势是现代性逐渐增强。在某种意义上说，中学语文教材的演变是国家现代化史的特殊折射。语文教材建设及其体系结构的纵横比较启示我们，构建 21 世纪的教材体系应进一步处理好以下几个关系：正确处理分编与合编的关系、正确处理读写与口语交际的关系、正确处理提高语文素质与提高整体素质的关系、正确处理语文学习与生活、实践的关系。

【思考题】

1. 语文独立设科以来，中学语文教材编写的历史轮廓是怎样的？

2. 新世纪课程改革中以人教版中学语文教材为例说明中学语文实验教材编写体现出哪些新特点？

3. 新课程理念指导下，未来的中学语文教材建设将从哪些方面寻求新的突破？

4. 我们应该具有怎样的中学语文教材建设理念？

第四章　中学语文教材编制

【导学】语文教材是教师和学生进行语文教与学活动的主要依据，那么，我们在实施语文教与学的活动过程中，就无法回避这么一些问题：中学语文教材具有什么功能和价值？中学语文教材的选文标准是什么？语文教材究竟涵盖着哪些内容要素？它的编制理念和编排体例怎样？"语文教材内容"与"语文教学内容"是不是一回事？它们之间究竟是什么关系？这是本章要探讨的问题。希望同学们学习本章后，对这些问题有较为明确的认识。

第一节　中学语文教材编制概说

语文教材是教师和学生进行语文教与学活动的主要依据，中学语文教师必须理解语文教材的编制，才能用好语文教材。这里讲的中学语文教材主要是专指涵义上的语文教材，即语文教科书。

一、中学语文教材的性质和特点

与其他学科教材比较，中学语文教材具有多义性和导向性、目的性和中介性的基本性质。其突出的特点是语文性、欣赏性、灵活性。

（一）中学语文教材的多义性和导向性

中学语文教材中的文章和优秀的文学作品，综合运用了多种语文知识、语文技巧，体现着作者多方面的智力因素和人格因素，潜在着多种多样的教育教学可能，因而，在教材的理解、运用及其效果方面具有多义性。

另一方面，语文教材是根据一定的社会需要和语文教学序列组成的教学体系。在这个体系中，文章及文学作品课文在思想内容与价值观方面的理解已经有了一定的方向，在知识学习、技能训练、智力开发和情感陶冶也有了明确的重点和目标。因而，凭借语文教材进行语文教学时，在其丰富、多义的基础上，又具有较为明确的导向。

语文教材的多义性，要求我们承认和重视其多方面的教育教学的可能性，在引导学生自学以及运用教材进行教学的过程中，使他们获得丰富多样而又实在切己的收获；语文教材的导向性，要求我们重视其思想、审美教育的价值取向，以及语文知识教学和技能训练的系统安排，充分发挥教材在实现特定目标中的作用；在二者的统一中，实现语文教材的教育教学价值。

（二）中学语文教材的目的性和中介性

语文教材在语文教学中的特殊地位，使得它在语文教学实践中具有了一定意义上的目的性，教师用好教材，学生学好教材成了语文教学活动的基本目标和起码要求。因为语文教材在实际上规定了语文教学活动的主要指向和基本范围，语文教学正是通过对一篇篇课文、一项项知识、一种种技能的掌握，使学生打下扎实的语文基础，并在这个过程中逐渐积累语文经验、形成语文能力，同时获得情感的熏陶，形成正确的价值观。

但是，语文教材中的课文毕竟只是认识世界、表达思想的语言范例和传授知识、训练技能的教学凭借。某种语文教材也只是多种编排可能之中的一种可行方案，是多种教学途径中的一条。哪些文章和文学作品可选为课文，选择哪种体系作为教材编排的依据，并不具有唯一性。它只是维系教师与学生开展语文教学活动的中介，因而，语文教材的根本价值在于它的中介性。

语文教材的目的性，要求我们要尊重教材，进行教学设计、确定教学策略时要吃透教材，做教学准备时要围绕教材，课堂教学实施时要紧扣教材。语文教材的中介性，要求我们要能够驾驭教材，能对语文教材进行选择、加工、改造、运用，充分发挥教材的范例和凭借作用，举一反三，为我所用，而不是为物所惑。把握好语文教材目的性和中介性的整合统一，是充分实现语文教材的教育教学价值的前提和基础。

（三）中学语文教材的突出特点

1. 语文性

我们使用语文教材进行语文教学，均以传授语文知识、培养语文能力为基本目的。教材中的基础知识是语文知识，基本训练是语文技能训练，课文是进行语文知识教学和语文技能训练的范例和凭借，整个教材的体系编排和体例设计也都以语文教学的需要为出发点和归宿，这就在客观上规定了语文教材的语文性特点。

当然，语文教材也重视思想情感教育、审美教育、开阔视野和发展智力，以促进学生的全面发展，有一定的综合性，但它只是语文教材的从属性质，语文性是语文教材区别于其他教材的特性，它决定着语文教材的本质和方向。

2. 欣赏性

编写语文教材的目的是为语文教学服务的，范文的选择要考虑语文教学的实际需要，以及对教学内容、教学方式、教学时间和学生的知能基础、心理特征的适应程度，还要通过阅读提示、思考练习进一步明确和强化其作为范例和凭借的教学功能。语文教材中的课文是从文化宝库中遴选出来的名篇佳作，在为语文教学服务的同时，又具有很强的欣赏价值和恒久的艺术魅力，表现出明显的欣赏性。

语文教材服务教学是第一位的，供人欣赏是第二位的。但欣赏性是语文教材区别于其他学科教材的一个显著特点，除有独立的存在价值外，还能促进自身教学功能的实现。语文教学要重视这一价值的利用和开发，以提高语文教学的吸引力和感染力。

3. 灵活性

在我国，所有学科的教材都是根据国家颁布的课程标准编写的，经过全国中小学教材审定委员会审定才能正式使用的，因此，教材有严肃的法定性。但是由于语文教学的特殊规律和语文教材的自身特点，又具有相对的灵活性。

这种灵活性特点具体表现在五个方面：一是语文教学可以选用不同的正式教材；二是各地学校可以根据课程标准编制地方课程教材；三是对同一教材，可根据教学需要灵活调整单元编排和精读课文与略读课文；四是可自编乡土教材作为补充；五是可将社会发展的信息及时地反映在教材中。

这种灵活性与法定性是统一的，法定性是灵活性的基础，灵活性是法定性的补充和发展。

二、中学语文教材的功能

中学语文教材的功能主要体现为：开发智力、培养语文能力、传授语文知识、积累语文材料，进行爱国主义教育、理想情操教育、道德伦理教育、审美教育，指导语文活动、语文学习和语文思维的方法。

智力一般指与认识活动直接相关的心理因素，如观察力、记忆力、思维力、想象力、联想力等。语文教材中的范文系统、助学系统、训练系统和知识系统，都蕴含着丰富的智力因素，都具有开发智力的功能。

语文教材以读写能力培养为主，兼顾口语交际能力和综合实践能力；它全面提供语文能力训练的材料、情境、要求和方法，凭借它就能有效达到培养语文能力的目标。

语文教材在传授语文知识方面有两条途径：一是明示，通过知识短文、附录、思考练习中的提示、范文的注释，或分散、或集中地向学生传授；二是暗示，利用典范的文章和文学作品，进行读写和口语交际的语文实践，使学生感悟语文知识、规律和方法。

语文教材蕴藏着丰富的可供学生积累的语文材料，爱国主义教育、理想情操教育、道德伦理教育，以及丰富审美感性认识、构建审美意识、培养审美能力等功能，都是渗透在上述功能中实现的。

指导语文活动、语文学习和语文思维的方法又称为语文教材的习法功能。

语文学习的方法，主要包括语文课程的学习方法、语文自主学习和训练的方法、语文学习的规律和特点、语文学习窍门等等。掌握科学的学习方法，已成为人类现代社会中安身立命、健康发展的基本素质。因此，指导学生学习和掌握语文学习的科学方法，就成为语文教材应该具备、也必须具备的一项基本功能。

语文思维方法包括分析综合、分类比较、抽象概括、具体化和系统化、想象和联想、求同和求异等心理方法，以及形式逻辑的方法，等等。一切能帮助学生学习语文的思维方法，只要科学、实用，都应从学生的接受能力出发，予以指导。但指导的重点应是整体感知、激疑质疑、联想想象、欣赏感受、观察思考、独立判断等方法。

三、中学语文教材的价值

所谓语文教材，其实和一般文化课教材似乎没有什么区别，我们语文课本里的那些课文，都分属于一般人类文化的各个方面和各个领域。如：《松鼠》不是属于生物学的领域；《赵州桥》不是属于物理学的领域；每一篇文章，都可以将它们归属于它们各自的文化领域，那么语文教材与其他教材有什么不同呢？语文教材的独特价值是什么呢？这是一个很复杂的问题，又是一个不可回避的问题。我们不妨从中学语文教材的价值这个角度来思考。对中学语文教材的核心部分——课文稍作探究，就会发现，语文教材具有双重的价值，即教材的原生价值和教材的教学价值。

（一）语文教材的原生价值

语文教材是由相互之间在内容上没有必然联系的若干篇文章组成的。这些文章，原本并不是作为教材而编写的，而是作为一种社会阅读客体存在的。它们原本作为社会阅读客体而存在的价值，可称之为"原生价值"。

有研究者把课文的原生价值概括为知识传播价值、情意交流价值和消闲价值。其实还可以概括出很多其他的价值。作者创作的时候怀着各式各样的目的，可以说有多少种创作目的，它们就有多少种价值。但是不管有多少种价值，它们的总价值，就是信息价值。读者阅读它们，其目的或者为了获得事实的信息，或者为了获得思想感情的信息，总之，都是为了获得信息。这是编进教材之前的文章、作品的原有价值，也就是语文教材的原生价值。

（二）语文教材的教学价值

但是，这些文章一旦进入语文教材，它们的价值就发生了增值和变化。它们保留了原本所有的传播信息的价值，同时又增加了一种新的价值，即"如何传播信息的信息"。这种"如何传播信息的信息"，即我们所谓的"教学价值"。

事实上，不管是被选进语文教材里的这些文章，还是其他课程所使用的教材，它们客观上都有两种价值，一种是它们"所传播的信息"的价值，一种是它们"如何传播信息"的价值。在其他课程里，学生学习教材，只学前者，不学后者；而在语文课程里，学生主要不是学习前者，而是学习后者。

（三）原生价值与教学价值的对立与统一

具体到语文教学中，语文教材的教学价值与原生价值是什么关系呢？

一方面，必须把它们区别开来。必须明确，语文教材有两种价值，语文教学主要着眼于教学价值。将语文教材的这两种价值混为一谈，把语文教材的原生价值当做教学价值，不着眼于它的"如何传播信息"的智慧而着眼于它所传达的信息本身的智慧，这是我们语文教学经常犯而又容易被忽视的错误。

另一方面，必须把它们结合起来。必须明确，语文教材的这两种价值，必须统一在教学过程中，才能实现语文教学的目的。

一篇文章进入语文教材之后，就不再是一篇社会阅读的客体了，而是语文教学的材料，它在原生价值的基础上生发了教学价值。但是，在语文教学过程中，学生学习课文，首先又要把课文当做一个社会阅读客体，把自己作为一个社会阅读主体来阅读课文。也就是说，学生要把接受课文所传播的信息作为阅读目的来阅读课文。

但是，学生阅读课文获取信息，这只是语文教学一个显在性的行为。学生阅读课文获得"如何传播信息"的言语智慧，则是一个更为本质的行为。在语文教学中，学生掌握教材的原生价值，并不是学生阅读行为的最高目的，学生阅读行为的最高目的，是通过掌握教材的原生价值的过程，掌握教材的教学价值，即掌握如何传播信息的智慧，也就是言语智慧。从语文教学的目标取向来看，语文教材的教学价值，处在语文教学的最高层次，而语文教材的原生价值，则是为实现语文教材的教学价值铺路、搭桥的。

（四）语文教材教学价值的未定性

语文教材的教学价值寄附在语文教材的原生价值之中，它不像教材的原生价值那样直接诉诸命题和陈述，而是隐蔽在教材的原生价值之中，由课文自身直接体现。因此作为一种教学内容而言，它是未定的。

1. 语文教材教学价值的隐蔽性

语文教学最终的所有矛盾都汇集到了这里：在语文教学中，掌握语文教材的原生价值是实现语文教学目的的一个不可或缺的环节，学生必须读懂课文。学生没有这一种行为方式，没有这么一个心理过程，就不可能实现语文教材的教学价值，也就不可能真正实现语文教学培养学生言语智慧的根本目的。然而，在本质意义上更为重要的东西，在语文教学中却藏在背后。你只能在掌握教材原生价值的过程中掌握教材的教学价值；同时，你也只能在掌握教材的原生价值之后，才能真正掌握教材的教学价值。也就是说，语文教材的教学价值，是内隐的价值。如果说语文教材的原生价值是通过教材本身直接"陈述"出来的，那么语文教材的教学价值，则隐含在这种"陈述"本身中。"陈述"自身隐含着"如何陈述"的智慧。而学生则通过对"陈述"的接受，间接地获取"如何陈述"的智慧。也就是说，在语文教学中，越是重要的价值、基本的价值，越隐藏在语文教材的深处，越难发现和掌握。

2. 语文教材教学价值的自足性与规定性

语文教材中每一篇课文都是一个相对完整的独立的言语行为，因此它所反映的言语智慧，即它的教学价值，具有一种充分的价值自足性。"语文教材，每一篇课文基本上都可以看作语文教材价值体系之'具体而微者'"。因为每一个独立的言语行为都是一个完整的过程，它所负载的言语智慧是全面、综合、整体地体现在其中的。课文的每一个部分，哪怕是一个词语的言语智慧，都与整个文章有关系，它归根到底都是由文章的整体性功能需要决定的，从而与其他组成要素密切联系在一起，成为一个不可分割的整体。

但是，语文教学的过程却是一个线性的过程，它必须在一个时间里获得展开。这样就必然存在一个先教什么后教什么、先学什么后学什么的问题。而另一方面，语文教学内容的选择也不是由教材一个要素决定的，还涉及学生认知发展阶段性的问题。因此也不可能是教材有什么我们就教什么、学什么，我们只能选择教材内容与学生认知发展相一致的内容。这样一来，在语文教学中，我们对某一篇课文的教学价值，除了有一个在它的原生价值基础上进行教学价值发掘的问题以外，还有一个对它的具体的教学价值的"定位"问题：它们有许多教学价值，那么在这一个具体的教学点上，我们选用哪一点教学价值呢？

某一篇课文的教学价值是由整个教材的价值体系决定的，同一篇课文在教材的不同位置上可有不同的具体价值定位。这个过程固然离不开课文本身的教学价值背景，但更主要的，是由教材编撰者规定的。事实上，就课文本身的教学价值而言，大部分课文是可以相通的，可以替代的。之所以把这篇课文的教学价值定位在 A 上，而把那篇课文的教学价值定位在 B 上，这是一种主观规定。

第二节　中学语文教材选文标准

从 1986 年开始，我国语文教材实行审定制度，编审分开，为推行"一纲多本"的语文教材奠定了基础。这就充分调动了各方面的积极性，有力地推动了编写、试用各种语文实验教材的热潮。于是，语文教材理论研究者开始关注对语文教材选文标准的研究，以便找到提高语文教材编写水平的办法。

一、确定中学语文教材选文标准的意义

由于语文教材是学校语文教学的主要凭借，是教师与学生之间进行教和学的主要媒介，是培养学生综合素质的主要课程资源，人们对出台语文课文选文标准的呼声也越来越高。确定中学语文教材选文标准的意义大致体现在如下两个方面。

（一）提高语文教材和语文教学质量的需要

语文课程是对学生进行交往教育的核心课程。语文教学要抓住一切语言学习的共性，即以"通过实践去学"为主，同时渗透一些简明的语言规则（语法规则），帮助并强化从实践得来的知识。因此，语文教学对语言的学习必须直接同典范的言语现实形态——选文打交道，直接从鲜活的实例中汲取营养，进行言语技能的训练。

语文教学的一个重要任务是进行语文基础知识教学。这些知识可以通过文字进行直接、概括的说明，但这种概括的、诉诸理性的文字说明，不管怎么生动形象，都不可能给人以具体的、深刻的印象。要想让学生在具体感受、直接领悟的基础上深入理解并且牢固掌握这些知识，就必须引导他们去读文章，读大量的语言作品。一篇优秀的范文，是用词造句、构段谋篇的典范体现者，是语法、修辞、逻辑以及各种表达方式的完美结合的整体。可以说，一篇范文就是一个不出声的语文教师，它随处都在告诉你：这个字该怎么写，这个词该怎么用，这个句子的表现力为什么强，这个段落有什么作用，这种表达方式为什么在这里适用，等等。"语文教材无非是个例子"，这例子就是运用语文基础知识的范例。

语文教学的另一个重要任务，就是使学生学会运用语文基础知识，从而形成相应的语文能力，养成良好的语文行为习惯。语文能力和习惯不能凭空得来，只能通过扎扎实实的训练逐步养成。语文教材中的范文，正是学生训练语文能力、培养良好语文习惯的最重要的凭借物。例如，朗读是一种读文的方式，朗读得好也是一种语文能力。引导学生在充分理解选文思想内容的基础上，按教师的要求学着朗读，这是培养学生朗读能力的重要途径。在这种情况下，朗读能力的训练离不开范文这个重要凭借物。又如，熟练、准确地查阅工具书也是一种语文能力。在研读范文时，教师指导学生学着查阅字典、词典，独立解决范文中的生字生词，这样反复实践，学生不但懂得了各种工具书该怎么查、怎么用，而且逐步养成了遇到字词障碍就自觉查阅工具书的良好习惯。这样，范文就成了训练学生查阅工具书能力的凭借物。

语文教学还有一个重要任务，就是要对学生进行思想品德教育和审美教

育。例如思想品德教育中的爱国主义教育，不能采用枯燥、抽象的说教方式进行，必须靠范文中人物和事件的感人力量去震撼学生的心灵，像都德的《最后一课》就具有这样的震撼力量。审美教育也必须凭借范文中文学作品的教学来实现。通过引导学生"读进去"，感受文学作品中的艺术形象，进入角色，深入意境，受到美的熏陶，然后引导学生"跳出来"，以理智分析艺术形象，认识艺术形象的意义，对文学作品进行鉴别和欣赏。这都说明，范文是对欣赏进行思想品德教育和审美教育的最直接有效的凭借物。

此外，学生语文能力的发展，是与学生的知识积累同步的。不断地充实知识库存，扩大知识视野，是不断地提高语文能力不可缺少的条件。但是，中学生在校学习，受特定的时间、空间的限制，信息源主要是语文教材中的范文。例如，从大量的记叙文、散文中，他们可以了解到革命战争年代的斗争生活，各个历史时期的杰出人物，旧中国人民的苦难和社会的黑暗，社会主义建设时期的崭新风貌，伟大祖国美好的自然风光，异国风情的画卷等等；从大量的说明文中，他们可以获得有关建筑艺术、物候天象、自然生态、现代科技以及思维科学等等方面的生动有趣的知识；从大量的议论文中，他们可以明白怎样做人、怎样处世、怎样治学、怎样正确理解事物发展的规律等等方面的道理。因此，范文也是学生获取各类信息资源，借以提高语文能力的重要凭借。

语文教学的任务主要是通过对范文的教学来完成的。学生通过言语实践来训练语文能力这一语文学习最突出的特征，就决定了中学语文教材选文标准是提高语文教材和语文教学质量的关键因素。

（二）落实"一纲多本"教材编审体制的需要

据统计，1993 年秋季开始，已有 10 多种初中语文教材同时在各地使用。至此，新中国成立以来国家统编一本教材的局面已经结束，"一纲多本"的新型教材体制正式确立。此外，还有由省市教育行政部门组织编写的，由大学单独或共同编写的，由企业和教研机构联合编写的，以至一所中学集体编写或个人独立编写的教材。

考察这些教材，可以看出如下一些明显差异：

第一，编写依据不同。大多数教材依据教育部的《课程计划》和《义务教育语文教学大纲》编写，但我国东部沿海地区为了适应教育的需要，就采取了不同的教学要求，形成了不同的教材编写依据，实际上也形成了"多纲多本"的局面。

第二，面向地区不同。人教社的"三年、四年本"力求面向全国广大地区。"广东本"面向沿海地区。"四川本"面向内地广大农村和城镇学校。

上海的 H、S 版依据的课程标准略高于国家义务教育课程标准，称为"发达地区版"。这样在辽阔的国土上，各地都可选用适合自己情况的教材了。

第三，适用学制不同。目前我国九年义务教育的学制有六·三制、五·四制，多种语文教材就适应了不同学制的要求。

第四，教材编写力量不同。语文教学有国家、省市、大学的出版社组织人员编写的，还有企业单位介入的，有集体或个人编写的等等，各方面力量积极投入，为教材在内容的选择上、体系的安排上呈现不同风格，为语文教材的优化开创了平等竞争的良好势头。

第五，分编型与合编型教材并存。新中国成立以后，除 50 年代曾经短时间试编、试用过文学、汉语分编型教材外，基本沿用统一的合编型教材。80 年代以来，各种分编型教材问世，给人耳目一新之感。

第六，审定教材的程序不同。各种教材只有经国家中小学教材审定委员会审批通过才能试用。但一些区域性教材由该区中小学教材审查委员会通过，就可以试用。

面对上述差异的情况，新的问题就摆在了教材编写者和教材选用者的面前：教材编写者依据什么来提升自己所编教材的质量，从而确保自己在市场竞争中不被淘汰？拥有教材使用权的教师又依据什么在众多版本的教材中作出选择，以确保更优质、更适用的教材进入课堂呢？这就必须有一套衡量教材质量的标准体系作为依据。范文是语文教材的主体部分，范文的质量是决定语文教材质量的关键因素，因此，决定范文质量的选文标准是必不可少的，也是居于首位的。

二、中学语文教材选文的标准

1962 年，语文教育家叶圣陶先生就语文教材的选文标准问题，给人民教育出版社中学语文编辑室作了书面指示："吾人首须措意者，所选为语文教材，务求其文质兼美，堪为模式，于学生阅读能力写作能力之增长确有助益。"此后，"文质兼美"便成为我国一贯坚持的选文标准。

2001 年，教育部制定的全日制义务教育《语文课程标准（实验稿）》中，关于语文教材选文的标准就规定："教材选文要具有典范性，文质兼美，富有文化内涵和时代气息，题材、体裁、风格丰富多样，难易适度，适合学生学习。"由此可见，"文质兼美"是当代我国语文教材编选过程中一以贯之的选文标准。

"文质"是两个方面。孔子提出这个概念时说："质胜文则野，文胜质则史，文质彬彬，然后君子。"（《论语·雍也》）"文，犹质也；质，犹文也。"（《论语·颜渊》）。本意指一个人的内在品德和言谈举止，"文"指外在表现，"质"指道德品质，强调文质兼备。后来运用到文论上，"文"指语言风格、辞采，作品的形式；"质"指内容。我们以"文质兼美"作为语文教材的选文标准，就是指语言作品的形式和内容。即选文的遣词造句、布局谋篇、字词句段、表达方式、写作手法、表现技巧等外在形式，以及选文的题材主旨、中心思想、情感旨趣、态度观点、意见主张等内在的实质。

"文质兼美"是总的选文标准，同时还要注重以下几个方面。

（一）要注重与时俱进

教材编制者在选文时要根据培养现代人的需要，选取那些反映现代社会风貌、现代生活、现代价值的材料，尽量缩短与现实生活的距离。才能适应学生的心理特点，才能使语文教学贴近现实生活，帮助学生加深对现实生活的认识，以适应准备进入社会生活的需要。

（二）要注重主导文化与大众文化的传播

主导文化是特定时代体现一定社会各阶层的群体整合、伦理和睦、秩序安定的文化形态。它的主要特征是教化性，就是要教育普通的公众，使他们服从于社会的群体整合、伦理规范、秩序安定。主导文化往往是占据统治地位的、群体所具有并要求传递给每个成员的文化。主导文化的传播有助于社会的稳定、团结、和睦，从而促进整个社会的和谐发展。教育总是为社会发展和国家利益服务的，所以作为教育内容的集中体现者——教材，责无旁贷地以传播社会主导文化为己任。因而语文教材在这方面的任务显得尤为突出。语文教材的主体部分是范文，因此，语文教材所传递的主导文化主要应该通过教材中一篇篇范文的思想内容反映出来，由此，能否起到传播主导文化的作用便成为语文教材选文不可或缺的重要标准。

概括地说，符合社会主义文化的思想观念，爱党爱国爱人民，为社会热心奉献的崇高精神和远大理想；热爱大自然、热爱人生的情趣。这些内容现在仍然是我国社会主义文化的主要组成部分，仍然可以作为现在的语文教材编制者在选文时首先考虑的思想内容。无论是过去、现在，还是将来，语文教材选文都应以传播社会主导文化作为自己的主要任务。

语文教材选文虽然以传播社会主导文化为主，但并不排斥其他形态的文化。当今的社会是一个多元文化共存的社会，除了主导文化外，还有大众文化、民间文化。我们每天都在受着不同形态的文化带给我们的知识和愉悦。多种文化形态相互关联、互相渗透，才使我们的生活变得绚丽多彩。语文教材作为传播人类文化的重要工具自然不可能只关注社会生活中的一种形态的文化。《全日制义务教育语文课程标准（实验稿）》的"总目标"中指出，语文课程应"关心当代文化生活，尊重多样文化，吸收人类优秀文化的营养。"就中学语文教材而言，尤其应该关注当前社会生活中正在蓬勃发展并正对中学生的生活产生强大影响力的大众文化。

大众文化即"以大众传媒为手段，按照商品市场规律去运作的、使大量普通市民获得感性愉悦的日常文化形态"。它的主要表现文本是人们喜闻乐见的文化样式，如影视作品、畅销杂志、流行歌曲、广告、武侠小说、科幻小说、网络信息、流行语等等，它具有商品性、娱乐性、通俗性等特征。随着大众传媒技术的不断发展，在当前的社会生活中，大众文化对孩子们学习语文的影响越来越大。现在的学生基本上是"电视机前长大的一代"，在书面语、口头语、思维模式、生活方式、审美观、道德观、价值观等方面都显现出大众文化现象的表征。他们的青春偶像是"三星一家"即歌星、影星、球星、畅销书作家。他们不爱看老师指定的经典名著，却钟情于武侠言情小说、卡通片、漫画。电子游戏室、网吧中的常客更是中学生。可见，追逐时尚、追求享受的大众文化对学生生活、思维方式产生的影响是多么深刻。但是我国传统的语文课程文化观（包括教材文化）集中反映了主导文化的文化取向，语文教材也拒绝了大众文化的进入。以歌词为例，"诗"、"歌"本是同源的，诗经、楚辞、乐府诗、宋词、元曲的歌词作为诗歌的一种进入语文教材成为选文已经有很长的历史。可是流行歌曲的命运就不一样了，一方面学生对它的态度是"喜欢"、"选择"，学生作文的语言、选材、构思、主题和口头流行语都在使用流行歌曲的歌词资源。学生的审美情感、思想境界、道德品质也受到流行歌曲歌词的影响，学生在开展课外活动时常以唱流行歌曲作为重要形式。但流行歌曲的歌词在语文教育中却根本没有地位，许多教师也很少把流行歌曲的歌词作为一种课程资源来开发。

语文教材选文中大众文化的缺失造成了师生在语文教育观念上的矛盾，形成了学生在课上与课下的文化观与价值观的冲突，不利于语文教育目标的实现和学生个性的全面培养。传统的语文教育观（包括考试取向）、狭义的课程资源观也限制和影响了教材编制者对大众文化的开发意识，导致对目前大众文化与主导文化、民间文化等其他文化形态的互渗重视不够，特别是忽视了受众的主动参与和积极改造。由于目前的语文教材主要是基于社会的需要来编选的，其选文的思想内容未能充分考虑青少年对文化的心理需要，因而往往不太容易被学生理解、接受、认可。这在一定程度上反映了学生的文化心理需要与教材所倡导的主导文化之间的矛盾。其实，优秀流行歌曲的歌词就是一首好诗，它真切地体现了青少年的心路历程和情感挫折，为他们分担着成长的烦恼，缓解、稀释了青少年的内心冲突，引起了他们极大的共鸣和认同感，可以满足他们在爱、自尊、认知、审美、自我实现等方面强烈的情感需求。许多歌词的语言很有想象力、新异性，有原创性、艺术性，可以帮助学生提供语言表达能力、创新能力等。有些流行歌曲借鉴古典诗词，激活古典文化，降低了古典文化的门槛，有利于学生对传统文化的传承。

综上所述，大众文化进入语文教材是必要的，也是可行的，如果教材不选，教师不教，学生私下也在学，但在缺乏正确引导的情况下会出现乱学滥用的情况。

《全日制义务教育语文课程标准（实验稿）》已提出了相关建议："教材应符合学生的身心发展特点，适应学生的认知水平，密切联系学生的经验世界和想象世界，有助于激发学生的学习兴趣和创新精神。"人教社 2004 年版全日制普通高中语文读本（必修）第四册中就节选了金庸的武侠小说《天龙八部》第四十一回的内容。商务印书馆 2004 年出版的深圳市一名普通中学教师严凌君编写的语文读本《青春读书课》中也收入了崔健的流行歌曲《一无所有》。虽然这两套收入大众文化文本的语文教材只是读本而不是教科书，但这一现象说明教材编制者的观念已经有了很大的转变，在语文教科书中选入学生喜爱的大众文化文本已成为趋势。

（三）要注重传统文化，吸纳外来文化

传统文化是一个国家、一个民族的宝贵财富，是这个国家、这个民族进行教育的丰富资源，也是一个国家、一个民族的学校教育赖以生存的基础。在语文教育中，弘扬本国、本民族的优良传统文化，这对培养和提高全体公民的素质，具有多方面的意义：

首先，有利于指导人生实践。中国传统文化中的儒释道文化会给我们的事业和生活提供某些启示，儒家的进取、奋斗，道家的退守、无为，佛教的苦、空、缘，都能使不同的人从中找到鼓舞力量或精神寄托。

其次，有利于提高汉语言运用能力。我们现在使用的大部分成语或熟语都来源于古代名句或寓言、故事等，如"怒发冲冠"、"青出于蓝"、"刻舟求剑"等等。此外，古代作品中有不少词语，今天也仍在使用，如"势不两立"、"鼎足之势"（《赤壁之战》）、"动天惊地"、"怕硬欺软"、"顺水推舟"、"不分好歹"、"杳无音信"、"有口难言"（《窦娥冤》）等。我们通过对古代作品的学习，可以提高对汉语言文字的理解和运用能力，极大地丰富我们的语汇。

再次，有利于加强文学修养。一般说来，古代文学作品，像《诗经》、《楚辞》、先秦散文、六朝辞赋、唐宋八大家散文、唐诗、宋词、元曲和明清小说等等，或以其思想的深邃或以其艺术的精湛而流传于世，都是经过了历史长河的大浪淘沙之后保留下来的文学精华，具有永恒的艺术魅力，值得我们永久性地阅读、理解和欣赏。中学生多读这些古代文学作品，有利于陶冶性情，提高精神境界，发展联想力和想象力，加强文学修养。

还有，有利于养成良好品德。中国的传统文化强调自强不息、以德化人，其最终目的是要培养出正直、顽强、善良、对社会有用的人。在道德培养方面，中国文化强调气节，所谓"士可杀不可辱"；强调情操，所谓"穷且益坚，不坠青云之志"；强调礼仪，一举一动要符合社会规范和道德标准；强调廉耻，要有所为，有所不为；强调奉献，所谓"先天下之忧而忧，后天下之乐而乐"；强调良心，就是要时刻意识到自己是一个有道德之人，不做伤天害理之事。所有这些，在今天的素质教育中仍具有积极的借鉴意义，都应该得到科学而充分的继承。

语文教材是为传统文化教育提供教学材料的重要渠道，因此，教材编写者在为语文教材选文时应该重视传统文化，加大这方面内容的选文在教材选文数量中的比重。在为传统文化内容选文的具体过程中，选文者还应注意以下两个方面的问题：

第一，古代作品选文要能反映中华民族传统文化的精神特质。中华民族传统文化的精神特质集中表现在四个方面：责任意识、生命意识、超越意识和宽容意识。

责任意识。中国传统文化是以儒家的入世调整社会关系为主流的文化。古人为了争取自我与群体的和谐，把外在的社会责任感，调节群体的使命感转化成内心的自觉要求，形成一种坚定的责任意识，主张"诚意正心修身齐家治国平天下"，表现为"以天下为己任"的强烈进取精神。历朝历代无数仁人志士以匡世济民、兼济天下作为自己人生的最高追求，并为此做出了不懈的努力：孔子为了持守自己的信念，一生颠沛流离，忍饥熬难，用自己的苦行，去维护和传播他所信奉的真理；伟大的爱国诗人屈原一生忠于理想，忠于国家，坚贞不屈，从被怀王怒而疏之到汨罗自沉，遭尽打击和迫害，但始终不肯离开自己的祖国；范仲淹"先天下之忧而忧，后天下之乐而乐"；顾炎武喊出"天下兴亡，匹夫有责"的口号，把民族的责任意识传递到千家万户。

中学语文教材收录了一批古代的史论和政论文，这些文章的作者多为历代帝王的近臣，饱读诗书的鸿儒。他们多从民族的前途，国家的命运出发，鉴史讽今，忧国忧民，表现出强烈的责任意识。例如《伶官传序》，王安石借后唐庄宗李存勖宠用伶人，身死国灭的教训，阐发"兴衰之理，虽曰天命，岂非人事"的道理，劝教国君；《六国论》，苏洵讽劝北宋王朝不要为契丹、西夏的积威所劫，不能一味贿赂以求苟安，要奋起御侮。此外，《荆轲刺秦王》、《五人墓碑记》等课文则充分表现了下层人民为了国家和民族利益，勇于蹈死的牺牲精神。这些课文今后仍具备选入教材的价值。

生命意识。中华民族传统文化非常重视人的生命价值的实现。《易传》将这种生命意识总结为"天行健，君子以自强不息"，意思是天的运行刚强劲健，君子因此不停地自我奋发图强。这种生命意识在后来民族文化的发展中，不断得到充实和弘扬，呈现出多元的文化形态。艰难困苦中表现为"苦其心志，劳其筋骨，饿其体肤，空乏其身，行拂乱其所为，所以动心忍性，增益其所不能"（《孟子》）；人格完善上表现为"三军可夺帅也，匹夫不可夺志也"（《论语》）；实现理想的奋斗则表现为"路漫漫其修远兮，吾将上下而求索"（屈原《离骚》）；个人生命的各种际遇之中则"富贵不能淫，贫贱不能移，威武不能屈"（《孟子》）。

中学语文教材中就有不少传统名篇蕴含着传统文化中博大的生命意识。例如《劝学》的基本思想是"学不可以已"，君子应该广泛地学习，"日日参省"、"善假于物"、"锲而不舍"。在荀子看来，"人之性恶明矣，其善者伪矣"（《荀子·性恶》），人性本恶，要弃恶从善，必须"日日参省"才能经年累月地进步，终而"圣心备矣"。这实际上就是承认生命活动的价值，并要求人们不断地通过生命活动来弥补自身的缺陷。这正是一种积极进取的生命意识。《生于忧患，死于安乐》则从逆境创造人才的角度，揭示了百折不挠的生命韧性。这些课文以后仍值得学生学习。

超越意识。超越意识是蕴含在中国古代文人灵魂深处的一种以心灵境界的拓展为特征的思想意识，表现为一种旷达淡泊的超越精神。庄子的《逍遥游》关于生命本体的认识可谓独出机杼。庄子在文中为我们创构了一种理想人物，这种人能顺着自然的规律以游于变化之途。"藐姑射之山，有神人居焉，肌肤若冰雪，绰约若处子。不食五谷，吸风饮露。乘云气，御飞龙，而游乎四海之外。"这样描写的用意在于告诉我们，真正的人就应该打破形骸的拘囿，以使思想不为血肉之躯所困，进而获得精神上的升越。人生于天地之间，劳逸死生都是极其自然的事，所以应该坦然处之，超然物外，顺应自然，不要让物质上的得失阻碍了精神生活的愉悦。把超越功利的精神愉悦视作人生最可贵的财富，这种感悟和体验在后来的历代文人中都有。陶渊明是中国古代文人安贫乐道的典型代表，他鄙弃官场黑暗，向往清静无为的田园生活，《归去来兮辞》是他这种超越精神的集中表白。文中作者经过一番理性的审视，发出求官为非，弃官为是的感慨。"富贵非吾愿，帝乡不可期"。物质的诱惑对作者没有丝毫的吸引力。他要"临清流而赋诗"，"聊乘化以归尽"，顺合自然，颐养天年。

宽容意识。中华文化的另一种精神特质是崇尚宽厚、仁爱的美德，宽大为怀，反映出一种厚德载物的兼容精神，形成独具民族特征的宽容意识。所谓厚德载物，就是宽厚兼容的精神，就是宽容意识。过去的语文教材选文一度对宽容意识重视不够，新教材编写开始关注这一传统文化命题，译作《〈宽容〉序言》（人教社大纲版高一下册）的收入是一大进步，但总体上仍过于轻微，尤其缺乏自己民族的作品。现代社会是一个多元社会，相互兼容，和平共处，平等互利，彼此共赢是社会发展的必然趋势，语文教育要适应现代社会的发展，就必须对学生加强宽容意识的培养。

第二，选文应力求通过多种形式反映传统文化。就加强中国传统文化而言，仅仅阅读文言文是远远不够的，还有不少优秀的文化遗产是用古代白话记录并保存下来的，如明清小说就是古代白话作品。除了古代的语言作品，语文教材中还可以收入现代学者用现代文写的介绍传统文化知识的文章，以此来传播传统文化。现在的学生阅读古代作品比阅读现代文要耗费更多的时间和精力。而中学生要学习的科目很多，精力有限，不可能读很多古代作品。因此除了通过古代作品直接接触传统文化以外，他们还可以通过介绍传统文化知识的现代文间接接触传统文化。因此，语文教材中反映中华民族传统文化的选文不应只局限于文言文一种类型，应力求形式灵活多样，使学生能更全面地接受传统文化的熏陶。

选文也要适当吸纳外国文化。中学生学习选文，当然应该以学习本国的优秀作品为主，但教材编写者也不能不具有"世界眼光"和"开放意识"。因为，回顾历史不难明白，无论是在题材内容、词汇句式、表达方式方面，还是在文体演变、描写技巧、语体风格方面，我国都曾经不同程度地受到过别国的影响。一个国家和民族的思想文化的发展，总离不开对世界各国思想文化的精华的吸收、消化和抉择。尤其是改革开放以来，大大促进了中国与世界其他国家多领域、全方位的交流，在科学文化上，突破了对资本主义国家全盘否定的观念，敢于向任何先进国家学习。在这样的世界各国文化大融合的背景下，就必须适应世界形势的发展变化，在教育方面，应该努力培养具有多元文化观念和人文精神的世界公民。因此，我国的中学生在学习本国的优秀作品的同时，还应适当学习一些外国作品，吸取其他国家和民族文化的精华。为此，语文教材编写者在选文时应适当吸纳外国文化，引进适量的优秀的外国语言作品。

中学语文教材编写者在编选外国作品时尤其要注意以下两个方面的问题：

一是要注意选文的国别、题材、体裁、时代、流派的多样性。中学语文教材编写者在选外国作品时应有意识、有目的、有条理地尽可能选出更多国家、更多民族的优秀语言作品。应注重选文的国别、题材、体裁、时代、流派的多样化，让学生通过不同类型的作品领会到不同的思想、语言特色与异域文化、独特风格等，从而最大限度地向学生展示世界文化的丰富多彩，开拓学生的视野。在这方面，人民教育出版社 2000 年版的中学语文教材提供了很好的范例。该套初高中教材共选入外国作品 52 篇，入选篇目较以前明显增加（1983 年版的人教版语文教材中入选的外国作品共 24 篇），由此可看出教材编写者对外国作品的日益重视。52 篇外国作品中，从作品来源国家说，有来自美国、法国、俄国、英国、日本、波兰、奥地利、匈牙利、捷克、哥伦比亚、印度等多个国家的作品入选教材；就入选作品题材来说，内容广泛，涉及社会生活的方方面面，基本上是各式人物、事物、花鸟虫鱼无所不包，哲理、科学、天文、地理无所不容，淡化了以往入选作品的政治性、革命性，增加了许多与时代紧密联系、生动活泼的作品，有关注社会的、关注人生的，也有关注自然、关注科学的；就入选作品的体裁来看，除涵盖以前的教材中已经选入的戏剧剧本、诗歌、小说、散文、寓言、书信、悼词、讲话、导言等体裁，还增加了传记，如《凡·高传》（节选），以及一些科幻、科普文章，比如《莺》、《日本平家蟹》、《大自然的文学》、《阿西莫夫科普短文两篇》、《灰姑娘的时针》、《空间和时间的旅行》、《宇宙的未来》等等；从入选作品产生的时代来看，在以往教材中占主导地位的近、现代作品仍然占有一定的比例，并且增加了 10 多篇当代作品，这些作品大多是当代的科学成果、科技知识等的反映。但是古典作品（如古希腊、罗马作品）篇目太少；从入选作品的流派来看，除了以前教材（如 1983 年人教版）中选得最多的现实主义作品外，还选了一些浪漫主义作品，如华兹华斯的浪漫主义诗歌等，另外还有 20 世纪现代主义作品，如爱尔兰女作家伍尔夫的意识流小说《墙上的斑点》、法国贝克特的荒诞派戏剧《等待戈多》、奥地利卡夫卡的表现主义小说《变形记》、哥伦比亚作家马尔克斯的魔幻现实主义小说《百年孤独》等。另外还出现了以前没有过的哲理散文、哲理诗歌、散文诗，如《热爱生命》（法，蒙田）、《我为何而生》（英，罗素）、《未选择的路》（美，弗罗斯特）、《论求知》（英，培根）等等。

二是就同一篇外国作品而言，要选取最佳的翻译版本作为课文。语文教材中的外国作品有一个不同于其他选文的非常明显的特点，它并不是该作品的外国作者所写的原文，而是由翻译者用汉语翻译成的译作。翻译总是按照本土的语言和文化再现异域的语言和文化，使异域文化本土化，所以汉译外国作品实际上已经是被中国化了，具有中国性。另一方面，汉译外国作品毕竟是来自异域的原创之作转译而来的，与外国母语及文化传统具有血肉联系，文化内核上仍然是异质文化，它所反映的是外国的风土人情与异国情调，文化心理与宗教观念，人文精神与生命意识。因此，它的外国性是始终存在的。汉译外国作品由于既具有中国性又具有外国性，这就决定了翻译者必须对本国和外国作品来源国家的语言及文化都要精通，熟悉两种语言、文化之间的差异，能够根据中国的语言文字和文化特点，忠实地、融会贯通地把原作翻译和表达出来，做到既不违背原文的内容意旨和风格效果，又跟中国的语言文化习惯合得来，便于被中国读者接受。翻译者对两国语言文化的掌握程度，决定了他的翻译水平的高低，而现在随着外语教学的发展，越来越多的人加入了翻译行列，因此，同一外国作品可能会有不同人不同水平的多个翻译版本。面对这样的情况，语文教材编写者在编选外国作品时除了就外国作品本身的质量进行选择外，还要就同一个外国作品的不同译本进行选择，要选取最佳的翻译版本作为课文。

（四）要注重趣味性

选文的趣味性是指语文教材所选的课文应该是学生所喜爱和感兴趣的。选文趣味性差是我国语文教材长期存在的一个通病。由于种种原因，我国的语文教材在选材上过去考虑思想教育的因素太多，而考虑学生的生理和心理特点不够，喜欢用成人的眼光来选文，这就大大脱离了青少年的特点和实际。选文普遍缺乏生动性和趣味性，更不要说幽默感了。教材给人的印象似乎总是在板着面孔进行说教，而很少考虑学生是不是喜欢读、喜欢背。

教材的使用者主体是学生，因此教材的选文必须充分考虑学生的兴趣爱好。兴趣与年龄相关，随着年龄增长，兴趣的内容和水平都会发生变化，在不同的年龄，兴趣会有不同的特色。兴趣还受能力制约，学习内容与学习者的能力之间要有一个适当的距离，既能对学习者形成问题，又是学习者经过努力所能够解决的，这样的内容才能引起兴趣。因此，要使选文具有趣味性就意味着课文的选择必须考虑文章的题材、体裁、风格、所表达的思想等要符合一定年龄学生的知识水平、心理特点，要能激起学生的学习意欲。指望用一套学生所不喜欢的语文教材却能有效提高学生的语文水平，这既是不科学的，也是不现实的。尤其是当今的教育理念强调以学生的发展为本，教材的选择可以由学校和学生自主决定，如果教材编写者不能树立教材本身是为学生提供服务的教育观念，不从学生需要的角度去思考问题，那即使你的教材能通得过审查，在市场上也照样会碰壁。台湾学者水心针对台湾中学国文教材的选文在学生中进行过一次大规模的调查。调查结果显示，有一批课文为绝大多数学生所喜欢，主要有：《论语》、《爱莲说》（周敦颐）、《春望》（杜甫）、《溪中早春》、《早秋独夜》（白居易）、《春》、《匆匆》（朱自清）、《纳尔逊轶事》（梁启超）、《不食嗟来食》（《礼记》）、《登鹳鹊楼》（王之涣）、《江雪》（柳宗元）、《宿建德江》（孟浩然）、《遗书》（史可法）、《生于忧患，死于安乐》（孟子）、《与妻诀别书》（林觉民）、《满江红》（岳飞）、《爱的教育序言》（夏丏尊）等等。分析学生喜欢读的选文的内容，大多包含下列一项或几项因素：（1）无论记人叙事，述事状物，都在学生的经验和理解力范围之内，使他们倍感熟悉、亲切，且文字又浅显易懂。（2）有感人肺腑的真人实事，有生动的表现和丰富的感情。（3）内容曲折，富有变化，使人出乎意料，精神振奋。（4）有精彩的对话。（5）有爱国忧民忠义之气。（6）文体多为记叙，抒情或诗歌等形式。

（五）要注重语言规范

所谓语言规范，主要是指选文的语言一定要符合正确的语法规范。只有当我们使用的语言结构符合语法规范时，才能正确地表情达意，从而正常地发挥语言的交际功能，否则就会造成交际的障碍。用语规范还包括没有错别字、标点符号使用正确和选用的语言具有普遍适用性等三方面的要求。学生学习语文的目的是为了能够正确使用语言与社会上绝大部分人正常交流，因此语文教材中出现的语言应该是被最多数人理解并经常使用的语言，也就是说语文教材中选文的语言应该具有普遍适用性。受不同的语言使用环境的影响，我们在日常生活中还会接触到方言用语、一些特殊行业的专业术语、网络用语等。这些语言虽然客观存在，有的也符合语法规范，但是由于它们只在特殊的语境下被一小部分人所使用，因此并没有被社会上绝大多数人所接受，不具备普遍适用性，所以，如果不是出于某些特殊表达效果的需要，语文教材的选文中应该尽量避免出现这些生僻用语。

所谓措辞讲究，主要是指选文的语言要讲究修辞。"修辞"是人们为了增强语言表达效果而进行的一种言语活动。我们的社会已经进入信息时代，人们越来越重视信息传递的速度和质量，为了能使自己的思想快速、准确地被别人理解，修辞是人们在语言交际中必须要使用的语言技巧。因此，选文作为学生的语言运用范例，其中的语言也必须讲究修辞，使学生能从中学到巧妙运用语言的方法。

1. 选文语言应该注重语音修辞，富有音乐美。所谓语音修辞，指为了提高语言的表达效果，自觉利用语音要素，使语言通顺、流畅，节奏分明，音韵和谐，富于音乐美。语音修辞具体指语言中音节配合相称，平仄声调相调，恰当押韵，巧妙使用双声词、叠韵词、叠音词、拟声词等技巧。例如朱自清《荷塘月色》中选用了大量的叠音词，如"蓊蓊郁郁"、"远远近近"、"高高低低"的绿树，"隐隐约约"的远山，"曲曲折折"的荷塘，"亭亭玉立"的荷花，"缕缕"的清香，"脉脉"的流水，"薄薄"的青雾，等等。不仅传神地描摹出眼前的景象，同时又加强了语意，使文气舒展，给人一种音韵和谐的美感。又比如朱自清《绿》中的这个句子："走到山边，便听见花花花花的声音；抬起头，镶在两道湿湿的黑边里的，一带白而发亮的水便呈现于眼前了。"句中拟声词"花花花花"的使用，使声音的气氛加重，更加渲染声音的效果。

2. 选文语言要注重词语修辞，选用表义效果最佳的词语。运用词语修辞的目的，在于取得理想的表达效果。例如朱自清的《绿》中有这样一段话："梅雨潭闪闪的绿色招引着我们；我们开始追捉它那离合的神光了。揪着草，攀着乱石，小心探身下去，又鞠躬过了一个石穹门，便到了汪汪一碧的潭边了。"句中"揪"、"攀"、"探"、"鞠躬"等一系列动词生动形象，把当时作者的动作一个一个地串联起来，展现了一幅优美的动态画。除了动词、形容词等实词外，关联词和介词等虚词的恰当选用也是不可忽视的。例如鲁迅《故乡》中有一段话就是恰当选用虚词的典型例子："……我是正在这一夜回到我的故乡鲁镇的。虽说故乡，然而已没有家，所以只得暂寓在鲁四老爷的宅子里。"句中头一句用一个表时间的副词"正"把这句跟前面的语句连接起来，点明了"我"回故乡的时间。接着用"虽"，一方面承接上一句，一方面又跟句子里的"然而"呼应，表示意思上的让步。"所以只得……"说明为什么住在别人家里。这段话由于虚词的巧妙运用，使语言表达准确严密，委婉曲折，层次清楚，脉络分明。

另外，词语的选用是否合理还要看词语的感情色彩和语体色彩是否恰当。例如高尔基的《海燕》中有这样两句"在乌云和大海之间，海燕像黑色的闪电，在高傲地飞翔"，"海鸥在暴风雨来临之前呻吟着，呻吟着，他们在大海上飞窜，想把自己对暴风雨的恐惧，掩藏到大海深处"。两句中的"飞翔"、"飞窜"都含有"飞行"的意思，但是它们的感情色彩并不相同，"飞翔"含有"自由自在"、"无拘无束"的意味，是褒义，所以用它来描写象征勇猛战斗者的海燕；而"飞窜"的意思是受惊，而像逃跑那样飞行，含贬义，所以用它来描写象征害怕革命的假革命者和不革命者的海鸥。这样一褒一贬，泾渭分明，增强了语言的生动性。词语的选择还要注意它的语体色彩。不同语体的语言作品对词语的选用有不同的要求，例如书面语体中的政论体要求所用词语明确、严密、富有一定的文学性，而文艺体则要求所用词语具有形象性、情感性和独创性，因此，选文中的词语修辞也应该是和它的语体相适应的。

3. 选文语言应注重句子修辞。注重句子修辞，主要是指选文中的句子应该符合连贯、周密、简练、生动的标准。所谓"连贯"是指句子与句子之间应该上下衔接紧密而不中断，条理层次清楚而不紊乱，从而保持意义上的连贯性。"周密"是指句子中起形容、限制作用的修饰语选用恰当，句子各个成分之间的联系严密，前面有交代，后面有照应，从而使句子表意准确严密、完整集中。"简练"是指句子要简洁，没有意思重复、修饰语过长等现象。"生动"指通过运用一些修辞手法和艺术手法使句子形象生动，能给人留下深刻印象，不至于使人昏昏欲睡，读不下去。

在考察句子的生动性标准时，选文者尤其要注意的是句子中是否运用了修辞格以及修辞格的使用是否正确、恰当。修辞格，是人们为取得最佳的语言表达效果而创造出来的一些相对稳定的表达方式。常见的修辞格有比喻、比拟、夸张、通感、对偶、排比等。使用修辞格是加强句子生动性的主要手段。例如朱自清的《荷塘月色》中有这样一段话："曲曲折折的荷塘上面，弥望的是田田的叶子。叶子出水很高，像亭亭的舞女的裙。层层的叶子中间，零星地点缀着些白花，有袅娜地开着的，有羞涩地打着朵儿的；正如一粒粒的明珠，又如碧天里的星星，又如刚出浴的美人。微风过处，送来缕缕清香，仿佛远处高楼上渺茫的歌声似的。"这段话中采用了比喻和通感两种修辞手法。首先用"舞女的裙"比喻荷叶，生动展现荷叶的动态美。接着又连用三个比喻，用"一粒粒的明珠"、"碧天里的星星"、"刚出浴的美人"比喻荷花，分别写出了淡月辉映下荷花晶莹剔透的闪光，绿叶衬托下荷花忽明忽暗的闪光，以及荷花不染纤尘的美质。然后又以"渺茫的歌声"来写"缕缕清香"，沟通了人们的嗅觉和听觉，手法奇特新颖，描写生动贴切。不同辞格的使用有不同的要求。选文者在衡量句子的修辞水准时还要看其中的句式是否丰富多样，各种句式是否使用恰当。

第三节　中学语文教材内容要素

中学语文教材的内容可以从纵向和横向两方面概括。从编排体系的纵向看，一般由编辑说明、目录、文本、注释、练习、图表和附录七个要素构成；从智能体系的横向看，传统的中学语文教材一般由阅读教材（即范文，或说选文，这是构成语文教材的主体）、写作教材、听说教材和语文知识教材四个要素构成。义务教育课程标准实验教科书初中《语文》增加了综合性学习教材，另外将传统的听说教材改为口语交际教材，将语文知识教材安排在附录部分。普通高中课程标准实验教科书《语文》（必修）将教材编为五册，每个模块一册。每一册都分为"阅读鉴赏"、"表达交流"、"梳理探究"和"名著导读"四个部分。其中，第一部分"阅读鉴赏"包括"精读课文"、"略读课文"、"扩展阅读"。第二部分"表达交流"部分包括"写作"和"口语交际"两个板块。写作每册安排4个专题，5册共20个专题。"口语交际"每册安排一个专门的单元，分别是朗诵、演讲、讨论、辩论和访谈。第三部分"梳理探究"部分实际上是一些语文专题实践活动。实际上是将阅读、写作、口语交际综合、整合在一起。第四部分是"名著导读"，是为了落实课程标准中"关于课外阅读的建议"而设计的。

下面对阅读教材、作文教材、口语交际教材、语文知识教材作一些简单介绍。

一、阅读教材

阅读教材包括课文、助学、作业和阅读知识等内容。课文是整个语文教材的主体。"课文"包括两个意思：一是编者精心编选出来的文质兼美、适宜教学的名篇时文，习惯称为"范文"；二是编者自行编写的语文基础知识和语文技能训练的短文。我们这里主要研究的是"范文"。

（一）范文是教学的例子

叶圣陶说的"语文教材无非是一些例子"，就是指这些范文。例子是特殊的，是为说明、验证一般规律而存在的。

首先，范文是社会语文知识和作者言语经验的例子。从静态的语文知识来说，范文是词汇、语法、修辞、逻辑法则等语言学知识，以及文章学、文学等一般规律的例证；从动态的言语经验来说，范文是凸现语旨、适应语境、符合语体等言语表达一般规律的例证。其次，范文是思维规律的例子。每篇范文都是作者思维程序、思维方式和思维成果的语言化产物。学生读语体文，对文章所表达的意义无需教师讲解，也可以了解十之七八，但是，对于作者如何得到这一认识，以及如何表达这一认识，却需要教师加以指点才能深入领会。再次，范文是审美经验的例子。范文都熔自然美、社会美、情感美、艺术美、语言美为一炉，以其鲜明、优美的形象熏陶感染学生。它们是作者审美过程和审美经验的结晶。

（二）范文是学习对象

语文教材中的范文不同于数理化等教材中的例题。它们的目的在于得出相应的定理、定律、公式；而语文教材中的范文本身就是学生感受和认识的对象。范文既是教学的例子，又是教学的对象。例子，要求从材料中提取规律；对象，要求熟记材料本身。这就是范文性质对教学方法的规定性。

（三）范文是训练的凭借

这里的"凭借"有两个意思：第一，范文是学"知"的凭借。"知"，指的是语言学的、文章学的、文艺学的、思维科学的、美学的等等最基本的知识。中小学生就是从应用这些理论知识的范例中去学习最基本的知识的。第二，范文是学生得"法"的凭借。"法"，指的是多种阅读技法。文章、作品是读不完的。语文教材选辑范文的作用就在于凭借它们引领学生去打开种种书文的宝库，凭借它们训练学生，养成读书的习惯和本领。

（四）范文是文化的载体

范文负载着一个民族用语言文字表述的百科知识、历史传统、人生经验、道德情怀、民族精神等等，为师生提供了博大精深、熏陶灵魂的文化基础。范文作为文化载体的功能，不仅要求教材编者必须精选历代文化品味最高的名篇佳作，而且要求语文教师必须正确认识和处理范文内容与形式的关系。

二、作文教材

作文教材大致包括以下几个部分内容：

（一）写作知识。写作知识也叫"作文知识"、"训练目标"、"导语"，简明扼要地结合实例讲清某项作文知识，或提出训练目的要求。

（二）写作示例。写作示例也叫"例文"、"借鉴"，即编选一些与本次作文训练和指导相应的文章，其中有作家的作品，也有学生的优秀习作；有正面揣摩学习的文字，也有反面的病文、病例。目的在于使学生知道应当怎样写，不应当怎样写。

（三）写作训练指导。写作训练指导注重从学生生活和需要出发，设计情境，使作文生活化、情境化、趣味化；注重由易到难，先说后写，先片段后整篇，为写作铺垫台阶。

（四）写作练习。在写作练习中，有的安排了参考题目，有的规定了作文范围，有的提出了片段练习，有的规定了仿作题、口述题，还有的规定了修改作文的练习等等。

三、口语交际教材

口语交际训练的教材是与范文阅读、作文训练合编在一起的，训练系统的内容大致包括以下几项：

（一）口语交际知识

有关口语交际的要求、方式、话题、种类等等知识，都编写为短文，安排在相应的教学单元中。

（二）口语表达示例

配合口语表达知识短文，选编精彩对话、辩论、演讲实例，以及有明显缺点的口语表达病例，供学生在练习中参照、借鉴。

（三）口语表达训练及指导

在口语交际训练中，针对具体项目（训练题）进行指导。例：苏教版七年级上册第二单元的"与人交流注意对象、场合，用语文明得体"，第四单元的"说话有针对性，有吸引力，善于打动别人"，第六单元的"婉转拒绝"。

人教版则把"写作·口语交际·综合性学习"编在一起，有说有写，综合运用语文知识和语文技能。

四、语文知识教材

语文知识短文，按不同的标准，有不同的分类。

按内容分，包括：语言学的知识——语音、文字、词汇、语法、修辞等；文章学的知识——文章主旨、段落层次、结构和思路、文章技法、文章体裁、文章语体等；文学的知识——古今中外一些重要专家及其代表作品的知识、文学体裁知识和文学鉴赏知识等。

按表述形式分，包括：陈述性知识——也叫描述性知识，主要说明事物是什么、为什么、怎么样，其作用是区别和辨别事物；程序性知识——也叫操作性知识，用来说明学习主体应当做什么、怎么做，其作用在于指导学习主体实际练习和应用。

程序性知识在我国教育心理学界又称为"智慧技能"、"过程性知识"等。在西方心理学中亦称为"知道如何"的知识或"实践"的知识。即这是一种关于如何去做的知识，是可以进行操作和实践的知识。如："找出句子主干"、"理清文章思路"、"寻找段落主句"、"说话要合乎分寸"等。这类知识重在说明学习主体在言语实践活动中的动作要素和执行顺序。语文教材内容应当增加程序性知识的分量，因为程序性知识可以直接为学生听、说、读、写、思等言语和思维活动定向，可以直接转化为学生的言语实践技能。

语文教材内容要素组合的方式是以范文（课文）为主体，语文知识、作业练习和提示指导从属于范文（课文）的结构模式，范文的功能就是作为凭借和例子来实现语文教学的目的。

第四节　中学语文教材内容编制

一、中学语文教材编制原则

教材是教学的三大要素（教材、教师、学生）之一，教师和学生都要使用教材，因此，重视教学必然重视教材。

（一）高质量原则。首先，要把好编审关。编选教材的单位和个人是级别较高的教育行政部门、教育教学研究单位和高等院校，其中有专家学者和中小学的名校名师。教材编好后要经过实验，再经过中小学教材审定委员会的审定，才能供各校使用。其次，要制定编选教材的严格标准。编选课文必须同时符合三个标准：内容好；语言文字好；适合教学。再次，要在基础的基础上有所创新。

（二）适当数量原则。语文教材编选的数量问题主要是：课文数量、练习数量、语文知识数量。课文不能达到一定的数量是难以保证教学质量的（当然，过量也不行）。现在看来，每册 25－30 篇为宜；七年级不超过 2000 字/篇，八、九年级不超过 3000 字/篇，高中不超过 4000 字/篇。练习的数量关系到知识转化为技能的问题。我国的语文教学强调"多练"，但也不是越多越好。掌握这个"多"的程度，是语文教学实现科学化的重要内容之一。

（三）循序渐进原则。当前的语文教材仍沿袭文选型模式，基本上由一篇篇课文组成。每篇课文都是一个相对独立的单位，课文之间缺乏必然联系，它们要靠教材编写者按照循序渐进的原则，独具匠心地组织起来，才能发挥整体功能。这样，学生每学习一篇课文，就要经历一次循序渐进的螺旋式的提高过程，从课文到单元，到全册书，到全套书，学生的语文能力就在这无数螺旋式运动中循序渐进地发展。

（四）精美编排原则。精美编排是就教材的形式而言的。包括封面设计、版面安排、装帧工艺、印刷技术、纸张优劣等，各个方面都要求规范化、美化。教材编排上的任何纰漏都是不允许的。这样，学生一拿到教材就会有美好的第一印象，从而喜欢它、热爱它、愿意学习它。

三、中学语文教材编制理念

我国现行的中学语文教材编制的基本理念是：全面提高学生的语文素质；重点训练学生的读写和口语交际能力；重视发展学生的个性和特长；强调培养学生的自学能力。

（一）全面提高学生的语文素质。要明确语文是最重要的交际工具，又是最重要的文化载体。它与思想、知识、文化、意志、道德等紧密地联系在一起。语文教材的编辑既要注重传授语文知识，训练语文能力，又要强调提高思想水平，扩大知识视野，丰富文化素养，锻炼性格意志，培育审美观念等。

（二）重点训练学生的读写和口语交际能力。所谓语文能力，主要是指读写和口语交际能力。语文教学的目的具有多元的特点，提高学生的读写和口语交际能力是语文教学目的的核心。重点训练学生的读写和口语交际能力与全面提高学生的语文素质并不矛盾。

（三）重视发展学生的个性和特长。首先，我们要承认学生之间的差异。不同的学生有不同的基础、不同的兴趣爱好、不同的发展方向，以及不同的发展起点、过程和结果等。其次，要肯定学生之间的差异是正常的。学生之间的差异是好事，不是坏事，应该各扬其长，取长补短。再次，要根据学生之间的这种差异，因势利导，因材施教，开展个性和特长教育。这就要求语文教材中范文的多样性、语文能力训练的层次性、语文的课内外结合。

（四）强调培养学生的自学能力。作为基础教育，只能选取最基本、最基础的知识作为例子教给学生，其他更多的知识，包括不断涌现的新知识，只能靠学生"举一反三"，自己去学习、掌握。这就要求语文教材中每个课文单元前有提示，后有练习；每篇课文有思考练习题。有的语文教材中，课文前有重点提示，旁有评点，下有注解，后有提供的有关资料等。其目的都是指导学生自己学习，自己领悟，自己理解。

三、中学语文教材的编排体例

新中国成立以来几十年，我国语文教材的编排方法，基本上是两种：分编法、合编法。分编法，就是按语文教材内容的不同性质分别编制成几种教材。如文言/白话分编、文学/汉语分编、阅读/写作分编。合编法，就是把语文教学的多方面内容合编在一套教材内。起初全书只有范文系统，没有知识系统和作业系统。以后逐步改进：在范文中加入评注，借评注编入相关知识，这些知识无系统，随文而编；或在范文后编一些带有思考性的问题，形成初步的作业系统。合编法的优点是：一个教师使用一本教材，容易从整体上处理教学内容，取得较好的综合效应。缺点在于系统性不容易体现，编得不好会显得眉目不清，头绪芜杂。

第五节　中学语文教材内容应用

一、中学语文教材与语文教学内容

中学语文教材与中学语文教学内容关系密切，但也有着明显的区别。语文教育家朱绍禹先生认为，专指的语文教材——语文教科书是"基于一定的教育方针和学生发展阶段，经过选择的、编排好的、适于教学的语文用书，是简化了的系统反映语文学科内容的教学用书"。

（一）语文教材是教学媒体，是载有语文教学内容的物体。教材不等于教具，教材的作用是承载教学内容，而教具的作用是使教材的功能得以实现。如承载教学内容的幻灯片、录像片是教材，而幻灯机、放像机则是教具；教材也不等于教学内容，不能混淆教材与教学内容的区别，把语文教材原封不动地搬来作为教学内容，在逻辑上是错误的，在实践上是有害的。语文教材所承载的教学内容不限于语文知识和语文技能训练体系。语文教学要让学生学习语文知识、培养和提高他们的语文能力，同时，还要拓宽他们的视野、培养他们健康的情感态度与价值观，促进学生语文素养和人文素质的全面发展。语文教材所承载的教学内容就是以语文知识、语文技能训练体系为核心和主导的，与语文教学目标相一致的所有教学内容的总和。

（二）语文教材同语文教学内容不能等同。语文教材与语文教学内容有交叉重叠的地方，语文教学内容是教给学生的一切价值观念、知识、经验和能力的整体，是向学生传输思想、传授语文知识和培养语文能力的总和；语文教材则是教学内容的一种媒体，是把教学内容用最规范的形式反映出来适于教学的客体。教材反映教学内容，但并非原原本本地反映。学生可以借助同一的语文教材获得种种不同的内容，相同的内容也可以从种种不同的语文教材里学习到。

（三）语文教材直接而有目的地为学校语文课程的教与学服务。"学校语文课程"包括学校或语文教师根据语文教学的需要，有目的、有计划安排的一切语文教与学的活动。尽管范围十分广泛，但在对所需媒体的选择、调控和使用上，都表现出了较强的语文教学主体性，体现出了语文教材直接为语文教学服务的特点。

（四）语文教材是以教科书为中心组成的系统。在当代，语文教材不只是一本教科书，而是一个全面的系统。语文教材系统的结构，按照从内到外的顺序可分为：核心语文教材——语文教科书；辅助语文教材——在语文教学活动中较为固定的教学媒体；机动语文教材——根据语文教学的需要从

"泛指语文教材"中随机引入语文教学活动的那一部分。"泛指语文教材"的其余部分则成为语文教材系统的外部环境。语文教材系统就在这个外部环境直接或间接的影响下，内外交流、有机整合，保证着整体功能的发挥和实现。

二、语文教学内容的生成与生成者

前面的探究告诉我们，语文教学的内容并不是预先成形并客观呈现于师生面前，恰好相反，语文教学的内容，是必须由教学双方在教学实践中现实地生成出来的；语文教学的过程，也就是一个语文教学内容的生成并完成的过程。这个过程主要涉及几个概念：生成、教师、学生、建构。

（一）生成：一个实践论的概念。语文教材只是语文教学内容一种潜在的存在。在语文教材中，既存在着教学的内容，也存在着非教学的内容。在教学内容这一块，实际是一种混沌的存在，一种无序的存在。我们知道语文教学的内容就在教材中，但我们在开始实施语文教学之前，又无法将教学内容呈现在学生面前，也就是说，我们无法让学生接触到教学内容，因为他们要学的东西隐藏在课文里。而他们终于知道了他们在这一堂课要学的东西的时候，也正好是他们掌握了这些内容的时候。生成不是无中生有，而是由一种潜藏性的存在转换成一种现实性的存在，一种隐藏性的存在转换成一种显现性的存在。另一对概念，是名称的存在与事实的存在。从理论上来讲，语文教学的内容是存在的，它既可以存在于课程标准等教学文件里，也可存在于教师的教学观念和知识体系里，甚至存在于教师的教案里，或是教材的有关辅助系统里，但是这些形式的存在是一种抽象的存在，名称的存在。比如我们把"借景抒情"作为《荷塘月色》的教学内容，但"借景抒情"只是一个名称，它本身并不是借景抒情。我们只有读了一篇文章的景物描写，并且通过它的景物描写获取了一种情感反应，我们才现实地"看"到了"借景抒情"这一教学内容。这一种过程，是一个实践过程。它的实践性，是说它需要发掘和认定，需要现实地形成。它的意思，其实也就是对教材进行加工和创造的意思。

（二）教师：语文教学内容的历史生成者和理论生成者。那么，由谁来生成语文教学的内容呢？当然是语文教师和学生。但是，这是两个不同意义上的生成者。对于教师来说，他是一个历史生成者和理论生成者。所谓"历史生成者"是指，语文课中生成的语文教学内容，都曾经在语文教师的知识结构中生成过一遍。一个语文教师在从事教学这一职业之前，在大学里学习的东西都是语文教学的可能的内容，也就是说这些内容，语文教师在整体上都生成过一遍。这是一个语文教师从事语文教学工作的前提性条件。所谓"理论生成者"是指，语文教师在具体教每一篇课文之前的备课过程。语文教师备课备什么呢？其实就是备如何把一篇课文的原生价值转化为一种教学价值，也就是准备教学内容。从这个意义上来说，语文教师在走进课堂之前，是完成了教学内容的生成的。只是这种完成是理论的完成，预设的完成，虚拟的完成，只是为语文课堂教学中语文教学内容现实的生成做准备的。

（三）学生：语文教学内容的现实生成者。所谓"现实生成者"，有两个意思。第一个意思是说，学生是生成主体，即生成行为的承担者；学生必须亲历生成过程。第二个意思是说，学生是生成结果的拥有者，生成结果存在于学生的内部结构之中。在语文教学中，语文教材的教学价值必须通过获得语文教学的原生价值来获得。学生必须通过一个原生价值的获得过程，才能获得其教学价值。也就是说，学生必须亲历一个获得课文所传播的信息的过程，才能获得课文如何传播信息的信息。在语文教学中，学生既是教材内容的学习者，又是教材内容的生成者，而且只有成为教材内容的生成主体才能成为教材内容的学习主体；学生必须亲历语文教学内容的生成过程，才能真正拥有生成结果。事实上，生成的过程就是学习的过程，生成的结果就是学习的结果。这是语文教学与其他学科教学最大的不同，也是语文教学最大的困难所在。因此，语文教学内容的生成性问题，也可以转换为学生在语文教学过程中的主体性生成的问题。学生在语文教学过程中主体性的获得，既是语文教学内容生成的标志，也是语文教学目的实现的标志。

（四）建构：语文教学内容生成的心理本质与途径。这里说的"建构"，是语文教学内容生成的心理本质。即生成不是无中生有，生成也不是反映，生成是一种建构。只有建构的才是生成的。建构概念对语文教学内容生成的意义，首先在于揭示了语文教学内容本身的建构主义性质。我们在前面论述了语文教学内容就是言语智慧，即如何传播信息的智慧。这种言语智慧既以知识为其心理表征，也以经验为其心理表征。在建构主义的理论视野里，知识和经验不是对现实的纯粹客观的反映，它是人们对客观世界的一种感受、体验、解释，甚至是一种假设。言语知识和经验，它本身就是人的建构过程的产物。这种本原意义上的建构性质决定了语文教学内容生成的建构性。建构主义作为一种学习观，它的核心在于强调学习者自身的理解与经验的参与对知识建构的重要作用。语文教学内容的生成，既是一个对语文教材的发现过程，也是学习者主动介入教材并对教材进行解构和重构的过程。语文教学内容的生成，既以语文教材为信息源，也以生成者已有的言语知识与经验为信息源，它是这两个信息源在某一点相遇后的产物。在这一过程中，存在一个语文学习者和语文教材之间相互改造和加工的过程。这种相互的改造和加工，既标志着语文教学内容的生成，同时也标志着语文教学目标的实现。语文教学内容就是经过学习者改造后的教材信息，改造本身就意味着生成。我们也可以说，语文教学内容，就是用教材改造过的学习者内部的言语知识和经验。只是，这种教学内容在它生成的过程中同时也完成了由客观向主观的转化，这意味着教学目标也同时得到实现。

【思考题】

1. 试述新课程理念下，中学语文教材的选文标准、编制理念和编制体例。

2. 中学语文教材对教学具有规定性，请结合例子谈谈你的理解。

3. 中学语文教材具有哪些功能？在语文教学中应怎样发挥这些功能？请结合教例谈谈。

4. 结合例子谈谈你对中学语文教材价值的认识。

第五章　中学语文文学文本解读

【导学】文学文本并不是为了选入语文教材而创作的，因此他有自己的阅读对象；文学文本一旦被选入中学语文教材，它就有了特定的阅读对象，因此，我们就要按照课标和教材的要求来进行解读。首先，我们深入理解和钻研课程标准中的阅读目标，从而充分领会文学文本的编写意图。其次，我们要具体分析文学文本的内容，包括文学文本的知识结构体系和教学目的等。最后，要求我们能根据教学目的优化处理文学文本内容，和常规解读，同时，选择恰当的教学方法和教学手段，对文学文本进行拓展解读。

第一节　中学语文诗歌解读

夏丏尊说："在文艺之中，中国最好最完全的要算诗了。"① 子曰：诗可以兴，可以观，可以群，可以怨。（《论语·阳货》）子又曰：不学诗，无以言。（《论语·季氏篇第十六》）从古至今，人们早已普遍认识到诗歌教育在我们人生中的重大意义。从诗歌篇目在现行的中学语文教材中所占有的分量和中学语文新课程标准对学习诗歌所提出的目标就昭示了我们今后语文教学的一个角度和方向，那就是通过诗歌来提高学生的文学素质、人文素质和审美素质。

初中人教版义务教育课程标准实验教科书《语文》教材有 6 册 36 单元（每册 6 单元），共 169 课 207 篇文章。据统计，在所有选文中，所选诗歌 29 课 58 首（不含 60 首教材后面附录的课外古诗词背诵篇目），其中包括古代诗歌 28 首（诗 19 首、词 7 首、曲 2 首），现代诗歌 12 首，当代诗歌 8 首，外国诗歌 10 首，课数与首数分别占全套书的 17.2% 和 28%。具体诗歌篇目分布如表 5-1-1。

表 5-1-1　人教版新课标初中语文教材诗歌篇目表

位置	篇目（序号为课文在该册书中的篇目号）
七年级上	1. 在山的那边（王家新）　6. 理想（流沙河）　14. 秋天（何其芳）　15. 古代诗歌五首：观沧海（曹操）、次北固山下（王湾）、钱塘湖春行（白居易）、西江月·明月别枝惊鹊（辛弃疾）、天净沙·秋思（马致远）　16. 化石吟（张锋）　24. 诗两首：金色花（泰戈尔）、纸船寄母亲（冰心）　27. 郭沫若诗两首：天上的街市、静夜
七年级下	4. 诗两首：假如生活欺骗了你（俄·普希金）、未选择的路（美·弗罗斯特）　6. 黄河颂（光未然）　10. 木兰诗　28. 华南虎（牛汉）
八年级上	25. 杜甫诗三首：望岳、春望、石壕吏　30. 诗四首：归园田居（其三）、使至塞上（王维）、渡荆门送别（李白）、游山西村（陆游）
八年级下	6. 雪（鲁迅）　7. ＊雷电颂（郭沫若）　8. ＊短文两篇：日、月（巴金）　9. 海燕（高尔基）　10. ＊组歌：浪之歌、雨之歌（黎巴嫩·纪伯伦）　25. 诗词曲五首：酬乐天扬州初逢席上见赠（刘禹锡）、赤壁（杜牧）、过零丁洋（文天祥）、水调歌头·明月几时有、山坡羊·潼关怀古（张养浩）　30. 诗五首：饮酒（其五）（陶渊明）、行路难（其一）（李白）、茅屋为秋风所破歌（杜甫）、白雪歌送武判官归京（岑参）、己亥杂诗（龚自珍）

---

① 夏丏尊. 夏丏尊文集·文心之辑 [M]. 杭州：浙江文艺出版社，1983，137.

续表

位置	篇目（序号为课文在该册书中的篇目号）
九年级上	1. 沁园春·雪（毛泽东）　2. 雨说（郑愁予）　3. 星星变奏曲（江河）　4. 外国诗两首：蝈蝈与蛐蛐（英·济慈）、夜（俄罗斯·叶赛宁）　25. 词五首望江南·梳洗罢（温庭筠）、渔家傲·秋思（范仲淹）、江城子·密州出猎（苏轼）、武陵春·风住尘香花已尽（李清照）、破阵子·为陈同甫壮词以寄之（辛弃疾）
九年级下	1. 诗两首：我爱这土地（艾青）、乡愁（余光中）　2. 我用残损的手掌（戴望舒）　3. 祖国啊，我亲爱的祖国（舒婷）　4. 外国诗两首：祖国（俄·莱蒙托夫）、黑人谈河流（美·休斯）

人教版普通高中课程标准实验教科书《语文》（必修）（经全国中小学教材审定委员会 2004 年初审通过），必修教材有 5 册 20 单元（每册 4 单元），共 65 课 79 篇文章。据统计，在所有选文中，所选诗歌 15 课 26 首，课数与首数分别占全套书的 23.1% 和 32.9%。具体诗歌篇目分布如表 5-1-2。

表 5-1-2　人教版新课标高中语文必修教材诗歌篇目表

所属模块	篇目（序号为课文在该册书中的篇目号）
语文 1	1. *沁园春·长沙（毛泽东）　2. 诗两首：雨巷（戴望舒）、再别康桥（徐志摩）　3. 大堰河——我的保姆（艾青）
语文 2	4. 《诗经》两首：氓、采薇　5. 离骚（屈原）　6. 《孔雀东南飞》（并序）（汉乐府）　7：诗三首：涉江采芙蓉（《古诗十九首》）、短歌行（曹操）、归园田居（其一）（陶渊明）
语文 3	4. 蜀道难（李白）　5. 杜甫诗三首：秋兴八首（其一）、咏怀古迹（其三）、登高　6. 琵琶行并序（白居易）　7. *李商隐诗两首：锦瑟、马嵬（其二）
语文 4	4. 柳永词两首：望海潮（东南形胜）、雨霖铃（寒蝉凄切）　5. 苏轼词两首：念奴娇·赤壁怀古、定风波（莫听穿林打叶声）　6. 辛弃疾词两首：水龙吟·登建康赏心亭、永遇乐·京口北固亭怀古　7. *李清照词两首：醉花阴（薄雾浓云愁永昼）、声声慢（寻寻觅觅）
语文 5	无

另外，在每册初中语文教材的后面均附录 10 首要求在课外背诵的古诗词，总计 60 首；在高中语文的选修教材《语文读本》中，涉及诗歌文体选文的还有 3 本书，分别是《中国古代诗歌散文欣赏》、《中国现代诗歌散文欣赏》，诗歌共有 112 首（中国古代诗歌 56 首、中国现代诗歌 33 首、外国诗

歌 23 首）。

综观人教版新课标中学语文教材选编诗歌共计 256 首（含初中课外背诵的 60 首古诗词和高中选修读本的 112 首诗歌在内），其中中国古代诗歌 166 首；中国现当代诗歌 57 首，外国诗歌 33 首，基本涵盖了中外诗歌发展各阶段各流派的精品。特别是学生必修教材皆以大家名篇为主，选文具有经典性。如有"李杜"、"苏辛"等诗词大家的典范之作，有《雨巷》、《再别康桥》等脍炙人口的优美之作，还有《乡愁》《祖国啊，我亲爱的祖国》等广为传诵的名篇，以及泰戈尔、普希金等外国著名诗人的佳作。选文涉及古今中外，各体兼备，风格各异。诗歌选修读本则拓展了学生的眼界，激发学生学习的兴趣。入选中学语文教材的诗歌，有感悟人生、有探索自然、有认识社会、有歌咏情感……、内容丰富多彩，情韵优美动人。对学生认识自我、认识自然、认识社会、规划人生以及提升自己的审美能力具有重要的作用。故中学语文新课程标准要求学生通过诗歌学习"丰富自己的情感世界，养成健康高尚的审美情趣，提高文学修养"。[1] 因此，欲让学生真正爱读诗歌，能从诗歌中认识更多的东西，能自己研习诗歌，从而提高学生的鉴赏品位和审美能力，就要教导学生了解诗歌的特点和掌握解读诗歌的方法。

一、诗歌的基本知识

诗是什么？这是一个众说纷纭的问题，古今中外不同的人对"诗"有不同的理解。何其芳在《关于写诗和读诗》中对诗的解释得到许多人的认同："诗是一种最集中地反映社会生活的文学样式，它饱和着丰富的想象和感情，常以直接抒情的方式来表现，并且在精炼与和谐程度上，特别是节奏的鲜明上，它的语言有别于散文的语言。"[2] 这个说法也许不可以作为定义诗歌的标准化答案，至少，它概括了诗歌的基本特点：抒情性、音乐性、凝练性和想象性。

（一）抒情性

"诗缘情"，真挚的"情"是诗歌的血液，是诗歌的生命。诗歌是诗人激情的产物。别林斯基说："感情是诗歌天性的最主要动力之一，没有感情，就没有诗人，也没有诗。"[3] 在各种文学样式中诗歌是最重要的抒情文体，抒

---

① 中华人民共和国教育部. 普通高中语文课程标准（实验）［S］. 北京：北京师范大学出版社，2003，10.

② 何其芳. 关于写诗和读诗［M］. 北京：作家出版社，1956，27.

③ ［苏］别林斯基. 别林斯基论文学［M］. 梁真译，上海：新文艺出版社，1958，176.

情也是诗歌最本质的美学特征。

抒情性对于抒情诗来说是毫无疑义的，那么对于叙事诗同样具有浓郁的抒情性和诗人自我的主观色彩。比如我国诗歌史上最古老的一首弃妇诗《氓》，从诗歌体裁来说，是一首叙事诗，全诗分六章，以女主人公自我独白的方式自叙她从恋爱、结婚到受虐待直至被休弃的过程。在这个典型的"痴心女子负心汉"的叙事模式中，采用了寓情于事的方法，前两章以叙事为主，后四章则重在抒情，边抒情边追忆往事：

> 桑之未落，其叶沃若。于嗟鸠兮，无食桑葚！于嗟女兮，无与士耽！士之耽兮，犹可说也。女之耽兮，不可说也。
>
> 桑之落矣，其黄而陨。自我徂尔，三岁食贫。淇水汤汤，渐车帷裳。女也不爽，士贰其行。士也罔极，二三其德。
>
> 三岁为妇，靡室劳矣；夙兴夜寐，靡有朝矣。言既遂矣，至于暴矣。兄弟不知，咥其笑矣。静言思之，躬自悼矣。
>
> 及尔偕老，老使我怨。淇则有岸，隰则有泮。总角之宴，言笑晏晏。信誓旦旦，不思其反。反是不思，亦已焉哉！

诗歌后四章转入抒情，感情激昂。用比兴、对比、呼告等多种手法倾诉女子无端被丈夫抛弃的不幸遭遇和悲痛心情。"桑之未落，其叶沃若"、"桑之落矣，其黄而陨"两句托物起兴，借物喻情。前句比喻女子年轻貌美和初婚幸福的喜悦之情，后句比喻弃妇年老色衰和婚姻破裂的怨愤之情。"淇则有岸，隰则有泮"则是反比，喻女子无穷无尽的愁思而男子不可捉摸的心思。"淇水汤汤，渐车帷裳"由赋而比，在直写眼前景中以汤汤淇水喻愁之无边无际，绵绵不绝。"于嗟女兮，无与士耽！士之耽兮，犹可说也。女之耽兮，不可说也。"这几句呼告，弃妇仿佛站在一群女子面前，把自己的痛苦告诉普天下的女子，在恋爱过程中，要警惕男子将来会变心，以免自己将难摆脱祸害，抒发自陷情网的后悔心情。"及尔偕老，老使我怨"，这时弃妇好像站在氓面前，斥责他的誓言是个欺骗，进一步倾诉自己的痛苦。最后弃妇又高呼"不思其反，反是不思，亦已焉哉"！再一次用呼告手法向氓发出控诉，使悲愤之情达到了高潮。由此看来，优秀的抒情诗都不会忽略诗歌的抒情特质。而抒情艺术恰到好处的运用，无形中也增添叙事诗的魅力。

诗歌的抒情方式主要有两种：一是直接抒情，一是间接抒情。

直接抒情也叫直抒胸臆，是诗人不借助任何其他手段直接公开表明自己的爱憎态度的抒情方式。如陆游的诗歌《示儿》以及《没有共产党就没有新中国》、《世上只有妈妈好》的歌词等。艾青的《大堰河——我的保姆》最后两个诗段就是直接抒情的：

大堰河，
我是吃了你的奶而长大了的
你的儿子，
我敬你
爱你！

运用呼告的手法，直接抒发对大堰河的崇高敬意和深深的爱戴之情。这种抒情方法不需要任何"附着物"，涌动于诗人心间的情感，几乎是无遮无拦的，就像江河决堤般地倾泻而出。这种直陈肺腑的抒情方式，最容易显露诗人的真实心灵和个性，最容易感染读者以引起共鸣。

间接抒情即托物抒情，诗人不把情感直接倾吐出来，而是借用他事他物委婉曲折的折射出来。世间万事万物的变化令"诗人感物，联类不穷"，"物色之动，心亦摇焉"（《文心雕龙·物色》）。这个"物"，可以是具体景物，也可以是某一特定空间（如古迹、边塞）、某一特殊时间（如佳节、季节）或某一事件（如送别、偶遇）。诗人情思为具体景物所感的：如杜甫《秋兴八首》："玉露凋伤枫树林，巫山巫峡气萧森。江间波浪兼天涌，塞上风云接地阴。丛菊两开他日泪，孤舟一系故园心。寒衣处处催刀尺，白帝城高急暮砧。"诗人暮年漂泊、老病交加、羁旅江湖，因秋而兴，使景成为情之媒介，面对满目萧瑟的秋景而引起的国家兴衰、身世蹉跎的感慨，全诗秋景愁情融汇一体，是借景抒情的典范之作。而郑燮《竹石》："咬定青山不放松，立根原在破岩中。千磨万击还坚劲，任尔东西南北风。"这是一首托物咏志的诗篇，作者以物喻人、借物抒情，抒发作者自己在那种曲折恶劣的环境中仍保持住正直倔强品格，决不向任何邪恶势力低头的高傲风骨。诗人情思为某一特定空间所感的：如陈子昂《登幽州台歌》："前不见古人，后不见来者。念天地之悠悠，独怆然而涕下。"幽州台乃战国时燕国遗迹，燕昭王蓟城筑台，置黄金其上，延请天下贤士，终得乐毅等人的辅佐而富国强兵。陈子昂随建安王武攸宜北征契丹至幽燕故地，因积极参谋军事反被降职，横遭打击。陈子昂登幽州台，有感于燕昭王重用贤才之事，对天地之无穷，发人生短促、生不逢时之悲叹。诗人情思为特定时间所感的：如王维《九月九日忆山东兄弟》："独在异乡为异客，每逢佳节倍思亲。遥知兄弟登高处，遍插茱萸少一人。"此时十七岁的王维客居长安，因重阳佳节而兴起独在异乡的孤凄和强烈的思亲之情。诗人情思为事件所感的：江淹《别赋》云："黯然销魂者，唯别而已矣。"自古多情伤离别，古代因送别、离别事件诱发诗人情思的作品数不胜数。如王维的《送元二使安西》："渭城朝雨裛轻尘，客舍青青柳色新。劝君更尽一杯酒，西出阳关无故人。"王维在渭城"客中送客"，以"西出阳关无故人"作为理由劝酒作别，透露出依依不舍的送别深情。这种人间的聚散悲欢引起了读者的共鸣，而被到处传唱，这是一首因咏别而成为绝唱的诗篇。

刘勰说"情者文之经"（《文心雕龙·情采》），郭沫若也说"诗的本职专在抒情"（《论诗三札》），情感是诗歌魅力的源泉。感动人的诗必然是有情感的，感动人的情感必然是真挚的、健康的、高尚的。

（二）音乐性

在各种文学样式中，诗歌最强调音乐性。诗人郭小川曾做过对比："我以为音乐性是诗的形式的主要特征。……诗是文学样式中最有音乐性的一种样式。散文，也有一定的音乐性，但比诗少些，小说就更不消说了。"[1] 法国艺术批评家丹纳也对诗和散文做过区分："不必深入写作技术的奥妙，涉及方法的细节，我们不难看出诗是一种歌唱，散文是一种谈话。"[2]

诗歌的音乐性，集中地表现在节奏和韵律上。

郭沫若曾说："节奏之于诗是她的外形，也是她的生命。我们可以说，没有诗是没有节奏的，没有节奏的便不是诗。"[3] 诗歌的节奏主要指诗歌文字声调的音节停顿或感情抑扬顿挫、轻重缓急的变化。在中国古典诗词中，形成节奏的停顿有一定的规律。例如：

在四言诗中一般是一句两顿：

关关——雎鸠，在河——之洲。

窈窕——淑女，君子——好逑。　　　　　　　　（《诗经·关雎》）

在五言诗中一般是一句三顿：

采菊——东篱——下，悠然——见——南山。

山气——日夕——佳，飞鸟——相与——还。　　（陶渊明《饮酒》）

在七言诗中一般是一句四顿：

相见——时难——别——亦难，东风——无力——百花——残。

春蚕——到死——丝——方尽，蜡炬——成灰——泪——始干。

---

① 郭小川. 谈诗 ［M］. 上海：上海文艺出版社，1978，63.

② 丹纳. 艺术哲学 ［M］. 北京：人民文学出版社，1963，98.

③ 郭沫若. 论节奏 ［A］. 沫若文集：第十卷 ［M］. 北京：人民文学出版社，1959，225.

（李商隐《无题》）

即使是冲破古典诗词严格格律束缚的自由诗，也一定要有节奏的。如舒婷的《祖国啊，我亲爱的祖国》第一节：

> 我是你丨河边上丨破旧的丨老水车，
> 千百年来丨纺着丨疲惫的丨歌；
> 我是你额上丨熏黑的丨矿灯，
> 照你在历史的隧洞里丨蜗行摸索
> 我是干瘪的稻穗；是失修的路基；
> 是淤滩上的驳船
> 把纤绳丨深深
> 勒进丨你的肩膊
> ——祖国啊！

如果我们用读小说或散文的语调来念这首诗的话，必定会破坏他的诗美，如果我们按上面的停顿划分来朗诵这首诗，必定会形成一种抑扬起伏、音韵铿锵的音乐美。

马雅可夫斯基说："没有韵脚（广义的韵），诗就会散架子的。"[1] 可见中外诗歌都强调诗歌的韵律。诗歌的韵律也称押韵，就是指同韵母的字（中国古典诗）或同字母的字（西方诗歌）在诗行中有规律地重复出现。押韵是否恰当，对诗歌的艺术效果大有影响。好的韵律，可以使诗歌产生一种回环往复的音韵美，造成一种行云流水的气势。比如，杜甫的平生第一首快诗《闻官军收河南河北》就是如此：

> 剑外忽传收蓟北，初闻涕泪满灰裳。
> 却看妻子愁何在，漫卷诗书喜欲狂。
> 白日放歌须纵酒，青春作伴好还乡。
> 即从巴峡穿巫峡，便下襄阳是洛阳。

这首诗的韵脚是"裳、狂、乡、阳"，押"ang"韵，诗中昂扬欢快的情绪，随着洪亮悦耳的韵律流泻出来。如果试着换去诗中的韵脚，把"衣裳"改成"衣服"，"狂"改成"疯"，"还乡"改成"还家"，念起来就会

---

[1]　马雅可夫斯基. 马雅可夫斯基选集，第 5 卷［M］. 北京：人民文学出版社，1961，89.

兴味索然。由此可见，押韵即能够加强诗的节奏感，使诗歌具有优美和谐的形式又能够促进诗人情感的抒发，而读者对它也能有更好的欣赏。无怪乎，就连提倡"散文美"的诗人艾青也主张自由诗"要有旋律，念起来流畅，像一条小河"，他说："我还是努力寻找音韵的。"他的不少诗作也是暗合韵律的。

（三）凝练性

"文贵精，不贵多"、"片言明百意"，诗歌更应如此。诗歌的凝练性主要体现在两个方面：一是意象的集中性，二是语言的精练性。诗歌在有限的篇幅中不可能对现实生活作全面、具体、细致的描绘，只能选取那些最有特征、最能表现生活本质的片段，加以高度浓缩、创造和组合，凝练成意蕴丰富的意象，以少总多，以极简约表现极丰富的内容。我们看蒋捷的《虞美人·听雨》：

> 少年听雨歌楼上，红烛昏罗帐。壮年听雨客舟中，江阔云低，断雁叫西风。
> 而今听雨僧庐下，鬓已星星也。悲欢离合总无情，一任阶前，点滴到天明。

诗人以"听雨"为媒介，将漫漫人生几十年大跨度的时间和空间相融合，高度精辟地概括了三个截然不同的人生阶段，三种截然不同的人生况味：少年沉醉歌楼的风流冶荡；壮年流亡江湖的漂泊无定；晚年寄居僧庐的落寞孤寂。这既是作者个人的人生经历，又蕴含着宋元易代的历史沧桑。简洁的几行诗，包含了丰富的内容。再看杜甫的《登高》，此时五十六岁的作者滞留夔州，扶病登台而百感交集，写下了"万里悲秋常作客，百年多病独登台"的诗句。这十四个字的内涵极为深广：上句抒他乡作客、万里作客、经常作客、衰秋作客的飘零之悲，下句发深秋登台、独自登台、多病登台、暮年登台的无奈之叹。诗人在生理的痛苦中夹杂着心理的悲哀，在悲个人身世之秋的同时也慨国家多事之秋。诗歌高度的凝练性，使它具有很强的蕴涵力，往往诗欲尽而意无穷，给人以充分的审美享受。

以此同时，诗歌为了达到言简意深、含蓄凝练的效果，也十分讲究语言的"炼意"、"炼句"。诗人必须对词语进行反复锤炼，力求准确、含蓄、生动地表现事物的特征，勾勒生活的场景。如王安石的《泊船瓜洲》：

京口瓜洲一水间，钟山只隔数重山。春风又绿江南岸，明月何时照我还？

诗中的"绿"字用得巧妙。自来广为人称道。宋人洪迈的《容斋随笔》

续笔卷八云："王荆公绝句……初云'又到江南岸'，圈去'到'字，注曰'不好'，改为'过'，复圈去，而改为'入'，旋改为'满'，凡如是十许字，始定为'绿'。""到"等字表明动作的结局，使画面成为既成的、稳定的、不见变化；"绿"是形容词活用为动词，表现出正在行动的进行时特点，把江南岸春天的生机与活力都点化出来了。这可算是王安石善于"炼字"的一个著名例子。王安石注重锤炼语言的又一例子是他的《书湖阴先生壁》：

> 茅檐长扫净无苔，花木成畦手自栽。一水护田将绿绕，两山排
> 闼送青来。

典故是对历史故事、寓言故事、神话传说等的高度概括，用得适当，可以使诗歌显得典雅风趣又含蓄有致。这首诗中的"护田"、"排闼"本是《汉书》中的两个典故，因为作家的精心安排，而变成了对仗工整的两个比喻句，用事不使人觉察，却显得精炼、贴切、自然，生动传神。

（四）想象性

文学创作离不开想象，与小说、戏剧、散文相比，诗歌更需要想象。因为诗歌的内容凝练，感情丰富，篇幅短小，诗人只有通过的更为自由、更为大胆的想象才能将复杂的社会生活、深沉而抽象的情思化为具体的艺术形象生动地表现出来。所以，诗人艾青说："没有想象就没有诗。"诗人雪莱也直截了当地说过："在通常的意义下，诗可以界说为'想象的表现'。"①

诗人插上想象的翅膀，"精骛八极，心游万仞"、"寂然凝虑，思接千载，悄焉动容，神通万里"，就能创造出最有感染力的艺术形象，就能使感情达到炽热的高峰，使诗人的思想变得深刻。像郭沫若的《天上的街市》：

> 远远的/街灯/明了，
> 好像闪着/无数的/明星。
> 天上的明星/现了，
> 好像点着/无数的/街灯。
> 我想/那/缥缈的空中，
> 定然有/美丽的街市。
> 街市上陈列的一些/物品，
> 定然是世上/没有的/珍奇。

---

① 雪莱. 诗辩［A］. 西方文论选：下卷［M］. 上海：上海译文出版社，1958，51.

你看，那浅浅的/天河，

定然是/不甚宽广。

那/隔着河的/牛郎织女，

定能够骑着牛儿/来往。

我想/他们此刻，

定然/在/天街闲游。

不信，请看那朵/流星，

是他们/提着/灯笼/在走。

由现实生活中的街灯联想到天上的明星，进而把繁星满天的天空想象为美丽的街市，而隔着天河的牛郎织女可以自由自在地在天街闲游。这是何等的美妙！这字里行间寄寓着诗人对自由幸福的向往，表达了"五四"时期革命民主主义者的伟大抱负。

浓烈的情感激起了诗人丰富的想象力，而想象力的充分发挥又使诗人的情感得到尽情地抒发。诗人驰骋着艺术想象可以使情感更加鲜明，物象更加清晰，有利于读者对作品的欣赏，致产生共鸣，从而沟通了作者与读者的情思。

二、诗歌解读的基本方法

中国诗歌源远流长，卷帙浩繁，有如烟海。对于中学生学习诗歌而言，"授人以鱼"——教师带领学生一首一首鉴赏诗歌只是给学生可以计量的"鱼"，这是短暂的，"授人以渔"———教师引导学生掌握诗歌解读规律，提高鉴赏能力，这才是长久的、是最行之有效的方法，学生会终生受益。鉴赏诗歌的方法很多，我们在此谈点基本的方法。

（一）常规方法

高中阶段课程标准要求学生"学习鉴赏诗歌，散文的基本方法，初步把握中外诗歌，散文各自的艺术特性"，又要求对文学作品"能感受形象，品味语言，领悟作品的丰富内涵，体会其艺术表现力"。[①] 为了实现以上目标，我们在实践中可以从以下几方面着手：

1. 知人论世法

"知人论世"，是我们读懂诗歌的一条重要途径。它出自《孟子·万章下》："颂其诗，读其书，不知其人，可乎？是以论其世也，是尚友也。"文

---

① 高中语文新课程标准［S］．北京：人民教育出版社，2003.

本在体验中生成，总是带有作家个性化的感受特征，因此，对作品的解读首先要学会"知人论世"。如果读者对诗人生平一无所知，对创作的背景一无所知，那么他对于诗歌的解读，很可能是一知半解，甚至于误读。鲁迅就极其重视"知人论世原则"，他说："我总以为倘要论文，最好是顾及全篇，并且顾及作者的全人，以及他所处的社会状态，这才较为确凿。要不然，是很容易近乎说梦的。"〔《且介亭杂文二集·题未定草（七）》〕

　　"知人"就是研究、分析诗人。了解诗人的各方面情况，包括诗人的生活经历、政治遭遇、思想崇尚，以及其个性气质、文学修养、审美情趣等，这就是鲁迅所说的"顾及作者的全人"。诗歌和诗人关系密切，要分析赏鉴一首诗，首先要具体了解诗人的生活和创作背景。我们解读余光中的《乡愁》时，首先要了解余光中的生平：余光中生于南京，22 岁随家人去台湾，然后去美国读书、讲学，在香港讲学十载，妻女在台北厦门街，母亲的骨殖埋在台北近郊。由于政治原因，两岸长期隔绝对峙，余光中漂流海外三十多年，正是现实生活给予诗人创作的积淀。了解作者及创作背景后，就能了解作为一个多次礼赞"中国，最美最母亲的国度"的赤子，在诗中所流露出来的游子思归之情。"乡愁是一湾浅浅的海峡／我在这头／大陆在那头"，在浓浓的忧伤中洋溢着强烈的中国情结。又如欣赏李白的《早发白帝城》时，如果了解这首诗是李白流放夜郎遇赦途中所作，对于诗中"朝辞白帝彩云间，千里江陵一日还"的描写，也就很容易感受到诗句里所表现出的那种惊喜交加、喜悦畅快的心情。可见，知晓诗人的生活经历，是把握诗歌思想情感的捷径。

　　"论世"就是研究、分析诗人及诗歌所处的时代和社会背景。一个时代有一个时代的特点，一个时代有一个时代的文学，了解某个时代的社会风貌，有利于准确把握这个时代的文学作品。诚如我们常说，唐有唐音、宋有宋调。就拿唐代为例，因为国力强盛，文人知识分子对人生普遍持一种积极的、进取的态度。唐人恢宏的胸怀气度反映到诗歌上来，便是诗歌所表现出来的昂扬的情调，高亢的格调。即使言愁，唐代诗人也愁得不同凡响。看王勃的《送杜少府之任蜀川》，题材上是一首送别诗，古代很多送别诗都以描写缠绵愁绪为上，南朝诗人江淹在《别赋》中曾咏叹："黯然销魂者，唯别而已矣。"而这首诗却以豪迈旷达语出之，"海内存知己，天涯若比邻"，一洗悲酸之态。这正是唐代处于上升时期，人人渴望建功立业而不敢憔悴于圣明之代的精神风貌的写照。了解当时的社会状况，就容易体会诗人豪放的感情。

　　那么，我们如何"知人"呢？那就是要钻研诗人的传记、通读诗人的作品、熟悉诗歌本事等；如何"论世"呢？就是要了解诗人创作的历史背景，包括当时的时代氛围、地理环境和社会习俗等。只有这样，才能不曲解诗歌，正确的理解诗人的情志。

2. 披文入情法

刘勰《文心雕龙·知音》篇曾提出"观文者披文以入情，沿波讨源，虽幽必显"。所谓"披文"就是对文字障碍的扫除，对篇章结构和艺术技巧的理解；"入情"即是对文本中思想情感的体会、领悟和理解。意思是读者从诗歌文辞的分析进入诗人的思想感情。"披文"是"入情"的前提和基础，"入情"则是"披文"的目的和归宿。

作家王蒙认为诗歌是语言"魅力的极致表演"，它与日常生活的语言拉开距离。诗歌语言常常打破常规语言的束缚，以新鲜独特的"陌生化"面目出现，而成为独具情韵的诗家语。"言之无文，行而不远"，即讲文采的重要性。人们鉴赏诗歌亦十分重视从语言运用的角度去评价。陶渊明"采菊东篱下，悠然见南山"的诗句就曾获得苏轼的会心："因采菊而见山，境与意会，此句最有妙处。近岁俗本皆作'望南山'，则此一篇神气都索然矣。"还有贾岛的推敲典故，王安石"春风又绿江南岸"诗句中"绿"字的数度改易，皆因用活一个字，使全诗顿然增色。对于这些经诗人精心锤炼的字句，我们应该轻吟慢咏，细细体会，深刻理解诗人用词的奥秘。

一些诗人在长期的创作中，逐渐形成了自己独特的语言风格，我们从诗人精妙传神的语言可以体会到诗人深刻丰富的情思。比如，从李白诗歌语言的明丽爽朗，可以体味到其飘逸潇洒的内蕴。从李贺语言的奇诡幻彩，可以触摸到其苦闷怪奇的灵魂。诗歌语言是我们接触诗歌的第一道门槛，故而分析诗歌语言是我们解读诗歌的基础。

诗歌语言的运用、形象的塑造，总离不开一定的艺术手法，对诗歌艺术手法的分析也是我们解读诗歌的一个重要方面。艺术手法是个宽泛的概念。诗歌中，常见的表达方式有：叙述、描写、议论、抒情等四种。这其中，描写、抒情是解读诗歌的重点。描写方式有动静结合、虚实结合等不同；抒情方式主要有直接抒情和间接抒情两种方式，具体地说，就是直抒胸臆、借景抒情、寓情于景、情景交融、情景相生、情因景生、以景衬情、融情入景等。常见的结构形式有：开门见山、先总后分、先景后情、卒章显志等；常见的修辞手法有：夸张、通感、象征、用典等；常见的表现手法有：借景抒情、移情于物、情景交融等。艺术手法琳琅满目，不一而足。以下一些表达技巧可作为重点。

（1）借景抒情或情景交融。在诗歌中，"一切景语皆情语"，景物描写是要为感情抒发服务的，景与情密不可分。如陆游《游山西村》中的"山重水复疑无路，柳暗花明又一村"就是典型的情景交融的例子，它既写出山西村山环水绕，花团锦簇的美景，又描述了山水萦绕的迷路感觉与移步换形又见新景象的喜悦之情。我们在解读诗歌时，要看景物描写是否承载、包含了作者的感情，它所蕴含的感情基调是否与作者所抒发的感情和谐融汇，达到"思与境偕"。

（2）比喻。比喻因其形象性特点为诗人所青睐。如，流沙河的《理想》，诗人从多种角度赞美理想，一连串形象的比喻，蕴含丰富的含义。岑参的《白雪歌送武判官归京》："忽如一夜春风来，千树万树梨花开。"诗人以春风喻北风，以梨花状雪花，以江南春景比北国冬景，以春暖写奇寒，取喻新、设想奇，在字里行间透露出诗人高昂的乐观主义精神。此外，贺知章的《咏柳》："不知细叶谁裁出，二月春风似剪刀。"余光中的《乡愁》都用了比喻。

（3）象征与隐喻。所谓"象征"，就是诗人由于某种原因不愿或不便直接表露他意欲表现的思想情感往往采用具体事物来替代或暗示的手法。所谓"隐喻"，又叫暗喻。象征与隐喻之间的区别很模糊，何为象征何为隐喻，并无一定之论。毛泽东说过：诗要用"形象思维"。而象征与隐喻，正是"形象思维"的主要方式。中国古典诗歌艺术中的所谓"比兴"，运用的就是形象思维。"比兴"手法是通过象征与隐喻来表现或暗示诗人的思想感情的。古典诗歌中的"闺情"、"咏物"之类题材、香草美人意象往往用象征与隐喻的手法。现当代诗歌更自觉地运用象征与隐喻来表现独特的自我感受，如闻一多的《死水》便是一篇典型的象征诗，诗人在诗中以"死水"暗示、象征极其腐朽、令人绝望的黑暗现实。顾城的《一代人》："黑夜给我黑色的眼睛，我却用它寻找光明。"这里的"黑夜"象征了时代社会的黑暗，而"光明"象征了美好的希望与理想的。又如休斯的《黑人谈河流》，诗里的"河流"就是一个高度凝练的意象，它象征了历史。黑人对河流的追溯，就是对自身历史的追溯，就是对祖先的寻根。我们阅读诗歌时要超越诗歌语言的表层意义努力去理解诗人所创造意象的象征或隐喻意义。

清人吴淇说："诗有内有外。显于外者曰文曰辞，蕴于内者曰志曰意。"（《六朝选诗定论缘起》）由此可见，语言文字是读者窥视诗歌立意的窗户，是介于读者和作者之间的桥梁。所以，我们在解读诗歌时要从剖析文义、分析艺术手法入手，才能振业寻根，获得破解诗歌意蕴的"密码"。披文入情，是阅读鉴赏诗歌的关键一步。

3. 寻象入境法

我们这里说的"象"是指"意象","境"是指"意境"。"意象"是"表意的象"，是渗透了诗人思想感情（意）的具体可感的艺术形象（象）。"意境"是"意中之境"，是诗人所表达的思想情感（意）与诗中所描绘的事物或画面（境）有机融合而形成的艺术境界。"思与境偕"，诗歌的意境往往是诗人心灵的折射，是诗人思想感情的再现。唐人刘禹锡在《董氏武陵集纪》论及过意象与意境的关系"境生于象外"，一般情况下，诗歌常借助意象来创造意境。如余光中的《乡愁》，乡愁，本来是大家所普遍体验却难以捕捉的情绪，诗人从广远的时空中提炼出四个意象："邮票"、"船票"、"坟墓"、"海峡"，这原本是非常普通的事物在诗中却成为乡愁的载体，化为神奇的意象，诗人把自己浓郁而沉痛的乡愁投射到具体的对象上，使这种情感物化，变得具体可感。如温庭筠《商山早行》的"鸡声茅店月，人迹板桥霜"一联，诗人全用名词和名词性词组，把"鸡声"、"茅店"、"月"、"人迹"、"板桥"、"霜"等六种意象直接拼合，不用一个连词，便创造了一个清冷凄凉之境，有声有色地表现了一个早行旅人浪迹天涯的辛苦孤寂之愁。意象是构成意境的材料。鉴赏诗歌时，读者只有在领悟意象寓意的过程中，才能把握诗歌的内容，进入诗歌的意境，感知诗人的情感。"意象——意境——诗情"是鉴赏诗歌从局部到整体的合理流程。

意象承载诗人的情感，传达诗人的心绪。我们在鉴赏诗歌时就要从最基本的具体的意象分析入手，了解惯用意象的特殊意义。诗词的意象，许多都是长久以来承袭下来的，有着丰富的传统情蕴，依托于厚重的民族文化积淀。如"月"常常代表着思乡之情，"杨柳"则代表着依依惜别的含义，表达诗人的不舍之情。最为常用的则是梅、兰、菊、竹、梧桐、桃花这些意象，"松"喻坚贞，"荷、兰"喻高洁，"菊"喻隐逸，"竹"多指劲健，而梧桐一般代表着凄凉、悲秋之意，桃花则一般是美人的代称。读者通过多次品味这些思想感情，能够从诗中的意象中体现出一定的情境。

在诗歌鉴赏的意象分析中，除了对具体意象作个体的探求外，同时，又不能对意象作孤立的、静态的、平面的、单一的机械推敲，必须要以整体的观照形式对意象群落进行系统的、动态的、多层的、立体的艺术分析。在更多情况下，诗中存在多个意象，形成意象体系。诗歌中的意境内涵不仅包蕴在一个个意象之中，更体现在意象的组合关系之中。意象与意象的组合不是简单的相加，而是依存于系统中相互联系，相互作用，产生新的审美效应。特别是现代诗歌，更要从不可分割的意象系统中整体把握诗歌的思想与情感。如余光中的《乡愁》，"邮票"、"船票"、"坟墓"、"海峡"分开看是极平常的事物，没有什么感情色彩，与乡愁也关系不紧密，但诗人却按时间的推移、空间的转换顺序组合意象：少年——邮票——母亲——母子生离的乡愁；青年——船票——新娘——情侣难见的乡愁；壮年——坟墓——母亲——母子死别的乡愁；中年——海峡——大陆——游子眷念祖国的乡愁。经过诗人的精心剪辑、组接成了意义密切相关的四组序列化、系统化的意象群，从小到大、由过去到今天有序的对应人生的四个阶段，用排比的方式传达递进式的、愈来愈浓郁的、愈来愈沉重的乡愁情思，极具放大了的审美效应。

我们捕捉意象、意象群的组合，最终目的是要把握作品所创设的意境，领会诗人的情意。我们抓住意象，不仅要读出意象的显在意义，还要读出意象的潜在意义，也就是反复揣摩、运用联想和想象，悟出"象外之象"、"韵外之味"。例如杜甫的《登高》，所写的景物由急风、高天、哀猿、凄渚、惨沙、落木、江流等画面所组成，从仰视到俯视，从耳闻到目见，从声音到色彩，真乃一幅绝妙的长江深秋画，十分壮观。读者借这个景（意象）展开联想，很容易感觉到其"境"之壮阔悲凉，其"情"之沉郁悲慨，其"意"之丰富深远。一则，它是安史之乱后，国破家亡，哀鸿遍野的艺术写照；二则，它隐含着诗人忧国忧民的无限情意；三则，从"无边落木萧萧下，不尽长江滚滚来"辽远壮阔的秋景，更使人想到韶光易逝，壮志难酬的悲怆。后四句是抒情，是登高所感。从"万里"之外的空间角度、"百年"之长的时间角度落笔，抒发自己常年漂泊、老病孤舟的人生悲慨，最后写白发，写饮酒，把悲慨的内容补充得更具体深沉。这四句诗涵义极为丰厚，宋人罗大经曾把它分析出八九层意思。像这些"言外之旨"都需要读者在鉴赏中好好挖掘。

意象是鉴赏诗歌的一把钥匙。在解读诗歌时只有把握意象，准确找到意象所包涵的意义与其所体现的情调，才能进入诗歌的艺术境界，才能把握诗人的思想情意。

4. 以意逆志法

《孟子·万章上》云："说《诗》者，不以文害辞，不以辞害志，以意逆志，是为得之。"这个"志"，是诗人的主观思想感情，这个"意"，是读者之意。"以意逆志"，就是根据作品反映出来的东西，用"读者的意"去探索追溯作者写作时所要表达的"志"，也就是解读诗歌时调动自己已有的知识系统，去探究考察诗人的思想情感，揣摩诗歌主题。读者之"意"容易带有主观性和随意性，为了避免这种情况发生，并快速把握诗人的思想情志，可以从下面几个角度着手：

（1）看诗题。看人先看头，赏诗先赏题。古人云：题，额也。目，眼也。题目是诗歌的眼睛，是诗人内心情感的结晶。透过眼睛窥探诗歌的丰富内涵，不失为重要之鉴赏方法。题目和主题关系密切。叶圣陶曾作过精辟论述："从作者方面说，有了题目，可以表示自己所写的中心；从读者方面说，看了题目可以预知作品所含的内容。"特别是古人作诗，很讲究拟题。如：

王勃的《送杜少府之任蜀川》、李白的《送孟浩然之广陵》、王维的《送元二使安西》、高适的《别董大》等是送别诗。这类诗不外乎写朋友、亲人间的依依不舍之情或对朋友的安慰、勉励等。

高适的《燕歌行》、李颀《古从军行》、王昌龄的《出塞》等是边塞诗，内容多描写雄奇壮阔的边塞风光，反映将士的戍边生活，颂扬戍边将士的报国热情，表现他们长年征战的思乡之情。

王建《宫词一百首》、白居易《后宫词》等是宫怨诗，常以含蓄蕴藉手法描写宫女幽怨为主题。

杜牧的《赤壁》、杜甫的《咏怀古迹》等是怀古诗，抒发世事沧桑、昔盛今衰的感慨，还会抒吊古伤今的情怀。

王湾的《次北固山下》、陆游的《游山西村》、孟浩然的《过故人庄》等是纪游诗，点名地点，顾名思义，乃旅游登览之作，记录旅游的所见所感，抒发或赞美风土人情、或凭吊古迹之情。

杜甫的《春夜喜雨》、陆游的《书愤》、李白的《蜀道难》、张九龄的《望月怀远》等题目显示事件、情感，直接透露诗歌意旨。

对现代诗的欣赏尽管我们不能一蹴而就，但有些诗题是直接表露诗人情感的，如余光中的《乡愁》、舒婷的《祖国啊，我亲爱的祖国》、食指的《相信未来》，有的则采用象征隐喻手法，显得含蓄隐约，如朗费罗的《箭与歌》、戴望舒的《雨巷》，不过这些诗题也起到指示、引导我们阅读的作用。

诗歌的题目包含着时间、地点、人物、事件、诗人情感及诗歌的类型等诸多信息，一般说来，从题目入手，对我们读者阅读诗歌是帮助很大的。

（2）抓诗眼。"诗眼"是诗人极力锤炼的最能传达诗意之处，它可以是一句或一首诗中最精炼最传神的一个字，也可以是体现全诗主旨的精彩语句。由于有了这个字词或句子，而使形象鲜活，神情飞动，意味深长，引人深思，富于艺术魅力，故而称为一首诗的眼目。

刘熙载说诗眼"揭全文之指，或在篇首，或在篇中，或在篇末"。[①] 诗眼有丰富的内涵，它往往凝结着诗人的审美感受，集中反映了诗歌的思想内

---

① 刘熙载. 艺概［M］. 上海：上海古籍出版社，1984，40.

容。诗眼无固定位置，也不限定词性。

一般的，诗眼在诗题中，直接表露出作者的情感。如杜甫的《春夜喜雨》，欣赏这首诗，扣住题目中的"喜"字，便可把握诗人的情感。因此"喜"是诗眼，是诗人喜爱、兴奋、赞美之情的流露。诗中虽未出现"喜"字，诗人却在各联中含喜之意并写透。首联写雨之好含喜，适时降临，知情懂事。颔联写雨之品含喜，有润物之功，但不请赏。颈联写雨之多含喜，浓云雨足，雨夜美景。尾联写花之艳含喜，雨后晨景，红花妖娆。扣住诗题中的"喜"，可以分析出诗人随春雨到来而产生的喜悦之情，可以体会到诗人因农民将有一个丰收年成而兴奋陶醉的情感。又张籍的《秋思》，"思"是诗眼，凝聚着诗人秋天的乡愁。

诗眼在一句中，是最能激活局部意象的字词，使一句见精神，变得形象、生动。如贾岛《题李凝幽居》的"鸟宿池边树，僧敲月下门"一联，"敲"就是诗眼。诗贵有响字，轻微的敲门声会发出一种声响，会打破夜的沉静，敲门声也会惊动宿鸟，诗人抓住这一瞬即逝的现象，更显出万籁俱寂的环境，响中寓静，有出人意料之胜。又如上文提到王安石《泊船瓜洲》："春风又绿江南岸，明月何时照我还？"中的"绿"也是诗眼。

诗眼在一篇中，是全诗最精彩最关键性的诗句，最能体现诗人的思想情感色彩。如王勃《送杜少府之任蜀川》的第三联："海内存知己，天涯若比邻。"是诗眼，这句诗开拓新景，奇峰突起，自铸伟词，音调爽朗，独标高格。又如白居易的《琵琶行》："同是天涯沦落人，相逢何必曾相识。"结上导下，点眼传神。由"同"字，将琵琶女的天涯飘零，引到诗人的贬谪沉沦，将歌女的潦倒和诗人的失意浑然融为一体。

诗眼是诗的灵魂，由诗眼可以参悟诗人从心灵深处流淌出来的情思。诗眼不是孤立的存在，它与诗句诗篇是局部与整体的关系。欣赏诗眼，首先，要理解这个字眼的本义、语境义和词性变化等；其次，要在语境中领会和感受它的效果和精妙；再次，要结合诗歌的主旨，来概括诗眼在表情达意等方面的效果。寻找诗眼、分析诗眼、欣赏诗眼，不失为解读诗歌的一条有效途径。

（3）析典故。用典，是我国古代诗歌创作中的一种常见现象。典故通常分为"事典"（古人之事）和"语典"（古人之言）两类。无论是化用前人诗句，还是引用历史人物、故事，都是诗人以此表达思想情感的途径。诗歌中的典故，在增强作品意蕴的同时，也给我们解读诗歌造成了一定的影响。因此，我们对诗歌中的"典故"必须先有初步的了解，然后透过典故中的本意进而理解出用典后所表达的新的含义。了解典故本身并不是阅读重点，分析体会作者运用典故的目的和意图才是我们鉴赏所更应当注意的。例如，李商隐在《贾生》这首诗中写道："宣室求贤访逐臣，贾生才调更无伦。可怜夜半虚前席，不问苍生问鬼神。"贾生乃贾谊，好议国事、批评时政，贬为长沙王太傅，后被汉文帝征召回京，虚席以待，半夜请教，似乎颇受重视。李商隐以"可怜"之句感慨汉文帝不向贾生问百姓的事却问鬼神的事，感叹汉文帝把贤能之士等同于巫祝，讽刺汉文帝空有求贤之态，却不能真正任用贤人治国安邦。诗人在这里反用典故，用贾谊之典，实则慨叹自己的怀才不遇。我们通过分析典故，了解诗人使用典故的目的及所翻出之新意，就能挖掘出诗人的思想感情。故而我们要通过大量阅读、查寻史料，掌握一些常见典故，在头脑中形成一个有一定容量的典故资料库，才能遇典而不慌，畅通无阻地理解诗歌。

5. 分析比较法

有比较才有鉴别，事物总是在相互比较中才更充分显示它的特色和价值。闻一多先生说："一切的价值都在比较上看出来。"在解读诗歌时，为了对诗歌作品了解得更加深入，我们还常常采用分析比较法。这种比较可以是不同作家作品的比较，也可以是同一作家不同的作品的比较，从比较中察其异同，以辨析作品的审美特征。不同作家作品的比较，像赵殿成在《〈王右丞集笺注〉按语》中，对陶渊明、王维、王安石同类内容的诗进行比较。王维诗为《杂诗》之一："君自故乡来，应知故乡事。来日绮窗前，寒梅著花未？"陶渊明诗为《问来使》（据洪迈考为唐人伪作）："尔从山中来，早晚发天目？我居南窗下，今生几丛菊？"王安石诗为《道人北山来》："道人北山来，问松我东冈，举手指屋脊，云今如许长。"三作均写诗人向家乡来人打听家乡事，所问者都是象征高风亮节的事物——梅、菊、松，反映出诗人对家乡的深切怀念之情和美好心灵。赵殿成说这三首诗"同一杼轴，皆情到之辞，不雕修饰而自工"。但三首诗歌比较，则陶渊明、王安石的诗歌"下文缀语稍多，趣意便觉不远"，王维的诗歌虽然"只为短句"，却显得精炼、含蓄"更有悠扬不尽之致"。

同一作家不同作品的比较。余光中曾因大量创作乡愁主题而获"乡愁诗人"的美誉。我们解读余光中的《乡愁》时，可以与他的《乡愁四韵》在审美追求和情感韵味上进行比较分析。《乡愁》一诗，诗人在时间延伸中选择四个平常的意象："邮票"、"船票"、"坟墓"和"海峡"，以平淡而又冷静的方式叙述贯穿于诗人的一生的乡愁。而《乡愁四韵》一诗，在空间展开中撷取四个"具有中国特色的"意象："长江水"、"海棠红"、"雪花白"和"腊梅香"，以浓烈而又炽热的情感歌颂弥漫在诗人生活的点点滴滴的乡愁。

把《乡愁》和《乡愁四韵》两首诗合而为一，进行整体考察，就可以深刻体会到乡愁已经成了余光中无时不有，无处不在的一生都难以化解的生命情结。

总之，比较在解读诗歌中是经常运用的方法，也是科学的鉴赏方法。但是运用比较的方法鉴赏诗歌，需要多读作品，这样我们才拥有能引起广泛联想，可资比较的材料，否则就无从谈比较。

（二）拓展阅读

诗歌语言的歧义性、多义性和诗歌结构的跳跃性、模糊性，会造成作品在主题、人物、内容上没有定论。"一千个读者有一千个哈姆雷特"，因此，新课标"提倡多角度有创意的阅读"，要求学生学习诗歌"注意从不同角度和层面发现作品意蕴，不断获得新的阅读体验"。我们对诗歌文本进行多层面阅读、个性化阅读和多样性阅读，目的是要探索作品的精髓，把握作品丰富的意蕴，以发展想象能力、思辨能力和批判能力。

1. 个性化阅读

诗歌阅读是一种带有高度个性化的行为。因为诗歌文本总是存在着不确定性的空白，这些空白需要读者根据自己的体验、经历去发掘和填充，而由于每个人的差异，如因时代、阅历、生活环境、知识结构、心理素质等等的不同，所以在阅读过程中，必然会对诗中的人物、事件和观点形成不同的看法和感受。优秀的诗歌作品常读常新，所谓"仁者见仁，智者见智"。读者在与文本的对话中会以自己独特的视角来构建、创造文本的意义。如王国维著名的治学"三境界论"：

"古今之成大事业、大学问者，必经过三种之境界。'昨夜西风凋碧树，独上高楼，望尽天涯路。'此第一境也。'衣带渐宽终不悔，为伊消得人憔悴。'此第二境也。'众里寻他千百度，回头蓦见，那人正在灯火阑珊处。'此第三境也。此等语皆非大词人不能道。然遽以此意解释诸词，恐为晏、欧诸公所不许也。"

王国维通过深入思索和仔细琢磨，悟出了每个人成就大事业都要经历"迷惘——求索——顿悟"三个阶段。他极其自然并巧妙地运用了中国三篇古典诗词里脍炙人口的经典句子，非常生动形象地阐释了这三个阶段的不同特点。谈到第一阶段时，他引用了晏殊《蝶恋花》中的句子；第二阶段则引用柳永《蝶恋花》中的句子；第三阶段，引用的是辛弃疾《青玉案》中的句子。这三段名句，被王国维信手拈来，创造性的赋予它们全新的含意，尽管其用意与原诗已风马牛不相及，但是这种个性化创造却无不为后人所激赏。

但要注意的是，在对诗歌的"个性化阅读"、"有创意的解读"时，首先必须建立在尊重和理解诗人赋予诗歌的意义的基础上，才有其意义和价值。见仁见智的多种意义的阐发必须依据文本。"一千个读者有一千个哈姆雷特，一千个哈姆雷特还是哈姆雷特"。像那种"脱离文本、逃逸文本、去文本、反文本"的胡乱解读，随意对接，自由化的思想裸奔，是谬误的。其次，在对诗歌"个性化阅读"时，还必须懂得"诗家语"。诗歌由于语言的高度凝练与跌宕起伏的情感相结合，使得其内容难以按日常经验与事理的逻辑按部就班地展开。因此，在诗歌解读时切忌用"执实"的方法来解读，否则会闹笑话。例如白居易《长恨歌》中有"峨眉山下少人行，旌旗无光日色薄"二句。沈括在《梦溪笔谈》中批评道："峨眉在嘉州，与幸蜀路全无交涉。"在这里沈括是带着科学求真的个性来解诗啊，但是他却忽视了诗歌艺术在结构上所遵循的是情感与想象的逻辑，而成为了解诗的"门外汉"。再次，诗歌的"个性化阅读"不能"断章取义"，为我所用，而应联系上下文整体感知，整体把握，而不是对少数字词的理解上。正如宋代朱熹说："凡读书，须看上下文意如何，不可泥着一字。"（《朱子语类》十一卷）

2. 多元化解读

有理解，就有不同。任何优秀的诗歌在被解读的过程中，总有着纷繁多样的理解、丰富多彩的阐释，诗歌意蕴的无限性，给我们读者对诗歌进行多元化解读提供广阔的空间。我们在对诗歌的主题、人物、文辞等方面作多样性的解读过程中，既探索了诗歌的精髓，又拓展了创新思维。

其一，对诗歌主题的多元性解读。

"诗言志"。诗歌是用来表达志向、抱负、情操和抒发思想感情的。抓住了诗歌所表达的思想感情就抓住了诗歌的灵魂，抓住了鉴赏诗歌的关键，其他问题便迎刃而解。在诗歌鉴赏中，由于诗歌形象的丰富，意蕴的深厚，想象空间的广阔，再加上诗人和读者间存在的审美差距，以及不同阅历和不同修养的人在解读同一首诗时产生的联想和感悟的不同，这就造成诗无定解的现象，为我们读者对诗歌主题进行多元性解读提供可能。如，对王翰《凉州词》（葡萄美酒夜光杯）这首诗的主旨人们就有不同的解读。有人认为，这首诗表现了戍边将士等闲生死、乐观旷达的豪情逸兴；有人认为，这首诗反映了戍边将士对戍边生活的厌倦，具有明显的反战情绪；有人认为，这首诗"故作豪饮旷达之词，而悲感已极"（［清］沈德潜《唐诗别裁》卷十九）；还有人认为，这首诗"作悲伤语读便浅，作谐谑语读便妙"

（［清］施补华《岘傭说诗》）。"诗无达诂"，各种理解，都有其一定的合理性，似乎不必固执一端。但是如果我们从盛唐时代由于国力强盛、民族自豪感空前高涨，许多诗人都具有积极乐观的情调和浪漫的气质；以及当时流行府兵制，兵士的服役至少三十年这些社会现实来引导学生，就可以这样解读这首诗歌的主题："既表现出征将士把生死置之度外一醉沙场的豪情，也有'醉卧沙场'总比'征战不回'为好的旷达谐谑，还有今日醉卧明日可能不回的悲凉。"能启发学生融会理解，则更得这首诗意蕴丰富之妙。

其二，对人物形象的多重性解读。

诗歌以抒情为主，但是有些诗歌也在短小的篇幅中塑造了性格丰富的、复杂的人物形象。我们读者对于这些具有多重性格、矛盾性格的人物的解读肯定也是多种多样的。如《孔雀东南飞》中焦仲卿的性格就引起多重解读。有人说，他的性格是柔弱寡断的；有人说他的身上既有软弱的一面，又有坚强的一面；有人说，他的性格经历了由软弱而变为坚强的变化过程。又如《上山采蘼芜》，有人认为诗中的男子是一个喜新怨旧，又很失悔的市侩；有人则认为该男子对被迫离异充满哀怨，是个留恋旧情的人。像这种有争议的人物形象，我们就要杜绝学生的片面性解读，引导学生联系原著，对人物形象进行多重性解读，使学生的学习自主性和创造性得到最大的发挥。

其三，对诗歌文辞的多义性解读。

诗歌首先是语言的艺术。诗歌语言的多义性和模糊性使诗歌文本包含许多意义未定性和空白处，也使我们读者在接受活动中对诗歌作品的理解加入了自己的主观因素。诗歌普遍存在语言文字多义性解读的现象。如，上文所提及王翰的《凉州词》，其诗句"欲饮琵琶马上催"之"催"字，有人作"催人出发"解，认为将士们刚想豪饮，就被催促待命出发了，在这五光十色的宴会中平添一层战地的气氛和匆匆的行色；有人作"催人饮酒"解，认为在战地琵琶声声中夹杂着劝人豪饮的热烈之情；有人作"琵琶急促弹奏"解，认为西域胡人的琵琶本来就是骑在马上弹奏，这里着意渲染一种欢快宴饮的场面。此外，诗歌的修辞手法、表达方式也存在多解的现象。如，杜甫《春望》诗中的"感时花溅泪，恨别鸟惊心"，有人认为，这是身遭战乱的杜甫用了"触景生情"的表达方式，因感慨时局，见花开而落泪、闻鸟鸣而心惊。有人认为，杜甫用了"移情于物"的表达方式，诗人的伤感之情投射到自然物上，所见的花儿也似含泪绽放，所闻的鸟鸣也似悲楚之音，达到了万物同悲的艺术效果。对于文辞的不确定而留下的空白，我们教师应鼓励学生根据自己的经验、体验从多角度发表自己的意见，以丰富的想象力，开创性的思维来陈述自己的见解，体现个性化阅读。

当然，我们在对诗歌文本拓展阅读时，要讲究科学性，要坚持"多元有界"的原则，要立足于诗歌文本，要遵循知人论世的方法来辩证地分析。否则，我们的诗歌解读将会从一个极端走向另一个极端。

总之，诗歌的解读方法多种多样，不能千篇一律，但也不应违背以上所论之方法和原则。"操千曲而后晓声，观千剑而后识器"（刘勰《文心雕龙·知音》），我们应该多读、多思，才能循序渐进，逐步提高自己的诗歌鉴赏能力。

三、诗歌作品的解读举隅

1. 柳宗元《江雪》

江　雪

柳宗元

千山鸟飞绝，

万径人踪灭。

孤舟蓑笠翁，

独钓寒江雪。

柳宗元的《江雪》，宋范晞文《对床夜话·四》说："唐人五言四句，除柳子厚《钓雪》一诗之外，极少佳者。"这个评价可能有点过，但是这首诗确是柳宗元的代表作之一。这首诗的意蕴非常丰富，据有关资料，其主题有以下几种解读：①"自寓"说：从政治批判角度切入，认为该诗作于柳宗元贬谪永州期间，诗人以《江雪》一诗象征寄托，抒发在政治上的失意郁闷苦恼。如刘文蔚："置孤舟于千山万径之间，而一老翁披蓑戴笠独钓其间，虽江寒而鱼伏，非钓之可得，彼老翁独何为而稳座于孤舟风雪中乎？此子厚贬时取以自寓也。"（《唐诗合选评解》卷二）王云翼："世态炎凉，宦情孤独，如钓寒江之鱼，终无所得。子厚以自寓也。"（《唐诗合解》卷四）②"傲然独往"说：从诗人秉性着眼，认为披蓑戴笠之老翁顶寒冒雪"独钓"于江，是一种"清高孤傲"的骨气和精神。如唐汝询："人绝，鸟稀，而披蓑之翁傲然独钓，非奇士耶？按七古《渔翁》亦极褒美，岂子厚无聊之极，托以自高欤！"（《唐诗解》卷二十三）吴昌祺："清极，峭极，傲然独往。"（《删定唐诗解》）③"得天趣"说：从艺术审美层面切入，认为《江雪》一诗极得天然浑成的格调。如苏轼所云："殆天所赋，不可及也已。"（《东坡题跋》卷二）刘辰翁："得天趣，独由落句五字道尽矣。"（高棅《唐诗品汇》引）胡应麟：“二十字骨力豪上，句格天成，然律以辋川诸作，便觉太闹。”（《诗薮内篇》卷六）④“和谐”说：从哲学角度来阐释，认为《江雪》一诗表达了一种通过主体的抗争姿态而最终寻求人与自然的和谐关系。金英先生认为柳宗元通过“独钓寒江雪”的行动，“从容自如地消除了自身与自然原有的相互敌意，与空明而虚静的自然融为一体，使人成为自然的人，自然也成为人的自然，从而形成人与自然的高度和谐统一状态。而这种状态，正体现出中国古代哲学与美学的基本精神”。⑤“禅意”说：从宗教的角度来论述，认为“千山鸟飞绝，万径人踪灭”描写了空寂之境，“独钓的蓑翁也没有任何障碍，即没有客观条件与主观因素的牵羁，从而呈现一种不可言喻的禅悦”。李淼先生把柳宗元的《江雪》选入他编著的《禅诗三百首译析》并这样解释：“首联以鸟绝千山万径人踪灭突出大千世界的空诸所有。后联的孤舟蓑翁垂钓江雪亦是突出空无。全诗所表现的世界是一个无比静寂纯洁一尘不染的世界，也是一个神奇卓绝、虚无缥缈、超尘离世的世界，这样空寂的世界无疑是最理想的禅境，也是作者空寂心境的反映。”如果我们用知人论世的方法来分析，联系当时永贞革新失败之后，柳子厚被谪永州，精神上很压抑的现实，我们就可以这样解读这首诗的主题：诗人借山水景物和渔翁形象寄托自己孤傲不屈的精神，抒发自己在政治上失意的郁闷苦恼。

　　这首诗运用多种表达方式创造出韵味无穷的意境美。一是对比、反衬手法运用。以千山万径之大衬托渔翁之小。以实有景象的有（如：山、径、雪、江、舟、翁）反衬万事万物的无（如：鸟迹绝、人踪灭、渔翁纯净虚无的精神）。以千山万径无限时空的相对静止反衬蓑笠翁“钓”的运动状态。诗人寓景于情、情景交融，普通的自然景物通过对比烘托的组接既描画了一幅意趣深远的寒江独钓图，又浮雕似的突现了在苍茫辽远背景中孤寂的渔翁形象，他不畏严寒、抗风冒雪、独立抗争的精神。二是象征手法运用。一二句江雪的纷纷扬扬，铺天盖地，尤其是“绝”、“灭”二字，渲染了一片冷酷凄绝的世界，正是当时令人窒息的政治环境的折射。渔翁独钓寒江，“寒江鱼伏，钓岂可得，此翁意不在鱼也。如可得鱼，钓岂独翁哉”（朱子荆语）。钓翁垂钓正是企盼得到援引的隐喻。诸如姜太公垂钓于渭水滨，严子陵垂钓于富春江畔，皆是以钓鱼为手段，希望钓来知音。柳宗元谪永州还写过一系列呼吁求援的书简，如《上广州赵宗儒尚书陈情启》、《寄许京兆孟容书》、《与杨京兆凭书》等可资为证。

　　我们还可以将柳宗元的《江雪》与《渔翁》或《江雪》与清代王仕禛的《题秋江独钓图》等诗作进行对比解读。这首诗千古绝响，其诗歌意蕴和艺术特征呈现多元化，千百年来，她令人赞叹不已令人争论不休，显示了艺术的魅力与不朽！

2. 戴望舒《雨巷》

《雨巷》是戴望舒的代表作。这首诗歌具有多重意蕴，耐人寻味。我们可以从三个不同角度和层面来进行赏析。其一，从诗歌与作者的人生际遇关系角度来解读，则《雨巷》的第一重意蕴可理解为对爱情的吟唱，这是一首表达爱情的诗篇。诗中所描绘的似真似幻的美丽"邂逅"，实乃"我"的一段爱情"白日梦"，使我们直观地感受到"我"对爱的追索与向往、憧憬与期待，以及因爱而生的痛苦莫名的希望、无奈和甜蜜的忧伤。因此，从爱情层面来解读，诗中的"我"可理解为一个爱情的感伤者；其二，从诗歌与其被写作的时代背景关系来分析，则诗歌所表现的恰是 1927 年大革命失败后，白色恐怖之下的小资产阶级知识分子因一时看不清前途，找不到出路而陷入了迷惘、彷徨之中的心境。他们寂寞、哀怨，但又充满朦胧的希望。因此，从时代社会层面来解读，诗中的"我"则可以被理解成一个时代的迷惘者；其三，从诗歌与读者的关系角度来分析，则本诗充满了浓烈的人生象征意味，"雨巷"象征着漫漫人生路，"我"则是人生的赶路人，那"丁香一样的姑娘"则是缥渺的希望或理想。诗中"我"寻觅求索（希望逢着姑娘）——与"姑娘"相逢（惊喜）——"姑娘"消失（失望、忧伤）——再度寻觅（希望姑娘飘过）的过程，正是人生寻寻觅觅，不断希望、失望复希望的隐喻。因此，从人生层面来解读，诗中的"我"可以理解成人生的求索者。

《雨巷》在写作手法上有两个突出的特点：一是中国传统诗歌的意境与西方象征主义手法完美结合。象征手法的绝妙运用，使传统意象的内涵得到极大地丰富；而传统意象的表现，又使现代的象征具有更迷离精妙的想象空间。这首诗有两个核心的意象，一个是丁香，一个是雨巷。"丁香"的意象来自中国传统诗意。用丁香结，即丁香的花蕾，来象征人们的愁心，是中国古代诗词中一个传统的表现方法。如"芭蕉不展丁香结，同向春风各自愁"（李商隐《代赠》）。"飞鸟不传云外信，丁香空结雨中愁"（李璟《浣溪沙》）。"丁香"象征美丽、高洁、愁怨，"丁香姑娘"则是象征诗人人生中的美好理想。然而这个理想却虚幻、缥渺，给人生留下如此多、如此浓郁的遗憾与凄凉。而"雨巷"除了可以看做一条现实的江南城市梅雨季节的小巷外，同样完全可以看做是诗人所处的社会生活环境的象征或是象征人生的漫漫长路、天地的狭窄。至于"雨巷"中两个青年男女不期而遇而又失之交臂的"邂逅"，除了可以看做一个真实的爱情事件的再现外，也完全可以看做是作者追求理想而不得这一精神历程的象征。此外，"撑着油纸伞"、"独自彷徨"、"默默行"、"雨的哀曲"、"颓圮的篱墙"都具有含义丰富的象征意义。这些象征物弥漫着中国传统文化的气息。可见，戴望舒在诗歌艺术上采用象征主义手法，在诗歌意境上却彻底中国化，二者完美的结合。二是具有的强烈的音乐美。叶圣陶曾说：这首诗"替新诗的音节开了一个新的纪元"。这首诗词句复沓、韵节铿锵，造成了全诗的音乐感。词句的复沓在诗中的反复运用而形成强烈的音乐性。如：首尾两节的"悠长、悠长"；第二节中的"丁香一样的颜色，丁香一样的芬芳，丁香一样的忧愁"以及"在雨中哀怨，哀怨又彷徨"；第三节中的"像我一样，像我一样地"；第四节中的"像梦一般地，像梦一般地凄婉迷茫"；第五节中的"远了，远了"；第六节中的"消了她的颜色，散了她的芬芳"及"太息般的眼光，丁香般的惆怅"（变奏性的复沓）。韵脚的有规律的反复：全诗共七节，每节六行，每行字数长短不一但总体上又是有规律地重复的。该诗押"ang"韵且一韵到底，在每节相隔不远的行的末尾重复一次脚韵，每节押韵两到三次；有些同样的字词还在韵脚中多次出现，如"雨巷"、"姑娘"、"芬芳"、"惆怅"、"眼光"等。这种韵脚的反复使用，使"ang"韵这个音响在人们的听觉中被反复感受，由此造成了一种回环往复的音乐效果。诗歌语言的节奏其实就是诗人内心的情感节奏，读这首诗，就像是一首美丽而忧伤的咏叹调久久回旋在人们心中，令人难以忘怀。

第二节　中学语文散文解读

散文是"文艺的轻骑兵"，到目前为止是人类文明史上生命力最长久的一种文学样式，在中学语文课本中占有极大的比重。

初中人教版义务教育课程标准实验教科书《语文》教材有 6 册 36 单元（每册 6 单元），共 169 课 207 篇文章。据统计，在所有选文中，所选散文 68 课 76 篇，课数与篇数分别占全套书的 40.2% 和 36.7%。具体散文篇目分布如表 5-2-1。

表 5-2-1　初中语文教材中散文篇目统计表

位置	篇目（序号为课文在该册书中的篇目号）
七年级上	7. 短文两篇：行道树、第一次真好；9. 我的信念；10.《论语》十则；11. 春；12. 济南的冬天；13. 山中访友；21. 风筝；23. 散步

续表

位置	篇目（序号为课文在该册书中的篇目号）
七年级下	1. 从百草园到三味书屋；5. 伤仲永；8. 艰难的国运与雄健的国民；9. 土地的誓言；12. 闻一多先生的说与做；13. 音乐巨人贝多芬；17. 安塞腰鼓；18. 竹影；19. 观舞记；29. 马
八年级上	5. 亲爱的爸爸妈妈；6. 阿长与《山海经》；7. 背影；9. 老王；10. 信客；20. 你一定会听见；21. 桃花源记；22. 短文两篇：陋室铭、爱莲说；23. 大道之行也；26. 三峡；27. 短文两篇：答谢中书书、记承天寺夜游；28. 观潮；29. 湖心亭看雪
八年级下	1. 藤野先生；2. 我的母亲；3. 我的第一本书；4. 列夫·托尔斯泰；5. 再塑生命；6. 雪；8. 短文两篇：日、月；9. 海燕；10. 组歌：浪之歌、雨之歌；11. 敬畏自然；16. 云南的歌会；17. 端午的鸭蛋；18. 吆喝；19. 春酒；20. 俗世奇人：泥人张、好嘴杨巴；21. 与朱元思书；22. 五柳先生；23. 马说；24. 送东阳马生序；26. 小石潭记；27. 岳阳楼记；28. 醉翁亭记；29. 满井游记
九年级上	21. 陈涉世家；22. 唐雎不辱使命；23. 隆中对；24. 出师表
九年级下	9. 谈生命；10. 那树；11. 地下森林断想；12. 人生；17. 公输；18. 《孟子》两章：得道多助失道寡助、生于忧患死于安乐；19. 鱼我所欲也；20. 《庄子》故事两则：惠子相梁、庄子与惠子游于濠梁；21. 曹刿论战；22. 邹忌讽齐王纳谏

  人教版普通高中课程标准实验教科书《语文》（经全国中小学教材审定委员会 2004 年初审通过）必修教材有 5 册 20 单元（每册 4 单元），共 65 课 79 篇文章。据统计，在所有选文中，所选散文 23 课 25 篇，课数与篇数分别占全套书的 35.4% 和 31.6%。具体散文篇目分布如表 5-2-2。

表 5-2-2 高中语文必修教材中散文篇目统计表

所属模块	篇目（序号为课文在该册书中的篇目号）
语文 1	4. 烛之武退秦师；5. 荆轲刺秦王；6. 鸿门宴；8. 小狗包弟
语文 2	1. 荷塘月色；2. 故都的秋；3. 囚绿记；8. 兰亭集序；9. 赤壁赋；10. 游褒禅山记
语文 3	8. 寡人之于国也；9. 劝学
语文 4	10. 短文三篇：热爱生命、人是一根能思想的苇草、信条；11. 廉颇蔺相如列传；12. 苏武传；13. 张衡传
语文 5	4. 归去来兮辞并序；5. 滕王阁序；6. 逍遥游；7. 陈情表；8. 咬文嚼字；9. 说"木叶"；10. 谈中国诗

另外，在高中语文选修系列 1 "诗歌与小说" 系列中，涉及散文文体选文的还有 4 本选修教材，分别是《中国古代诗歌散文欣赏》、《中国现代诗歌散文欣赏》、《先秦诸子选读》、《外国诗歌散文欣赏》，共 75 篇文章，其中不乏如《阿房宫赋》、《动人的北平》、《贝多芬百年祭》等诸多经典性的篇目。中学语文教材中的这些散文选篇，有古代的，有现代的，有国内的，有外国的。既有对社会的深邃认识，又有人生的深情感悟；既有对生活琐事的回忆，又有惊心动魄的故事；既有对社会人生问题的思辨，又有对学术问题的澄清。内容丰富多彩，语言优美动人。对增长学生的知识学问、改善学生的情感价值观、提升学生的审美能力有着重要的典范作用。因为散文在中学语文选文所占据的大比例以及散文文体的特殊功能，所以散文的解读是中学语文教学的重点，也是难点。从某种程度上说，散文教学的成功与否直接决定着语文教学的效果。

一、散文的基本知识

（一）散文的定义

关于散文的定义，有不少论述与争议，但一般都将散文从狭义与广义两个角度划分。广义的散文，指的是一切不押韵不排偶的散体文章。刘勰在《文心雕龙》的《总术》篇写道："今之常言，有'文'有'笔'，以为无韵者'笔'也，有韵者'文'也。"所谓"笔"，就是指韵文以外的一切记叙性和议论性的文体，这些文体即散文。不过，古代没有"散文"这一个名称，"散文"这个名称是"五四"时期才有的。在现代，广义的散文包括除去诗歌、小说、戏剧、影视文学之外的一切叙事性、议论性、抒情性的文体。狭义的散文则专指文艺性的叙事散文和抒情散文。从当前普遍的观点看，散文是指与诗歌、小说、戏剧等并列的一种文学体裁。

（二）散文的特点

散文的最大特征就在于"形散神聚"。"形散"主要是说散文取材十分广泛自由，不受时间和空间的限制，但较多的是写真人真事，艺术虚构的成分较少，注重表现作者的生活感受；表现手法不拘一格灵活自由，可以叙述事件的发展，可以描写人物形象，可以托物抒情，可以发表议论，而且作者可以根据内容需要自由调整随意变化，故事情节不一定完整，往往通过对某些片断的生活事件的描述去反映生活。"神不散"主要是从散文的立意方面说的，即散文所要表达的主题必须明确而集中，无论散文的内容多么广泛，表现手法多么灵活，无不为更好地表达主题服务。

散文的形式特点，一是以个人抒情为主，把抒情、叙述、议论熔为一炉；二是从细笔描述，小中见大；三是从侧面暗示，发挥读者的想象力；四是行文自由，结构灵活。

"形散而神不散"说明了散文在形式上贵散，而内容上忌散。散文就像放风筝一样，既要乘风凌云，又要一线相牵。飘游跌宕，起落盘旋，操纵者心中全然有数。

（三）散文的分类

根据表达方式侧重点不同，一般把散文分作叙事散文、抒情散文和议论散文三类。

1. 叙事散文。以记人、叙事、状物、写景为主的散文。这类散文，侧重记写一定的事物、场景，叙事比较完整，人物形象比较鲜明。文章一般不是纯客观的描述，而是将情与物融为一体，寄寓作者的思想情感。根据该类散文内容的侧重点不同，又可将它区分为记事散文和写人散文。重于记事的散文以事件发展为线索，偏重对事件的叙述。它可以是一个有头有尾的故事，如莫怀戚的《散步》，是一篇以记事为主的优秀叙事散文；也可以是几个片断的剪辑，如鲁迅的《从百草园到三味书屋》。偏重于记人的散文，全篇以人物为中心。它往往抓住人物的性格特征作粗线条勾勒，偏重表现人物的基本气质、性格和精神面貌，如鲁迅的《藤野先生》，是一篇以写人为主的典范性叙事散文。

2. 抒情散文。以抒发感情为主的散文，它主要是借助事与物抒发作者对现实生活的感受、激情和意愿。抒情散文的"情"不是虚空的，而是有所依据。依托一定的人物、事件或景物作为文章抒写的对象，通过对它们的记叙或描写，达到托物言志、寓情于物的目的，如刘禹锡的《陋室铭》、鲁迅的《雪》等。抒情散文以抒发作者的主观情怀为主，不排斥写人叙事，但不占主要地位，如同写景状物一样，只是作为抒情的"因由"、抒情的依托而存在，这是抒情散文同叙事散文的主要区别。与其他散文相比，抒情散文情感更强烈，想象更丰富，语言更具有诗意。抒情散文主要用象征、比兴、拟人等方法，通过对外在形象的描绘来传达作者的情思，因此借景抒情和托物言志是这类散文最常用的手法。托物言志的散文，即象征性散文，作者多将情感融于某个具有象征意义的具体事物，借助象形联想或意蕴联想把主观情感表现出来，如高尔基的《海燕》、周敦颐的《爱莲说》等。借景抒情的散文，作者往往将感情寓于景物之中，赋景物以生命，明写景，暗写情，做到情景交融，情景相生。如朱自清的《春》、《荷塘月色》等。

3. 议论散文。是一种以议论表达为主的散文，它往往借助于事例的简述，或者形象描绘来完成感情的抒发。它要求观点鲜明、概念准确、说理充分、层次明晰、以理服人。常见的文学性很强的随笔、杂感等短小精悍的文章，皆属此类。这类文章作者常常借助于对古今故事、花鸟草虫等具体事物的描述来说理，并通过一定的逻辑推理透辟事理，使文章显得妙趣横生，富于感情。议论散文与抒情散文一样，也注重情感的抒发，不同的是它偏重于理智。它既有生动的形象，又有一定的逻辑；既要以情动人，又要以理服人。它常常把议论与抒情、叙述、描写结合在一起，以夹叙夹议为其写作特点，融形、情、理于一炉，合政论与文艺于一体。如韩愈的《马说》、李大钊的《艰难的国运与雄健的国民》等。

二、散文解读的基本内容

（一）品性情

情感表达是散文的生命与灵魂。一般说来，散文不太重视对现实生活的模仿，而重在表现作者内心世界喜怒哀乐的心境。因此品味作者情性、陶冶读者情性成为散文教学的重要任务。但是由于学生的生活经验较少，缺少文学积累，因此在文章的情理品味中往往缺少感觉，因此这一点也成为散文教学的难点。像朱自清的《背影》写父子亲情：事很少，话不多，只以儿子的"视角"三写父亲"背影"在自己内心所激起的幽深微澜，味之潸然，自有一番动人心弦的情致；而鲁迅的《阿长与〈山海经〉》，开篇即出以谐谑的文笔，继之则庄谐并作，而最后竟变为谦恭而肃敬，这种诙谐而多变的笔墨，反映了作者对阿长自浅而深的认识过程，别有一种回甘余韵的情致；又如宗璞的《紫藤萝瀑布》，它赞颂了生命的蓬勃向上，情致表现为热烈、奔放。诸如此类情感，若没有相似的生活经历或缺乏此情境熏陶是很难感受到文中作者的情愫的。因此教师需要拓展课内容，使学生对课文有更深刻的理解和体验。

（二）理结构

巧妙的结构是散文的重要特点。一般说，散文篇幅不长，但立意深、多见识、有真情、饶趣味，梳理文章的结构是散文解读的重要内容。

就散文的外部结构来看，包括句子、自然段和部分三个方面。前两者是出于文字表达上的需要，起着停顿与间歇的作用，均属于自然的形式单位，而且也有明显的外部标志，容易掌握。部分则是作者出于内容表达上的需要，集中某个方面的内容为突出主题服务的意义上的段落。一篇散文总是由若干个意义段构成，一个意义段也就是一个部分，它通常包括有几个自然段，有时也可能与自然段一致。所谓的分段，就是分析一篇散文由几个意义段组成，以便于深入了解其结构在开合、断续、抑扬上的特点等等。

对文章结构的分析必须要看各自然段的关系，剖析段与段之间的联系，探讨它是如何完整、严谨和自然的。所谓完整，是指散文结构有头有尾、有中段，部分与部分、部分与整体都有有机的联系，紧针密线，连贯一气；所谓严谨，是指散文的各部分安排得非常妥帖紧凑，以至无法作任何增删更动，任何挪动或删削都会使整体构架脱节；所谓自然，是指散文结构像天生那样浑然天成，不见任何斧凿痕迹，"当行于所当行，当止于不可不止"。如陆蠡的《囚绿记》，从表层来看，其主体部分情节是按爱绿、赏绿、损绿、释绿、怀绿这一结构来叙述的。但若从深层分析，则在显在结构之外，还隐藏着一个潜在的结构，就是一种民族大义的意识和爱国主义精神。根据这篇散文的创作环境和时代背景，读者能感受到这种超越文本的潜在结构的存在。可以这样理解，陆蠡以常春藤的绿色的生命，显示自己向往光明的心境；以常春藤被囚禁在黑暗中，隐喻日本疯狂侵略中国；以常春藤的枝条变细瘦变娇弱，暗示陷于日寇铁蹄的中华民族正在经历被践踏被凌辱的命运；以常春藤枝头的尖端始终顽强地"朝着窗外的方向"，象征中华民族从不屈服不作"闪人"的反抗精神。此外，《囚绿记》还隐藏着另一层含义，即传递陆蠡本人对现实生活的失望，以及内心的苦闷、孤寂和惆怅。《囚绿记》在显在结构层面上是抒写人与自然的关系，而在潜在结构层面上反映的则是关于国家的命运、生命的意义和自由的可贵。

（三）析手法

艺术是对生活的提炼浓缩，散文是一种见微知著的艺术。散文的艺术形象往往具有典型意义，以小见大，选材琐碎是散文写作的常见手法。季羡林于新时期所作的《世界散文精华序》中，专门谈到"身边琐事"问题："在中国文学史上，一直到近现代，最能感动人的散文往往写的都是身边琐事。即以本书而论，入选的中国散文中有《陈情表》、《兰亭集序》、《桃花源记》、《别赋》、《三峡》、《春夜宴诸从弟桃李园序》、《祭十二郎文》、《陋室铭》、《钴鉧潭西小丘记》、《醉翁亭记》、《秋声赋》、《赤壁赋》、《黄州快哉亭记》等宋以前的散文名篇，哪一篇不是真挚动人、感人肺腑？又哪一篇写的不是身边琐事或个人的一点即兴的感触？我们只能得到这样一个结论：只有真实地写真实的身边琐事，才能真正拨动千千万万平常人的心弦，才能净化他们的灵魂……在这一点上，外国的散文也同中国一样。"散文解读自然要把握散文这些小以见大的表现手法。

（四）赏语言

优美的语言是优秀散文的立足点，因此阅读散文的一个重要任务就是分析散文的语言，使学生受到语言的熏陶感染。散文一大特色是语言美。好的散文语言凝练优美，自由灵活，接近口语。优美的散文，更是富于哲理与诗情画意。杰出散文家的语言又各具不同的语言风格：鲁迅的散文语言精练深邃，茅盾的散文语言细腻深刻，郭沫若的散文语言气势磅礴，巴金的散文语言朴素优美，朱自清的散文语言清新隽永，冰心的散文语言委婉明丽，孙犁的散文语言质朴，刘白羽的散文语言奔放，杨朔的散文语言精巧。体味散文的语言风格，可以对散文的内容体味得更加深刻。入选中学课本的散文许多都是字字珠玑、声情并茂的美文，字里行间蕴涵着丰富的美感。如朱自清的《荷塘月色》通过运用比喻、通感、拟人等修辞手法，烘托、比较、联想等表现手法，以及遣词造句的高超技巧，使得文章语言细腻滑润，值得学生仔细品味。

三、散文解读的基本方法

（一）基本方法

1. 提纲挈领法

"形散神聚"是散文的突出特点，因此抓住文章的纲也就能够理清作者的写作思路，从而顺藤摸瓜，完成对文章情感以及语言特色等的体味。通常作者为了表达自己的思想情感，会精心组织选取材料。在表达上更是精益求精，特别注意词语在表达上的顺序、层次和分寸感。因此，理清文章脉络、把握写作顺序是分析散文的一个重点。

（1）理清线索。线索是作者选择材料的准绳，是作者组织材料的依据，犹如项链的链子，而材料则如珍珠。我们形象称之为线索，因为它是作者选择材料或描写、记叙、议论的脉络，由此可以将不同材料组成一个整体。例如胡适的《我的母亲》以"我在我母亲的教训之下度过了少年时代，受了她的极大极深的影响"为线索；鲁迅的《藤野先生》以"我与藤野先生交往的过程"和"我的爱国思想感情"为线索等。

（2）剖析结构。剖析散文的结构，从大的方面而言，不外乎两条途径：由整体到部分，或由部分到整体。分析散文结构就是要根据文章的线索和材料安排的顺序，弄清文章的段落、层次、开头结尾、过渡照应等问题。具体说来就是划分文章的结构层次，它有三个方面的要求：一是能够分析段内的结构层次；二是能够分析全篇的结构层次；三是能够在把握结构层次的基础上，根据要求进行归纳整理。

分析散文的结构，把握文章思路，可以从以下几方面入手。首先分析段内的表达方式。有的语段，语言表达方式较单一，有的兼用多种表达方式。

对这种语段，可根据不同表达方式划分层次。其次根据句意归纳。一个语段由多个句子组成，准确把握句子间的意义关系，就要将几个句子分别归于几个意义点中，根据聚集联结的紧密程度，从意义疏松处断开。再次根据题目文体。不同的文体会有不同的结构模式，如欧阳修的《醉翁亭记》和柳宗元的《小石潭记》，都是"记"体。按照"记"体的格式，一般要求记叙何时何地何事、当事人、事情经过、作记原由等等。它们都是先记地点，次写景物或传说，再写事情，然后写功用或影响，最后说明作记原由。文体既然有格式要求和框架作用，就会在作品的结构形式上体现出来。因此分析散文结构便应看清题目，辨明文体，了解它的文体结构。大多数散文是作者按照自己确定的主题思想——即所谓"立意"来叙写某一件事或某一问题的，这样的散文首先取决于它的主题思想的逻辑结构，这就要在弄懂字句、疏通章节之后，再进行抽象的逻辑分析，以便把握全篇思想内容的内在联系。比较而言，叙事文、说理文的内容结构容分析和把握，写景文、抒情文则要困难一些。因为前者直接表现为逻辑结构，而后者则往往以具体形象或形象性手法来表达思想，并且常常具有抒情的特点，即形象的跳跃性和逻辑省略，如寓情于景、用典喻理、比兴寄托等，这就必须分析具体形象的含意，把握它们的逻辑联系。

2. 文眼突破法

又叫穿针引线法。该方法就是抓住散文中的重点词句或段落，以此作为阅读突破点，层层深入，条分缕析。文眼是透露文章感情、思想或者写作主旨的词语或句子，它是一些特别精炼警策的词句，即散文主题的凝聚点。找到文眼就能够体把握文章的中心。例如朱自清的《荷塘月色》开头的一句话"这几天心里颇不宁静"就是全文的文眼，它让我们知道文章的整体情感是"哀愁中的淡淡喜悦"。文眼突破主要从以下途径入手。

（1）分析文段的中心句。根据文段的中心句来明确文段的意思，根据对中心句的关联判断来把握文章的思路。文段的中心句往往在开头，作段首概括；或在文段的结尾，作段末归纳。如胡适的《我的母亲》可抓住"我在我母亲的教训之下度过了少年时代，受了她的极大极深的影响"，郁达夫的《故都的秋》可抓住"来清，来得静，来得悲凉"等文眼解读。（2）分析标志性的语句。利用一些标志性的词语可以加快对文章的理解。如：既、又、并且、第一、一方面、原因之一、进一步说、总之、因此、所以等。这些语言标志对分析句群，把握段意，从而明确文章的结构和思路很有帮助。如陆蠡的《囚绿记》的"绿色是多宝贵的呀"即是一个标志性的语句。

3. 咬文嚼字法

散文可谓最单纯的语言艺术。作家用语言进行艺术创作，读者从弄懂字句开始接触作品，而最后要归结到欣赏它的语言艺术。散文解读首先要求准确掌握词汇意义，正确运用语法规律，恰当利用修辞技巧。因而分析散文语言也就必须熟悉散文的基本知识，应当注意到语言的时代特点，从而了解和掌握作品语言的时代风格。每一位优秀作家的散文作品都有自己独特的语言风格，这也是分析语言艺术时应当注意到的。咬文嚼字可从这几方面来实施：

（1）解释词语（在语境中）的含义。（2）探析词语的表达作用，要结合语境或主题思想来回答，探析该词语对表达作者思想感情或主题思想的作用，有时也可以考虑词语对景物描写意境的作用或人物性格等方面的作用。（3）体会词语的准确性或生动性。（4）理解散文中富有哲理性语句的深层含义。

4. 见微知著法

由于以小见大、见微知著是散文的写作手法，因此对散文形象的分析和体会不能照实阅读，而要借助解释、扩散、想象等手段来完成，从而提升作品意义。对散文的理解需要了解背景，透视创作历程。作品是社会的折射，内容是背景的产物。有不少散文的创作，往往受环境的影响。因此，了解文章的相关背景，是阅读鉴赏散文的一把钥匙。如鲁迅的《风筝》取材于作者的零星感受，描写了生活激流中一朵小小的浪花——有关风筝的一段记忆，写出了自己亲手虐杀小兄弟制作风筝的天性，从此在作者心底，留下了很深的负罪感。长大后，想得到兄弟的宽恕，但是由于种种原因未能所愿。文中就围绕着这两种情感展开。故事情节虽简单，但作者透过现象，于平凡处窥察到精深，揭示出自己的行动实质是对儿童的一次精神虐杀。因此，作者认识到了自己的过错，毫无保留地披露了自己的心灵。鲁迅的自我反思就是对社会的一种批判与思考。《风筝》的结尾说："我倒不如躲到肃杀的严冬中去罢，——但是，四面又明明是严冬，正给我非常的寒威和冷气。"这即是点明了当时的社会环境。作者用高度凝练的一笔，把具体事件放进特定时代背景里面，使自我解剖和当时的社会紧紧相连。由此可见，作者取材的内容虽然是生活中的点点滴滴，但由于作者独到的见解，所以文章以小见大，意蕴深远，一个独特的事件，反映了带有普遍性的问题。作者的深思熟虑，可见一斑。因此解读散文必须深入理解写作背景，从而才能深入理解课文，使得散文反映生活的功能得以体现。

5. 特色归纳法

优秀的散文作品具有鲜明特色，包括从内容到形式，从情感到遣词造句。因此归纳文章特色就是对散文深入学习的过程。鉴赏散文，如不辨其法，自然只能得其皮毛，始终只能停留在字面做一些浅尝辄止的欣赏。散文解读对特色归纳，多为对表现手法的归纳分析。散文常见的表现手法有：

写景类——借景抒情、寓情于景、情景交融、移情于景。

咏物类——托物言志。

怀古类——借景抒情、即事抒情。

咏史类——借古讽今、借题发挥。

送别类——即事抒情、即景抒情。

还有如衬托、对比、侧面描写、象征、卒章显志、讽喻、动静结合（以动衬静、以静衬动、动静结合）、虚实结合（以实写虚、寓虚于实、虚实相生）手法等。如记叙文阅读，可以第一遍略读浏览，整体感知内容；第二遍，细读精读，品味深层含义。这里包括理清文章结构、归纳文章中心、体味文章情感、理解重要词句等；第三遍选择文章中的美点，如语言美、内容美、结构美、形象美、手法美等，进行欣赏分析，归纳特色等。

（二）拓展阅读

丰富多彩的意蕴内涵是文学作品的一个重要特征，散文作品同样也具有多义性、开放性的特点。另一方面，文学阅读是一种个体性的活动。对于同一文本的解读，不同的读者因其生活体验、知识储备、审美情趣的不同，会对作品做出不同的理解。并且，不同的解读视角和方法，对作品主题也会得出不同结论。拓展性阅读有助于我们更好地发现散文作品的意蕴。依据文体特点，散文拓展阅读的方法可从以下方面考虑。

1. 从词语阐释的角度分析字词意思，探讨多重意蕴。

作为指示和象征的语词符号，它的意义是多方面的，有本义、引申义、象征义、比喻义、通假义等。语词的意义是在一定的语言实践中的具体意义，在不同的上下文中，同一语词的意义是不同的；在不同的用法中，也可以有不同的理解。解读时就要把词语的多重意思好好分析。如《归去来兮辞》（并序）中"乃瞻衡宇，载欣载奔。童仆欢迎，稚子候门。三径就荒，松菊犹存。携幼入室，有酒盈樽。引壶觞以自酌，眄庭柯以怡颜。倚南窗以寄傲，审容膝之易安。园日涉以成趣，门虽设而常关。"这里，"门"出现了两次，但无法在词典中找到一个注解来恰当地解释它的含义。这里两个"门"都已不是单纯意义上的"门"，而是隐含着象征的意味，它象征着召唤漂泊异乡游子回归的家园，象征着诗人逃离尘网走向自然的生活状态，代表着诗人复归原始情境的渴望，代表着诗人对诗意人生的追求。

2. 从求异思维的角度发挥联想与想象，形成多重意蕴。

　　散文具有丰富的开放性，给予读者无穷的想象空间。想象是人在头脑里对已储存的表象进行加工改造形成新形象的心理过程。散文创作需要联想和想象，散文的学习同样需要联想和想象。读书的经验告诉我们，仅限于文字所及的范围，所得是肤浅的、有限的，仅仅是基本的认知需要。如果能够触发联想和想象，就能进入情感态度价值观层面了。朱自清《荷塘月色》中白色荷花仪态万千、风情万种，这本身就是一幅绝妙的月照荷塘图，再加上人们由此所作的对明珠、星星、美人的联想，便产生出一种清丽、朦胧的艺术美，令人心驰神往，具有悠远绵长的韵味。散文阅读就是要通过散文语言这个媒介，注重培养读者的联想和想象能力。如宗璞的《紫藤萝瀑布》："从未见过开得这样盛的藤萝，只见一片辉煌的淡紫色，像一条瀑布，从空中垂下，不见其发端，也不见其终极。"在这句话里，读者应该充分发挥想象，去体味这种美妙的景致，甚至要回忆或想象所熟悉的景物，在想象中完成美的熏陶。这种由此及彼的品读方式，不仅可以打开封闭的思维，还能从更深的层次去挖掘课文。不同经历不同阶层不同时代的不同读者都可能从某一角度找到与散文作者的共通处。

　　3. 从多元化视角的角度解读主题思想，挖掘多重意蕴。

　　主题即是散文作品的"神"，它是与艺术形象交融在一起的饱含着作家审美情趣的一种意蕴。文本意义都有哪些可能的倾向呢？一般说来，它具有多个层面，比如伦理道德上的，社会历史上的，审美层面上的，心理层面上的，文化层面上的，人生层面上的，哲学层面上的等等。因此，也就带来了解读方式、解读视角的不同，比如，伦理道德式解读，社会历史式解读，精神分析式解读，文化学解读，哲学解读等等。对同一部散文作品的主题如果从不同的角度去把握，会有不同释义。越是内容丰富的作品，给读者提供的审视角度就越多，主题的多元性就越明显。如对鲁迅《风筝》的解读，因不同时期、不同的人和不同的需要，可以获得多种不同的主题理解。从儿童教育角度去理解，旨在批判封建的教育思想和方法，提倡近代儿童教育的科学观念；从鲁迅的自省精神看，表现鲁迅可贵的严于解剖自己、不断反省、知错就改的品质；从亲情角度去理解，表现浓浓的手足之情，是一首洋溢着人情美的颂歌；从游戏的意义上看，指出游戏实在出于儿童的天性，"游戏是儿童最正当的行为"，希望中国儿童的精神不受压制，能够健康成长；从追求美好事物的角度去理解，风筝是故乡春日的象征，是美好青春的象征，虽然作者在春风里感到冬的肃杀，但作者仍在继续寻求那逝去的青春。由此可见，散文本身的世界，已物化成文本，文本并没有变，但它的社会意义却因为读者的社会处境、观点、期待视野的不同，也就分取出不同的主题。

四、散文作品的解读举隅

中学语文所选入的散文名篇众多，不可能一一解读赏析。这里仅举几隅，以求管中窥豹。

（一）《从百草园到三味书屋》（初中《语文》七年级下）

鲁迅先生的《从百草园到三味书屋》是经典散文名篇。长久以来，人们对文章的情节结构、人物形象、主题思想的理解有诸多分歧。

1. 对情节结构的理解分歧

一般认为，文章分两部分，前半部分写百草园，后半部分写三味书屋，中间有一个过渡段。对于这两个部分之间的关系，有三种意见。

（1）一种意见认为是和谐统一关系。认为贯穿全文的是甜美的欢乐的回忆，是一颗天真调皮的童心，这是本文意境美和韵味美之所在。

（2）一种意见认为是对比关系。认为前后两部分形成对比，用乐园似的百草园生活和阴森、冷酷、枯燥、陈腐的三味书屋相对比，一个是多么适合儿童心理，表现了儿童的广泛的生活乐趣；一个是多么妨碍儿童身心的发展。

（3）一种意见认为是衬托关系。认为作者是用自由欢乐的百草园生活来衬托枯燥无味的三味书屋生活，以批判封建教育制度对儿童的束缚和损害。

2. 对"先生"人物形象的理解分歧

（1）一种意见认为"先生"是一个典型的腐儒。体现了孔孟之道的不学无术的典型腐儒，作者对他是用轻松幽默的笔调予以揭露。作品中说"早听到他是本城中极方正，质朴，博学的人"，这是传言，并不是作者的看法，作者的看法已渗透在全篇的叙述中。

（2）一种意见认为"先生"不仅是一个迂腐的老学究，而且还是一个深受毒害的长期执行地主阶级反动教育路线的下层知识分子，其本质是一个忠实地顽固地宣扬反动腐朽封建思想的卫道士。他用自己身受其害的那一套加害于儿童，这样做却又非但全无恶意，倒还是出于一片至诚。这里所包含的悲剧性是极其深刻。在鲁迅笔下，先生是一个被批判被讽刺地可憎而又可笑的反面人物。

（3）一种意见认为"先生"并不是什么反面人物形象，作者对先生的描写也丝毫没有恶意。持这个观点的人，把作品中的"先生"落实到现实生活里的寿镜吾并根据对寿老先生生前的种种传说，认为把他看成"腐儒"似乎与鲁迅原意不十分吻合。并且，对"先生"应从历史的眼光来看，在当时的历史条件下，作品的中的"先生"并非是"不学无术的腐儒"，它实行的那一套是题中应有之义，完全不足为怪。现实中的寿老先生，不仅知识渊博，且具有反帝爱国之心，对鲁迅非常关心，鲁迅对他也非常尊敬。因此鲁迅对"先生"的描写并无恶意，仅是对他作了若干委婉善意的讽刺。

3. 对主题思想的理解分歧

（1）认为文章的主题在于批判封建教育制度。认为作者通过百草园和三味书屋儿童时代两种截然不同的生活描写，所表达的主题是揭露和批判以孔孟之道为核心的封建教育制度，从而表现了鲁迅对封建社会及其教育制度的彻底否定。理由是：

①从情节结构上看，文章分前后两部分，百草园和三味书屋是一种对比关系。用乐园似的百草园生活和阴森、冷酷、枯燥、陈腐的三味书屋相对比，一个是多么适合儿童心理，表现了儿童的广泛的生活乐趣；一个是多么妨碍儿童身心的发展：像《论语》、《幼学琼林》、《周易》、《尚书》这些宣扬封建毒素的古书，艰深难懂，逼着学生死记硬背，不懂也不能问。

②从人物形象塑造上看，"先生"是一个典型的腐儒。作者写这个私塾先生时，说"早听到他是本城中极方正，质朴，博学的人"，这是传言，并不是作者的看法，作者的看法已渗透在全篇的叙述中：通过百草园和三味书屋的生动的对比；通过对这位老先生一面教学生死读书、读死书，一面自己在课堂上摇头晃脑地欣赏无聊文章的描写；特别是通过写学生按规矩如何先拜孔子后拜他，鲁迅如何抱着求知的渴望和仰慕的心情拿天真的问题去请教他，而碰了一鼻子灰……说明了他是一个体现孔孟之道的、不学无术的典型腐儒。不过作者还不是把他写得很凶。他对学生也"大叫"、"瞪眼"、"怒斥"，偶尔也打"戒尺"、"罚跪"，但这些都不常用。对这位老先生，作者是用轻松幽默的笔调予以揭露。

（2）认为文章的主题思想不是在于批判封建教育制度，而是通过对百草园和三味书屋美好生活的回忆，表现儿童热爱自然，追求新鲜知识，天真幼稚、欢乐的心理。贯穿《从百草园到三味书屋》全文的，是甜美的欢乐的回忆，是一颗天真调皮的童心，这是这篇散文的意境美和韵味美之所在。其理由是：

①文章出自鲁迅的散文集《朝花夕拾》，而《朝花夕拾》是一曲少年时代生活的恋歌，而不是投向敌人的投枪和匕首。《从百草园到三味书屋》的创作思想不可能游离于《朝花夕拾》之外。

对于《朝花夕拾》全集的写作缘起和本意，鲁迅有过明确的说明。其一，他在《朝花夕拾·小引》中说道，这本散文集是在北京至厦门这段时间写的，在广州编定。其时正是鲁迅生活中最辗转流徙，心情最苦闷的时候。

为了"在纷扰中寻出一点闲静来"，鲁迅只能借回忆旧时的美好的事物，来排除目前的苦闷，寻一点"闲静"，寄一丝安慰。《从百草园到三味书屋》正是在厦门大学的图书馆楼上写的，当时他"是被学者们挤出了集团之后"，只好借这样一朵儿时的"小花"，来排遣寂寞。其二，原来集名是《旧事重提》，编定时，"我还替它改了一个名称：《朝花夕拾》"。这一改动，是为了更符合这组散文的内容实际。因为，在苦闷失望中的鲁迅，当时常常回忆起儿时的故乡的瓜果。这组散文，正是浸透着儿时故乡瓜果的清新甜美的滋味的小品，就像鲁迅书桌上的那盆"水横枝"，树叶青葱得可爱。所以鲁迅把这美好的回忆散文，比作一组晨光里绽开的花朵。拾来自赏、自慰，而并不是直接为了战斗。

②从作品的实际内容来看，也看不到批判封建教育的意思。

百草园和三味书屋的前后描写无法形成所谓"相比"或"对照"，它们在叙述格调上是浑然一体，前后一致的，不存在褒前贬后的问题。百草园生活的描写自不必说，是何等欢乐，天真。三味书屋的生活描写又何尝不是这样。作者描写刚到书屋时对里头的陈设布置首先就充满着新奇的情感，那"黑油的竹门"，"三味书屋"的大匾，"画着一只很肥大的梅花鹿伏在古树下"的画幅，那没有孔子牌位的拜孔子和拜先生仪式，对未脱孩提稚气的鲁迅，充满着一种不同于百草园戏耍的新鲜感。假如说，别了百草园，是令人留恋的；那么进了三味书屋，则又使他的好奇心进到了一个新的天地。当然，"何曰怪哉"之类的好奇，是不可能从先生口中或书上得到解答的，但作者写到这些时，并不认为这是对儿童的束缚，只是说"做学生是不应该问这些事的"。并认为先生是一定懂得的，只不过不愿说。接着，描写了读书生活中的乐趣。"正午习字，晚上对课"，"大家放开喉咙读一阵书"，"人声鼎沸"，"先生自己也念"，而他在念书时，"总是微笑起来，而且将头仰起，摇着，向后面拗过去，拗过去"。这些描写，同样是充满着欢乐、天真的笔调，一种怀着成年人回顾儿童们放声唱读的乐趣，一种从老先生略带迂腐的神态中品出的幽默，交织在文章之中，给人以欢乐、风趣的欣赏效果。这里怎么看得出"枯燥无味"的气息？哪里有批判或贬抑的格调呢？即使是写到戒尺、罚跪，这些封建师道的象征品时，作者也是以一种轻松的口吻写的："他有一条戒尺，但是不常用，也有罚跪的规则，但也不常用，普通总不过瞪几眼，大声道：'读书！'"连续两个"不常用"和一个"总不过"，还不足以反映出作者对三味书屋的态度吗？至于写到三味书屋后面也有一个小花园以及儿童们在园中的戏耍，写到上课时偷偷在下面玩纸盔甲，画画儿，就同写百草园欢乐生活更无二致。直到文章结尾，作者还以自己在三味书屋中画画的成绩而自豪，为这些画儿的卖掉而惋惜，在这惋惜之中，我们不是也可以看出作者对三味书屋生活的留恋依依之情吗？从上述所举的这些描写笔调和内容来看，说作者是在批判三味书屋中的封建教育对儿童的束缚，实在有点离题万里。如果把它的前半部分和后半部分作为对照割裂开来，不仅破坏了这篇作品整体的和谐统一，也破坏了它的诗意。

③从人物形象的塑造上看，作者对两个人物描写并无褒贬对照的色彩。

长妈妈以她的慈爱和动人的故事，赢得了儿童鲁迅的爱；先生则以他的品行"方正、质朴、博学"以及对学生的宽宥获得了少年鲁迅的崇敬。文章是这样描写先生的：他对学生和蔼，开始严厉，后来就好起来。学生溜出花园去玩，并不是不可以，只是去的人"太多"、"太久"，就不行了。他不屑于回答"何曰怪哉"之类的怪题，但也不轻易体罚学生，在学生不听话时，"普通总不过瞪几眼"。他有点旧书生的迂腐，但是，这并没有给学生带来一点恶感，更没有在幼小的心灵中留下恐惧的阴影。因此，从作品对三味书屋先生的描写中，也看不出作者有批判封建教育的意思。

（3）认为文章的主题思想不是批判束缚儿童身心健康发展的封建教育制度，而是借此来抚慰自己孤寂而"芜杂"的心绪，同时批判那"无生人气"的、污浊而黑暗的社会现实的。百草园的生活和三味书屋的生活都是"我"儿时有趣的生活，它们是"我"心目中的"朝花"；有对比，但不是将"三味书屋"与"百草园"对比，而是将美好的童年生活与黑暗的现实对比。

（二）《荷塘月色》（高中《语文》2）

朱自清先生的《荷塘月色》是公认的散文名作。对其典雅清丽、蕴藉深厚的语言中自然流露的主题思想，历来却颇有争议，可谓仁者见仁智者见智，莫衷一是。

有人认为，"《荷塘月色》一文的主题主要是体现作者的人生感伤，这种人生忧伤并不包括政治忧伤，它主要源于作者对贫困的、矛盾的家庭生活及人生苦境的深切感受，精神的极度苦闷，发而为文以宣泄心中的积郁"。《荷塘月色》只是朱自清苦闷抑郁、落寞彷徨心情自我排遣的真实袒露。它是小资产阶级知识分子的朱自清在上世纪二十年代末，面对人生的十字路口所产生的苦闷抑郁、落寞彷徨思想感情的真实写照。

也有人从荷的意象分析得出结论："通过对美妙的荷塘月色的描绘和否定，表现了作者对奉系旧军阀统治下的污浊、黑暗而严酷现实的不满，以及他洁身自好、不肯同流合污的高洁品质。简言之，《荷塘月色》流露的是一个'积极的狷者'的心声。"

也有人从语文教材中删掉的两段文字入手，指出"荷塘月色，月色荷塘，歌欢于斯，悲哭于斯，其实说到底都是在追求一种现代知识者理想的生存状态。"

也有人认为，"《荷塘月色》运用比喻、拟人的修辞手法，既写出了景色的真切优美，表达了作者对荷塘景色的喜爱，同时也流露出了作者对女性的欣赏和赞美，这种对女性曲折的赞颂正暗合了荷花的古典意象。所以，作者写景之中传出了真情，曲折地表达了对理想爱情的歌颂和思慕"。

也有人认为"《荷塘月色》的主题是痛苦难遣，愤激之情感中表现出对美好生活的向往与对和谐自由的追求"。

还有人认为，"作者对江南的'不放心'对江南的关切惦记，才是《荷塘月色》的主题所在"。

一篇《荷塘月色》，作者在创作时可能并没有想到会出现如此之多的解读，但是，大家的解读又都各有根据，这也正体现了同一文本的主题多义性特点。

第三节　中学语文小说解读

小说是中学语文教材选文重要的体裁之一，是中学语文教学的重要教学任务和内容，对于提高学生语文的阅读、理解、分析、概括能力，提高学生认知、感知、领悟生活的能力等，有着十分重要的意义。

初中人教版义务教育课程标准实验教科书《语文》教材有 6 册 36 单元（每册 6 单元），共 169 课 207 篇文章。据统计，在所有选文中，所选小说 22 课 23 篇，课数与篇数分别占全套书的 13% 和 11%。具体小说篇目分布如表 5－3－1。

表 5－3－1　初中语文教材中小说篇目统计表

位置	篇目（序号为本文在该册书中的篇目号）
七年级上	20. 山市；25.《世说新语》两则：咏雪、陈太丘与友期
七年级下	2. 爸爸的花儿落了；7. 最后一课；14. 福楼拜家的星期天；16. 社戏；20. 口技；30. 狼
八年级上	8. 台阶
八年级下	15. 喂——出来
九年级上	9. 故乡；10. 孤独之旅；11. 我的叔叔于勒；12. 心声；17. 智取生辰纲；18. 杨修之死；19. 范进中举；20. 香菱学诗
九年级下	5. 孔乙己；6. 蒲柳人家（节选）；7. 变色龙；8. 热爱生命（节选）

人教版普通高中课程标准实验教科书《语文》（经全国中小学教材审定委员会 2004 年初审通过）必修教材有 5 册 20 单元（每册 4 单元），共 65 课

79 篇文章。据统计，在所有选文中，所选小说 6 课 6 篇，课数与篇数分别占全套书的 9.2% 和 7.6%。具体小说篇目分布如表 5－3－2。

表 5－3－2　高中语文必修教材中小说篇目统计表

所属模块	篇目（序号为本文在该册书中的篇目号）
语文 3	1. 林黛玉进贾府；2. 祝福；3. 老人与海
语文 5	1. 林教头风雪山神庙；2. 装在套子里的人；3. 边城

另外，在人教版普通高中课程标准实验教科书语文选修系列 2 "小说与戏剧"中有 2 本选修教材，其中，《中国小说欣赏》中有小说《三国演义》、《红高粱》等 18 篇选文，《外国小说欣赏》中有小说《桥边的老人》、《墙上的斑点》等 16 篇选文。

从统计中可以看出，小说篇目在中学教材里所占的比例不是很高，但是，小说阅读教学对提高中学生人文素养有着极其重要的作用，阅读小说，可以认识丰富多彩的社会生活现象，体会芸芸众生色彩斑斓的心灵世界，通过人物的悲欢离合，获取人生经验，提升自己的生存境界。

一、小说基本知识

相对于诗歌、散文、戏剧等其他文学样式，小说是拥有众多读者的一种文体。它可以多方面刻画人物性格，描摹人物心理，再现人物之间的矛盾冲突，还可以具体生动地再现人物生活的环境，在反映复杂的社会生活方面具有独特的优势。其突出的特点是通过一定的故事情节和具体独特的环境，塑造典型的人物形象，广泛深入而又细致地反映社会生活。小说的分类比较复杂。按题材分，有历史小说、神魔小说、言情小说、侦探小说、武侠小说等；按体制分，有章回体小说、日记体小说、书信体小说、自传体小说；按表现手法分，有现实主义小说、浪漫主义小说；按语言形式分，有文言小说、白话小说；按篇幅分，有长篇小说、中篇小说、短篇小说和小小说（也叫微型小说）。以篇幅分是目前较为流行的分法。

长篇小说篇幅长，容量大，描写错综复杂的事件和众多人物，反映较为广阔的社会生活，以巨大的思想容量、细致深入的描写，生动曲折的情节取胜。长篇小说的主题、情节、人物都不是单一的。优秀的长篇小说可以塑造各种各样的艺术典型，构成典型人物画廊。中篇小说介于长篇、短篇之间，往往选取生活中较大的事件，通过对主人公一段或全部过程的描写，反映一定时期的社会风貌与形式，揭示生活的某些特征。如《阿 Q 正传》通过对阿 Q 后半生的描写，反映当时农村的阶级状况，各种复杂的社会矛盾和斗

161

争，以及辛亥革命的不彻底性。短篇小说篇幅简短，情节较为简单，人物数量少，通常是截取生活中富有典型性的一个片段、一个侧面或一件事情，刻画一个或几个人物，表现其主要的性格特征。

由于小说侧重刻画人物形象，通过典型的环境及故事情节来反映社会生活，因此，人们通常把人物、环境、情节称为小说的三要素。但是，并非具备了这三要素的都可以称为小说，如叙事散文也具有这三要素，一些现代小说有淡化情节的趋向（如意识流小说）。小说最本质的特征是以故事情节为依托的散文体叙事虚构。"散文体"指其语言相对于诗体语言而言，"故事情节"则已包含了人物、环境、情节，"叙事虚构"则是最能体现小说性质的东西。也有人称，语言、人物、结构、环境、叙事虚构是小说五要素。其中，人物是中心，情节是刻画人物的重要手段，环境是为塑造人物服务的，主题通过人物的塑造来体现。所以，阅读小说，应该以人物鉴赏为中心，在此基础上全面分析小说的情节、环境和主题，最终达到对小说思想和艺术倾向的把握。

（一）深入细致的人物刻画

小说的独特魅力在于它塑造了鲜活的人物形象。在所有的文学作品中，只有小说才能多角度、全方位地、细致地刻画人物。由于小说不受篇幅的控制，它可以采取各种艺术手段，从各个角度刻画人物的肖像、心理、行为、对话，既可以展示人物的各种外在形态，也可以呈现人物的心理和思想感情等内在活动。如鲁迅小说《祝福》里对祥林嫂的肖像描写："只有那眼珠间或一轮，还可以表示她是一个活物。"就极为传神地刻画出祥林嫂呆滞的眼神和丧失精神支柱的失神状态。小说的中心与灵魂，是人物的性格与命运。传统的情节性小说着重刻画人物的行动，近代现实主义小说重在刻画人物性格。侧重于性格刻画在于揭示人生的真谛，侧重于命运刻画在于剖析社会矛盾。现代小说有淡化人物外部行为和性格的倾向，着意探索人物的感觉、情绪、下意识等。一篇小说成功与否，关键是其是否刻画了成功的人物形象。塑造典型的有个性的人物，以不同个性演绎他们的悲欢离合，能使读者产生不同的情感体验与共鸣。

英国作家福斯特将小说的人物形象分为两种。一是扁平人物，也叫类型化人物形象，这类人物形象个性单一鲜明，从出场到结局，个性始终如一，如《三国演义》中的奸臣曹操、智慧化身的诸葛亮，《祝福》中的祥林嫂等。二是圆形人物，这类人物的性格比较丰满，表达出了人物的复杂性和多面性。他们可能是对立性格的结合体，身上具有矛盾性格，也可能是各种性格侧面的统一体，但有一个主导性格（如林黛玉）。不论是扁平人物还是圆形人物，都要具有典型性，做到个性与共性的高度统一。

（二）扣人心弦的故事情节

情节是刻画人物性格的重要手段。叙事性的文学比较注重情节，其中，小说的情节更为完整、复杂，更具有连贯性。与戏剧相比，它不受时空限制，可以容纳大量的详细的情节，反映更广阔的社会生活。

优秀的小说总有完整而又扣人心弦的故事情节。传统小说以讲故事为主要目的，尤其重视情节的生动曲折，往往利用巧合、突转、延宕等来推动情节发展。情节是推动小说故事发展的动力，也是人物性格发展的印记。近代以塑造人物性格为目的的现实主义小说则将情节视为人物性格的展示过程，往往依靠人物与环境的矛盾冲突来推动情节发展。高尔基说，情节"即人物之间的联系、矛盾、同情、反感和一般的相互关系——某种性格、典型的成长和构成的历史"。曲折的故事情节也是增加艺术感染力的一种手段，只有生动、丰富、曲折的故事情节才能吸引读者，引起读者心理上的共鸣。现代有些小说家有意识淡化情节，甚至提出"无情节小说"，事实上只是降低了情节中的戏剧性成分，真正"无情节小说"还不曾有人写出过。高中选修教材中选了现代派的作品，如意识流小说家弗吉尼亚·伍尔夫的《墙上的斑点》，以人物的心理活动为主，被誉为意识流小说。这类小说不追求叙事的完整性、情节的连贯性，也就不能以解读传统小说的方式去解读它的情节。

（三）具体细致的环境描写

环境，大而言之，是人物生活、情节展开的时代背景；小而言之，是人物所处的具体的生活场景与人际关系。小说写人生，必然把人物放到各种不同的具体的环境中去，只有具体充分地将人物生活的环境描绘出来，人物的活动和矛盾冲突才有现实基础，作品才能真实动人。人物的思想与言行，只有在其特定的时代与具体环境中，才是可以理解的，可以评价的；相反，倘是离开了那个特定的生活天地，人物与环境发生了错位，那就是荒唐的，甚或是荒谬的。成功的自然环境描写，往往形成一幅幅"风景画"，既可以烘托环境氛围，又可以烘托主题意蕴，还能增强作品的艺术魅力。成功的社会环境描写，往往生产一幅幅"风俗画"，展示不同民族、地域的社会风貌和人文景观，为人物形象的塑造和主题意蕴的揭示提供有力支撑。通常而言，环境具有以下作用：给全篇定调；营造意境与渲染气氛；推动情节发展和为后文铺垫；揭示人物性格；作为象征，有揭示主题的作用。

二、小说常规解读

根据小说基本知识，对小说进行常规解读，应掌握小说常规解读的层次与方法。

（一）小说常规解读的层次

从小说的文体教学内容看，小说解读可以分为四个层次。

一是了解层次。了解有关小说的基础知识，了解小说的基本特征及主要表现手法，如小说的类型、作者、题材、流派风格，小说的描写、线索、细节、铺垫、伏笔、照应、悬念、误会等有关的基本知识，积累一定的语言材料。

二是理解层次。如小说的内容层次、结构特点、情节发展步骤，小说要素在文中的体现，课文刻画人物形象的方法，主要人物形象的个性特征，环境描写的作用，人物语言的品析及课文中词语的含义，以及感受小说的艺术形象，联系时代背景和创作意图把握小说的主题等。

三是欣赏层次。欣赏小说中的人物形象，注意情节、环境和人物的关系，注意把握人物性格的多样性与复杂性；欣赏小说的语言，注意语言运用的技巧，以及在塑造人物、表现主题、渲染环境等方面的作用；欣赏小说刻画人物的手法，注意描写手法与表现手法，注意精彩细节的欣赏；以及欣赏小说的结构手法与特点等。

四是探究层次。深入理解作品产生的文化背景和作者的创作意图，探究作品的情感与思想的蕴含及社会价值；从创新性、独特性、多样性、社会影响与文学史上的地位对作品进行不同角度的评价；多角度地、多元地理解作品的主题或人物；搜集相关作家作品的评论研究资料；尝试写小说评论，等等。

在实际教学工作中我们可以根据课文实际与教学的需要对以上内容进行选择。

（二）小说常规解读的方法

小说常规解读主要是分析小说情节的展开、人物形象的塑造以及环境的描写。

1. 梳理故事情节，辨析矛盾冲突

情节是小说解读的最基本的起点，也是小说最吸引人的地方。解读小说，首先要从整体上把握故事情节，看它是否曲折生动，是否巧妙合理。通常，小说情节具有完整细致性。完整指小说情节具有整体感，不中断；细致指小说情节具有丰满感，不干瘪。情节作为生活中矛盾运动的艺术反映，是作为过程开展的。完整细致的小说情节一般呈现出"开端、发展、高潮、结局"这样一个动态过程。小说的情节还具有多变性，能做到既出乎意料而又在情理之中，符合一定的逻辑关系，是情节艺术的最高境界。

梳理故事情节，先要找出故事情节的发展线索。由于作品篇幅长短的不同以及作品内容的特点，小说情节线索又有主线、副线和明线、暗线之分。分析情节时要客观、恰当，分清主次。一般的小说都有明线和暗线两条线索，或者是更多的线索，而在这些线索中必然有一个是主要矛盾，所以要抓住主要矛盾，从而更好地理解情节的复杂性，把握人物的性格特征和发展线索，辨析矛盾冲突的性质及矛盾双方的价值取向，从而辨析作品的意义。小说线索可以是小说中的某个人物、某个事物，也可以是作者的情感、小说的事件，还可以是故事中的空间、时间。如能抓住情节的线索，把握其来龙去脉，将有助于我们在分析作品时统观全局，全面地把握作者的意图，从而更好的领会作品的思想和主题。

（1）以人物为线索。有些小说，是以人物的特征、活动以及众多人物的出场先后来安排内容的。如：《装在套子里的人》就以"套中人"为线索，依次写了"套中人"的特征、"套中人"的婚事、"套中人"的结局等。通过对"套中人"的这些描写，揭露了沙皇专制统治造成的恶浊黑暗的政治空气，批判了顽固维护旧制度旧秩序的反动势力。《林黛玉进贾府》以人物出场先后为序，依次写了林黛玉——王熙凤——两母舅——贾宝玉等人物，找出这些人物，其详略虚实便一目了然。

（2）以事物为线索。有些小说以某物为中心来安排内容。如《项链》的线索是"项链"，即借项链——失项链——赔项链。契诃夫的《变色龙》，线索是警官奥楚蔑洛夫处理狗咬人事件。鲁迅的《药》有两条线索：一条是华老栓"买药"，给儿子治病无效，小栓病死；一条是资产阶级民主革命者夏瑜被杀害，前条是明线，后条是暗线，两条线索通过"药"——人血馒头连接在一起，表达了深刻的主题。

（3）以时间为线索。有些小说，时间线索较明显，如《荷花淀》："月亮升起来了"——"第二天"——"过了两天"——"晌午"——"这一年秋季"等；《范进中举》：范进"中举前"——"中举后"遭遇的变化；《孔乙己》：孔乙己"断腿前"——"断腿后"的遭遇为线索来分析他在当时社会中是一个"多余人"的形象。

（4）以地点或场景的变化为线索。有些小说，地点或场景的变化较明显。《鲁提辖拳打镇关西》的地点分别是："酒楼"——"客店"——"铺前"——"南门"等；《在烈日和暴风雨下》一文可抓住"在烈日下"和"在暴雨下"两个场景来分析作者是如何通过景物描写来衬托人物活动的。

（5）按照故事的情节要素为线索。小说情节线索是指作品里的基本矛盾冲突所构成的情节发展线索。例如鲁迅的《祝福》中祥林嫂与鲁四老爷的矛盾冲突，这就是构成情节的主要线索。故事先写结局（死于祝福），然后再写开端（初到鲁家）——发展（再到鲁家）——高潮（被赶出门）。

上述集中以线索分析情节的方法有时还要综合运用。如《药》既可以按场景变化（刑场——茶馆——坟场）来理清思路，也可以按故事情节的要素（买药——吃药——议药——上坟）来理清思路。

（6）以情感的变化为线索。《变形记》情节发展由两条线索交互展开：格里高尔变成甲虫后的心理流程（内在主线）：变成甲虫——成为累赘——绝望而死。家里亲人发现甲虫后的情感变化（外在辅线）：惊慌同情——逐渐憎恨——把他弄走。

梳理好情节后，则要进一步辨析小说中矛盾冲突及矛盾冲突的性质。一般来说，矛盾冲突有三类：人与社会的冲突，人与自然的冲突，人与自我的冲突（自我心理冲突）。中学语文课本中所选小说主要表现的是人与社会冲突。人与社会的冲突是多方面的，如人与人之间的矛盾冲突，人与社会政治、法律、宗教、道德、风俗之间的冲突；有群体之间的矛盾冲突，如家族与家族、帮派与帮派、种族与种族、国家与国家之间的矛盾冲突。社会矛盾冲突是复杂多样的，但反映到小说中则比较简单了。例如《祝福》中的冲突，祥林嫂与社会习俗、道德的冲突则通过她与鲁老爷的冲突来体现的。《变形记》形象地揭示了人的异化问题以及资本主义社会人与人之间赤裸裸的利害关系和冷酷无情的金钱关系。《老人与海》的矛盾冲突则是人与自然。小说写老人坚忍不拔与鲨鱼作斗争，而最终只是拖回了大马哈鱼的骨架，歌颂了人类的意志力，但也表明人类在自然面前的渺小。

把握好小说主要的故事情节后，还应该注意小说中的伏笔、照应，注意细节描写、重视意外与巧合的作用。分析情节的目的是理解人物性格、把握主题。因此要注意体会情节对人物性格的形成及对小说主题的揭示上的意义。

2. 分析人物形象，认清人物与环境的关系

作家在创作过程中，总是要把他对生活、社会、自然和人生的认识与评价，投射和熔铸于他所着力刻画的主要人物身上。也就是说，作者所要表现的主题，是通过主要人物形象的塑造来实现的。因此，阅读小说，离不开人物形象的感受与分析。分析小说人物，要把握人物形象的性格，人物与环境的关系，人物的命运等，从中理解作品的思想意蕴。黑格尔说："每个人都是一个整体，本身就是一个世界，每个人都是一个完满的有生气的人，而不是某种孤立的性格特征的寓言式的抽象品。"（黑格尔《美学》第一卷）文学是人学，对小说的阅读与分析，必须首先抓住人物形象，把握小说中人物形象的构成体系，了解复杂的人物关系及其相互作用，进而探索人物身上所

负载的历史潮流和时代精神，透视那些塑造卓越形象的作家所关注的人生问题和社会实际，揭示人物形象创造和营构的艺术规律。

（1）从小说中人物的身份、地位、经历、教养、气质等入手，因它们直接决定着人物的言行，影响着人物的性格。

（2）从人物的语言、行动、外貌和心理描写来入手，多角度把握人物的性格特征。

人物的内心世界，不是封闭的，情感、情绪、念头等，最终都会通过言语、行动、神态、细节流露出来。一定要抓住最能体现人物个性特征的外貌、语言、行动和内心活动，深入细致地加以分析。个性化的人物语言，能显示人物独特的性格，让人如闻其声、如临其境，如见其人。尤其是在篇幅短小的阅读语段，作品中人物的"只言片语"、"一举一动"、不易察觉的神情、细微的内心波澜，都是人物思想性格的具体呈现，对深入鉴赏人物有极为重要的作用。如《林黛玉进贾府》中的王熙凤，"我来迟了，不曾迎接远客"，然后才见"一群媳妇丫环围拥一个人从后房门进来"。"携着黛玉的手，上下细细打量了一回，仍送至贾母身边坐下，因笑道：'天下真有这样标致的人物，我今儿才算见了！况且这通身的气派，竟不像是老祖宗的外孙女儿，竟是个嫡亲的孙女，怨不得老祖宗天天口头心头一时不忘。只可怜我这妹妹这样命苦，怎么姑妈偏就去世了！'说着，便用帕拭泪。"王熙凤的"携手"、"打量"、"笑"、"夸"、"哭"，其言行与其内心世界并不完全一致。小说通过这些描写。入木三分描绘了她察言观色，机变逢迎的本领，揭露了她在贾府中得宠的原因。

阅读小说，要注意揣摩人物的心理。内心独白、梦境描写和幻觉描写也是一种心理描写手段。梦境往往是现实无法达到的渴望的折射和反映，如《卖火柴的小女孩》。

（3）多侧面、多层次来把握人物

文学作品中的人物形象，往往有多重复杂的性格。分析人物形象，不要停留在静态的、单一的思维上，不要用一种解释去框套人物，不要轻易下非此即彼的简单绝对结论。如《故乡》中的闰土，少年时活泼刚健，聪明热情，见多识广。而到了中年，则生活困苦，麻木迟钝，愚昧落后。前后不同的性格所反映的思想意义是深刻的。小说除了直接表现人物的方法外，还有间接表现，如正衬、反衬等，这些方面也不能忽略。分析人物，要处理好两层关系：一是主要人物与次要人物的关系，重在主要人物的赏析；二是主要人物的主要倾向与次要倾向的关系，重在主要性格的把握、理解与评价。

（4）结合社会环境把握人物性格

人是社会的动物，人的语言与行为都与特定的环境相关。作者每塑造一个人物，都是把他作为一定社会历史时期的典型人物来对待的。合理地鉴赏人物形象，便要注意紧扣环境因素，把人物置于一定的社会历史背景中去考察，在把握鲜明的人物个性的同时，看他是否代表了那个时期很多类型的人物。否则，就不能从中发现更多的人，就不能领会作品的社会认识价值，这样的鉴赏评价自然流于肤浅。如闰土、祥林嫂、阿 Q 形象的分析，离开了当时的社会环境，则无法揭示其形象的深刻意义。

（5）注意作者对人物的介绍和评价

故事较复杂，关涉到的人物较多时，要避免前后情节的相互交错。注意把握住事件涉及的对象，从同一角度概述，做到前后贯通。

3. 分析环境描写，关注环境描写的作用

环境是人物活动的依据，是事件发生的场所，是人物活动的现实依据。环境描写是衬托人物性格，展示故事情节的重要手段。小说中人物的活动和事件的发生发展，都不能离开一定时代的、社会的和自然的环境。

社会环境（故事发生的时代背景）可以交代人物活动及其成长的时代背景，揭示各种复杂的社会关系；或者交代人物身分，表现人物性格；或影响或决定人物性格；或揭示社会本质特征，揭示主题。自然环境（人物活动的具体场景）则可以点明故事发生的时间、节令和地点；或者交代人物活动背景，烘托人物性格、心理；渲染气氛，奠定基调；或为刻画人物作铺垫；或推动故事情节发展；暗示或象征社会环境，衬托主题。

分析小说自然环境的作用，注意从以下几个方面入手：

第一，分析故事发生的时间、地点、季节、气候等因素。第二，分析人物身份及人物心境。第三，分析对氛围的渲染。

例如《我的叔叔于勒》有两处自然环境描写：

（1）菲利普一家人出发到哲尔赛岛旅行时，轮船"在一片平静的好似绿色大理石桌面的海上驶向远处"。（2）返回途中，人们望见"天边远处仿佛一片紫色的阴影从海里钻出来"。

两处景物描写，从明丽到阴郁，正揭示了主人公菲利普夫妇见到于勒前的轻松愉快，见到于勒后的沮丧、沉重的心境，两种截然不同的心境，突出了他们虚伪、冷酷、自私的性格。

再如《林教头风雪山神庙》的雪景描写：

"信步投东，雪地里踏着碎琼乱玉，迤逦背着北风而行"——"那雪正下得紧"——"看那雪，到晚越下得紧了"——"那两间草厅已被雪压倒了"。雪景的描写，推动了小说情节发展。第一处雪景描写，为下文林冲去小店吃酒的故事情节埋下了伏笔。又为后来他回到草料场后雪压塌了草厅作了铺垫，也自然而然的引出下一个情节：夜宿山神庙。

雪的描写还是传达人物内心思想情感和刻画人物性格的一种重要媒介。林冲受到高太尉陷害被发配到沧州，又被派往草料场去做看守。他不顾天气寒冷，顶着一天风雪去草料场上任，又表现出一种逆来顺受的性格特点。这场大雪，使他发现了真相，彻底地走上了反抗之路。风雪的描写就成了情节发展必不可少的依托，而风狂雪虐，就布置了一个声势赫然的场景，烘托了气氛，衬托了林冲威武高大的英雄形象。

再如《边城》开头的两段环境描写：

由四川过湖南去，靠东有一条官路。这官路将近湘西边境到了一个地方名为"茶峒"的小山城时，有一小溪，溪边有座白色小塔，塔下住了一户单独的人家。这人家只一个老人，一个女孩子，一只黄狗。

小溪流下去，绕山岨流，约三里便汇入茶峒的大河。人若过溪越小山走去，则只一里路就到了茶峒城边。溪流如弓背，山路如弓弦，故远近有了小小差异。小溪宽约二十丈，河床为大片石头作成。静静的水即或深到一篙不能落底，却依然清澈透明，河中游鱼来去皆可以计数。

这两笔寥寥数笔的环境描写，勾勒出一份清新明丽的画卷，既为故事提供了纯净美好的自然环境，又暗示了人物心灵的清澈、淳朴、美好。他们表现了一种"优美、健康而又不悖乎人性的人生形式"。这里的一切，没有受到都市物质文明的污染，单纯寂寞，如梦一般宁静美好。然而，如此明美的、充满灵性的自然环境与人文环境中，仍然有悲剧：天保的溺水而死，老船夫在风雨中辞世、翠翠与傩送团圆无期，天下有情人难成眷属。环境与人物悲剧形成对比，表达了怎样的主旨？这些都需要细细体会。

三、小说多元解读

多元解读是指从多角度、多方向和多层次阐释文学作品。《高中语文新课程标准》提出：阅读文学作品的过程是"发现和建构意义的过程"，"教师应该鼓励学生用自己的情感、经验、眼光、角度去体验作品，对作品作出有个性的反应，对作品中自己特别喜爱的部分作出反应，作出富有想象力的反应，在阅读鉴赏过程中，培养学生创造性思维能力。对文学作品的解读，不宜强求同一的标准答案"。"学习多角度多层次地阅读，从文本中发现新意义，获得对优秀作品常读常新的体验"，"敢于领异标新，走进新的领域，尝试新的方法，追求思维的创新、表达的创新"。"小说与戏剧"的课程目标是："形成良好的文化心态，学会尊重、理解作品所体现的不同时代、不同民族、不同流派风格的文化，理解作品所表现出来的价值判断和审美取向，做出恰当的评价。注意从不同角度和层面解读小说、戏剧作品，提高自己阅读能力和鉴赏能力。"

中学语文教材中所选的小说都是经典的，经典"有着无穷的涵义，这些涵义只有在若干世纪中才能逐渐揭开，每个时代都在经典形象中发现新的侧面和特点，并禀赋予它自己的解释"。小说由于其容量大，隐含的意义更深、更广。读者理解作品的方法或价值取向不同，就会得出不同的结论。解读小说，可以用知人论世的方法、评点式方法，社会历史批评论，道德批评论，政治评论，文化学批评，精神分析批评，接受美学批评，女权主义批评，生态批评等。不同的批评方法可以帮助我们理解作品中的不同思想意义，仁者见仁，智者见智。

多元解读首先要知人论世。知人论世出自《孟子·万章下》："颂其诗，读其书，不知其人，可乎？是以论其世也，是尚友也。"孟子认为，文学作品和作家本人的生活、思想以及时代背景都有着极为密切的关系，因而只有知其人、论其世，即了解作者的生活、思想和写作的时代背景，才能客观地正确地理解和把握文学作品的思想内容。陈寅恪说："古人著书立说，皆有所为而发；故其所处之环境，所受之背景，非完全明了，则其学说不易评论。"章学诚《文史通义·文德》也说："不知古人之世，不可妄论古人之辞也；知其世矣；不知古人之身处，亦不可遽论其文也。"《语文课程标准》（2003 年版）也要求教师应引导学生在阅读文学作品时努力做到知人论世，通过查阅有关资料，了解与作品相关的作家经历、时代背景、创作动机以及作品的社会影响等，加深对作家作品的理解。在读《林黛玉进贾府》、《宝玉挨打》、《黛玉之死》时，可指导学生查阅曹雪芹的相关资料，了解他的生平事迹及思想感情。

（一）多元解读视角

在知人论世的基础上，可多角度、多层次解读小说。比如从以下的角度来引导学生对小说主题进行解读：

文化视角。任何一篇小说总是与一定的社会文化相联系的，与一定的文化心理结构相对应、相契合，体现出某种文化的模式和传统。例如理解《边城》的主题，引导学生思考：作者为什么把题目定为"边城"而不是"翠翠的故事"？学生通过了解沈从文创作《边城》的时代背景、创作的意图，揣摩"边城"的象征意义，就会明白《边城》所展示的是湘西古朴、自然的文化形式，表现出沈从文对这种文化形式的讴歌，并用这种"古朴"、"自然"的过去和"文明"、"现代"的当前对照，寄托了他重塑民族品德的愿望。

形式视角。文学作品是由内容和形式构成的，二者是相辅相成的。在阅读教学中引导学生透过作品的形式去追寻小说的主题，便能发现更为深远的意义。如教《荷花淀》时，组织学生讨论作者为什么要选择一群青年妇女来作为小说的主角，为什么要用一种诗情画意的手法来表现血雨腥风的战争，就能让学生更进一步去感受作者的美学追求。

心理视角。即从心理学的角度对作品进行分析。文学本来就是人类心智的产物，作品往往蕴含着某些心理内容。如教学《装在套子里的人》，完全可以从心理视角切入分析它的主题。别里科夫的所作所为，实际上反映了他的变态心理。在教学时引导学生探讨别里科夫变态心理产生的根源，便可深化对这篇小说主题的理解。

人类学视角。即将作品看做是人类整体经验的一部分，注重对作品中原始主义倾向和神话原型的分析。例如《祝福》中，支配祥林嫂及鲁镇的人们精神生活的是封建迷信，而这种迷信思想实际上就是一种原始信仰的灵魂观；而被鲁迅视作"无主名无意识的杀人团"的妇女贞节思想，也是自宋朝以来就深入民心的根深蒂固的大众化观念，这些已成为当时中国社会一种集体意识。祥林嫂确实受到现实的种种压迫，但对她摧残最大的其实还是她对原始信仰的灵魂观和妇女贞节观而引起的对地狱的恐惧。这一恐惧，在迷信氛围、鬼神意识显示得最充分最集中的年底发展到极致，最终使她倒毙街头。

精神分析学视角。精神分析学把文本看做作者本能的外化和升华。精神分析学派认为作家与他的职业一样，能够窥破人的内心世界并描述这个世界。弗洛伊德把作品看做作者本能的外化和升华，作者通过幻想创作作品，获得他本能的潜在需求。作品在作家脱手之后，就不仅仅属于作家了，对于作品，作家也就成了旁观者，以旁观者身份对待作品，并从作品中得到本能的满足。基于作品是作者的直觉、想象、精神、灵魂、神经、性欲、梦幻、心理等内心体验及其社会境况、际遇的综合反映和再现这样一种认识，所以作者中心论主张应该从作者创作、生活的时代背景和个人心理体验出发去发掘作品及其潜藏的意义。

除了上述视角外，还可以从民俗学、伦理学等角度对小说的主题进行解读。要根据每篇小说的特点及解读小说的需要，多角度去解读小说的主题。

（二）以主题为中心的多元解读

从不同的角度解读小说主题，也会有不同结论。如《项链》一文，可以从下列角度分析：

1. 从人物的命运解读。玛蒂尔德是个出身于小职员家庭的女性，她的生活与命运总是带着社会底层的小市民的特色，小说中的玛蒂尔德总是想方设法地向上爬，却为一条假项链付出了十年的光阴。玛蒂尔德的遭遇，反映了19世纪末期法国下层民众的悲剧命运。从此出发，也可以思考小说对19世纪末期法国社会阶级之间的差异的反映，思考资本主义腐朽的本质。

2. 从人物关系解读。路瓦栽依然对马蒂尔德一往情深，不只是从物质上支持她参加舞会，还在精神上支持她。在项链丢失后，路瓦栽毫不犹豫地、想方设法地去寻找，而丝毫没有抱怨的意思。在还债的十年里，路瓦栽也没有放弃，相反更加拼命奋斗。小说歌颂了玛蒂尔德夫妇坚贞的爱情。

3. 从人物性格解读。玛蒂尔德是一个不善掩饰的人，从借项链、丢项链、还项链、说项链等环节中，则体现出了玛蒂尔德质朴、诚信、善良的美好品德。马蒂尔德"在妇女，美丽、丰韵、娇媚，就是她们的出身；天生的聪明，优美的姿质，温柔的性情，就是她们唯一的资格"的社会里，她出席宴会，是对自己价值的追求，从其他人的反映来看，她成功了。当项链丢了，马蒂尔德被没有凭借自己的美丽而有其他不良之行。夫妇二人努力十年还清债务，再次实现了自己的人格追求。但是，不容怀疑，小说也写了马蒂尔德有虚荣心，正是这虚荣心使她付出十年的代价。由此，不难看出，小说对虚荣心和追求享乐的思想的讽刺。

4. 从人与物的关系解读。金钱的"围墙"把玛蒂尔德挡在了上流社会的圈外，那种"高雅和奢华的生活"她只能在梦想中享受。当她包装一下以后，于是在舞会上，"所有的男宾都注视她，打听她的姓名，求人给介绍；部里机要处的人员都想跟她跳舞，部长也注意她了"。在这里可以说是金钱主宰着人的命运。同样，马蒂尔德为了一条项链，辛苦了十年，但她不为此而丢掉自己的原则：逃避或者作假，在人与物的关系中，她维护人应有的品质——诚信。

5. 从情节与细节解读。小说在最后指出马蒂尔德所丢的项链是假的，结尾议论道："人生是多么奇怪，多么变幻无常啊，极细小的一件事可以败坏你，也可以成全你！"在情节处理上突出马蒂尔德为项链所付出的代价，以及为诚信付出的代价，亦可看成作者借玛蒂尔德戏剧性的遭遇展示人生的残酷，命运的无情，这种深刻人生问题，发人深省。

6. 从意象解读——项链是一个物，且是个假物，为这假的项链，马蒂尔德夫妇却花了十多年时间来还账。项链是物的象征和代表，"物的世界"总是给以人性为中心的"人的世界"造成缺憾，带来不平衡。项链也是一个具有绳索意味的物，隐喻着人一旦将获得、占有以物为代表的某种生存方式当做理想和生活的目标时（人为物役），他就可能陷入悲惨的命运之中，并最终发现自己为此付出的一切都是虚妄不实、没有价值的。

7. 从作者的角度考虑。哲学上莫泊桑深受叔本华的影响，他认为叔本华是"人间出现过的最伟大的梦想破坏者"。认为人类永远无法达到目的，人生活在一个空虚的、失去意义的世界里，受到迟钝的本能的支配，被痛苦和穷困所压垮，显得平庸、自私、狭隘、爱慕虚荣、贪财吝啬。人是孤立的，不被别人所了解；人与人之间的联系，如爱情和友谊，只提供幻觉般的安慰。至于社会生活它可怕地展示永恒的、普遍的、不可摧毁的、万能的蠢事。作者对玛蒂尔德的爱慕虚荣虽有嘲讽，但更多的是同情。马蒂尔德天姿与处境、梦想与结果、代价与价值的悖逆，见证了人生和命运的本质：人生残酷，命运无情。"生活多么古怪！多么变化莫测"是作者情不自禁地感叹，也是莫泊桑的人生哲学的体现。

（三）以人物为中心的多元解读

"一千个读者就有一千个哈姆雷特"。从不同的角度解读小说中的人物形象，也会有不同的结论。以《林黛玉进贾府》为例，解读王熙凤形象：

1. 从场景角度。王熙凤一出场，是未见其人，先闻其声："只听后院中有人笑声，说：'我来迟了，不曾迎接远客！'"王熙凤是贾府的活跃分子，贾府的重大活动都有她在场。林黛玉是贾母的外孙女，是贾母的心肝宝贝，大家都欢迎来了，而王熙凤偏偏来迟不说，在贾母、邢夫人、王夫人、珠大嫂子等辈分比她高、比她长的人面前，还高声带笑，在众人皆皆"敛声屏气"、"恭肃严整"的氛围中，王熙凤"放诞无礼"。如此，可见她在贾府中的地位非同一般。贾母戏谑的介绍，既点明王熙凤性格泼辣，也点明深得贾母喜爱及王熙凤在贾府中具有特殊地位。

2. 从语言、动作角度。王熙凤见到林黛玉，"携着黛玉的手，上下细细打量了一回，仍送至贾母的身边坐下，因笑道：'天下真有这样标致的人物，我今儿才算看见了！况且这通身的气派，竟不像老祖宗的外孙女，竟是个嫡亲的孙女，怨不得老祖宗天天口头心头一时不忘……'"王熙凤明为称赞林黛玉，暗里投合贾母的心意。恭维——拭泪——转悲为喜的过程，都在很短时间完成。王熙凤接过王夫人的话，表白自己能干周到，机变欺人有术。初出场便刻画出王熙凤察言观色、机变逢迎的性格特征，这正是她在贾府受宠的原因。而对林黛玉、王夫人的说话，点明了她在贾府实际掌权人的地位。

3. 从情节安排角度。小说写王熙凤出场晚于邢、王二夫人及其他贾府人物。这种安排，正是作者匠心所在。以王熙凤的个性，不可能只满足于次要角色。但如果当主要角色，则有悖礼教。等贾母、王夫人、邢夫人等出场后，她再出场，则给她一个独立展示自己的空间。王熙凤出场迟到的情节，突出了她争强好胜、心机深沉的个性。

4. 从作者的角度。《红楼梦》有两处诗歌暗示王熙凤的性格及命运。一是"凡鸟偏从末世来，都知爱慕此生才。一从二令三人木，哭向金陵事更哀"。二是《聪明累》"机关算尽太聪明"。两首诗词，一则肯定了王熙凤之才能，二则点明了她"太聪明"、"机关算尽"这一主要性格特征。

（四）以情节为中心的多元解读

小说的情节为人物或主旨服务，但就某一情节进行多元解读，仍可以发掘其隐藏的深刻的东西。以《祝福》的高潮部分——祥林嫂再次到鲁镇做工为例：

1. 从次要人物的情节功能探究。文中反复出现"阿毛被狼吃掉"这一情节，这一情节是祥林嫂命运的又一次悲惨转折，并催化了祥林嫂彻底绝望感的产生。由于阿毛之死，"大伯来收屋"成为必然的。分析阿毛之死，可以探究族权、夫权对于女性的生存的影响。

2. 从叙述视角探究。阿毛被狼吃有三个叙述视角：卫老婆子，祥林嫂，鲁镇其他人。卫老婆子起介绍故事的作用，而祥林嫂则是在咀嚼自己的痛苦，鲁镇其他人刚开始则是以同情心与好奇心参与到祥林嫂讲故事的氛围中，到后来则换成了抢白与讥讽。叙述视角的变换解释不同人物对待同一悲惨事件的态度，同时也暴露了国民性的弱点。

3. 从文化的角度解读。祥林嫂再次回到鲁镇，有四个重要情节，一是被柳妈与其他人调侃她改嫁，二是捐门槛赎罪，三是不允许碰祭祀物，四是问灵魂的有无。从一而终是传统文化对女性的规定，祥林嫂改嫁时候的反抗情节在调侃中变成嘲讽，在鲁镇人的询问中，祥林嫂变成不贞、不节、不吉、不洁的人物，祭祀时人们再也不让她碰祭祀物。鲁镇人对祥林嫂态度的改变反映了从一而终思想在鲁镇的普遍存在。而捐门槛的行为在柳妈看来是赎罪行为，祥林嫂积极参与捐门槛，也正是对"赎罪"的认同。世俗社会在祥林嫂身上横加罪名的同时，又不允许她赎罪，捐了门槛后的祥林嫂依然没有被世俗所认同。从一而终是隐喻型民俗控制，而地狱惩罚、灵魂有无则变成奖惩型民俗控制。这两种民俗控制极大伤害着祥林嫂的身心，祥林嫂带着无望走向死亡。

4. 从心理学角度探究。人本主义心理学家马斯洛把人的需要分为五个层次：生理的需要、安全的需要、爱和归属的需要、尊重的需要、自我实现的需要。当夫死子亡，房屋又被收回，祥林嫂浅层次的需要已被剥脱。由此而导致的无归宿感也让祥林嫂彷徨无依。在鲁镇，她仍然找不到归宿感，体验不到被尊重的需要，一再被制止，被嘲笑，祥林嫂的作为女性的尊严受到讥讽。祭祀的禁忌，连仅有的一点自我实现的需要也被剥夺。捐门槛行为不能为她挣得现实世界的"宽恕"与认可，灵魂有无的解答又让她对异己世界产生迷惘和恐怖。无论是现实世界还是身后世界都不能拥有安全感与归宿感，不能被爱，被尊重。祥林嫂带着极大的恐惧、孤独、焦虑走向死亡，其悲剧意义恒久而深广。

（五）以意象为中心的多元解读

由于意象具有多元性，对意象也可以有不同解读。如《边城》中的水，有人认为《边城》里的河水含有两个相反的象征意味：一方面是破坏和死亡，一方面是调和和生命。破坏和死亡的河水象征人生当中逃不了的命运；特别是生命的限制——永恒的时间里不断地流下去，而不再回来的河水不仅让人类感觉到时间的无限，而且让人认识到自己是有限的存在，人一定会面临死亡。河水意象象征性地告诉了我们痛苦和热情共存的人生形式这一深层主题。也有人认为，洪水在《边城》中是一个死亡意象，老船夫在洪水中逝世意味着审美精神的死亡，从而表明《边城》叙说的是一个关于"美"的大悲剧。《边城》中以"水"为中心的意象系统传达了中华民族传统文化中的道家精神和生命的意义，由此可窥见作家沈从文在小说中欲探索的一种"优美、健康、自然，而又不悖乎人性的人生形式"所包孕的文化内涵。水作为文化原型，最彰显的是女性意义，使得小说极具温情。这些解读或从生命存在，或从审美，或从文化内涵，或用原型理论，所得的结论也颇有意味。

总之，小说的多元解读很灵活。无论是对小说的主题、人物、情节等，都可以有多重看法。采用多元解读，是对教学中民主、平等的意识的确认，使阅读开始走出封闭的状态，有利于培养学生的批判思维和创造能力。然而，多元解读不是毫无目的、毫无规律的解读，伊瑟尔曾说："文本的规定性也严格制约着接受活动，以使其不至于脱离文本的意向和文本的结构，而对文本的意义作随意的理解和解释。"鲁迅也说："倘要论文，最好是顾及全篇，并且要顾及作者的全人，以及他所处的社会状态，这样才较为确凿，要不然，是很容易近乎说梦的。"因此，教师对学生的个性化阅读应有一把尺来衡量，在个性化阅读教学中，教师必须进行适当的点拨。

第四节　中学语文剧本解读

新课标第二条要求"从优秀戏剧作品中汲取思想、感情和艺术的营养，丰富、深化对历史、社会、人生的认识，提高文学修养"。① 戏剧作为再现生活的叙事性文艺，是人类把握世界、认识社会、反映生活并对自己的生存状态进行文化反思的特殊形式，古今中外的戏剧作品因而具有十分复杂的文化蕴涵和非常丰富的思想艺术营养，这种营养不但在文艺作品之外难以获得，而且在诗歌散文等其他文学样式中也不易得到。戏剧以及现代形成的影视剧具有巨大的影响力，对人类的精神世界乃至人类文化的演变过程，发挥着十分深刻的影响，一个有知识的现代人完全不接触戏剧、影视而能形成较高水准的文化素养是难以想象的。中学语文课程既然负有传承优秀传统文化、传播世界先进文化的特殊使命，就应该把培养学生对戏剧的阅读兴趣、欣赏能力，进而形成良好的阅读欣赏习惯作为自己课程理念和教学任务的一个重要方面。

从选篇上来看，初中人教版义务教育课程标准实验教科书《语文》教材共有 5 篇戏剧选文，人教版普通高中课程标准实验教科书《语文》（经全国中小学教材审定委员会 2004 年初审通过）必修教材共有 3 篇选文，虽然数量并不多，但戏剧文学的教学对提高学生素质有很重要的意义。具体戏剧篇目参见表 5－4－1、表 5－4－2。

表 5－4－1　初中语文教材中戏剧篇目统计表

位置	篇目（序号为课文在该册书中的篇目号）
八年级下	7. 雷电颂
九年级下	13. 威尼斯商人；14. 变脸（节选）；15. 枣儿；16. 音乐之声（节选）

表 5－4－2　高中语文必修教材中戏剧篇目统计表

所属模块	篇目（序号为课文在该册书中的篇目号）
语文 4	1. 窦娥冤；2. 雷雨；3. 哈姆莱特

此外，在在高中语文选修系列"中外戏剧名作欣赏"中，对《俄狄浦斯王》、《罗密欧与朱丽叶》、《牡丹亭》、《伪君子》、《玩偶之家》、《三姐妹》、《北京人》、《茶馆》、《等待戈多》等古今中外戏剧名作也都分别进行了详细的介绍及赏析。

一、戏剧的基本知识

戏剧是通过文学、音乐、舞蹈、绘画等艺术要素来塑造人物形象，揭示

---

① 中华人民共和国教育部. 普通高中语文课程标准（实验）［S］. 人民教育出版社，2003，8.

社会矛盾，反映社会生活，传递人文精神的综合艺术。文学上的戏剧概念是指为戏剧表演所创作的脚本，即剧本。根据不同的划分标准，戏剧有许多分类。按艺术形式和表现手法不同，有话剧、歌剧、舞剧、诗剧、歌舞剧、相声剧；按剧情的繁简和结构不同，有多幕剧、独幕剧；按题材反映的时代不同，有历史剧、现代剧；按矛盾冲突的性质和表现手法不同，有悲剧、喜剧、正剧（悲喜剧）；按演出不同，有舞台剧、广播剧、电影、电视剧等。

中国的戏剧，古代和现代有很大不同。古代戏剧以"戏"和"曲"为主要因素，20 世纪初的王国维，首先明确地用"戏曲"一词来统称中国古代戏剧。其主要类型有南戏、元杂剧、明清传奇以及近代、现代的京剧和各种地方戏。中国的现代戏剧源于"五四"运动前后，开始时称为"新戏"、"文明戏"，后来称为话剧（主要是与歌剧及中国传统的戏曲相对而言）。外国戏剧则一般专指话剧。话剧是一种以演员的对话和动作为主要表现手段的戏剧形式。

中国古代戏曲也称为中国古典戏曲。中国古典戏曲把歌曲、宾白、舞蹈和表演等结合在一起，是一种具有独特的民族特色的戏剧艺术形式。作为表演戏曲的脚本，文学剧本是一种韵文和散文相结合又以韵文为主的文学体裁。一个戏曲剧本称为本，一般一个戏曲都由一本构成，也有多本组成一个规模较大的戏曲故事的，像《西厢记》由五本组成一个完整的故事，《桃花扇》则由上本和下本共两本组成。每本戏曲一般又由若干个更小的单位构成，杂剧中称为"折"，而且每本多由四折组成，明清传奇中称为"出"，像《牡丹亭》多达55 出，《桃花扇》上、下本各20 出。"折"和"出"是故事情节发展的一个段落，不受时间与地点的限制，同时又往往是音乐组织的单元，像杂剧中的每折限用同一宫调的若干个曲牌组成一套曲子。

中国古代戏曲一般由曲词、宾白、舞台提示三部分组成。曲词的作用主要是抒情，但又不限于抒情，同时还有推进故事情节发展、刻画人物性格的功能，这种曲词是在传统的诗、词、和民间说唱文学的基础上形成的新的诗歌形式，往往有较为严格的格律要求，以符合于唱的需要。宾白包括人物的对白和独白，主要是白话，也有部分韵语。对白与话剧中的对话相似，独白兼有叙述的性质。舞台提示包括提示人物的活动时间、空间，人物的出场离场，还包括提示人物的动作、表情等。在杂剧中往往将对动作与表情的提示称为"……科"，如"哭科"即是提示人物作哭泣的样子的意思，"跪科"即是提示人物作跪下的样子的意思。

作为舞台演出的基础，剧本通常包含两个部分：一是剧作家的舞台提示，内容包括人物表、时间、地点、布景、服装、道具以及人物台词的心理情绪、动作、上下场等等；一是人物自身的台词，包括对话（对唱）、独白（独唱）、旁白（旁唱）等。戏剧文学是为戏剧演出服务的，它必然受到戏剧艺术的制约，因而形成了自己独有的特点，主要表现在以下几个方面：

（一）空间和时间要高度集中

一部戏剧一般要在两三个小时内演完，用于演出的舞台也只是几十平方米的狭小空间，所以要受到时间和空间的限制，它要求时间、人物、情节、场景高度集中在舞台范围内。小小的舞台上，几个人的表演就可以代表千军万马，走几圈就可以表现出跨过了万水千山，变换一个场景和人物，就可以说明到了一个全新的地方或相隔多少年之后……相隔千万里，跨越若干年，都可通过幕、场变换集中在舞台上展现。西方戏剧理论中的"三一律"就说明了这个特点。"三一律"亦称"三整一律"，先由文艺复兴时期意大利戏剧理论家提出，后由法国古典主义戏剧家确定和推行。三一律规定剧本创作必须遵守时间、地点和行动的一致，即一部剧本只允许写单一的故事情节，戏剧行动必须发生在一天之内和一个地点。法国古典主义戏剧理论家布瓦洛把它解释为"要用一地、一天内完成的一个故事从开头直到末尾维持着舞台充实"。

（二）矛盾冲突要尖锐集中

强烈的戏剧冲突是戏剧文学的重要特征，"没有冲突，就没有戏剧"。因为剧本受篇幅和演出时间的限制，所以对剧情中反映的现实生活必须凝缩在适合舞台演出的矛盾冲突中。戏剧是通过表现矛盾冲突来展开情节、塑造人物、揭示生活本质的。在戏剧文学中，各种性质的矛盾无一不具体表现为剧中人物的性格冲突。比如，剧中人物由于阶级立场、政治观点、社会地位、文化教养以及具体的生活处境等的不同，对同样的现实问题，就会采取不同的态度，形成各种各样的矛盾冲突。剧作家常用各种手法，将剧中的矛盾事件作出巧妙的结构安排，使情节一环扣一环地推进，波澜起伏，引起观众对故事的发展、人物的命运、矛盾的结局特别关切的心情。剧本中的矛盾冲突大体分为发生、发展、高潮和结局四部分。演出时从矛盾发生时就应吸引观众，矛盾冲突发展到最激烈的时候称为高潮，这时的剧情也最吸引观众，最扣人心弦。

（三）语言要表现人物性格

戏剧的语言主要是台词。台词，就是剧中人物所说的话，包括对话、独白、旁白。独白是剧中人物独自抒发个人情感和愿望时说的话；旁白是剧中某个角色背着台上其他剧中人从旁侧对观众说的话。为了适应舞台演出，戏剧文学一般都没有叙述人的语言，只有人物的对话和独白，故事情节的发展、人物形象的塑造乃至作者对剧中人物、事件的评价，都要靠剧中人物的对话来完成，这就使得戏剧文学的语言既要口语化、个性化、同时还要富有动作性。戏剧文学的语言要像日常生活的语言一样，浅白、易懂、朗朗上口。只有这样，台下的观众才能一听就懂。戏剧文学是用剧中的语言来塑造人物、表现个性的，因而，戏剧文学的语言必须是高度个性化的，能通过语言表现人物性格。此外，戏剧语言的动作化要能够促使人物产生相应的行为、动作、姿态、表情等，斯坦尼斯拉夫斯基称其为"语言动作"。演员能凭借这些语言，想象出他所扮演的角色的动作、表情和姿态，这就为演员的表演提供了广阔的空间。

（四）因为舞台表演的需要，剧本会有舞台说明部分

舞台说明，又叫舞台提示，是剧本语言不可缺少的一部分，是剧本里一些说明性文字。舞台说明包括剧中人物表，剧情发生的时间、地点、服装、道具、布景以及人物的表情、动作、上下场等。这些说明对刻画人物性格和推动、展开戏剧情节发展有一定的作用。这部分语言要求写得简练、扼要、明确。这部分内容一般出现在每一幕（场）的开端、结尾和对话中。这些舞台提示，提供给读者一个想象的情境状态。

二、戏剧解读的基本方法

由于中学生接触文学作品较多的是小说、散文、诗歌，对戏剧文学相对而言较为陌生。因此，在教学中教师应围绕戏剧文学的自身特点，指导学生使用不同的方法及角度了解认识这一文学体裁。

（一）常规解读

新课标对文学作品的鉴赏提出了这样的要求："学习鉴赏中外文学作品，具有积极的鉴赏态度，注重审美体验，陶冶性情，涵养心灵。能感受形象，品味语言，领悟作品的丰富内涵，体会其艺术表现力，有自己的情感体验和思考。努力探索作品中蕴涵的民族心理和时代精神，了解人类丰富的社会生活和情感世界。"[①] 戏剧的常规解读，教师应围绕戏剧的文体特点，指导学生了解故事情节，品味戏剧语言，揭示戏剧冲突，分析人物形象，感悟戏剧意象。

1. 了解故事梗概，梳理线索结构，领会选文价值

戏剧文学作品的篇幅较长，因此选入语文教材中的都是戏剧文学的节选，而且几乎都是全剧的高潮部分。所以，在解读课本中的戏剧文本之前，

---

① 中华人民共和国教育部. 普通高中语文课程标准（实验）［S］. 人民教育出版社，2003.

要先了解全剧的基本故事梗概，包括戏剧情节的前因、发展以及结束。否则就会割断戏剧情节的完整性，研读起来就如同盲人摸象，抓不到头绪，找不到情节发展中矛盾冲突的主次与切入点，也谈不上对人物的心理发展、性格特点有真正准确地把握。如《雷雨》一课，鲁侍萍与周朴园、鲁侍萍与周萍、周朴园与鲁大海、鲁大海与周萍以及四凤与周萍他们之间的矛盾、情感纠葛都达到了一个高潮，各个人物复杂的关系和所有复杂情感的纠葛都在同一天的周公馆里得以体现，矛盾白热化，台词最深刻，人物性格最鲜明，最有阅读鉴赏价值。但是如果在此之前对鲁侍萍与周朴园的几十年的恩怨情仇，对于这些人物内在错综复杂的人际关系不能很好地认识和了解，那就根本无从揭示他们从人性到情感，最终上升为阶级的矛盾冲突。

剧本结构，有的简单，有的复杂。这也是在鉴赏解读中应注意的问题。一般说来，剧本单线索发展的比较多，但也有多线索发展的。比如《威尼斯商人》这个剧本，它的故事情节由三条线索构成：一是围绕安东尼奥和夏洛克展开的关于借据和割肉的线索；二是围绕巴萨尼奥和鲍西亚展开的"选匣子"的爱情线索；三是围绕杰西卡和罗兰佐展开的另一条爱情线索。这三条线索，在第一、二幕中是此起彼伏地交错发展，到第四幕"法庭斗争"中三条线索又紧紧扭结在一起，出现了全剧的总爆发。三条线索中，第一条是贯穿全剧的主线，第二、三条是紧紧围绕着主线并为之服务的副线。提前梳理了线索结构，在解读过程中，对于将要出场的人物就不会再感到陌生，对事态的发展也有所准备。

2. 戏剧冲突是戏剧文学鉴赏的核心

戏剧必须有一个或多个矛盾，形成冲突，导致戏剧情节发展的高潮，才能有"戏"可看，所以，有人说，"戏剧就是冲突"，"没有冲突就没有戏剧"。创作剧本必须展示冲突，鉴赏剧本必须把握冲突。戏剧冲突包括人物之间的冲突、人物自身的冲突、人物与环境的冲突这三个方面。

（1）人物之间的冲突

即表现为人与人之间意志和性格的冲突，这是戏剧冲突的本质。意志冲突，是指人物间对立的目的和动机出现，交织成错综复杂的戏剧冲突。如《雷雨》中董事长周朴园与工人代表鲁大海的不同动机、封建家长周朴园和繁漪的不同动机，构成阶级、家庭的冲突。在第二幕中，这种冲突已经面对面地展开：鲁妈和周朴园是旧恨加新怨；鲁大海被辞退和殴打；周萍拒绝繁漪娶四凤；繁漪扬言要下毒手，等等。性格冲突，是指人物间对待事物的态度、追求的理想、采取手段的不同所引起的冲突。人物性格越典型就越容易引起冲突。《茶馆》一剧，正是由精明善良的王利发、耿介正直的常四爷等许多性格各异的人物，在相互撞击中引起冲突。意志冲突和性格冲突往往是紧密地结合在一起的，在戏剧中，不能截然分开。

（2）人物自身的冲突

人物自身的冲突往往使人物陷于不易摆脱的境地。在《雷雨》中，四凤和周萍都是侍萍的亲生骨肉，要侍萍答应他们的结合，她是既难同意，又无法道出真情的。儿女的要求使她处于进退两难的境地，在内心深处展开了激烈的斗争。中国古代戏曲常常以抒发内心冲突的片断作为一出戏的重点。如《西厢记》"长亭送别"中，崔莺莺的大段抒情唱词，唱出了对往日相思的回忆和今日离别的愁苦，展示了她内心的矛盾：张生此去若不得官，他们就不能结合；若得官，又怕张生成为当权大户择婿的对象。这种愁苦之情反复激荡，充分表现了青年男女追求自由爱情和封建家长追逐名利之间的冲突。

（3）人物与环境的冲突

这里所说的环境，既指自然环境，也指社会环境。在《牡丹亭》"惊梦"中，美好的自然景色，使杜丽娘惊喜万分，由此春情萌发，但这是封建礼教所制约的现实环境，是不能允许的，因此情与环境的不协调，构成了戏剧冲突。《茶馆》则展示了维新运动失败后，北洋军阀混战之时和国民党统治时期这三个不同历史阶段中人与社会环境的冲突，通过常四爷被逮捕和康顺子被出卖，表现市民、农民与清末统治阶级的冲突。

分析戏剧冲突时应把握住以下几个主要特点：一是强烈性。作者把社会生活中的矛盾组织成有声有色、触目惊心的冲突，写出矛盾冲突的复杂性和尖锐性。如《罗密欧与朱丽叶》中罗、朱两家世代仇恨深植，但罗密欧与朱丽叶却偏偏爱慕倾心，拼命追求婚姻幸福，这样罗、朱的爱情与宗法势力之间的冲突就十分尖锐，不可调和。二是集中性。就是在有限的故事情节中，同时表现多种矛盾。如《雷雨》中，就集中了鲁侍萍与周朴园、鲁侍萍与周萍、周朴园与鲁大海、鲁大海与周萍以及四凤与周萍等多组矛盾冲突。三是紧张性。戏剧冲突的紧张性是戏剧的危机和悬念。一切没有达到危机程度的斗争是没有戏剧性的。四是曲折性。曲折性是斗争的反复造成的。如《屈原》中屈原与南后之间的斗争就经过了三次大的反复。总之，戏剧冲突越强烈、集中、紧张、曲折，给人的美感也就越强烈、越深沉。

3. 深入品味戏剧语言的美

戏剧语言是构建剧本的基础，是戏剧文学的灵魂，它包括人物语言和舞台说明。对戏剧来说更重要的是人物语言，即台词。高尔基说："剧中人物之被创造出来，仅仅是依靠他们的台词，即纯粹的口语，而不是叙述语言。"① 分析人物语言时应从个性化、动作化、潜台词三方面入手。

（1）个性化语言

个性化语言是"生活语言的模仿与写实，当然经过提炼加工即典型化性格化，使每个人物的语言都因其出身、地位、经历、个性不同而各具特色，并与特定情节、特定情感相吻合"。② 好的戏剧语言，有的是让人物一开口就露出自己的本色，闻其声而知其人；有的是在剧情的发展过程中，让剧中人在各种不同的场合说不同的话，逐步展现他的性格。如《雷雨》第二幕，当周朴园认出鲁侍萍时，先是严厉地责问"你来干什么"，后又转了语气"你可以冷静点"。三言两语就勾画出了周朴园凶狠、虚伪的个性。再如《窦娥冤》法场临刑前窦娥悲愤的控诉，"地也，你不分好歹何为地！天也，你错堪贤愚枉做天！"满腔怒火的唱词句句震撼着人的心灵。窦娥一个弱女子的强大的反抗精神也在直抒胸臆的宣泄中痛快淋漓的表现出来了。

（2）动作化语言

我们常说"行由心指"、"言为心声"，就是说人物的内心世界必定通过言行表达出来，这种表现动作的语言，出自人物内心，因而能展示人物丰富的心理境界。好的戏剧语言，必须有动作性，不仅有外在形体上的动作，而且包含着内心的动作。《雷雨》第二幕中，周朴园与侍萍的对话就极富动作性。周朴园不知面前的女人就是 30 年前被他遗弃的侍萍，在侍萍叙述悲惨身世过程中，他四次发问："你——你贵姓？""你姓什么？""你是谁？""哦，你，你，你是——"从随便敷衍到惊惧，最后终于不得不当面承认，鲜明地展示了他渐趋紧张的内心动作。戏曲中一些优美的唱词也极富动作性，如《西厢记》"长亭送别"中开头一段唱词，从眼神的顾盼来说就有鲜明的动作性："碧云天"，是高而远；"黄花地"，是低而阔；"西风紧，北雁南飞"，是自右到左；"晓来谁染霜林醉"，是遥遥相问；"总是离人泪"，则以凝视的目光对之。这些都极有层次地表现了人物的感情变化。《牡丹亭》中的许多唱词也很有动作性，如"惊梦"中的一段："停半晌，整花钿，没揣菱花，偷人半面，迤逗的彩云偏。步香闺怎便把全身现。"——她先是沉思，继而整理饰物，接着侧身斜视，惊讶地发现自己被镜子偷映进去，然后徐步香闺。这段唱词包含了许多漂亮的表演动作：转身、抖袖、碎步、凝神等。

---

① 高尔基. 论剧本 [M]. 北京：人民文学出版社，1978，69.
② 吴平安. 对话与碰撞——窦娥冤及剧单元教学 [J]. 语文教学与研究，1999.

（3）话外有话，暗藏玄机的潜台词

潜台词是话语字面意思以外的一种深层意义。戏剧语言，要求含意深邃地表达人物的思想感情，做到含蓄凝练，"片言百意"，使人们有充分想象的余地。优秀的潜台词往往意蕴丰富，耐人寻味，给人以深广的想象空间，能够起到一石多鸟之效。在解读剧本时，我们要借助自己的生活经验，揣摩人物语言的潜台词，体味话里之因、话中之话、话外之意，补充和丰富原台词的内容，从而把握人物微妙的内心世界和性格特点。《雷雨》中的经典的潜台词就是鲁侍萍终于看见三十年来牵挂的儿子周萍的对话："你是萍，……凭——凭什么打我的儿子？""我是你的——你打的这个人的妈。"这两句台词暗示了人物关系的秘密，百感交集的鲁侍萍见到儿子没有相认，但利用了潜台词为下文秘密的解开埋下了伏笔。

此外，舞台提示性话语也不容忽视。舞台提示性话语是一种叙述语言，一般用来提示舞台形象的创造，但是在戏剧文本中，它直接提示读者想象人物的神态、动作、语调，人物性格更加直观化。如在《雷雨》中周朴园与鲁侍萍相遇的对话过程中，周朴园从沉思——沉吟——苦痛——汗涔涔——惊愕——严厉的——冷冷的——冷笑一系列的表情提示，暴露了一个既愧疚于往事又怕丑恶行径暴露的矛盾的灵魂。

中国古典戏曲的语言与话剧语言在主要方面是一致的，但在形式上有很大不同。其特点主要有三：

第一，宾白。宾白可分韵白、口白、方音白三种。韵白是一种朗诵式念白，要按一定音韵咬字发音，多用于有身分、有才学、举止端庄的人，包括引子、定场诗、定场白、下场诗等。口白是一种近口语的念白，多用于丑角和身分低微的平民百姓。方音即用乡土音读白。宾白是叙事的手段，比如《窦娥冤》中主要事件，赛卢医赚蔡婆、张驴儿父子救蔡婆、张驴儿向赛卢医讨药、下毒、张驴儿老父喝错汤药、审问、雪冤等，全是在宾白中完成的。宾白还是刻画人物性格的重要手段。在《西厢记》"长亭送别"中，莺莺把千言万语铸为一句："张生！此行得官不得官，疾便回来！"表现出莺莺的痛楚、担忧、爱恋、矜持等复杂感情。张生于百般无奈之际，又不甘示弱，只好口出狂言："小生这一去，自夺一个状元。"表现出他既爱好面子又无计可施的书生气，足见其憨直可笑。

第二，曲词。曲词即戏曲的唱词，古称曲文。从宋代南戏形成以来，逐渐分为本色（如《窦娥冤》）、典雅（如《西厢记》）两种。曲词的语言被称之为"沉思的语言"，常用以揭示特定的内心世界。曲词讲究情境，有时情景交融，景是人物眼中之景，情则寓于景中。《西厢记》"长亭送别"中则以情语为主。情境中，或以乐景写悲，如《牡丹亭》"惊梦"，用景色陆离、春光缭乱的乐景写杜丽娘心中之郁闷；或以哀写乐，如《西厢记》"闹斋"，用哀婉气氛写出极乐之情。曲词有时直接抒发人物的内心感情，如《窦娥冤》三折中，窦娥被斩前的一段唱，唱词连用了四个"念窦娥"，这里有含冤负屈的诉说，有对自身苦难和往昔生活的回顾，声泪俱下，既表现了窦娥对人生的眷恋，也是对婆婆的哀怜和安慰。

第三，曲白相生。曲、白之间的关系极为密切，不可把它们截然分开。曲生白，白生曲，二者浑然一体。《牡丹亭》"惊梦"中，杜丽娘上场时的一句宾白："不到园林，怎知春色如许？"由此唤出"原来姹紫嫣红开遍……"一段绮丽唱词，曲词中"原来"是由上句宾白"怎知"来的。接着曲又生白："恁般景致，我老爷和奶奶再不提起。"这疑诧和不满，又生出对自然风光向往的曲词："朝飞暮卷，云霞翠轩……"

4. 典型人物形象的塑造

人物形象是剧本中主要表现的内容，戏剧是通过人物的活动来展开故事情节的，因此，人物的形象在剧本中占有很重要的位置。我们知道，每一个成功的戏剧人物都有着鲜明的性格，而剧情如何展开，冲突如何产生往往与人物性格有着直接关系，能不能把握人物性格，也就成了分析戏剧人物的一个焦点。分析剧中人物形象，应从以下角度入手：

（1）分析人物的性格特征。不同的人物有不同的性格特征，同一个人物的性格表现也是多侧面的，人物的性格是人物形象的一个重要特征，人物的性格可以表现为温婉、柔顺、刚烈、平和、热情、阴暗、狡猾等等，分析人物性格可以从这些角度入手。戏剧塑造的人物非常丰富，既有扁型人物，也有圆型人物。圆型人物是指人物性格比较丰满，人物的性格是发展变化的，较为复杂，例如哈姆莱特、周朴园、繁漪等。反之，扁型人物指人物性格刻画比较单一，人物一出场就定型，一直到剧终也会再发展变化，比较典型的就是《窦娥冤》中张驴儿的形象。

（2）分析人物语言。剧本中人物的语言是刻画人物形象的重要手段，是塑造人物形象的最重要载体。因此，人物的语言决定人物的形象。分析语言，应从人物的个性化语言和动作性语言入手。

（3）分析人物心理。人物的心理特征在塑造人物的形象方面起着重要作用。分析人物的心理特征，要顺着剧情发展的线索，理清人物性格发展变化的心路历程。人物的形象就是在心理活动的过程中逐渐清晰展现的。

5. 分析戏剧意象，把握戏剧主题

戏剧意象是剧作家创作过程中审美经验和思维意识的形象化，例如在

《罗密欧与朱丽叶》中，主要的意象是"光"，表现为太阳、月亮、繁星、电光、炸药的闪光等意象的反复出现。美好的青春和热烈的爱情如同耀眼的阳光和灿烂的星光。阳光能照亮黑暗的世界，象征着新时代意义的爱情之"光"照亮了黑暗的腐朽的中世纪。又如《雷雨》中"雷雨"这个意象，使得全剧笼罩在一个"山雨欲来风满楼"的氛围下，既压抑又有可能随时爆发，暗示着人物的毁灭性的结局。通过对典型意象的分析，学生能形象地感受到戏剧思想的深刻性和丰富性，更加准确的把握主题意义。

（二）拓展性解读

拓展性解读对于培养阅读能力，开拓学生视野，活跃学生思维，发展学生智力，具有其他任何活动不可替代的作用。随着语文课程改革的深入发展，拓展性解读因其多元化的视角、深层次的解析将会得到越来越多的关注与更多的发展空间。

1. 探究性解读

探究性解读是指学生在教师的指导下，以研究探索的方式来自主地阅读、获取和运用，要求学生用研究的方法去阅读剧本文本，去收集、分析和处理与课文阅读有关的信息和生活信息，在发展自己个性的同时，提高阅读能力和戏剧鉴赏水平。雨果曾经说过："戏剧具有无底的深渊和凶猛的风暴。"戏剧熔多种艺术于一炉，显示了它博大的胸怀，同时，这也为解读戏剧增加了难度。显而易见的，课堂上老师讲读——提问式的教学方法存在着诸多的局限性，只是停留在戏剧作品的表面上做文章，难以行之有效地调动学生的学习兴趣和学习积极性，因此，也无法很好的带领学生挖掘戏剧本身巨大的魅力。所以，在戏剧教学中进行探究性解读的探索，是十分有意义的尝试。探究式解读强调调动学生学习的积极主动性，旨在让学生在老师的指导下主动的发现问题、解决问题，在学习过程中，提高学生发现问题的敏感度、探究问题的开放性，解决问题的创造力。

其一，课题确立。探究性解读的实施，首要问题是课题的确立，而课题的确立应从语文学习实际入手，有效地利用教材资源、课堂教学资源来完成。教材资源是指课本中戏剧的选文，教师可以利用单篇课文学习确立课题，也可以用单元篇目组合的形式确立课题。比如学习《罗密欧与朱丽叶》，就可以对作者及其作品进行研究，确立"莎士比亚及其作品"这一课题。

其二，标题拟定。确定了一定的课题之后，教师可指导学生拟定"研究报告"或"论文"的标题。比如"莎士比亚及其作品"这一课题，可拟出若干标题："莎士比亚戏剧艺术表现手法探微"，"人类最伟大的戏剧天才——莎士比亚"等。"《罗密欧与朱丽叶》比较研究"这一课题，可拟出

"《罗密欧与朱丽叶》与《孔雀东南飞》的比较"，"《罗密欧与朱丽叶》与梁祝故事的比较"，"《罗密欧与朱丽叶》与《牡丹亭》的比较"等等。

其三，过程研究。这是指围绕课题，查阅资料，获得大量的信息，然后比较分析，得出结论的过程。比如研究屈原，可以查阅郭沫若的《屈原》、《天狗》，屈原的《离骚》、《涉江》，将查阅的资料组合起来，归纳异同，得出对屈原形象的评价。

其四，成果展示。展示方式，可以是采访，也可采取辩论、答辩等方式。辩论在学生中是比较受欢迎的一种成果交流方式。比如，辩论双方可就《雷雨》中周朴园的形象解读进行辩论。以人性的角度分析为正方观点，以阶级性的角度分析为反方观点，双方观点的碰撞，会产生共振的效果，绝非简单的一个结论可比，会使学生的认识更加清晰，更加深刻。但同时对教师本身的要求也会相应提高，教师必须对戏剧文本有全面、深刻的认识和解读才能更好地给学生以正确的指导。

2. 多元化解读

新课标提倡"多角度，有创意的阅读，利用阅读期待、阅读反思和批判等环节，拓展思维空间，提高阅读质量"。我们一般把这种形式上强调"多角度、有创意"，过程上凸显了体现阅读个性心理的"反思"和"批判"，目的和效果上明确了"拓展思维空间，提高阅读质量"的解读方法称为多元化解读。

"一千个读者，就有一千个哈姆雷特"，说明了对于同一文本不同的读者会产生不同的阅读阐释。作为对话一极的教师其实是文本的阐释一极，而阐释的前提是理解。面对文学作品（文本），即使是同一时代同一知识层面的人，理解也不可能是划一的。在戏剧文学教学中，应根据作品提供的内容，联系鲜活的现实生活逻辑，并以当代科学的眼光、多元的思维给人物和事件以实事求是、合情合理的定性定位。如《雷雨》的主题解读，有以下几种常见的角度：命运悲剧，认为它是表现命运对人的捉弄和人的生存困境；社会悲剧，认为它是反封建和个性解放的主题；家庭悲剧，认为它是揭露了资产阶级家庭的罪恶；人性悲剧，认为它是突围与救赎的幻灭。文学作品主题出现多元化解读是正常和必然的，戏剧教学过程中，教师对作品的主题进行分析时，可在接受美学理论的指导下，鼓励学生积极参与，从多方面辩证地理解和阐释课文主题，达到培养学生的个性化思维的效果。再如对《威尼斯商人》中的夏洛克这一角色的解读，存在着不少分歧，归纳起来大致有三类：第一类，夏洛克是个反面人物：贪婪、吝啬、残忍，冷酷无情；但同时又具有正面性格特征：是一个受歧视的犹太人，一个连女儿都背叛自己的可怜父亲；第二类：夏洛克是个地地道道的恶魔，莎翁没有赋予他任何的正面人物性格；第三类，夏洛克是个受迫害的犹太民族代表，是值得同情的。任何一种解读也都可以在剧本中找到足以支撑的描述。夏洛克到底是一个怎样的人？这也是一个仁者见仁智者见智的问题。

阅读是一个个性化的行为过程，是不可替代的独立的实践活动。因此教师在戏剧的阅读教学过程中应该充分尊重学生阅读的自主性。尽管这种阅读的自主性将不可避免地产生解读的多元化。例如，在读过《雷雨》之后，有的学生会产生"周朴园对鲁侍萍是否有真心"的疑问，教师可因势利导，指引学生从故事发生的时代背景考虑这个问题，甚至进一步结合人物的阶级立场、语言对话还有细节的描写组织探讨辩论。

戏剧教学"一言堂"的教学方式容易导致死气沉沉的课堂氛围，而多元化解读无疑是摆脱这一尴尬教学状况的有效方法之一，但是，在多元化解读过程中，教师要明确自己主导地位，注重对学生进行正确引导。没有规矩，不成方圆，信马由缰的结果只会使学生迷失自我。当学生的认识、情感存在缺陷、偏差或出现错误时，教师应当予以纠正。做到自由但不放任，自信但不自满，个性但不否认主流价值，做到尽可能地贴近作品，而非任意阐释。使多元化解读成为培养和发展创造性思维的过程，真正做到"和而不同"的阅读目的，拓展学生的知识面和视野。

三、解读案例

（一）《窦娥冤》的常规解读

《窦娥冤》第三折历来是高中语文课本中的传统篇目，从常规解读的角度入手，情节结构、思想内容及其鲜活的人物个性、浪漫主义的艺术手法、本色的语言风格是一般教学的关注重点。

1. 要理清节选部分的情节结构。本折戏由三个部分组成。第一部分是窦娥谴责天地鬼神，第二部分是窦娥与婆婆诀别，第三部分是窦娥发下三大奇愿。这三部分有张有弛，疏密相间，富有鲜明的艺术节奏。一开幕刽子手摇旗提刀，监斩官厉声吆喝，再配上缓慢沉闷的锣鼓声，舞台一片阴森紧张的氛围。窦娥披枷戴锁登场，呼天抢地的悲诉怒斥，更加重了悲剧气氛。眼看窦娥就要成为刀下之鬼，观众的心绷得紧紧的。然后作者却宕开一笔，转入第二部分婆媳诀别。窦娥哀怨低回的身世之叹与第一部分高亢激昂的斗争精神形成鲜明的对比，展示了她内心世界的另一面，催人泪下，感人至深。剧情发展明显有一顿，形成一张一弛的戏剧波澜。这一"弛"为下一"张"蓄势，从而转入全剧的高潮，真是跌宕多姿，匠心独运，具有极强的艺术感染力。

2. 明确《窦娥冤》的思想内容。《窦娥冤》是关汉卿的代表作，也是我国古代悲剧的代表作。它的故事渊源于《列女传》中的《东海孝妇》。但关汉卿并没有局限在这个传统故事里，去歌颂为东海孝妇平反冤狱的于公的阴德；而是紧紧扣住当时的社会现实，用这段故事，真实而深刻地反映了元蒙统治下社会极端黑暗、极端残酷、极端混乱的悲剧时代，表现了人民坚强不屈的斗争精神和争取生存权力的强烈要求，成为元代社会残酷的民族压迫和阶级压迫的一面镜子。

3. 鲜活的人物个性。窦娥是世界文学画廊中一个著名的悲剧典型。造成窦娥悲剧除了外在因素还有内存因素，即窦娥自身的性格原因，窦娥的性格具有二重性，她的性格体系中有两大既对立又统一的脉络：自觉高尚的伦理精神和刚烈不屈的斗争精神，这两脉络又由很多具体的、活生生的性格元素组成，这些性格元素又分别组成一组既对立又统一的联系，如接受封建礼教影响和挣脱封建礼教的束缚；甘受命运的摆布和对命运的抗争；靠天与骂天。造成窦娥悲剧很大程度上就是由于她的性格的二重性。

4. 浪漫主义的艺术手法。剧本运用丰富的想象和大胆的夸张，设计了三桩誓愿的超现实情节，运用了浪漫主义手法，显示正义抗争的强大力量，寄托了作者鲜明的爱憎，反映了人民伸张正义、惩治邪恶的愿望，也反衬出了社会的黑暗。

5. 本色的语言风格。关汉卿驾驭语言的能力是惊人的。他的剧作，词汇丰富，句式工于变化，充分地吸收和提炼日常生活中人民群众的口头语言，同时从古典文学名著中汲取营养，把这些和人民口头语言融合在一起，从而形成了他"文而不文，俗而不俗"的语言风格，收到了雅俗共赏的演出效果。如在《滚绣球》一曲中，有的地方如："天地也！只合把清浊分辨，可怎生糊突了盗跖、颜渊？""天地也，做得个怕硬欺软，却原来也这般顺水推船。"直率如口语，便于直抒胸臆，把人物因蒙冤受屈而愤懑不平的心情刻画得淋漓尽致；有的地方如"为善的受贫穷更命短，造恶的享富贵更寿延"这些句式整齐，对仗工整，用强烈的对比有力地揭露了黑白颠倒的社会现实。整个曲子感情激昂有力，语言通俗易懂；句式或整或散，排列错落有致，韵律铿锵，节奏鲜明，具有强烈的艺术感染力。

（二）《窦娥冤》的拓展性解读

《窦娥冤》的拓展性解读，应在教师的引导下，以课文为原点，进行作家、题材、体裁、表现手法、结构特点、思想内涵、人物形象等多层面和多维度的拓展，以丰富学生感知的信息和思维的层次，进而加深对课堂阅读素材的理解。

　　例如，从窦娥三桩誓愿的指向来看，窦娥临刑前发下三桩毒誓：血溅白练，六月飞雪，三年大旱。结果死后果然应验，以示冤情之深。这三桩毒誓成全了窦娥，可殃及了多少无辜的生命？比如六月飞雪，对于没有暖气没有空调的古代南方的老百姓来说，将会带来多么大的灾难？又如三年大旱，对原本就忍饥挨饿苦不堪言的大多数楚州老百姓来说，无疑又是一个灭顶之灾。这意外的沉重打击，意味着有多少人会卖儿卖女，有多少个家庭走向灭亡，有多少个"小窦娥"饿死街头巷尾，又有多少人背井离乡颠沛流离呢？究竟是窦娥冤还是楚州的百姓冤呢？

　　对于窦娥这一形象，也有一些学者和研究人士反弹琵琶，认为她并非反抗英雄。较为典型的是危艳萍《〈窦娥冤〉中的窦娥并非反抗英雄》一文，文中作者针对剧中窦娥与恶势力交锋的三个回合中的表现，来论证自己的观点。第一回合是"反对泼皮流氓占据蔡家、反抗张驴儿的无耻霸占"，当蔡婆试图说服窦娥的时候遭到了她的坚决反对，窦娥不是没有青春的寂寞和需求，当一个男子闯进她的生活时，她还没见到他，不知他是好是坏，就一口回绝。封建节烈观已经彻底占据她的内心并内化为她的自觉意识。张驴儿垂涎她的美貌，以"药死公公"相威胁时，她以"一马难将两鞍鞴"为由严词拒绝。再看她阻止蔡婆再嫁的几条理由：有饭吃、有衣穿、不缺钱、年龄大。这些是指摘蔡婆的理由，又岂不是她自己内心的流露。如果与她的命运观联系起来看，与其说她反对再婚，毋宁说她安于衣食无忧的现状，唯恐张氏父子打破了她们平静而富足的生活，与其说她反抗恶棍，毋宁说她维护封建伦理道德。第二回合与官府的交锋。窦娥对官府充满了信心，因此毫不犹豫地选择了"官休"，当桃杌的严刑拷打碾碎了她的幻想后，她也没有因此怀疑甚至否定封建统治秩序，而是愚昧地认为这祸端的来由是由婆婆改嫁违背封建伦理道德引起的。她虽对桃杌不满，但更多的还是对蔡婆不甘寂寞的否定。她不惜以生命来捍卫封建伦理道德，封建统治精神她怎会去反抗呢？第三回合是窦娥的指天斥地，作者认为，呼天抢地是中华民族在绝望、悲痛、惊讶、高兴等之时的一种特有的宣泄情感的方式，剧本中的"天"是哀告的对象而非窦娥反抗的靶子。① 与此相类的是张守基在《试论窦娥性格上的封建烙印》中提到的"窦娥没能够冲出封建思想的牢笼"这一观点，② 以及张维娟在其书《元杂剧作家的女性意识》中提到的"窦娥被其对立阶

---

① 危艳萍.《窦娥冤》中的窦娥并非反抗英雄 [J]. 文学教育，2008（02）.

② 张守基. 试论窦娥性格上的封建烙印 [J]. 渭南师专学报（综合版），1989（1）：17.

级——男性的思想和观念熏染，使得她在对待蔡婆婆时摆出男人对待女人的姿态。此时窦娥取代了男人行使他们对女人的压迫的权利，彻底归到了男性的阵营中。"① 对于窦娥反抗精神的实质，也有人提出了质疑，在《〈窦娥冤〉中窦娥反抗精神的再思考》一文中，作者认为，首先，窦娥的反抗表现出她对封建贞节观的迷信与维护；其次，窦娥的反抗表现出普通百姓对封建吏治的天真幻想以及浓郁的清官情结；再次，窦娥的反抗还表现出突出的超现实性，因而必然带有虚幻性，只能给人带来虚假的心理满足与情感抚慰。②

此外，还可以从不同的视角对剧本进行多元解读。例如，从法律文化角度切入，在《中国古代公案戏中的法律文化解读——以〈窦娥冤〉为视角》一文中，作者认为，要求寡妇从一而终的封建伦理道德在本质上是违反人性的。因此，富有人文关怀精神的关汉卿并没有把窦娥塑造成一个维护"寡妇从一而终"的封建伦理道德之节妇形象，而是把窦娥塑造成一个受到中国传统法律文化熏陶的孝顺、善良的妇女形象。在封建社会专制、独裁、司法行政合一的司法体制下，刑讯逼供的封建证据制度是造成窦娥冤狱的重要原因，清官意识是窦娥申冤的精神寄托。③

又如，从女性主义角度切入，廖艳萍以西方女性主义文艺理论的观点，对窦娥的女性意识、蔡婆婆的女性意识及关汉卿的女性意识三个方面进行了深入解读，作者认为，窦娥有权利选择改嫁，但她更有权利拒绝。她有权利拒绝张驴儿的无礼要求和蛮横要挟，以此维护自己的独立人格和尊严。当张驴儿父子肆无忌惮地闯入这个原本安宁的家庭时，她决不妥协，奋起反抗，这不仅仅是维护她的贞节，更重要的是维护她作为一个人的权利和尊严，这是她的自我保护，是她作为一个独立人，也是一个女人该有的权力。所以窦娥的反抗，与其说是对黑暗势力的反抗，倒不如说是女性自我意识的苏醒和反抗。④

再如，从民俗文化角度切入，刘金亮认为，《窦娥冤》从总体构思、剧情发展到"理想结局"都体现了我国民俗文化观念，惩恶扬善，提倡社会正义与公道，借助于天地神灵与鬼魂表现了民间百姓对"恶有恶报，善有善报"的坚定信念和正义诉求。⑤

---

① 张维娟. 元杂剧作家的女性意识［M］. 中华书局，2007，133.
② 宗在红.《窦娥冤》中窦娥反抗精神的再思考［J］. 文学教育，2009（11）.
③ 蒲方合. 中国古代公案戏中的法律文化解读——以《窦娥冤》为视角［J］. 黄石理工学院学报（人文社会科学版），2011（1）.
④ 廖艳萍.《窦娥冤》的几种解读［D］. 华中师范大学，2012（4）.
⑤ 刘金亮.《窦娥冤》民俗文化解读［J］. 文学前沿，2009（1）.

还有，从比较研究角度切入，陈园在论文中将《窦娥冤》与《哈姆雷特》进行了横向对比，将两部戏剧的死亡叙事从哲学思想、伦理道德、选择方式等方面进行了比较，作者认为，在两部戏剧对生存与毁灭的阐释之下，《哈姆雷特》的复杂正是西方戏剧中冲突不断的动态审美。而《窦娥冤》中的"单纯"则是中国戏剧中静态美特征的体现。这也与西方主客对立和中国"天人合一"的东西方哲学思想的根本差异相一致。

当然，多元解读的切入点还有很多，我们这里只是略举几例以作说明。在戏剧教学中怎样渗透新课程理念，如何引导学生积极地感知、鉴赏和创新，如何把语文课堂转变成学生积极主动的探求新知的大舞台，依然是一个值得深究的课题。

【思考题】

1. 有感情地朗读《再别康桥》、《雨巷》、《锦瑟》等作品，学习和掌握朗诵诗歌的知识和技巧。

2. 什么是诗歌的意象和意境？举例说明，如何通过分析诗歌意象把握诗歌意境？

3. 用对比分析法，比较鉴赏《祖国啊，我亲爱的祖国》和《祖国土》这两首诗歌。

4. 如何进行诗歌的拓展性阅读？以卞之琳的《断章》为例试作说明。

5. 散文有什么特点？散文解读主要包括哪些内容？

6. 中学语文散文解读有哪些方法？请举一两篇中学语文教材中的散文来说明。

7. 如何进行散文的拓展性阅读？以朱自清的《背影》为例试作说明。

8. 如何理解小说解读过程中的"人性化"？以《杜十娘怒沉百宝箱》为例说明。

9. 如何理解小说解读过程的"现实化"？联系《药》予以说明。

10. 谈谈对"知人论世"的理解。

11. 试分析《陈毅市长》在戏剧结构艺术方面的特点。

12. 《雷雨》一剧矛盾冲突的实质是什么？

13. 以《罗密欧与朱丽叶》为例，探讨戏剧教学的重点和难点有哪些？

第六章　中学语文常用文本解读

【导学】本章的学习目标是熟悉记叙文、议论文和说明文的解读方法，提高解读记叙文、说明文、议论文的能力。记叙文解读的重点是引导学生弄清记叙要素、理清顺序线索、理解表达方式、把握中心思想、学习记叙语言。议论文解读的重点是引导学生对论点、论据、论证这三个要素的把握，还要关注议论文的结构、语言等问题。说明文解读的重点是分析说明对象的特征、理清说明结构、分析说明方法、体会说明文的语言。

记叙文、说明文、议论文的文体归类一直有分歧，20 世纪 20 年代提出了"普通文"这一概念，大概在 30 年代又提出了"实用文"这一概念，二者之间的关系也一直不甚明确。在这里，我们采用刘淼教授提出的"常用文体"这一概念。"中学语文常用文体主要指记叙文、说明文、议论文。这三类文体是中学培养阅读能力、写作能力、观测能力、思维能力的基础，也是阅读教学的主要切入点。"①

这三类文体的选文在中学语文课本中所占的比例比较小，但是，这不能否认其在教学中的重要地位，刘淼教授指出"三类文体是中学培养阅读能力、写作能力、观测能力、思维能力的基础"，同时，中学生练习习作主要是记叙文、说明文、议论文，中考和高考学生所写的作文也主要写记叙文、议论文等，因此，本章对这些文体作一些解读说明。

第一节　中学语文记叙文解读

从符合记叙文六要素要求（即狭义记叙文）的角度来说，初中人教版义务教育课程标准实验教科书《语文》教材里只有 7 篇记叙文（如表 6－1－1），高中则没有选文。

表 6－1－1　初中语文教材中记叙文篇目统计表

位置	篇目（序号为课文在该册书中的篇目号）
七年级上	2.《走一步，再走一步》　22.《羚羊木雕》
七年级下	22.《在沙漠中心》　26.《猫》　27.《斑羚飞渡》
八年级上	2.《芦花荡》　3.《蜡烛》

一、记叙文的基本知识

（一）记叙文的定义

记叙文是以叙述、描写为主要表达方式，以记人、叙事、写景、状物为主要内容的一种文章体裁。记叙文有广义与狭义之分，广义的记叙文，一般把除韵文之外，以记人叙事为主的文章全部包括其中，包括各类记人叙事的文章，如：消息（新闻）、游记、传记、回忆录、日记、故事、童话、寓言以及文学作品中的小说、散文等。狭义的记叙文通常多为特指，常用于中小学生及初学文章者的练习和课文分类，指以真实材料为内容，以记叙为主要

---

① 刘淼. 当代语文教育学［M］. 北京：高等教育出版社，2005，187.

表达方式的文章。通讯、特写、传记、游记等文体虽也以记叙为主要表达方式，也记述真实材料，因其有特定名称，所以一般不再称"记叙文"。

本节以狭义记叙文为研究对象。

（二）记叙文的分类

1. 写人类：通过描述人的外貌、行动、语言、心理，通过特定的环境描写刻画人物性格，塑造人物形象，反映生活，表现主题。2. 叙事类：通过叙述事件，写事情的起因、经过和结果表现主题。3. 写景类：通过描绘景物，寄托作者的思想感情。4. 状物类：通过写物来表达作者的思想感情。

（三）记叙文六要素

第一要素是时间，年，月，日，时。第二要素是地点，环境和发生事情的地点。第三要素是人物，事情里的人物。第四要素是起因，为何发生这件事。第五要素是经过，事情的来龙去脉。第六要素是结果，事情的结局。

（四）记叙的顺序

1. 顺叙：按照事件发生、发展和结局顺序来写，就是叙述的顺序与事件发生、发展的顺序是一致的。2. 倒叙：先写结局，再写事情的发生、发展；或先写后来的情况，再写产生这种情况的经过。3. 插叙：在记叙的过程中，有时要插入在时间地点上不一致的情节，然后再按照原来的事情接叙，这插入的有关部分叫插叙。

（五）记叙文的线索

1. 物线：以某个人物为线索的叫人线；以某一事物为线索的叫物线。2. 景线：以某一事件为线索的叫事线；以某个景物为线索的叫景线。3. 情线：以主人公的思想感情为线索的叫情线。

（六）记叙的人称

1. 第一人称：用第一人称叙事的文章，以"我"的口吻或角度展开叙述，把故事情节通过叙述者"我"来传递给读者，给读者一种真实、亲切之感。2. 第二人称：使用第二人称来叙事的文章，以"你"口吻叙事。一般只在书信中使用，但偶尔也用第二人称来抒情或议论，因为这种对话方式利于抒发作者或人物感情。3. 第三人称：使用第三人称作者可置身情节之外，以"他"口吻叙事。可以叙述一切作者想要叙述的事件，也可使读者有更大的思考空间去冷静地分析事物。使文章材料充实，内容丰富。能从更多的方面自由地叙述。

（七）记叙文的表达方式

1. 记叙：交代事件，把人物事件介绍给读者，写出人物活动，事件发展情况。2. 描写：在叙述的过程中，用生动形象的语言，用修辞方法对人物和事件加以具体形象地描绘，给人鲜明、生动的印象，避免单纯记叙的平淡和枯燥。3. 说明：补充交代记叙文中需要交代的事物。4. 议论：记叙文中的议论是作者直接发表评论，点明记叙的意图，揭示所叙事物的本质，起到画龙点睛的作用。5. 抒情：作者在记叙的基础上，采用直抒胸臆的办法，抒发作者强烈的感情。抒情方法：有的直接抒情，有的在记叙描写中抒情。

（八）记叙文中的环境描写

记叙文中的环境描写包括社会环境描写和自然环境描写。其作用是交代背景，渲染气氛，表现人物性格，烘托人物心情，推动情节发展，为表现主题服务等。

（九）记叙文常用的层次划分方法

记叙文中常用的层次划分的方法有：按事件和发展过程来划分、按空间转换来划分、按内容变化来划分、按人物、场景变化来划分、按感情变化来划分、按表达方式的变换来划分。

二、记叙文解读的基本方法

由于文学作品、议论文、说明文、应用文、文言文都要用到记叙、描写、议论、抒情的表现手法，从这个意义上讲，记叙文教学是其余所有文体教学的基础。记叙文解读的重点是引导学生弄清记叙要素、理清顺序线索、理解表达方式、把握中心思想、学习记叙语言。

（一）整体感知

1. 弄清记叙要素

以记叙为主的文章，一般都要包含时间、地点、人物和事件发生、发展的原因和结果这六个基本要素。当然，这并不是说，每一篇记叙文，对这六个要素都务必写明，在有的文章中，如果六要素中的某些要素是读者熟知的，只要不影响表达效果就不必非写出来。也就是说："有些要素虽然没有写明，文章中也已经具备了。"

阅读记叙文，把握记叙的要素，是了解全文内容的基础和关键。只有把文章所写的人物的活动或事件的来龙去脉搞清楚了，才能由材料出发准确把握文章的宗旨。

（1）把握时间、地点要素。连续的时间和地点要注意整体过程，找出这些时地间的内在联系；注意背景知识，把时间、地点要素与时代背景联系起来。

（2）把握人物要素。一般的记叙文，内容比较单一，人物要素容易把握。但在复杂的记叙文中，作者着墨较多的往往不止一个。分析人物要素就显得比较困难。其方法是弄清各个人物之间的主次关系；弄清主要人物与次要人物各自在文章中的作用。运用这种方法的关键是：在阅读时，理清线索，抓住全文梗概，细心揣摩作者的写作思路，体会作者为什么要特意去写这一人物，为什么要安排另外的人物等。

（3）把握事件要素。理解事件的来龙去脉是阅读记叙文的基础。但是，仅仅了解了事件的发生、发展和结局，并不能说是把握住了事件这个基本要素。真正地把握还包括挖掘事件的意义，理解它们与主题的密切关系。具体方法是：分析文章的选材与材料的详略安排情况，从中体会作者的思想和感情倾向。也就是，看看作者为什么要选这个事来写，为什么对此详写对彼略写，这件事表现了什么，等等。

值得注意的是，有些文章并非写了一件事，而是写了多件事。对于这类文章可采用：光概括每一件事的内容及倾向，然后事事相连，看看总体上写了那些内容，表现了怎样的中心思想。

总之，记叙文的各个要素在文中各有不同的地位和作用，彼此间又有着密切联系。阅读时，一定要注意这种联系，防止片面、孤立地分析某个要素而忽视其他。同时还要注意，分析记叙要素应当与对主题的理解结合起来。

2. 理清顺序线索

记叙文以写人记事为主。为了表达主题思想的需要，对记叙的材料必然要作一个主从、先后、详略的安排。记叙人的活动和事件的过程，可以按照时间先后或事件发展过程来写；也可以打破事物本来的发展顺序，把最后结局或发展过程中某一突出事件提到前面先写，然后再回过头来按照事件发生发展的顺序叙述；也可是在叙述过程中，暂时中断，插入另一段与中心有关的内容，然后继续进行原来的叙述。这就形成了记叙文的顺叙、倒叙、插叙等几种叙述方式，成为记叙文的一个特点。

线索是记叙文布局谋篇的重要因素。它把表现中心思想的主要材料贯穿起来形成一个有机整体。阅读记叙文时要设法找出文章的线索，并沿着它一步步弄清各个段落、层次、直至全篇的思想内容。记叙文线索的安排必然受到文章内容、文体特点、写作风格等因素的制约，因而，线索是多种多样的。

在记叙文的阅读教学中，教师应给学生提供寻找线索的方法。这些方法是：第一，了解文体、内容、表现手法；第二，有的线索本身就是文章的标题，或者标题暗示了文中线索，因此要注意文章的标题；第三，文中反复出现的某个词语或某个事物，这有可能是线索，因此要引起注意；第四、文中议论和抒情的使用也可能蕴含线索，对此也要加以注意。

3．理解表达方式

《语文课程标准》在第四学段目标中要求："在阅读中了解叙述、描写、说明、议论、抒情等表达方式。"[1]

记叙文的表达方式主要是叙述与描写。叙述是对人和事情作记述和交代，把人和事情的概貌介绍给读者，把分散的场景或事件的片断串联起来，使读者对事情的全貌和发展的来龙去脉有个清晰的了解。

在记叙文中，为了某种需要，还可在记叙、描写中适当地穿插一点议论、抒情。记叙文中的议论，是在记叙描写的基础上，对人和事的是非、价值、特点等，直接表明自己的看法；篇幅长短不一，有的只有一两句，有的有几小节，其作用是丰富文章的内容，深化文章的意义。

4．把握中心思想

记叙文的中心思想是全文所传之情所达之意的高度概括。写人的记叙文，中心思想集中体现在人物的形象特点、品格风貌上。叙事为主的记叙文，其中心思想表现在所叙事件的意义上，写景状物的记叙文，其中心思想表现在景物所蕴含的作者的思想感情方面。课标要求"语文课程应重视提高学生的品德修养和审美情趣，使他们逐步形成良好的个性和健全的人格，促进德智体美的和谐发展"。[2] 记叙文教学则要通过对中心思想的感悟来体现这一要求。

把握中心思想，要让学生在整体感知课文的基础上，从整体出发，注意抓点睛之笔，陆机在《文赋》中说："立片言而居要，乃一篇之警策。"这居于要害之处的就是文眼，也就是文章的中心思想之所在。文章有以数句为眼，有以一句为眼，甚至有以一词为眼的。

围绕中心思想选材，这是写作记叙文的一大原则。因此，要把握文章的中心思想，不能不研究文章的选材。记叙文的选材不是平均着墨的，是根据表达中心思想的需要而定的。在阅读中要注意分辨哪些材料是主要的，哪些材料是次要的。主要材料要详写，以此来体现中心思想。而次要材料是辅助中心思想的，要略写，详略相互配合，才能有效地突出主要人物和主要事件，更好地表达中心思想。对于中心思想的把握，意在提高学生的人文素质，因此，在学生弄清文章中心思想的基础上，应适当拓展延伸。

---

① 中华人民共和国教育部制订. 全日制义务教育语文课程标准（实验稿）［S］. 北京：北京师范大学出版社，2001，11.

② 中华人民共和国教育部制订. 全日制义务教育语文课程标准（实验稿）［S］. 北京：北京师范大学出版社，2001，2.

（二）品味语言，深入理解

《语文课程标准》在各学段目标中对学习语言都有明确的要求。第一学段指出："结合上下文和生活实际了解课文中词句的意思，在阅读中积累词语。"第二学段指出："积累课文中的优美词语、精彩句段，以及在课外阅读和生活中获得的语言材料。"第三学段指出："联系上下文和自己的积累，推想课文中有关词句的意思，体会其表达效果。"第四学段指出："推敲重要词句在语言环节中的意义和作用。"根据课标的要求，记叙文教学，应引导学生学习语言。[①]

记叙文的语言形象、生动，一些关键字词、重点语句对于刻画人物性格，揭示事件意义，表达中心思想，抒发作者感情非常重要。因此，学习记叙语言，一定要本着"字不离词，词不离句，句不离篇"的原则，引导学生联系语境理解和辨析一些关键字词、重点语句的含义及其作用。

1. 品词语

（1）弄清词语本意。理解这类词语的含义，首先要理解词语的本义（即词语的原意）。词语的语境义总是在词语本意的基础上，通过引申、形容、比喻等产生出来的，因此，理解了词语，也就可以借助具体的语境来推断其临时义了。（2）分析词语语境义。通过分析语境的意义，便于理解词语的临时义。同时，词语置于特定语句或语境，通常与作品的整体内容和作者的思想感情、观点态度相一致，因此，分析词语的临时义，可以根据文章的上下文，把握文章的整体内容，根据文章的思想倾向来推断这个词语的具体含义。（3）理解关键词语。很多重点句的含义，往往是通过一、二个动词、形容词、副词、数量词等关键词语传递出来的。抓住句中关键词语去深入理解句子，是常用的可取的一种赏析句子的方法。

2. 品句子

（1）理解特殊句式。矛盾句：看似矛盾，却蕴含了作者的深意。点睛句：画龙少不了眼睛。这些句子就是文章的眼睛。结尾句：对上文的概括或能引起读者的联想，启发读者的思考余味无穷。注意赏析要建立在整体感知阅读的基础上，不是摘字择句，断章取义，脱离文本，而是要充分联系文章的中心思想，联系人物形象，要结合作者的思想感情，结合上下文来品评。（2）理解句子在结构上的作用。一段话往往包含几层意思，各层意思之间如果要结构严谨，浑然一体，某些词语或句子就起到此方面的作用。一个句子

---

① 中华人民共和国教育部制订. 全日制义务教育语文课程标准（实验稿）[S]. 北京：北京师范大学出版社，2001，5-11.

在结构上的作用常见的有 6 种：总领下文、承上启下（过渡）、为后文作铺垫、前后呼应（照应）、总结上文或总结全文、点明中心或升华中心等。我们应该抓住总领句、过渡句、总结句，分析其在结构上的作用。（3）理解句子的表现手法。艺术手法是作家在创作中为塑造艺术形象，表达审美情感时所运用的各种具体的表现手段，如衬托、对比、借景抒情、托物言志、联想、想象、象征等。

3. 品修辞

常见的修辞有 8 种（比喻、比拟、夸张、排比、对偶、反复、设问、反问），它们在不同的语境中所起到的作用各不相同。如比喻，是根据事物的相似点，用具体的、浅显的、熟知的事物来说明抽象的、深奥的、生疏的事物。作用是能将表达的内容说得生动具体形象，给人以鲜明深刻的印象，使深奥的道理变得浅显易懂，帮助人们理解。又如排比，把结构相同或相似、语气一致，意思相关联的三个或三个以上的短语或句子排列在一起。作用是增强语言气势，加强表达效果。用它说理可使论述详尽，条理清晰；用它抒情，能激发读者的感情，增强文章的感染力；用它叙事写人，能使描写细腻深刻。

第二节　中学语文说明文解读

初中人教版义务教育课程标准实验教科书《语文》教材有 6 册 36 单元（每册 6 单元），共 169 课 207 篇文章。据统计，在所有选文中，所选说明文 15 课 15 篇，课数与篇数分别占全套书的 8.9% 和 7.2%。具体初中语文教材中说明文篇目分布如表 6-2-1。

表 6-2-1　初中语文教材中说明文篇目统计表

位置	篇目（序号为课文在该册书中的篇目号）
七年级上	17.《看云识天气》18.《绿色蝈蝈》
八年级上	11.《中国石拱桥》　12.《桥之美》　13.《苏州园林》　14.《故宫博物院》　15.《说"屏"》　16.《大自然的语言》　17.《奇妙的克隆》　18.《阿西莫夫短文两篇》　19.《生物入侵者》　20.《你一定会听见》　23.《核舟记》
八年级下	13《旅鼠之谜》14《大雁归来》

人教版普通高中课程标准实验教科书《语文》只选了 4 篇说明文，即《语文》必修 3 选入《动物游戏之谜》、《宇宙的边疆》，《语文》必修 5 选入

《作为生物的社会》、《宇宙的未来》。

一、说明文的基本知识

（一）说明文的概念

说明文，是以"说明"为主要表达方式，用来介绍和说明事物、事理的文章。凡是介绍和说明事物的形状、构造、性质、特征、范围、类别、来源、成因、关系、功用，解释事理的含义、特点、演变过程等的文章，都是说明文。它是一种实用性很强的常用文体。《语文课程标准》第三学段要求"阅读说明性文章，能抓住要点，了解文章的基本说明方法"。《普通高中语文课程标准》必修课程部分中要求能阅读"实用类"文本，自然也包括说明文。

（二）说明文的分类

按照不同的标准，说明文可分不同的类别。

1. 通常，依据说明对象与说明目的的不同，把说明文分为事物说明文和事理说明文两大类。说明对象是具体事物，说明目的是使读者了解、认识这个或这类事物的特征，我们称之为事物说明文，如《中国石拱桥》等；说明对象是某个抽象事理，说明目的是使读者明白这个事理，我们称之为事理说明文。其实，在一篇说明文中，介绍事物与阐释事理往往是交错使用的。

2. 我们还根据说明语言的不同特色，表达方式的使用情况的不同，把说明文分为平实的说明文和生动的说明文两种。生动的说明文又叫文艺性说明文。

（三）说明事物要抓住特征

所谓特征是这一事物区别于其他事物的标志。只有抓住特征才能说明白这一事物或事理的独特之处。

（四）说明的方法

为了把事物特征说清楚，或者把事理阐释明白，就要使用恰当的说明方法。常用的说明方法有如下 9 种：

1. 举例子：为了说明事物的情况或事理，有时光从道理上讲，人们不太理解，这就需要举些既通俗易懂又有代表性的例子来加以说明。有"例如、譬如、如……"形式。举有代表性的例子更具体地说明事物的特征，增强说服力。其作用是使说明语言通俗易懂，更具有说服力。

2. 分类别：要说明事物的特征或事理，从单方面往往不容易说清楚，可以根据形状、性质、成因、功能等方面的异同，把事物或事理按一定的标准分成若干类，然后依照类别，逐一加以说明。有"一、二、三……"或"其一，其二……"，"首先、其次……"等形式。其作用是使文章条理清晰、层次分明，避免重复交叉现象。

3. 列数字：数字是从数量上说明事物特征或事理的最精确、最科学、最有说服力的依据。运用准确的科学数据具体地说明事物的特征，具有很强的科学性，体现了说明文语言的准确性。其作用是把事物说得更精确、直观。

4. 作比较：为了把事物或事理说得通俗易懂，有时可以从人们已有的感性知识出发，利用人们生活中熟悉的事物或事理作比较，从而唤起读者的想象，获得一个深刻的印象。更具体深刻的突出强调说明被说明事物的特征。如《苏州园林》一文中将苏州园林同其他园林作比较。其作用是能更好地突出被说明的对象的特征，给读者留下深刻的印象，增强说明的效果。

5. 下定义：为了突出事物或事理的主要内容或主要问题，常常用简明扼要的语言给事物下定义。这是说明事物特征或事理、揭示事物或事理的本质的一种方法。其作用是使说明语言科学准确，让读者具体了解被说明对象，能对被说明对象有一个初步的认识。

6. 打比方：打比方就是修辞方法中的比喻。在说明文中运用打比方的方法，可以使人们不了解的事物或抽象的事理变得具体、生动、形象。如《中国石拱桥》中"石拱桥的桥洞成弧形，就像虹"，让读者更形象、更清晰地了解了石拱桥的特点。其作用是能将事物介绍得生动形象，给读者留下鲜明印象。

7. 画图表：有些事物的关系抽象而复杂，仅用文字说明还不能使读者明白，这就需要附上示意图，或按比例精确绘制出如产品设计图、军事行动路线图等。有时，被说明的事物项目较多，也可制成统计表，将有关数字分别填人表中，使人看了一目了然。运用图表辅助文字说明，条理清晰地说明事物的特征，具体说明事物之间的联系和区别，非常直观地理解被说明的事物。其作用是比任何单纯文字更一目了然。

8. 作诠释：这是对事物进行解释的一种说明方法。下定义与作诠释的区别是：定义要求完整，即定义的对象与所下定义的外延要相等，并且要从一个方面完整地揭示概念的全部内涵；而诠释并不要求完整，只要揭示概念的一部分内涵就可以了，并且解释的对象与做出的解释外延也可以不相等。如"词是能独立运用的最小语言单位"这个定义，主语与宾语的内涵与外延完全一致，可以颠倒。即说"能独立运用的最小的语言单位是词"也行。而"铀，是银白色的金属"，则是诠释，其内涵与外延都不相等，"铀"的外延要小于"银白色的金属"的外延，因而主语与宾语不能倒过来说，即不能说"银白色的金属是铀"。作诠释不仅可以用来解释概念、定理、定律等，也可以用来解释事物或事理的性质、特点、功用和原因等。作诠释的语言虽不像下定义那样要求严格，但也须简明、准确、通俗易懂。

9. 摹状貌：就是通过具体的描写揭示事物的特征，有助于把被说明的对象说得更具体、生动。如《中国石拱桥》中"这些石刻的狮子，有的母子相抱，有的交头接耳，有的像倾听水声，千态万状，惟妙惟肖"。其作用是使说明显得十分生动、活泼。

10. 引资料：借用别人已说过的话进行说明。其作用是更容易让人信服。

（五）说明的顺序

1. 时间顺序：即以事物发生、发展的时间先后来安排说明顺序，从而写出事物的发展变化情况。这种顺序一般用于人物的生平介绍、科学观察记录，说明事物或事理发生、发展或制作过程一类的说明文。

2. 空间顺序：即按照事物的空间存在形式，或从外到内，或从上到下，或从前到后，或由远及近依次进行说明。这种说明顺序，一般用于说明事物的形状、构造特征。

3. 逻辑顺序：即按照事物或事理的内部联系或人们认识事物的过程来安排说明顺序。事物的内部联系包括因果关系、层递关系、主次关系、总分关系、并列关系等；认识事物或事理的过程则指由浅入深、由具体到抽象等等。

一般来说，说明事物的演变发展的，用时间顺序；说明建筑物的，用空间顺序；介绍高科技产品或说明事物间的联系的，用逻辑顺序。

（六）说明文的语言

说明语言的准确性，是说明文语言的先决条件。表示时间、空间、数量、范围、程度、特征、性质、程序等，都要求准确无误。说明的实用性很强，稍有差错，会失之毫厘，谬以千里。特别要注意说明文中使用的术语和修饰限制性的词语，它们往往体现了说明语言的准确性。如"我国的石拱桥几乎到处都有"，其中"几乎"对"到处都有"作了限制，意思是接近于"到处都有"，因为事实上不可能到处都有。在准确的前提下，说明的语言有的以平实见长，有的以生动活泼见长。

（七）说明文的结构

1. 总分式：包括总——分、分——总、总——分——总等，事物说明文多用总分式，其中"分"的部分又常按并列方式安排。

2. 递进式：事理说明文多用递进式结构，一层一层地剖析事理。

二、说明文解读的基本方法

相对于记叙类文章而言，说明文比较质朴、平直，行文不会曲折，更不会故意制造悬念，或运用众多的表现手法。说明文的解读主要是结合上文介绍的基本常识，做好四件事情，即：把握住说明对象的特征、理清说明顺序、分析说明方法、评析说明文的语言。

三、说明文解读的基本技巧

（一）把握说明对象特征的技巧

无论是事物性的说明文还是事理性的说明文，被说明对象的特征总是说明的核心，只有把握了说明对象的特征，才能更好地了解被说明的事物、事理。正确地把握说明事物的特征，往往可从以下几个方面加以考虑：

1. 区分说明文的类型。一般说，事物性的说明文，常从事物的形状、性质、方位、构造、类别、功能等方面进行说明；事理性的说明文则常从概念、原理、成因、规律、联系等方面进行说明。因此，只有先区分了说明文的类型，从大类上进行了划分，才能较为确切地去了解它是从哪个方面进行说明的，这是掌握有关方法的基础。

2. 明确说明的对象。事物性的说明文首先要通过阅读来了解文章到底在说明什么。如下面两段文字，例 1 的说明对象是"蚯蚓"，例 2 的说明对象是"抵御风沙的方法"。

例 1：蚯蚓生活在土壤中，以腐殖有机物和泥土为食。凡经它吞入而排出的泥土均成团粒结构，增强土壤的透气性和透水性。而且它排出的粪便是一种良好的有机肥料，富有硝酸盐、酸盐和钾盐，可以改变酸性或酸性土壤，使其变成中性，对农作物的生长极为有利。因此，自古以来，蚯蚓就被人们誉为"耕耘能手"和改良土壤的"功臣"。蚯蚓有惊人的消化系统，嗜吃粪肥和各种有机废物，除玻璃、塑料和金属外，其他垃圾它都"吃"，诸如蛋壳、香蕉皮、硬纸板或下水道中的污物，它都吃得津津有味，而且胃口大得惊人。美国加利福尼亚州的一座蚯蚓养殖加工厂，养殖了五亿条蚯蚓，每天能吃掉垃圾 200 吨，并获得了大量的优质肥料。日本的一家工厂，每年处理木纸浆残渣需要 40 万美元，而购进 125 吨蚯蚓后，不仅及时清理了这些废料，还可以转而将蚯蚓粪卖给附近的菜农市场，很快就收回了成本。所以，蚯蚓既是保护环境、处理城市有机废物的"生力军"，又是优质肥料的天然制造者。

例 2：抵御风沙袭击的方法是培植防护林。防护林的主要作用是减小风的力量，风遇到防护林，速度就减小 70%－80%。到距离防护林等于林木高度 20 倍的地方，风又恢复原来的速度。所以防护林必须是并行排列的许多林带，两列之间的距离不要超过林木高度的 20 倍。其次是培植草皮。有了草皮覆盖地面，即使有风，刮起的沙也不多，这就减少了沙粒的来源。

3. 抓住文章中的关键句、中心句。作者往往会将有关事物特征性的句子放在显著的位置。一般说，放在篇首或节前。但由于每篇文章的格局和不同作者对文章的不同考虑，有时上一节的某个特征也会出现在下一节的开头，或放在篇末。中心句一般都是明确而简洁的。所以说把握中心句、寻找关键句是我们迅捷把握被说明事物特征的有效方法。

4. 借助于说明的内容，概括出事物的特征。并非每篇文章中都能找到有明显说明特征的概括性的语句，甚至在显著的位置上也可能没有什么中心句、关键句。在这种情况下，我们就要通过研读课文，在分析、归纳的基础上去提炼其特征。有时，事物的特征还不止一个，我们在研读时应充分注意，否则归纳的内容就不完整了。

5. 借助于一定的说明方法反观说明对象的特征。这实际上是从写作说明文的角度来反推的一种方法。因为作者要更好地说明某项事物的某个特征，必定要使用一定的说明方法。如例 1，作者就是通过举例子和列数字的说明方法突出了蚯蚓"保护环境、处理有机废物"的特征。例 2 也是通过列数字的方法来突出"培植防护林是抵御风沙的有效方法"的。

（二）识别说明方法的技巧

说明的方法有很多种，用得最多的是举例子，列数字、作比较三种。识别说明方法，大致上可从以下相关的几个方面入手。

1. 整体把握，着重体会

文中被说明的事物之所以需要说明，就是因为人们对该事物不了解、不熟悉。也正因如此，就更需要我们按照事物的实际情况，深入浅出地作如实的说明。为了使说明更清晰、有效，又往往要使用一定的说明方法。但说明方法不是孤立的，因为它融会在文章的说明中，与文章组成了一个有机的整体。所以，只有对文章的内容熟悉，对整体的说明加以了解、研读和分析，我们才能从总体上去把握，才能深入浅出地去体会文中使用的说明方法及其作用。

2. 根据标志识别说明方法

举例子的说明方法是说明文中最基本的说明方法之一。它是通过具体的、有代表性的例子来使被说明事物具体化、形象化的。在运用举例子的说明方法时，有时为了醒目，引起读者注意，常会出现"比如"、"例如"、"如"等字样。但有时文中出现的一些带有这些字样的叙述性的文字，并不都是举例子的说明方法，须加以鉴别。

列数字的说明方法也是各类说明文中常用的一种方法，由于使用时出现数字的缘故，所以无论它的形式或作用，在说明文中都是明显的、引人注意的，它有时又被称作"举数据"、"举数字"等。它往往通过数字来说明事物的特点，从数量上给人以具体、准确的印象。但要注意，并非文中出现的数字都属于列数字的说明方法，关键是看它是否是在说明事物的特征。与事物特征无关的数字的出现，不能看做是列数字的说明方法。

作比较的说明方法是说明文中常使用的一种重要说明方法。人们常说，有比较才有鉴别。比较是我们认识事物的有效方法之一。事物的特征、事物与事物之间的一些联系往往可以通过比较显现出来，由难懂变为易懂，由模糊变为清晰，由抽象变为可感。但作比较的说明方法有时在文中不易被人察觉，要特别注意。一般说，采用此方法时总有相比事物之间的可比性，所以文中往往会出现一些"与……相比"、"……是……的几倍（几分之一）"、"……大似……"等字样，但也不尽然。关键是仔细阅读，细心辨察，才能掌握其特征。

（三）品析说明文语言的技巧

说明文语言的准确性往往体现在一些副词、连词、形容词、数量词以及限制性短语等词和短语上。说明文语言强调准确、明白、简洁的目的是为了能更好地说明事物的特征，阐述事物之间的联系，因此，对说明文语言的具体运用和表现形式，我们必须加以重视。

1. 品析近义词

由于被说明对象的不同，在具体运用名词和术语时就要相当准确。我们在阅读和操练时就要联系对象及其特征，在整体阅读的基础上，注意推敲、体会其用词的准确性。特别是一些同义词或近义词的选用，不可随意确定或武断否定，而要再三斟酌，根据具体的语言环境，包括对上下文的分析、揣摩，然后才能酌定。

（2）品析修饰语

说明文语言的准确、简练与精当，还表现在修饰、限制、补充成分运用得好。我们要适当地运用一些语法知识，仔细领会作者的用词意图。一般充当这些成分的是形容词、数量词、副词和连词，如"日本的石油运输绝大部分是从马六甲海峡通过的"、"在当时可算是世界上最长的石拱"、"风沙的进攻主要有两种方式"、"蚕丝一股只有一英寸的二十分之一粗"、"吸收水分和养料是根的主要作用之一"、"草地成了天然的'减音器'和'吸尘器'"等，这些句中都运用到修饰或限制语，阅读时应注意从以上提及的方面去辨析、比较。这样，我们才能体会出用词的准确性。有助于提高我们对文章的理解能力及语言表达的质量。

（3）品析模糊语

我们先看例句："原来草地的温度比一般水泥地温度要低十几度"，为什么"十几度"不写成具体确切的度数呢？因为文中是就一般情况而言的，再说草地、水泥地的温度本身还受到环境、气候等外界因素的影响而经常变化。所以不可能是一个恒定的确数。诸如这样看似模糊的语言还很多，如"可能"、"几乎"……文中运用这些模糊的语言，或反映事物的实际存在，或反映人们对事物的认识程度，尤其是有些事物本身尚处于变化、发展期，有时又囿于人力、物力及科学水平，对有些客观事物有待于进一步的认识和发现。如果说得太绝对、太肯定，反而违背了说明文语言的准确性，也违背了客观事实的真实性。所以分析说明文语言的准确性，还是要抓住根本的一条，即客观地、确切地反映事物的真实面貌，明白地、恰如其分地表达出来。

（四）辨析说明顺序的技巧

说明文的特点之一是"言之有序"。说明文中的说明顺序是作者根据对说明对象的主次、轻重、因果、内外、先后、上下、大小等内部联系的科学的认识顺序来作出的一种安排。有序的说明是说明文的特点之一。这一般是指能反映客观事物的逻辑顺序。另一方面，从文章层次看，它也应包括有条理有顺序。所以只有理清了说明顺序，才能把握作者的思路，看清事物的特征，也就是从整体上把握了文章的基本框架和主要内容。

1. 辨析空间顺序的技巧。物体总有一定的空间形式，复杂的事物也一定有多个侧面组合而成。空间顺序就是按照被说明对象的空间存在形式，或自上而下，或由前到后，或从外到里，或由某一中心点向四面扩散开等。一般对实体性的事物，包括建筑物、名胜等的结构或布局性的介绍，多以此为序。这样，能把复杂的物体讲清楚，可使读者对该事物对象的整体面貌和空间分布有清晰、具体的了解。运用这种顺序，文中常会出现"东"、"西"、"南"、"北"、"里"、"外"、"左"、"右"等方位词。

2. 辨析时间顺序的技巧。在介绍事物时，有的文章是按照事物发展的先后为次序的，而有的是按事物从早到晚、从古至今的时间为顺序的，有的又会以某事物制作的步骤、演变的过程为顺序等。一般讲，在介绍对象的发生、发展、演变、过程、方法等的时候，常采用这种顺序。这种顺序的好处是过程明晰，线索清楚，纵向排列明确有序。一般运用时文中会出现表示时间或先后的标志性词语。

3. 辨析逻辑顺序的技巧。一般事理性的说明文和事实性的说明文中常会用逻辑顺序，运用逻辑顺序可以把复杂的事物讲得清楚，有利于说明、揭示事理的内在联系。总之，阅读时抓住涉及从现象到本质、从原因到结果、从特点到用途、从整体到部分、从概括到具体（或由一般到个别）、从主要到次要等方面的有一定标志作用的语言，可以更顺利地分析说明的顺序。

值得注意的是，说明顺序应局部理解，整体把握。一篇说明文往往不仅使用一种说明顺序，而是会根据说明的需要将几种顺序结合在一起。我们只有通过分析文章的结构、段落，在概括段意的基础上去寻找和归纳其顺序。也就是说，我们既要把握文章的整体说明顺序，又要把握各层次中局部的说明顺序，这样才能真正理解和把握说明对象。

第三节　中学语文议论文解读

在中学语文教科书书里选择的议论文不多，初中人教版义务教育课程标准实验教科书九年级上册《语文》教材有 5 篇议论文，即《敬业和乐业》、《事物的正确答案不止一个》、《应有格物致知的精神》、《短文两篇》、《中国人失掉自信力了吗》，人教版普通高中课程标准实验教科书《语文》必修 3 选入两篇古代的议论文，即《过秦论》和《师说》。

一、议论文的基本知识

（一）议论文的概念

议论文是以议论为主要表达方式来对某个问题或某个事件进行分析、评论，表明自己的观点和主张的一种文体。它也讲究叙述，但叙述必须简明扼要。它的逻辑性很强，要求用逻辑、推理和证明来阐述作者的立场和观点。

（二）议论文的分类

广义的议论文，一般可分为政治论文和学术论文。通常所说的议论文，主要指的是政治论文。从论证方式来看，议论文分立论、驳论与立论驳论相结合三种；从事理关系来看，它包括政论文、思想评论、杂文、哲学论文、文艺学论文、科技论文等。

（三）议论文的特点

内容具有理论性，结构具有逻辑性，语言具有概括性。

（四）议论文的要素

1. 论点：是作者对所论述问题的见解和主张，是议论文的灵魂。只有准确地把握文章的论点，才能了解文章中提出的见解和所要解决的问题。议论文一般只有一个中心论点，有的议论文还围绕中心论点提出几个分论点。区别中心论点和分论点并不难。分论点是用来补充或证明中心论点的，只要研究这些论点的关系，就能看出哪是主哪是从，哪是纲哪是目。

2. 论据：论点的材料。它是被论点统率，为论点服务的。常用的论据有两种类型——事实论据和道理论据。事实论据包括具有代表性的确凿的事例或史实。道理论据指经过人们的实践检验的、为社会所公认的正确理论，包括社会科学理论，如哲学理论；也包括自然科学的原理、定律、公式及广为流传的谚语、名言、警句等。

3. 论证：指运用论据证明论点的过程和方法，是论点与论据之间逻辑联系的纽带。论点解决"需要证明什么"的问题，论据解决"用什么来证明"的问题，论证解决"怎样证明的"问题。论证方法多种多样，常见的有以下四种：①举例论证：列举确凿、充分、有代表性的事例证明论点；②道理论证：用马列主义经典著作中的精辟见解、古今中外名人的名言警句以及人们公认的定理公式等来证明论点；③对比论证：拿正反两方面的论点或论据作对比，在对比中证明论点；④比喻论证：用人们熟知的事物作比喻来证明论点。

（五）议论文的结构

一般来说，议论文最基本的结构是提出问题（也叫引论）——分析问题（也叫本论）——解决问题（也叫结论）。可以分两大类：一是逐层深入的论述结构，叫"纵式"；一是并列展开的论述结构，叫"横式"。

（六）议论文的语言

议论文的语言特色表现为准确、严密、鲜明、概括、简洁。

语言准确表现在：概念使用准确，状语、定语等修饰成分恰当。

语言鲜明表现在：表述明确，不模棱两可，态度明确，爱憎分明。

语言概括简洁表现在：叙述事实不细致，较笼统，因议论文目的是以理服人，不宜细致地述说细节，否则喧宾夺主。语言简练扼要。

语言严密表现在：判断和推理严密，语言表达周密，逻辑性强。

为使论点更有说服力和感染力，议论文有时采用修辞方法或运用口语和一些文言词语，有时还变换句式，这就使议论文的语言多了一个生动的特点。

二、议论文解读方法

议论文教学要体现工具性和人文性的统一，重点就是引导学生对论点、论据、论证这三个要素的把握。还要关注议论文的结构、语言等问题。①

（一）一般解读的方法

议论文作者常常直接表明自己的观点，即主张和看法，也要摆出证明、支撑自己主张和看法的材料。《课标》要求"区分观点与材料"，就是要在阅读全篇的基础上，筛选出表明作者观点的语句。这样的中心句或在开头，或在结尾，或在文章中间。这项要求的关键词是"区分"，即区分论点、论据，不要把论据误认为论点，也不要把分论点当做中心论点。应该说这是阅读议论文的起码要求。具体说来，结合上述议论文的基本知识，做好五件事，即：把握中心论点、分析典型论据、分析论证方法、理清论证结构、品析论证语言。

（二）深入解读的方法

1. 评论作者的观点。作者的观点是否正确、全面，材料是否真实、可靠，理由是否正当、充分，学生作为阅读主体都要"通过自己的思考，做出判断"，敢于对作者的见解、主张或论证本身提出异议。如 19 世纪 30 年代有些人宣扬"中国人失去自信力"了，就不符合事实，鲁迅先生据理批驳："自信力的有无""要自己去看地底下"。

2. 发现材料之间的联系。文章中引用的道理，列举的事实、数据、图表等，都是为证明观点服务的。《新课标》要求"发现观点与材料之间的关系"，关键词是"发现"。因此，紧扣文章的论点，结合自己的理解，正确评述材料之间的关系将成为议论文考查的重点之一。

【思考题】

1. 怎样把握记叙文事件的要素？

2. 怎样体味和推敲重要词句在具体语言环境中的意义和作用？

3. 以《绿色蝈蝈》为例，谈谈说明文的解读方法。

4. 常见的论证结构有哪几种，请举例说明。

---

① 刘永康. 语文教育学［M］. 北京：高等教育出版社，2011，126.

第七章　综合性学习·写作·口语交际教材解读

【导学】本章节的学习重点是：了解语文综合性学习教材编制的基本理念，掌握教材的共同要素；掌握新课程背景下语文写作教材的新变化，并在教学中处理好写作知识与命题写作、自由表达的关系；理解现行的语文口语交际教材特点，明确并掌握口语交际及其教学的特点。学习本章的主要方法：一是在教师指导下，认真研读现行教材，加深对教材和教学内容的了解；二是课后搜集整理相关教学案例的研究资料，促进教学理论与实践的结合和能力迁移。

第一节　综合性学习教材解读

新世纪基础教育课程改革的目标之一，就是改革传统课程过于强调学科本位、科目过多和缺乏整合的弊端，整体设置九年一贯的课程门类，并增设综合实践课程。语文科作为中小学的一门基础课程，在初中增加了"综合性学习"项目；在高中增添了探究性专题项目。这些项目显然与"从小学至高中设置综合实践活动并作为必修课程"的规定[1]，既有一定的重合，又不完全等同。

目前各种版本的课程标准语文实验教科书都增加了综合性学习、探究性学习教材，但名称各有不同，计有"综合性学习"、"综合实践活动"、"综合学习与探究"、"专题学习与探究"等等。综合性学习的概念，界定者不少，但角度并不统一。譬如，有从"综合实践活动"或"综合课程"角度进行的局部界定，有从"综合实践活动"、"综合课程"两个角度进行的整体界定，有从"语文学科"角度进行的界定，有从"各个学科"角度进行的界定。[2] 鉴于目前综合性学习的名称、内涵、分类等都还没有统一的认定，而《全日制义务教育语文课程标准》把"综合性学习"与"识字"、"阅读"、"写作"、"口语交际"并列为语文课程的一项重要内容，因此，为了叙述简明，本章以"综合性学习"统一称名。

一、现行中学语文综合性学习教材概览

（一）综合性学习教材的编制理念

在新课程标准指导下，综合性学习教材是语文教科书中的一个全新品种。与传统语文教科书以选文为中心的教材体例相比，在编制理念上产生了根本性的变化。择要概括如下：

1. 任务性语言学习与教学观

语文综合性学习要突出语文性必须以语言学习为第一要务。综合性学习教材的基本要素之一是"话题"，一个话题就提出了一项或多项语言学习任务。任务则规定了学生应从事的"那些主要以表达意义为目的的语言运用活

---

① 钟启泉等. 基础教育课程改革纲要（试行）解读. 教育部文件. 基础教育课程改革纲要（试行）. 上海：华东师范大学出版社，2001，3－13.

② 段双全. 语文教研的理论视野与实践追求. 北京：语文出版社，2011，176－178.

动"。① "所谓任务型语言教学，就是一种基于任务或以任务为基础的语言教学途径（也有人称之为任务型教学法）。根据这一教学途径，设计语言教学大纲以及编写语言教材不是按语言知识的逻辑排列或介绍语言项目，而是设计一系列的语言任务。在具体教学过程中，学生不是逐一学习各个语言项目，而是完成各种各样的交际任务"。简言之，"任务型语言教学就是让学生在做事情的过程中学习语言和使用语言。概括地讲，就是'在做中学，在用中学'。这样，任务型语言教学就把语言学习和运用有机地结合起来"。②

由于任务型语言教学强调在做事情的过程中接触语言、体验语言、学习语言和掌握语言，所以，根据任务型语言教学思想编写的教材不是直截了当地把语言素材和语言知识呈现给学习者，而是设计各种各样的任务。当然，为了完成任务，学习者必须利用某些语言素材和知识，接触一些新的语言项目。所以，任务型语言教学重视语言活动但并不排斥语言知识，甚至要最大限度地运用已有的语言知识和技能。

语文教科书中的综合性学习教材，就以它的话题与任务组成了一个个单元，实现了当代建构主义课程观的一个核心理念："基于情境的真实和复杂问题的解决的课程设计观。"③

2. 知识与学习的整合观

解决问题，完成任务需要综合地应用知识与技能，需要方法资源的支持，因此，整合成为综合性学习教材的重要特性。语文课程的"综合性学习主要体现为语文知识的综合运用、听说读写能力的整体发展、语文课程与其他课程的沟通、书本学习与实践活动的紧密结合"。④

首先是学习目标的整合。统观语文教科书中综合性学习的设置，无不力求实现态度、知识、方法与能力在实践过程中的有机统一，达成"知识与能力、过程与方法、情感态度价值观"三个维度的整合。综合性学习教材的设计思想是：集中地体现探究性学习和跨领域学习的课程目标。学习内容和目标的设计，是以学生语文素养、思想观念、思维方法乃至整体素质的发展为出发点和归宿点，着眼于让学生学会利用与开发语文学习资源，能够综合运用语文能力和多方面的知识，促进学生掌握学习方法，形成新的学习观念。

---

① 程晓堂. 任务型语言教学［M］. 北京：高等教育出版社，2004，30.

② 程晓堂. 任务型语言教学［M］. 北京：高等教育出版社，2004，2－3.

③ 钟启泉等. 基础教育课程改革纲要（试行）解读［M］. 上海：东师范大学出版社，2001，25.

④ 中华人民共和国教育部制定. 全日制义务教育语文课程标准［S］. 北京：北京师范大学出版社，2001，18.

　　其次是学习内容的整合。学习内容的整合主要表现为：（1）综合性学习与阅读、写作和口语交际等学习内容的融合。综合实践专题设计往往是对阅读单元学习内容的深化，在活动过程中，则整合阅读、写作和口语交际的内容，并通过综合性的语文实践获取写作与口语交际的素材。（2）加强各科知识间的联系、转换和融通。例如："寻觅春天的踪迹"、"关注我们的社区"、"献给母亲的歌"、"黄河，母亲河"、"莲文化的魅力"、"网上阅读大家谈"等，则沟通了自然、社区、家庭，地理、文化、信息等内容。

　　再次是学习资源的整合。语文综合性学习资源若以校园内外相区别，可分为校内资源和校外资源。校内资源有图书馆、文学社团、师生员工等。如"我为校园添光彩"、"如果我主办校刊"、"走进图书馆"等教材内容，主要在于开发学校内资源。校外资源有学生家庭和社区生活、社会现象、博物馆、纪念馆、展览馆、自然风光、文物古迹和民俗风情等，如"我爱我家"、"关注我们的社区"、"到民间采风去"、"民居文化"等，就是旨在开发校外资源的综合性学习教材。若以资源载体为区分标准，则有文本资源、实物资源、信息资源等。例如，"走进文学"、"漫游语文世界"、"有趣的汉字"、"调查社会用字情况"等综合性学习教材，主要考虑开发和利用文本资源。而"社会热点问题研讨会"、"一次有意义的视听活动"等教材，则旨在对各种非文本资源进行开发。校内资源以方便易得的特点成为综合性学习的首选，校外资源与校内课程资源互为补充。文本资源是语文综合性学习赖以实施的最主要资源。[①]

　　还有多种学习方式的整合。综合性学习教材不依赖于教师传授和演示知识，也不同于通过应用性练习达到理解和巩固知识的目的。综合性学习强调改变学生的学习方式，实现自主学习、探究发现、合作互助等学习方式的整合，让学生在自主与合作、探究与发现的过程中学会学习，发展综合实践能力和创新能力，养成积极进取、合作分享等良好的个性品质。因此，编者在编制综合性学习教材时，使用频率较高的语词是：搜集与收集，整理与筛选，调查与采访，讨论与交流，整理与展示，口头报告或书面编写等等。

　　总之，综合性学习教材的"内容强调宏观的课题、理论、过程，并着重传授那些与所学课题有关的不同学科的要点"。因此，它体现了"知识最终是统一的"这一重要的教材编制原则。因为"从所有相关学科的角度来看，各种不同的问题是同时加以研究的，不是作为代表许多单独学科的科目而零

---

　　① 中学语文教与学·初中读本［J］. 中国人民大学书报资料中心，2006，9（19）.

敲碎打地加以研究的"。① 这样，语文课程的综合性学习教材就从学习的角度深刻地体现了建构主义知识观的又一核心理念："以发现为主导的知识接受与发现的辩证统一，以建构为主导的知识的结构与建构的辩证统一，以及知识的抽象性与具体性的辩证统一，同时，还应注意明确知识与默会知识的联系。"② 这一理念还强调了"每个学习者不应等待知识的传递，而应基于自己与世界相互作用的独特经验去构筑自己的知识并赋予经验以意义"。③ 这种建构主义学习观，有助于学生克服知识的惰性，增强知识的活力，促进知识的远迁移。这也正是当前世界范围内课程价值观念的深层变革。

3. 活动课程与过程模式观

学习和运用知识去解决真实情境中的复杂问题，需要手脑并用、身体力行。因此，综合性学习教材的又一个共同要素是"活动"。而活动必然在一定的时空过程中展开，因此，综合性学习教材必须以广泛的空间和延续的时间为背景。由此可知，研究和设计综合性学习教材就必然要涉及两个重要的观念：一是活动课程，二是课程研究的过程模式。

活动课程是与分科课程相对的概念，它打破学科逻辑组织的界限，以学生的兴趣、需要和能力为基础，通过学生自己组织一系列活动而实施的课程。活动课程从思想上可以追溯到卢梭的"自然教育"思想。但真正在实践上形成规模，当在 19 世纪后半期的"新教育运动"和"进步教育运动"中。当年，在杜威的教育实践中出现了许多"新学校"。在这种学校里，以"主动作业"的形态，实施经验课程理论。④ 后来，杜威的学生克伯屈在 20 世纪前期创立的"设计教学法"，则把活动课程推向了极致。所谓"设计"，就是活动由儿童起意、由儿童计划、由儿童执行、由儿童总结。我国在 20 世纪由陶行知先生倡导的"生活教育"、"教学做合一"等主张和实验，就是根据活动课程的理论原则进行的。

课程研究的"过程模式"源于英国著名的课程理论家劳伦斯·斯腾豪斯（L. Stenhouse）。他在 20 世纪中后期，对具有深远影响的拉尔夫·泰勒创始的"目标模式"进行了集中的批判。斯腾豪斯批判的关键之一，就是认为"目标模式"误解了知识的性质。他认为，知识不是要学生接受的现成的东

---

① 江山野. 简明国际教育百科全书·课程［M］. 北京：教育科学出版社，1991，118.

② 钟启泉等. 基础教育课程改革纲要（试行）解读［M］. 上海：华东师范大学出版社，2001，24.

③ 钟启泉等. 基础教育课程改革纲要（试行）解读［M］. 上海：华东师范大学出版社，2001，24.

④ 张华. 经验课程论［M］. 上海：上海教育出版社，2001，104.

西；教育真正的价值体系在教育过程之中，而不在它想要达到的结果之中；教育过程本身具有内在的价值，而不只是达到目标的手段。因此，教育是为了使人获得理性自主力，使人从作为权威的固定知识的束缚中解放出来，把已有知识作为思考的资料，发展理解、判断和反思的能力。①

4. 学习过程的生成与开放观

新课程语文教科书中的综合性学习教材，在教与学的过程中呈现出极大的不确定性，具有较大的弹性和开放性。这种不确定性意味着专题学习在时间、空间、媒介、结果、评价等方面具有极大的生成性与开放性。这种性能具体表现为：其一，综合性学习教材的话题选择和确定、实施计划编定，都有学生的自主参与。其二，在话题或任务之下，提出了多种任务或分解为若干子项目，给学生留有较大的自主选择空间。其三，在整体规划设计的基础上，能考虑到学生的差异、地域的差异等，提供了丰富的资料和活动，可供学生增删、调整。其四，综合性学习是相关学科知识与技能在实践活动中的应用与拓展。随着活动的展开，新的目标不断生成，新的资源也不断地生成，因此，能更好地激发学生学习和探究的主动性与创造性。其五，综合性学习教材的学习时间有的短暂集中，可以一气呵成；有的可以分散在几周甚至在更长的时间内。其六，综合性学习教材的学习空间，可以是班级、小组，但更多的是学生走出班级和学校，走向家庭、社区、社会大课堂，搭建起家庭、学校、社会共建实施素质经验的大舞台。还有，学生学习的手段和工具，也会突破书本这种单一的介质，而把包括电脑、网络在内的多种媒体引进学习过程。

特别是综合性教材的学习结果与评价没有统一的规定。对于这样开放性的学习，是很难用同一的标准来评定学习结果的。因此综合性教材的学习必然导致重视学习过程的考察，而不太重视学习结果的评定。但学习结果的生成与开放性能，反而可能会产出优秀的、富有创造性的结果。因为创造性是与单一、统一绝缘的，正是生成性、开放性、多样化的学习过程，才有可能孕育自主的、积极的学习态度和富有创造性的学习结果。

综上所述，语文教科书中的综合性教材正在尝试"基于学科，超越学科，面向真实世界；始于课堂，走出课堂，融入复杂社会"。②

---

① 施良方. 课程理论——课程的基础、原理与问题［M］. 北京：教育科学出版社，1996，172－180.

② 钟启泉等. 基础教育课程改革纲要（试行）解读［M］. 上海：华东师大出版社，2001，25.

（二）综合性学习教材的共同要素

综合性学习教材呈现的形态虽然各不相同，但可以抽取出共同要素，即：话题、情境、资源、活动等。

1. 话题和专题

综合性学习教材的基本要素之一是"话题"。话题，是综合性学习活动的内容对象，它指出了综合性学习的内容与范围。每一个综合性学习教材单元，大都以话题为主线构建教材的内容和结构体系。话题统摄综合性学习教材单元中所有的资料和活动，使综合性学习大体框在一定的范围或领域中。

话题范围有大有小。例如"金钱——共同面对的话题"、"我所了解的孔子和孟子"、"话说千古风流人物"、"说不尽的桥"、"民居文化"、"岁月如歌——我的初中生活"、"感受自然"等，就是较大的话题范围。又如"成长的烦恼"、"黄河，母亲河"、"走进图书馆"、"语文学习的自我评价"等话题的范围就比较集中。

在教材中与"话题"有关的说法是"专题"。例如，语言文字研究专题、文学研究专题、文化研究专题、自然科学领域专题等。与话题相比，"专题"的说法更多了一些研究、探究的性质，更多了一些学术气息，对于初高中学生似乎更具有学习吸引力。

初中语文教科书中综合性学习教材的话题主要围绕以下三条线索选择和组织：（1）学生与自然的关系；（2）学生与他人和社会的关系；（3）学生与自我的关系。总之，是以学生为核心，最终指向学生个性的健全发展。[①]

高中语文综合性学习教材则以专题性探究项目为主，大都集中在语言、文学、文化领域中，如人教版普通高中课程标准实验教科书语文 1 中的"优美的汉字"、"奇妙的对联"、"新词语与流行文化"等就是如此。设计这样的专题活动，意在引导学生观察语言、文学和中外文化现象，学习从习以为常的事实和过程中发现问题，培养探究意识和研究能力。

2. 情境

所有的学习都是基于情境的，不存在无情境的学习。学习情境指的是学习者从事学习活动的客观环境和主观情态。语文学习情境主要是指进行语言实践活动的环境和状态，因此，它和语境有一定的相通性。把话题与情境结合在一起，就形成了以"话题——情境"方式呈现的综合性学习教材。这种方式有助于学生理解语言交际的目的和任务，有助于引发学生学习的兴趣和

---

① 钟启泉等. 基础教育课程改革纲要（试行）解读［M］. 上海：华东师范大学出版社，2001，77.

积极性，有助于激活学生已有的语言知识和经验，有助于促进学生在真实情境中发现和解决问题，还有助于学生在交际合作中进行研讨和交流。

为了创设综合性学习的情境，教材编写者有时创设问题情境，有时提出矛盾的说法，有时布置要解决的、有疑惑的任务。他们或者给出具体的、亲切的语言情境，或者提供丰富的事例情境，或者设置图画、相片等直观的形象情境，其目的都在于激发学生的学习动机，调动学生的已有经验，促进学生的认知、体验和感悟。

例如："和平的祈祷"专题的第三板块"历史画外音"，设置了两组摄影图片，其"活动体验"设计为：①

1. 就一个时代而言，一幅照片所反映的内容是很有限的，但它记录的历史真相往往发人深思。第一组照片表现了战争的苦难，和同学交流面对照片时的感受，针对这些照片发表你的评论，说一说它们是从哪些角度记录战争的苦难的。比较、综合两组照片的内容，就"战争与和平"的话题，说说自己的感受。

2. 掌握一定的读图方法，对理解图片的内容和艺术特点很有帮助。和同学交流你对这两组图片取材、画面构成的认识，归纳读图要领。

3. 优秀的摄影作品往往都有丰富的内涵，从两组图片中选一幅，拟写解说词。

4. 读了安妮的日记，你一定会有许多感触，请给文前安妮的照片配一段说明文字。如果安妮有安息之地，你将为她写一则什么样的墓志铭？

优秀摄影作品都有它特定的生成背景，其中不乏真实丰富的故事。这一段教材中反映战争主题的历史图片，记录了刻骨铭心的瞬间，为综合性学习创设了特定的生动而有意义的情境。其中，为惨遭法西斯杀害的安妮设想一个安息的墓地，竖立一块墓碑，写上一则墓志铭，这个虚拟的情境本身就带着深沉的情感。不论是真实的还是虚拟的情境，都为综合性学习活动营造了可以依托的环境和情状，为综合性学习的顺利展开提供了有利条件。但是，我们还应当注意到：有的教科书、有些教材单元，在情境的设计和设置上还显得十分单薄。没有创设合适情境的项目或任务，非但不能激发学生学习的情感体验，相反，还可能成为学生的负担。

---

① 丁帆，杨九俊. 普通高中课程标准实验《语文》教科书（必修二）第 2 版 [M]. 南京：凤凰出版传媒集团，江苏教育出版社 2005，63－186.

3. 资源

　　丰富的资源是综合性学习教材必不可少的要素之一，尤其是专题探究型的教材，力图为师生建构多角度、多层次的资源单元。综合性学习教材的资源大体有三类：其一是关于专题的知识，包括概念、语义、原理等陈述性知识；其二是关于专题的操作步骤性知识和一定方法论知识；第三是与话题相关的多种素材资料，涉及天文、地理、文史、科学、艺术、宗教、绘画、音乐、影视作品等广阔的领域。各种相关资料组成一个丰富的学习资料包。如综合性学习专题："问题与讨论·荷"汇集的相关资源及要求如下：

　　赏荷　你见过荷花吗？你喜欢荷花吗？打开本册教科书彩图第一页，你就可以欣赏到荷塘、荷叶、荷花、莲蓬组成的"彩莲图"。如有可能，你再到荷塘边去走一走，便会被满池田田的荷叶、亭亭玉立的荷茎和风姿绰约的荷花所吸引。在雨中、雾中，在阳光下、月色下，在早晨、傍晚时，在风定、风起后，荷塘、荷花、荷叶、荷茎不同的姿色，会给你美的享受，你将从中获得无限情趣。

　　咏荷　五首咏荷诗（王昌龄《采莲曲》、郑谷《莲叶》、李商隐《赠荷花》、陆龟蒙《白莲》、苏轼《莲》）及简评。诵读体悟品味。

　　读荷　一组写荷的文章和片段：周敦颐《爱莲说》、《芙蕖》据李渔改写、朱自清《荷塘月色》（节选）、徐刚《荷花飘香北海夜》（节选）、韩静霆《爱藕说》、余树森《我爱莲有实》以及有关"莲花与佛教"的资料（配敦煌壁画观音插图）。

　　议荷　围绕荷结合"读荷"环节的文章资料，探究四个问题。

　　写荷　从提供的四个题目中选择1-2题写荷。

　　一、朱自清为什么能把月色下的荷塘写得如仙境一般美丽？（提示：可从审美观赏、抒发情感、观察联想和语言表达等方面思考）学习朱自清或其他作家的写法，从荷叶、荷花、莲蓬、莲藕中选取一两个作为记叙描写对象，写一篇咏荷的文章。

　　二、根据你自己的观察、联想和思考，写一篇以荷喻理或咏荷抒情的文章，和同学交流。

　　三、写一篇文章，或对荷自由发表议论，或介绍荷的价值；出一期以"荷"为刊名的手抄报，自己编辑，自加插图。

　　四、搜集关于荷的美术作品，也可以自己描画荷花、莲蓬、莲藕或荷塘，配上诗文。举办一个小型展览。

在这个单元中，编者提供的资料有：（1）艺术领域：美术作品二帧——荷花彩图插页、敦煌壁画观音插图；（2）文学领域：咏荷诗五首，古今写荷文章六篇（包括片段），以及古诗名文的评论文；（3）宗教领域：有关"莲花与佛教"的资料一则；（4）社区环境线索：学校或家庭附近的荷塘；（5）编者设计的研究问题与活动任务四则。

从教学角度来分析这些资料的价值，我们可以看出：这一单元的目的在于培育学生"美的享受"、高雅的情趣、细腻的感知和情感。其中有些资料重在使学生获得关于荷花、莲藕这一特定事物的术语、事实和规律，有些资料重在培养学生的思维技能（如观察、感受、联想、想象等）。这些资料有的是在学习和研究过程中需要运用到的内容，有的是整合与组织学习活动的终结性成果（这主要表现为写抒情文、喻理文、评论文；编辑手抄报；搜集美术作品或自己描画；举办小型展览等）。这些资料有的是言语性的，有的是非言语性的；有的是在学校教科书中获得的，有的是要在现场或社区环境中获得的。总之，编者为这个单元提供的资料，再一次说明了"一个典型的'资源单元'，包括对期望通过那些学习经验所要达到的主要目标的论述；对达到这些目标所要使用的各种学习经验的描述；对学生在学完一个单元后，整合或组织起来的终结性经验（culminating experiences）的详细勾勒；以及列出有助于编制这个单元的资源材料（source materials），包括书籍和其他材料，如幻灯片、广播节目、图片和录音带等等"。[1]

4. 活动

活动是个人和社会存在与发展的基本方式。在语文综合性学习活动中，话题、情境、资源形成合力，为学生活动创设了一个极其丰富而又有特征的学习环境，提供了良好的外部学习条件。"学习经验是指学习者与他对作出反应的环境中的外部条件之间的相互作用。学习是通过学生的主动行为而发生的，学生的学习取决于他自己做了些什么，而不是教师做了些什么"。[2] 因此，"活动"成为综合性学习教材的重要构成要素。以活动为框架构建语文综合性学习，主要强调学生积极参与到一系列听、说、读、写、做、探究、

---

[1]　［美］拉尔夫·泰勒. 施良方. 课程与教学的基本原理［M］. 北京：人民教育出版社，1994，82. 需要说明的是：这里所谓的"经验"更多的是指它的动词意义，即实践、亲历的意思。这本书的译校者在《泰勒的〈课程与教学的基本原理——兼述美国课程理论的兴起与发展〉》一文中指出："因为只有通过绎璧，才会产生学习，从而才有可能达到教育目标。这里，泰勒显然受了杜威'从经验中学习'的影响。"

[2]　［美］拉尔夫·泰勒. 施良方. 课程与教学的基本原理［M］. 北京：人民教育出版社，1994，49.

交流等语言活动中去。

  一般说来，综合性学习教材中的实践活动可以概括为四类：一种是由阅读篇目内容引出的问题探讨活动；第二种是围绕话题，自行搜集、整理资料，并组织汇报交流的实践活动；第三种是从话题拓展开去，进行设计性的活动和实地调查性的活动；第四种是在前三类活动的基础上形成和展示成果的活动。

  例如，人教版《语文》七年级下册第二单元的阅读主题是"热爱祖国"，为此设置的综合性学习专题是"黄河，母亲河"。教材设计了四个活动话题："探寻黄河的历史"、"感受黄河的风采"、"探究黄河的内涵"、"了解黄河的忧患"。供选择的活动内容有：复习《黄河颂》一课，查找有关资料、研讨问题；搜集与黄河有关的民间故事、神话传说，并整理交流；收集与黄河有关的俗语、谚语、成语，写出相关故事；收集关于黄河的诗词、歌曲、民谣，举办以"歌唱黄河"为主题的文艺演出；搜集资料或者实地调查，召开"黄河之忧"调查报告会；针对黄河断流和水污染严重的生态危机，设计一则公益广告；以"我心中的黄河"为题，写一篇作文；针对黄河济南段污染严重的情况，自拟题目写作文；写一则以活动收获总结为内容的周记。

  又如，人教社课标版《语文》实验教科书（必修）第一册的"新词新语与流行文化"专题教材，若进一步归纳，可以发现，教材引导的学习活动有四个层次：

  1. 搜集与整理：这是综合性学习教材设计最多的活动。

  搜集、整理一些新词新语，查找相关资料，再各找一些类似的例子，看看汉语中还有没有其他产生新词新语的途径。分别从政治、科技、文化和生活等方面分类搜集近几年出现的新词新语，并作一些分析；查找相关资料，探究下面的词语反映了怎样的生活观念和文化追求。

  2. 讨论与交流：大量的小组活动，以体现合作与探究的学习方式。

  与同学交流；作一些分析；举出一些例子，说明词语的这些变化现象；讨论一下现在流行哪些新词新语，它们来自哪里，流行范围有多大，反映了什么样的文化现象？

  3. 成果展示与汇报活动：整理、整合综合性学习成果。

  合编一本新词新语小册子；以班组为单位召开一次小型座谈会。

  4. 延伸探究：搜集资料，探讨一下新词语与流行文化之间的关系。

可见，只有通过各种活动，综合性学习的目标才能实现，综合性学习也因此成为生动的、真正有意义的过程。

二、初中语文综合性学习教材解读

（一）人教版初中语文综合性学习教材解读

设置综合性学习带来了语文教学的突破性变革，这种变革首先表现在教材的编写上。人教版义务教育课程标准实验教科书《语文》为体现语文课程的新理念，教材编者倾注了大量心力来设计"综合性学习"。

1. 活动内容

人教版义务教育课程标准实验教科书《语文》（七——九年级初中段）六册共 36 个单元，安排了 36 次综合性学习，分写作、口语交际（俗称大综合）和写作、口语交际、综合性学习（俗称小综合）两类，见下表 7-1-1。

表 7-1-1　人教版（初中）"语文综合性学习"内容归类图表

分类	内容	年级	单元	实践或研究活动	主题
社会人生	这就是我	七上	一	实	人生憧憬、体验和思考
	成长的烦恼	七下	一	实	人生历程、体验和思考
	我也追星	七下	三	实	客观认识了解名人
	微笑着面对人生	九上	二	实	独立思考，敢于发表见解
	青春随想	九上	三	实	了解自己，完善自己
	岁月如歌——我的初中生活	九下	六	实	难忘初中时候
	金钱，共同面对的话题	九上	五	实	正确认识金钱
	漫话探险	七下	五	实	勇于挑战自然与自我
	时间何时铸剑为犁	八上	一	实	关注社会，热爱和平，了解战争
	说说风流人物	九上	六	实	了解历史上的英雄人物
	关注我们的社区	九下	三	实	关注生活环境
自然科学	感受自然	七上	三	实	体验自然、感悟生命
	探索月球奥秘	七上	四	研	对自然界进行科学探索
	黄河，母亲河	七下	二	研	对自然的热爱
	寻觅春天的踪迹	八下	二	实	领略春天的魅力、体验自然
	科海泛舟	八下	三	研	科学技术、科学探索
	雨在诉说	九上	一	实	心灵感悟，体验自然

续表

分类	内容	年级	单元	实践或研究活动	主题
文化积累	追寻人类起源	七上	六	研	人类起源文化探究
	戏剧大舞台	七下	四	研	了解戏剧舞台文化
	马的世界	七下	六	研	探寻"马的世界"
	说不尽的桥	八上	三	研	探究桥文化
	莲花的魅力	八上	五	研	探究莲文化
	到民间采访去	八下	四	实	考察民族文化
	古诗苑漫步	八下	六	研	对自然、社会、人生的感悟思考
	背起行囊走四方	八下	六	实	旅游文化
	脚踏一方土	九下	一	研	探究土地本义，挖掘土地背后的文化内涵
	走进小说的天地	九下	二	研	探究小说文化，陶冶性情，培养审美趣味
	乘着音乐的翅膀	九下	四	研	理解音乐作品的情绪、格调、思想倾向、人文内涵
	我所了解的孔子和孟子	九下	五	研	认识古代社会，了解传统文化
友情亲情	我爱我家	七上	五	实	家庭亲情
	让世界充满爱	八上	二	实	博爱
	献给母亲的歌	八下	一	实	母爱
学法指导	漫游语文世界	七上	二	实	在生活中学习语文
	怎样搜集资料	八上	六	实	指导搜集资料并整理
	走上辩论台	八上	四	实	锻炼思维，大胆发表见解
	好读书　读好书	九上	四	实	养成读书的好习惯

从内容归类表可以看出，人教版初中语文综合性学习活动，学习主题的选择范围包括"社会人生"、"自然科学"、"亲情友情"、"文化积累"和"方法指导"等五个板块，"社会人生"、"文化积累"这两部分占的比重最大，均为全部内容的30.6%，涉及了人、社会、自然的彼此交融，学生对自我、社会和自然之间内在联系的整体认识与体验；"自然科学的探索"占全部内容的6.7%，"亲情友情"的内容占全部内容的8.3%，"方法指导"占全部内容的11.1%。其中专题活动设计内容有47%意在与生活加强联系，

有 22.2% 意在与非语文课程综合，即实施的是跨学科学习。

2. 目标指引

（1）大型综合性学习

整套教科书共设计大型综合性学习十六次，七、八年级每学期安排三次，九年级每学期安排两次。活动内容极为丰富，关涉领域非常广泛，人文价值取向明显。具体表现为：

①渗透语文学习新理念。突出体现在七年级上册的设计中。"漫游语文世界"引导学生"加强语文课程与其他课程以及与生活的联系"；"探索月球奥秘"引导学生跨学科、跨领域，利用现代信息技术学习语文："追寻人类起源"着重强调了语文学习中科学思维与文学想象的结合。

②重视母语文化的传承。集中表现在七年级下册的设计中。"黄河，母亲河"、"戏曲大舞台"、"马的世界"离当代少年的日常生活及精神世界不是很近，却积淀了丰富的文化底蕴，成为中华民族的文化瑰宝。教材由此切入，带领学生领略民族文化的魅力，探寻民族文化的内涵，了解民族文化的忧思，开启学生真情关注祖国历史地理、科学文化、文学艺术等的心智。另外，八年级上册安排的"说不尽的桥"和"莲文化的魅力"，八年级下册设计的"到民间采风去"，都向学生辐射出传统文化的光芒。

③关注社会、思考人生。在八年级上册、九年级上册和下册中都有体现。"世界何时铸剑为犁"与学生探讨战争话题，把他们的视线放射到世界与人类发展的波涛中。"关注我们的社区"鼓励学生观察社会，参与身边生活和文明建设。"青春随想"启发学生思考青春与人生问题，争取做自己命运的舵手。

④培育人文情怀与科学精神。八年级下册的"献给母亲的歌"，从"道不尽的母爱"、"剪不断的脐带"、"多角度看母爱"、"报得三春晖"四个方面组织活动，让学生了解生命、体悟情爱。九年级下册的"岁月如歌——我的初中生活"为学生营造了一道温馨快乐的成长盛宴。

⑤倡议多读好书。九年级上册安排了"好读书读好书"，"看名人怎样读书"、"你说我说说读书"、"网上阅读大家谈"、"与书籍结伴而行"等系列设计启发学生认识读书的重要，享受读书的乐趣，掌握读书的方法。

（2）小型综合性学习

本套教科书小型综合性学习共设计了二十次，其中七、八年级每册二次，九年级每册四次。活动内容主要围绕人与自然、人与自我来安排，呈现的散点很多。与"大综合"相比，目标期待不再那样宏大，大多可统一到提高学生语文素养上来。具体表现为：

①感悟自然。七年级上册"感受自然"、八年级下册"寻觅春天的踪迹"和"背起行囊走四方"、九年级上册"雨的诉说"、九年级下册"脚踏一方土"中都有体现。五次活动从观察自然、感悟自然到领略自然文化，打开了学生习焉不察的双眼。

②心灵沟通。七年级上册"这就是我"、"我爱我家"和七年级下册"成长的烦恼"中鼓励学生大胆的抒发自我，倾听他人，培育学生健康阳光的心理品质。

③辩证思维。七年级下册"我也追星"、"漫话探险"和八年级上册的"走上辩论台"以及九年级上册"金钱，共同面对的话题"均安排了碰撞思维的辩论，训练学生运用自己的大脑思考。

④人生观价值观。八年级上册"让世界充满爱"、九年级上册"演讲：微笑着面对生活"以及"话说千古风流人物"引导学生关爱他人、笑对生活、追求人生的高境界。

⑤文化艺术修养。八年级下册"古诗苑漫步"和九年级下册"走进小说天地"、"乘着音乐的翅膀"、"我所了解的孔子和孟子"把学生带入了缤纷多姿的文化艺术世界。

⑥研究及学习方法。八年级上册专设了"怎样搜集资料"，教给学生在实践中学会综合运用各种方法搜集资料。

3. 活动方式的选择

所谓综合性学习活动方式，是指具有综合特征的学习活动在综合课程中的表现形式，是构成综合课程的重要成分。活动方式的设计，从某种意义上就是综合性课程本身的设计。也就是说，活动方式设计得怎样，直接决定着综合性学习活动内容的展开和操作。下面先看表7-1-2。

综合性学习的课程目标一般不是指向知识和能力的达成度，而是提出一些学习的活动及其要求，主要指向"过程"。要关注学生对综合性学习活动的参与及参与程度。人人积极主动地参与其中，对所学知识进行选择、判断、阐释、运用，从而有所发展，有所创新。

（1）搜集整理资料

搜集整理资料是活动有效展开的基础。十六次大型综合性学习中，文本资料的搜集除在九年级下册"走进我们的社区"中没有提及，其他十五次综合性学习均有设计。进入现场的调查（包括实地考察、观察）在八次活动中出现，访问（包括采访、拜访、请教）在七次活动中做了安排。

表7-1-2　初中语文综合性学习活动方式设计一览表

课本	单元	内容	活动方式（可选择）	设计目标意图
七年级上册	一	这就是我	1. 自我介绍； 2. 推荐自己； 3. 模拟面试； 4. 作文"这就是我"。	正确认识自我，展现自我风采，树立信心，增进同学之间的相互了解。用普通话口齿清楚地介绍自己，发言时态度大方。意在与生活联系。
	二	漫游语文世界	1. 搜集生活中的语言运用； 2. 整理成册。	在语文学习中沟通课堂内外、课本内外、学校内外的联系，锻炼口语表达能力搜集信息的能力
	三	感受自然	1. 我有一个朋友（动植物）； 2. 走过四季； 3. 说出心中的美景； 4. 完成作文。	与自然联系，积累丰富的素材，训练表达能力、感悟能力。培养学生观察能力、联想和想象能力。
	四	探索月球奥秘	1. 月球奥秘知多少； 2. 观察月亮运行情况，参观天文台或天文馆； 3. 丰富多彩的月亮文化； 4. 我是月球小专家月亮照着你，月亮照着我； 5. 以"月球"为话题的想象性作文。	了解月球的自然现象和人文现象，培养科学探索精神和人文精神，用科学的语言条理清楚地介绍科学现象。意在于其他学科的综合。
	五	我爱我家	1. 老照片的故事； 2. 我家的一件珍品； 3. 妈妈的唠叨； 4. 完成作文。	意在语文学习与生活的联系，引导学生能围绕学习中心、有条理的说话。写作训练从生活小事中，从家长的生活细节中体会出它蕴含的情感和意义。
	六	追寻人类起源	1. 上帝造人的宗教神话； 2. 进化论与神话论； 3. 关于人类起源的新说法； 4. 作文（1）"人类起源概说"；（2）在弄清人类历史事实的基础上，用自己的语言来加以表述。	文化积累搜集资料意在与社会学综合，注重跨学科的学习，让学生在不同内容和方法的相互交叉、渗透和整合中开阔视野，提高学习效率。

续表

课本	单元	内容	活动方式（可选择）	设计目标意图
七年级下册	一	成长的烦恼	1. 说一说自己的烦恼； 2. 长辈少年时的烦恼； 3. 替朋友解脱烦恼。	了解成人对自己成长时期烦恼的认识，审视自己的所谓烦恼，话语通顺完整，能准确地表达情意，写自己要能写出独特的认识。
	二	黄河，母亲河	1. "探寻黄河文明，了解黄河忧患"的专题活动； 2. 收集诗文、歌曲，召开主题晚会； 3. 收集资料，筛选信息； 4. 完成报告。	由课内向课外，由单一学科向多学科深化拓展。培养学生根据主题收集、整理、筛选资料的能力，锻炼学生听说读写的能力，着重培养学生在综合活动中的创新意识和创造能力。
	三	我也追星	1. 名人故事大家讲； 2. 最近我在读； 3. 瑕瑜互见说名人。	沟通课堂内外、课本内外、学校内外联系，锻炼口语表达能力。
	四	戏曲大舞台	1. 查一查，比一比； 2. 听一听，唱一唱； 3. 议一议，写一写。	了解中国戏曲这种传统艺术，提高艺术修养。了解中国戏曲的基本知识，以了解欣赏中国戏曲为中心，配音学生的综合语文能力。
	五	漫话探险	1. 探险家的故事； 2. 七嘴八舌说探险； 3. 生存夏令营模拟招聘； 4. 作文：题目自拟，体裁、字数不限。	学会搜集资料，挑选资料，配音学生出来、利用资料的能力；把搜集到的"故事"用口语表达出来，培养学生语言复述能力和口头描述能力；在对古今中外的探险家探险故事的追踪中培养开拓创新精神和坚忍不拔的意志品质。
	六	马的世界	1. 汉语汉字中马； 2. 历史传说中的马； 3. 艺术作品中的马； 4. 文学作品中的马； 5. 作文：改写故事，谈谈感想。	引导学生从语言、文字、历史、文学、艺术等方面搜集资料，了解马的有关知识、历史作用、艺术内涵，几分学生善待动物、关爱生命的情感。与自然联系。

续表

课本	单元	内容	活动方式（可选择）	设计目标意图
八 年 级 上 册	一	世界何时铸剑为犁	1. 古今战争知多少； 2. 记住历史，珍惜和平； 3. 文艺作品与战争； 4. 铸剑为犁应有日。	开阔文化视野，增加有关战争的历史知识和文学知识的积累。培养资料信息搜集处理能力，锻炼围绕某一事件进行评说的口语表达能力和针对某一问题阐明自己观点的写作能力。
	二	博大的爱	1. 关爱每个伙伴； 2. 同在一片蓝天下； 3. 人人都献出一份爱； 4. 作文：要求写记叙文。	关爱普通人，培养学生的爱心、同情心。培养学生善于与人相处、与人共事、与人合作的精神。培养学生的口语交际能力，善于与人沟通的能力，培养学生写作记叙文的能力。
	三	说不尽的桥	1. 桥梁大观； 2. 迷人的桥：了解桥名字的由来，收集有关桥的故事，用桥造词，搜集相关资料； 3. 思考与调查研究：介绍走过的桥，立交桥，桥堵的原因，我是桥梁设计师。	丰富桥文化，通过文化素养；能用说明性的语言介绍具体的桥；养成善于观察、思考生活中的现象，从中获取知识的习惯。
	四	走上科学辩论台	1. 上网利弊谈； 2. 事物的正确答案只有一个吗； 3. 关于克隆的争议。	培养学生思辨能力，获得多角度思考问题的方法；培养学生独立思考、敢于发表自己见解的心理品质；养成耐心倾听、尊重他人发言的良好的交际习惯；培养学生运用资料来阐述自己观点的写作能力；在辩论、交流中锻炼学生的口语表达能力。
	五	莲文化	1. 对莲的科学探究。 2. 大家都来赏荷花； 3. 莲文化探胜； 4. 编一首《采莲曲》。	了解关于莲的科学知识；阅读、背诵有关莲的诗文，培养学生围绕共同话题进行讨论，有针对性发表意见的口语交际能力和书面表达能力。

续表

课本	单元	内容	活动方式（可选择）	设计目标意图
八年级上册	六	怎样搜集材料	完成"中秋节"（或春节、元宵节、清明节、端午节、重阳节等）、"电脑"（或其他主题）和"三峡"选题资料的搜集整理。	了解搜集资料对语文学习的重要性，培养学生端正的学习态度；学习搜集资料的三种常用方法，在搜集资料的好的中培养学生的自主活动能力、交流与合作的能力；利用搜集的资料写一篇专题论文，并进行口语交际。
八年级下册	一	道不尽的母爱	1. 道不尽的母爱； 2. "剪不断的'脐带'了解母爱，体会母爱"； 3. 多角度看母爱； 4. 报得三春晖。	体会母亲的关爱，培养孝敬母亲的情感；通过活动，学会用适当的方式向母亲表达感情，学会理性地思考母爱以及"爱"的内涵；培养用多种表达方式（口语交流或书面写作等）来表达自己真情实感的能力。
	二	寻觅春天的踪迹	1. 编一辑"自然日志"； 2. 谱一支"春天的赞歌"； 3. 创作一幅诗画； 4. 作文题："我心目中的春"或"在这个不寻常的春天里"，体裁没有要求，可自由选择。	认识自然，加深对春天的体验和感悟，培养对自然观赏和艺术欣赏的能力；培养在观察中勤于记录的习惯，学会用适当的方式表达自己的感悟和感情，培养描写与抒情相结合的语言表达能力。
	三	科海泛舟	1. 我第一次迷上了科学； 2. 思考自然的启示； 3. 展示身边的科技发明； 4. 科学技术两面观，完成报告。	激发学生热爱科学的兴趣，培养崇真求是的科学态度；引导并帮助学生深入、全面认识科学，在追求科学的过程中具有人文关怀意识；培养学生正确地把科技信息传达给他人的口语交际能力和写作浅显的科学小品、科普短文的文字表达能力。跨学科。
	四	到民间采风去	1. 家乡素描； 2. 认识方言； 3. 乡土发现；	借"采风"引导学生关注生活、思考生活、欣赏生活、热爱生活；培养学生运用文件调查、采访、搜集

续表

课本	单元	内容	活动方式（可选择）	设计目标意图
八年级下册			4. 完成报告。	整理文献资料等方法的能力；培养学生的口头表达能力、文字表达能力和加工分析资料的能力。意在联系生活。
	五	古诗苑漫步	1. 分门别类辑古诗； 2. 声情并茂诵古诗； 3. 别出心裁品古诗。	发展思维能力，受到情感、态度、价值观购买的熏陶，分门别类辑古诗、别出心裁品古诗、声情并茂诵古诗等活动，让学生学习欣赏、吟诵、演唱古诗词以及微软一个主题查找有关资料的基本方法，积累名言警句，发展语言能力，培养学生写作和口语交际的能力。
	六	背起行囊走四方	1. 家乡风景独好； 2. 模拟旅游趣味多； 3. 名胜古迹对联考。	通过活动进一步了解家乡名胜古迹技巧文化蕴涵，了解西部自然风光；体会活动感悟对联的语言妙趣和文化韵味，学会创作楹联；通过活动培养留心观赏自然风光、名胜古迹及其楹联的兴趣和习惯，培养在观赏过程中勤于记录、乐于考证的意识；学写文情并茂的游记。
九年级上册	一	雨在诉说	1. 听听我的足音； 2. 说说我的功过； 3. 读读我的韵味； 4. 作文：写一篇抒情文章。	丰富学生的心灵感悟，引导他们注意观察和体验大自然的韵味；通过搜集有关资料，增长见闻，开阔视野，并锻炼信息的搜集和处理能力；阅读和朗诵写雨的文学作品，提高文学鉴赏水平和朗诵能力，尤其是体味抒情类作品中"情景交融"的意境。
	二	微笑着面对生活	1. 微笑着面对失败； 2. 学会善待他人； 3. 做一个善于合作的人；	通过活动培养学生作主题演讲的能力；培养学生独立思考、敢于发表自己见解的心理素质；使学生学会

续表

课本	单元	内容	活动方式（可选择）	设计目标意图
九年级上册			4. 演讲。	自信、负责地表达自己的观点，做到清楚、连贯、不偏离话题；培养学生写作演讲稿的能力。
	三	青春随想	1. 青春的心愿； 2. 青春的座右铭； 3. 青春的知识； 4. 青春的颂歌。	树立自己的人生目标；学习优秀人物的精神品质，了解自己的特点完善自己；了解青春期的知识，有利于健康成长，形成良好的个性；以歌颂青春为内容，培养学生语文综合能力。
	四	好读书读好书	1. 看名人怎样读书； 2. 名人读书经验； 3. 你说我说说读书； 4. "网上阅读"大家谈； 5. 与书籍结伴而行； 6. 写作关于读书的作文，口头发表关于读书的意见。	提高对读书意义的认识，引导学生喜欢读书，力求养成勤于读书的习惯；认识到读书要有选择，提高对书籍的辨别能力，养成读书的良好趣味和读好书的习惯；寻找适合自己的读书方式和读书方法；学会和同学们一起读书，交流读书心得，分享读书喜悦，共同提高读书水平。
	五	金钱，共同面对的话题	1. 钱的过去、现在和未来； 2. 众说纷纭话金钱； 3. 我也来当一回家； 4. 调查同学怎样消费。	通过活动，增强对金钱全面而理性的认识，树立正确的钱财观；通过活动，培养留心身边经济生活的习惯和初步的理财意识，养成由表及里、从现象到本质观察、思考生活问题的能力；培养针对具体问题发表感想和观点的表达能力，掌握社会调查的基本方法，学会写作调查报告。
	六	说说风流人物	1. 风流人物谁与争锋； 2. 丰功伟绩到处传； 3. 豪情满怀诵华章。	树立正确的偶像观、英雄观；在评价历史人物时坚持唯物史观，激起对风流人物的景仰，通过对各种丰功伟绩进行分类，锻炼思维能力；通过搜集相关资料，练习信息的搜集、筛选和整理能力；尝试运用"调查法"，培养初步的科研意识和科研能力，提高朗诵水平。

续表

课本	单元	内容	活动方式（可选择）	设计目标意图
九年级下册	一	脚踏一方土	1. 看看我们的土地； 2. 讲讲土地的故事； 3. 谈谈土地的含义； 4. 写调查报告。	了解现实层面上的土地，了解它的历史和现状，了解文化意义上的土地，在文学作品和人的文化心理中特别的含义。了解我们国家的土地资源状况，增强忧患意识，发现土地管理中存在的问题，提出自己的解决办法；做到课堂内外、学习内外的沟通，培养社会责任感和公民意识；通过搜集与土地有关的神话传说、成语俗语、历史故事，使学生认识到土地对于人类的重要性；通过搜集与土地有关的文艺作品，了解土地的象征意义，并对"乡愁""安土重迁"等文化现象有一个理性的思考。跨学科
	二	走进小说的土地	1. 难忘的小说世界； 2. 缤纷的人物画廊：给小说人物编词典； 3. 有趣的文学想象：重新设计人物命运，为小说续写故事，超越时空的对话，寻找小说素材。	激发阅读兴趣，扩大阅读视野，引导读书方法，陶冶高尚情操；能用普通话复述小说情节，介绍小说人物，叙述自己的读书经历和感受，尽量做到生动有趣，引人入胜；发挥想象力和创造力，想象虚构故事，尝试进行创作。
	三	关注我们的社区	1. 看看我们的社区； 2. 我为社区做贡献； 3. 积极参加社区公益活动。	加强语文与社会的联系，让学生在实际生活中想象语文、应用语文；在社区活动中，培养学生的社交能力；树立社会责任感，更好地发展个性；提高语文能力尤其是口语交际能力和写作能力；增强学生学习语文的自主性，并逐步学会合作学习、研究性学习。与其他学科联系，与生活联系。

续表

课本	单元	内容	活动方式（可选择）	设计目标意图
九年级下册	四	乘着音乐的翅膀	1. 讲述音乐的故事：难忘的旋律，生动的故事； 2. 聆听和解说音乐：最爱的音乐，精彩的解说； 3. 创作校歌班歌：共同的心曲。	在真善美的音乐艺术世界里受到高尚情操的陶冶，养成对生活的积极乐观态度和对美好未来的向往与追求；培养学生将听觉形象转化为语言形象的能力；走进音乐，在亲身参与音乐的好的中喜爱音乐，培养学生宽容理解、呼吸尊重、共同合作的意识和集体主义精神。跨学科。
	五	我所了解的孔子和孟子	1. 孔孟小档案：生平经历，《论语》、《孟子》文化影响胜地收藏； 2. 不朽的孔孟。	让学生比较全面地了解孔子和孟子，对他们的思想和主张有初步的认识，并从中汲取营养；培养学生查阅、整理、筛选、概括资料的你，培养合作精神；写一篇议论文。
	六	岁月如歌——我的初中生活	1. 难忘的岁月； 2. 集体的记忆； 3. 如歌的行板； 4. 永远的赠言。	增进友谊，促进班集体团结向上；总结三年初中学习、生活的得失，为更高一段的学习鼓劲；锻炼写作、口语交际能力。

（2）讨论交流

对问题的探讨主要以讨论交流的方式展开。除了九年级下册"岁月如歌——我的初中生活"是以"回忆"的方式独立表述外，另外十五次活动中都有在班上或小组间"讨论交流"的设计。口语交际的方式还提示用"辩论（1次）"、"讲故事（5次）"、"朗诵（3次）"、"演讲（3次）"、"讲述（3次）"等。"走进戏曲天地"中另有"观看戏曲表演、听戏、拜师学艺"等学习沟通方式。

（3）创作活动

写作是分析资料、提炼信息、训练学生表达能力的主要手段。十六次活动中大多有"任选一题作文"的设计。此外还安排了"编制小册子"、"设计公益广告"、"编故事"、"编词条"、"建立分类小档案"，写"口记"、"游记"、"指南式短文"、"科学小品文或科学童话"、"新闻报道"、"小评论"、"研究报告"、"总结"、"青春宣言"、"人生格言"、"计划"、"倡议书"、"文明公约"、"赠言"等创作活动。

（4）展示活动成果

展示活动成果是学生收获评价、快乐和满足的重要方式。除前面提到的

236

写作外，设计中还建议采用"知识擂台赛（2次）"、"文艺演出（4次，包括1次戏曲表演）"、"读书报告会（1次）"、"主题班会（3次）"、"出墙报（2次）"、"向报刊广播投稿（3次）"、"开办成果展览会（6次）"、"设计自己心中理想的桥"、"编一首《采莲曲》"、"动手写马、画马、拍摄马、演奏马"、"给朋友推荐好书、轮流当小书探"、"全班作文评比"等形式。

（5）亲身体验感悟生活

亲身体验感悟生活是培养良好语文素养的基础。二十次小型综合性学习中这一类型的活动方式有13次，有时是人物"采访（4次）"，有时是自然景色"观察（3次）"，有时是文物古迹"实地考察（3次）"，有时是某种生活角色的真实"体验（2次）"。

（6）想象、联想

想象、联想的思维品质是语文素养的重要内容。活动中设计了"想象"心中图景（6次）、情景角色"模拟（6次）"、"假设"某种情况的讨论（2次），训练学生的想象能力。还安排了两次结合音乐品诗文、讲故事的"联想"实践，开启学生的思维广度。

（7）辩证思维、科学评价

辩证思维、科学评价是培养学生思辨能力的有效途径。活动中的"劝阻同学"、"评价名人"、"开辩论会（2次）"、"思考讨论（8次）"均体现着对学生明辨是非能力的重视和培养。

4. 策略运用语文学科本身所具有的工具性与人文性的特点，要求学生在语文学习中不断地搜集、综合、分析、运用信息，发现并解决问题。在实践中体验，让学生在语文实践过程中，在对事物进行认识的同时获得独特的个人感受，认识自我，发展自我，认识自己的不足，感受自己的价值和成就，让每一个学生都参与到活动中去。逐步养成良好的学习习惯，掌握学习的方法，有利于终身学习和发展。本套教材的综合性学习包括如下策略：

（1）社会活动策略：指充分利用生活资源（校园、社区的文明创建活动等），引导学生融入社会，在观察与交往中体验社会生活。运用这种策略的主题活动占所有内容的33.3%，如"社会人生"板块中的"金钱，共同面对的话题"、"世界何时铸剑为犁"、"关注我们的社区"等主题。

（2）虚拟活动策略：互联网是一个偌大的虚拟世界，是不可多得的学习资源，让学生在虚拟的活动中收集资料、讨论合作、制作网页，交流欣赏，从而体验合作和成功的喜悦。运用这种策略的主题活动占所有内容的12%，如"自然科学"板块中的"探索月球"的主题活动。把全班学生分成若干小组，分别搜集有关月球知识、月球文化（民谚、对联、诗词、歌曲、美文）等方面的资料，编成专刊（允许剪贴、复印），各组交流：推选代表参加"月球知识"比赛；写作想象作文《我在月球上的一天》，使课内外真正有机联系。

（3）模拟实践策略：指通过模拟的物化世界来达到综合实践目的。运用这种策略的主题活动占所有内容的22%，例如"社会人生板块"的"漫话探险"、"岁月如歌"、"青春随想"等主题活动让学生策划一次主题班队活动、策划一次智力竞赛、策划一次环保教育活动、策划一个迎新年辞旧迎新活动等形式，让学生去模拟实践，训练学生的组织、策划的能力。

（4）角色活动策略：指利用角色效应来达成综合学习活动。运用这种策略的主题活动占所有内容的27.6%，如当小导游、演讲比赛、小小辩论赛等形式，激发学习兴趣，让学生在表演等语言实践活动中，获得对学习的体验和对学习材料进行积极的智力加工生成新的能力。

（5）专题研究策略：指让学生综合运用历史与现实、自然与人文、科学与艺术等资源去发现问题、分析问题，并解决问题的方法。运用这种策略的主题活动占所有内容的47.2%，例如："走进小说的天地"、"我所了解的孔子和孟子"等。

上述五种策略，仅仅是叙述的角度不同而已，可以互相整合，从而生成语文综合性学习的策略系统，以应对各种变化的教学实践，追求最优化的有效学习。

5. 课程资源的开发利用

人教版教材的综合性学习在设计上充分开发了语文课程资源。《语文课程标准》指出："语文课程资源包括课堂教学资源和课外学习资源。"充分利用周围的语文教育资源，适当地把生活活水引进课堂，才能有效地拓展学生的学习空间，增加学生语文实践的机会，丰富学生的生活经验。《语文课程标准》从"课程资源"的角度提出"要有强烈的资源意识"，要"努力开发，积极利用"语文课程资源。

在人教版语文综合性学习中语文课程资源的生命载体除了学校里的老师、同学、家人这些离学生生活圈子较近的人，还扩大到社会生活中的接触者及其他领域专家，如鼓励找当地有名望的人或自己仰慕的人，等等。为培养学生的爱心，还要求他们观察街头巷尾生活在社会底层的普通人、需要帮助的残疾人、处在困境中的人等。总之，家庭成员、亲戚朋友、左邻右舍、社区的中年人、社区管理者、天文台或天文馆专业人员、当地有关戏曲研究人员、剧团专业人士和戏曲爱好者、健在的革命老人等都可纳入了学生的学习素材。

同时也注重认识自我、亲身体验、个人感受及对心中理想和生活情景的想象、思辨等，以增加个体直接经验的积累。从语言材料讲，新鲜、活泼的大众化语言；集会、广播、布告所使用的语言；校园里的标语牌、宣传栏、墙报以及运动会、艺术节等活动所使用的语言；社会上的电影电视、标语广告、商店匾额、商品说明书、企业公司招牌、报纸刊物、互联网所使用的语言都在搜集咀嚼之列；成语、格言、对联、谜语、俗语、谚语……更是宝贵的语料。从学习途径讲，工具书、文学作品、报纸杂志、采访笔记、其他学科的教科书，磁带、唱碟、录像资料、影视作品、戏曲表演、摄影作品、读书沙龙，中外名人经验、风景名胜、神话传说、民间故事、民风民俗、佛教、音乐、绘画、书法、雕刻，家庭、社区、书店、图书馆、互联网、电视机、收音机等都可成为语文课程的资源。此外，还有检索收集资料的方法、分类辑诗的方法、吟唱古诗方法、文学想象的原则、写演讲稿的技巧、对联常识、品诗方法等技巧知识。

（二）初中语文综合性学习核心教学任务分析

语文综合性学习的设计和实施，要遵循语文教学的规律和学生的个性差异，体现听说读写的整体发展，以及与其他学科的有机结合，以提高学生的语文素养，促进学生的可持续发展。具体说，语文综合性学习中一般按照以下四个阶段进行：

1. 准备阶段。这个阶段主要是项目设计，学生可以分小组讨论、制订活动计划、步骤及活动目标，体现出适度的自主性和选择性，为顺利而有效的活动实施做好充分准备。

2. 实践阶段。这个阶段主要是过程实施，学生以个人或小组为单位进行调查、访问，搜集、分析、整理材料。在这一阶段，学生们的学习活动体现出一定程度的合作性。

3. 表达交流阶段。这个阶段是成果展示阶段，主要是用口头或书面的形式展示活动的成果，通过交流，取长补短，探讨不足，体现出一定程度的合作性与探究性。

4. 评价阶段。这个阶段主要是反思评价，可以是教师评、自己评、学生互评等不同形式。在交流基础上，学生重新认识自己的活动过程，找到不足，进一步充实和完善活动成果。

与以上四个阶段相对应，语文综合性学习的核心任务可以分为以下四个方面：（1）设计项目，制订活动计划；（2）搜集、整理和分析资料；（3）展示成果，交流经验；（4）反思与评价。下面，分别以《中秋节谈月亮文化》《莲文化的魅力》为例，对综合性学习教学中的核心任务予以分析。如

表 7-1-3 及表 7-1-4。

表 7-1-3 《中秋节谈月亮文化》的核心任务分析

任务	陈述性知识	程序性知识	元认知知识
设计项目，制订活动计划	活动计划的基本要素	制订活动计划的方法	制订活动计划需要考虑影响活动的各种因素
搜集、整理和分析资料	中秋节的来历 月亮的传说 月亮的美称 中秋诗词名句	搜集、整理和分析有关月亮文化的资料	影响月亮文化内容丰富多彩的各种因素
展示成果，交流经验	有关月亮文化的学习成果	展示自己所获得的成果与同学交流，获得更多知识	表达和交流也是一种重要的学习形式
反思与评价	在综合学习活动过程中经历的事件有关月亮文化的学习成果	从多个角度评价综合学习活动的过程和结果	反思与评价能使自己找到不足，进一步充实和完善活动成果

表 7-1-4 《莲文化的魅力》的核心任务分析

任务	陈述性知识	程序性知识	元认知知识
设计项目，制订活动计划	活动计划的基本要素	制订活动计划的方法	制订活动计划需要考虑影响活动的各种因素
搜集、整理和分析资料	莲与文学艺术莲与现实生活莲与科学	搜集、整理和分析有关莲的各种知识和文化艺术形式	莲花如何承载丰富的历史文化内容
展示成果，交流经验	有关莲花的学习成果，如《我心目中的莲花》《莲花知识知多少》《千姿百态的莲花》《赞莲诗文欣赏》《莲与工艺品》	展示自己所获得的成果与同学交流，获得更多知识	表达和交流也是一种重要的学习形式
反思与评价	在综合学习活动过程中经历的事件有关月亮文化的学习成果	从多个角度评价综合学习活动的过程和结果	反思与评价能使自己找到不足，进一步充实和完善活动的成果

三、高中语文综合性学习教材解读

（一）大纲人教版高中语文综合性学习设计

2000 年 9 月人民教育出版社出版的高中语文新教材（试验修订版）在全国大多数地区推广使用，逐册替换 1991 年版高中语文教材。高中语文第一、二、三、四册（试验修订本）没有设计语文综合性学习，高中语文第五册（试验修订本），第二单元设计的综合性学习是"我说鲁迅"，第五单元设计的综合性学习是"感受儒家文化"。和过去语文教材不同的是第五册中阅读部分的编排设计了"哲学论文、文艺学论文、鲁迅专题、外国现代派文学、李杜诗歌及孟子"专题。高中语文第六册（试验修订本），阅读部分设置了《红楼梦》专题和《史记》专题。可见，这时候的人教社教材对语文综合性学习的设计还不成系统，只是根据教育界对研究性学习的推崇，以及语文教育界对语文综合性学习的提出，才勉强设计了个别的语文综合性学习。

根据教育部 2002 年颁布的《全日制普通高级中学课程计划》和《全日制普通高级中学语文教学大纲》，2002 年人教社在实验本（1997－2000）和实验修订本（2000－2003）的基础上，修订而成了《全日制普通高级中学教科书（必修）语文》。全六册每册都设计有两个综合性学习专题，围绕语言文学、文化两个方面设计。人教社在教材说明中表明语文综合性学习专题"是课内学习的延伸与拓展。设计这样的专题活动，意在引导学生观察语言、文学和中外文化现象，学习从习以为常的事实和过程中发现问题，培养探究意识和探究能力"。可见表 7－1－5。

表 7－1－5　人教社大纲版高中语文综合性学习专题统计表

第一册	第二册	第三册	第四册	第五册	第六册
拥抱文学的骄子——诗歌	一千个读者有一千个哈姆雷特	解意象，品诗歌	感受小说的魅力	我说鲁迅	缤纷多彩的语言世界
民居文化	《兰亭序》与书法文化	山水与文化	编剧与演剧	感受儒家文化	到图书馆去

该教材设计的语文综合性学习大多倾向于文化、语言的文化专题，倾向于文学的研究，例如对"诗歌"、"小说"、"民俗"、"山水"、"书法"、"语言"的研究，对作家的研究，只有"编剧和演剧"是属于语文实践活动，"到图书馆去"可以说是让学生在实践中锻炼查阅资料、获取信息的基本能

力。这样的综合性学习的设计，与苏教版7—9年级的"专题"设计是基本相同的，基本上是文献的搜集、整理以及总结得出结论。与人教版7—9年级的语文综合性学习设计相比，更倾向于理性的探究、思索、注重学术的研究。而义务教育阶段除了少数学术专题外，大多数贴近自然、切合学生的生活实际，注重在广阔的现实社会生活中去学语文，注重各种语文的践活动，如社会调查、辩论等。

为什么义务教育阶段的语文综合性学习设计比高中阶段语文综合性学习设计丰富多彩，题材、形式、活动范围更广泛呢？高中教材编辑者认为：一是在义务教育阶段语文综合性学习社会实践活动已经学过，没有必要重复；二是高中生学术思维上趋于理性与成熟，更有能力进行较专业化的学术专题研究；三是高中阶段的学生都面临着高考的压力，花费较多的时间和精力去进行校内外的语文实践活动，在现在大陆的大多数普通高中是行不通的。但大多数初中语文教师认为，高中生比初中生更适合做语文综合性学习。

（二）高中语文课程标准试验教材（人教版）综合性学习设计

2003年4月教育部制定的《普通高中语文课程标准（实验）》，和2002年颁布的《全日制普通高级中学语文教学大纲》不同的是，高中语文课标中没有对阅读、写作、口语交际提出阶段的目标和要求，也没有明确提出语文综合性学习和目标、要求。课程设计思路是高中语文课程应该包括必修课程和选修课程两个部分。所以，根据课标编写的高中语文教材也没有设计语文综合性学习，而是将语文教科书分为必修和选修两大部分。其中，必修部分按照《普通高中语文课程标准（实验）》规定的五个模块，将教材编为五册，每个模块一册。每一册都分为"阅读鉴赏"、"表达交流"、"梳理探究"和"名著导读"四个部分。其中，第三部分"梳理探究"部分是一些语文专题实践活动，是将阅读、写作、口语交际综合、整合在一起，实际上就是语文综合性学习专题。顾振彪先生在高中语文教材的编写介绍中说："教科书包括语文学科本身各种要素的综合，课内学习和课外学习内容的综合，以及课堂教学和实践活动的综合。"可见，虽然高中语文课标教材没有单独设计语文综合性学习，但是语文综合性学习还是以"梳理探究"专题的形式出现，而且，语文综合性学习也一直体现在阅读、写作和口语交际的综合运用中。具体安排的内容见下表7-1-6。

1. 注重程序性知识的开发

上表列出了人教版新课标高中语文教科书（必修）中的十五个"梳理探究"专题，其中比较倾向于梳理的有"优美的汉字"、"奇妙的对联"、"成语：中华文化的微缩景观"、"修辞无处不在"、"交际中的语言运用"、

表 7 - 1 - 6　人教社课标版高中语文综合性学习专题"梳理探究"统计表

语文 1	语文 2	语文 3	语文 4	语文 5
优美的汉字	成语：中华文化的缩微景观	交际中的语言运用	逻辑和语文学习	文言词语和句式
奇妙的对联	修辞无处不在	文学作品的个性化解读	走近文学大师	古代文化常识
新词新语与流行文化	姓氏源流与文化寻根	语文学习的自我评价	影视文化	有趣的语言翻译

"逻辑和语文大师"和"文言词语和句式"等七个专题，其他八个则更倾向于文化探究。

从知识传递上讲，这些专题有如下几个特点：

第一，背景知识的支撑。背景知识即我们前面讲的陈述性知识，这是获取程序性知识的必要前提。美国教育心理学家加涅曾指出："在学习与应用阶段，陈述性知识和程序性知识以多种方式相互作用，在熟悉的情境中完成胜任性工作，程序性知识似乎特别重要，然而在新的情境中，这两者都是重要的"。① 例如"修辞无处不在"专题中，我们要想对语音修辞、词语修辞或语句修辞进行相关理性分析，就必须在掌握了许多文学作品或是日常生活的语言实例基础上才可能完成。

第二，注重运用的练习设计。从背景知识中提炼出程序性知识这是第一步，而第二步则是将程序性知识运用到实践中去，形成解决问题的技能或能力。如"逻辑和语文学习"专题，这一专题探究逻辑知识，但是并不是让学生系统学习逻辑学，而是使其能够适当地使用逻辑的思想，解决语文学习中的相关问题。

第三，以知识的内化为最终目的。"梳理探究"专题的内容以知识性的介绍和归纳作为底层，引导学生向提取学习方法和策略上转换，使之内化为程序性知识和元知识。

2. 贴近"语文味"的人文性回归

语文学科相比较于其他学科而言，在"教什么"的问题上一直以来就存在着争论。阅读教学中我们教的是一篇篇的课文，但课文仅仅是一个载体，我们的教学内容隐藏在其背后。那么在新的板块"梳理探究"中，我们的教

---

① 皮连生. 智育心理学［M］. 北京：人民教育出版社，1996，139.

学内容是否能够得到确定？

我们首先要明确的是，"梳理探究"并不同于以前的"综合实践"或是"课外活动"课程，它是被纳入课内教学中的一个板块，是和"阅读鉴赏""表达交流"和"名著导读"相并列的。就教学内容而言，它是语文学科内部的。自新课程改革以来，活动课设计中的"泛语文化"问题就一直是人们争论的一个焦点。之所以会出现这样的争论，和我们长期以来对活动课的定位不确定有较大的关系。有的专题活动属于自主设计，内容游离出了语文的范围，学生过多地陶醉于新奇的形式中去，没有固定的目标导向。而"梳理探究"则在内容上起到了明显的限制和示范作用。这种限制和示范在教材设计上体现在如下几个方面：

第一，主题限定和示范。我们可以看到，十五个专题基本上都立足于语文学科的三大理论支柱——语言学、文章学、文艺学。根据中学生的基本素养，提取语文底层理论中最经典和实用的论题，适当展开，深度和广度尽量都控制在中学生"最近发展区"的范围内。如第一册的专题"优美的汉字"，分别从"汉字的起源"、"汉字的形体"、"汉字的构成"、"汉字文化"四个方面做了简略的相关提示，起源和文化部分只限于介绍，而在形体和构成部分则进行了比较细致的分析，基本明确了本次专题的探究倾向在于语言学方向而又涉及文艺学内涵。教材在编制时对课程的主题做一些限制，可以减少实际教学过程中"泛语文"倾向出现。

第二，活动方式限定和示范。我们在上文中提到过，"梳理探究"是课内教学的一个板块，那么，相关活动也应当进行规范。通过对所有专题的整理我们得出表7-1-7。

表7-1-7　　"梳理探究"专题中的练习及活动方式统计

专题 题目	理解 体会	积累	迁移 运用	拓展 延伸	总计
优美的汉字	1	2	1	1	5
奇妙的对联	1	5	3		9
新词新语与流行文化		2	3	2	7
成语：中国文化的缩微景观		7	2	1	10
修辞无处不在	5	3		1	9
姓氏源流与文化寻根	1		2	5	8
交际中的语言运用		2	3	2	6
文学作品的个性化解读	2		2	2	6

续表

专题 题目	理解 体会	积累	迁移 运用	拓展 延伸	总计
语文学习的自我评价		1	2	1	4
逻辑和语文学习	6		5	2	13
走进文学大师		1	3		4
影视文化	2	1	7		10
文言词语和句式		4	3	2	9
古代文化常识	2	5	6	2	15
有趣的语言翻译	1		6	1	8
总题量	21	33	48	21	123

由上表我们可以看到，四种题型都占据着比较重要的地位，其中积累和迁移运用更突出一些，尤其是迁移运用占了总题量的近40%。拓展延伸只占了差不多五分之一的份额，可见，在基本导向上，教材的编制还是非常注重"基本知识与能力"，并没有忽视在语文学习中所需要的语文知识和技能。但是，教材对这些知识技能进行了重组，使其呈现的方式更加科学合理，也更切合学生实际。

第三，探究结果限定和示范。新课标强调教学目标的三个方面：知识能力目标，过程方法目标以及情感态度价值观目标。在"梳理探究"设计中，在教学目标上做了一定的引导，避免了可能出现的盲目性。这里的引导有一个大的前提，就是将学生引入到有"语文味"的学习情境中去，在语文学科领域中摸索前进，无论采用怎样的方式，最终的结果在于培养学生对于语文学习的兴趣，增强他们的语文素养，使他们建构起语文知识的基本思维框架。

3. 民族文化与现代观念的价值整合

《普通高中语文课程标准（实验）》认为高中语文"要为造就时代所需要的多方面人才，弘扬和培育民族精神，增强民族创造力和凝聚力发挥应有的作用"，体现了新课程改革注重民族文化的教育的理念。新课标教材在选文上增加了古典文学部分的内容，强调语文教育所具有的培养学生通过经典文学作品积蓄传统文化和民族精神的教育功能。而同时，我们要培养的是新一代的文化继承者，对于文化的传承不应该是单向的，而应是相互作用的。经典文化与现代思想的撞击是民族精神不断发展的动力，也是保证学生人格完善、个性不受压制的必然途径。"梳理探究"部分在体现出对传统文化进行价值导向的同时，也给予了学生个性发展的空间。十五个专题中，对传统文化进行梳理和探究的有"优美的汉字"、"奇妙的对联"、"古代文化常识"等 7 个。这些专题将语文学习背后的一些奠基性的内容提出来，让学生去整理和思考，培养他们对民族文化的审美情感。

首先，我们先看部分专题导入语：

"汉字作为中华文明起源的重要标志，书写了中华文明的灿烂画卷，承载了华夏文化的历史长河。"

"欣赏对联，可以增长人文知识，了解风俗人情，享受审美乐趣和陶冶情操。"

"汉语成语承载着博大精深的中华传统文化信息。"

"对'根'的探索，不仅能激发我们的自豪感，还能激发我们的民族认同感。"

"探究交际中的语言运用，不仅能提高交际能力，而且也可以由此打开一扇了解传统文化的窗口。"

导言在专题中起到一个引起兴趣和指向目标的作用，我们从以上摘抄的导入语中可以很明显地发现其对传统文化的渗透。

其次，从实例选取上看，如"交际的语言运用"专题，选取的角度分别是"称谓语"、"禁忌语"和"委婉语"，这样的实例选择方式与现今各大畅销书中探讨的有关"交际"的内容是大相径庭的。这几个角度下所举的实例也大多是从中国古代交际中需要注意的一些文化常识说起，逐步过渡到现今生活中来，引导学生联系古今中外各种文化现象，运用自身的具有民族性的思维方式来进行探究。

再次，"梳理探究"在每一专题后都设计了"课外延伸"板块，使学生将课堂上的思考在课后得到延续。由于课外部分少了时间地点等客观因素的限制，在设计上便多了几分灵活性，同时也更有可能促进传统与现代文化的融合。如"姓氏源流与文化寻根"专题的"课外延伸"部分：

"文化往往具有地域色彩。比如产茶的地方可能发展出独特的茶文化，产酒的地方可能发展出独特的酒文化，产竹子的地方有竹工艺文化，还有的地方有舞狮文化、陶瓷文化、丝绸文化，乃至各地做菜的工艺特色都可以发展出具有当地文化特色的饮食文化。你所在的地区有什么独具特色的地方文化？这种文化是怎么形成的？试考察一下，写一篇短文。"

在现代钢筋混凝土浇灌的都市里，许多宝贵的文化遗产都只残留了些许商品的痕迹。题目引导学生探寻自己身边的文化线索，了解其积淀下来的民族意蕴。

母语教育具有其特殊性，从形式到内容上汉语都充满了浓郁的民族和历史的人文精神，因此，语文教学不仅仅要给予学生熟练运用汉语的能力，更需要丰富其个性化精神体验和本民族化的人文情感。

4. 跨学科内容的工具性介入

许多人认为，语文教材本身的选文就是"跨学科"的，因为选文中涉及了物理学、生物学、数学、心理学等各方面的内容。但是，这些只是提供我们在语文学习中使用的媒介，它们并非我们的学习目标，我们通过这些媒介来学习的是语言学、文章学和文艺学的内容。这种"跨学科"的介入方式我们且称之为文选式介入。而新课程改革以来，我们对于跨学科综合性学习的呼声越来越高，要求在语文课中实现学生的素质全面发展，但语文课现在还不可能真正地实现大语文化，它有其当代的教育任务，还必须围绕着一个科目自身的课程目标进行教学设计。

"梳理探究"部分中，"逻辑和语言大师"、"影视文化"和"有趣的语言翻译"等专题涉及了跨学科的内容整合。逻辑学、影视学和翻译学分别被引入到专题中，且并不是以文选的方式，而是以工具性的方式进入语文课程。例如，在"逻辑和语言大师"中，教材介绍逻辑学的概念、命题和推理，都是为学生学习语文相关内容提供可借鉴的工具。

（三）人教版初、高中教科书"综合性学习"的比较

人教版初中教科书中"综合性学习"板块于 2001 年正式编入教材，比"梳理探究"提前两年，这一部分与"梳理探究"有着极大的相似之处，尤其是在理念、价值和实施方式上，都对"梳理探究"起到了较好的借鉴和参照作用。并且，作为综合性学习的发展阶段，"综合性学习"与"梳理探究"在一定程度上有着承接的关系。因此，我们从课程指导理念、编排特点、活动实施方式、专题内容设置以及实施以来存在的问题等几个方面对这两者进行了比较，探究它们的异同，试图为"梳理探究"的实施寻找更为有效的方案。

1. 课程理念的比较

《全日制义务教育语文课程标准（实验）》提出了语文课程的四个基本理念：全面提高学生的语文素养，正确把握语文教育的特点，积极倡导自主合作探究的学习方式，努力建设开放而有活力的语文课程。2001 年初审通过的人教版初中语文教科书中的"综合性学习"是继之前"课外活动"、"语文实践活动"板块后出现的一个全新的综合化程度较高的新型板块，它的出现体现了教材编写理念的一个转变，也为高中教材"梳理探究"部分的编制和实施做了前期的准备。《普通高中语文课程标准（实验）》对语文课程的

理念也做出了相关阐释：全面提高学生的语文素养，充分发挥语文课程的育人功能；注重语文应用、审美与探究能力的培养，促进学生均衡而有个性地发展；遵循共同基础与多样选择相统一的原则，构建开放、有序的语文课程。

从课程理念上看，首先，针对学生的发展特点，高中教材在承接初中全面提高学生语文素养之外更注重语文课程的育人功能，指向性更强，明确提出要帮助学生"适应未来学习、生活和工作的需要"。其次，对于探究的理念，初中课标强调的是学习方式的培养，而高中阶段，由于学生基本学习能力已经具备，更强调的则是学生的应用、审美和探究能力的培养，"在继续提高学生观察、感受、分析、判断能力的同时，重点关注学生思考问题的深度和广度"。最后，初中课程强调"开放而有活力"，而高中课程则重视"开放"和"有序"，高中课程更注重"相对稳定的结构"基础上的"富有弹性的实施机制"。

2. 编排方式比较

初中教材是在每个单元后面设置综合性学习，每册六个单元也就有六个综合性学习，并且是与"写作"和"口语交际"放在一起构成"综合性学习·写作·口语交际"板块。这种编排方式使综合性学习摆脱以前独立于学科课程的"语文实践活动"的地位，并同时承担了写作和口语交际的课程任务，将写作和口语交际变为综合性学习的主要手段或目的，使各项课程资源被整合在一起，成为教材单元中的一个有机组成部分。

而高中教材的"梳理探究"则是独立编排的一个板块，与阅读单元和"表达交流"之间没有必然的联系，虽然写作和交流仍然是其重要的学习方式，但是只是作为辅助作用而不占据中心地位。

3. 活动实施方式比较

初中"综合性学习"在实施过程上具有"可操作性和连贯性"、"单次活动的具体流程大体相同"[①] 的特点，"每册的第一、三、五单元综合性学习的形式相对统一，即把写作、口语交际整合于综合性学习之中，又很连贯，在规模小、层次少的活动中培养语文的综合素质，尤其是培养学生的口语交际能力和写作能力"。"第二、四、六单元综合性学习的形式相对一致，它们以培养学生自主、合作、探究的学习习惯为主要目标，在为学生提供一个母课题的前提下，又设计了若干层次的子课题，倡导学生发挥自主精神，

---

① 倪文锦. 初中语文新课程实验教科书"综合性学习"单元比较研究. ［J］. 中国优秀硕士论文数据库. 2005, 10.

自行设计、自行组织、自行探究，在活动中培养学生发现问题、分析问题、解决问题的能力，培养学生搜集、筛选、整理资料的能力"。① 初中注重"自主、合作、探究"的学习方式，有着比较固定的活动程序："确定主题、进入情境——明确任务、规定方案——运用知识、实践体验——成果展示、总结反思"。②教材中对于"综合性学习"的具体流程基本上做了明确的步骤演示，如七年级上册第一单元的综合性学习："这就是我"，教材给出了两个活动方案："自我介绍"、"推荐自己"和"模拟面试"，要求可以在这两项活动中"任选一项"。

高中教材"梳理探究"在实施方式上则更关注学生内在的素养提升，而对于形式没有作出明确的指示。每个专题中只是给出相关的知识，为探究作出基本的铺垫，并设置相关探究类问题，引导学生进行思考和探究。

4. 专题内容设置比较

初中"综合性学习"与高中"梳理探究"的内容设置都具有较强的人文性特点，"综合性学习"尤其注重文化探究与学生实际的结合，而"梳理探究"则更重视文化探究与语文学科理论的结合。如初中八年级上册第二单元"说不尽的桥"，这一活动设置放在"建筑园林、名胜古迹"说明文单元之后，要求学生对自己实际生活中走过的一些桥进行观察并写介绍性文字，写"司机指南"和"交通解决办法"，或者进行桥梁设计活动。可见，初中"综合性学习"强调的是渗入学生的生活经验和参与意识，范围选择性较广。

高中"梳理探究"板块，如"修辞无处不在"、"走进文学大师"都是明显的切近语文学习实际，语文味很浓的。而如"影视文化"等专题，将日常生活的内容引入课堂进行探讨，但是教材在问题设置上仍然注意了向语文意味的转移，例如"影视文化"专题的练习："许多电影都是小说改编而成的，这种由'语言艺术'向'视听艺术'的转化要借助那些艺术手段？请就你所熟知的某部影视作品和文学原著进行比较，分析一下他们各自的艺术特色。"

从内容的知识性上来说，"综合性学习"是对学生听说读写等基本语文能力的整合，将听说读写进行杂糅，但是仍可以看出各个知识训练点的痕迹，尤其是与写作训练密不可分，"综合性学习"中的写作，更加注重应用性和文化思索。"梳理探究"也注重对语文基本知识系统的梳理和整合，且更加强调程序性知识的开发。

------

①②倪文锦. 初中语文新课程实验教科书"综合性学习"单元比较研究. ［J］. 中国优秀硕士论文数据库. 2005，10.

5. 实际使用存在问题的比较

在初中综合性学习实践中，我们做了许多大胆的尝试。但也发现了不少问题，主要有这样几个方面：第一，关于语文综合性学习主题设计的目的与意义，教材并未作深入的具体说明，需要教师自我理解。第二，综合性学习的资源开发应该高度体现出本土化特征，而教材中综合性学习的主题设计表现出寻求普适性的倾向。第三，综合性学习对教师和学生而言，是经验上的盲区，因此教材关于综合性学习的弹性设计更有可能导致活动实施的盲目性与随意性。第四，部分语文综合性学习活动主题偏向宏大，对经济发达地区与条件优越学校的学生较为有利，而经济落后地区与偏僻农村学校的学生大多只能望洋兴叹。

高中的"梳理探究"出现得比"综合性学习"晚，对此作了一些更科学的调整，但是上述几个方面的问题仍然在一定程度上存在。首先，在主题设计的目的和意义上，"梳理探究"更明确一些。温立三指出："前 7 个专题侧重梳理，梳理是在积累基础上的梳理；后 8 个专题侧重探究，探究的目的是要有所发现有所创新；梳理侧重语言现象和语文知识，探究则侧重文学和文化现象。"但是具体的目标仍旧没有给定，需要教师在教学过程中不断挖掘。其次，在资源开发的本土化上，由于是全国性的教材，无法得到统一，但也有如"姓氏源流与文化寻根"之类针对各个地区文化进行设计的内容。第三，在经验性上，由于综合性学习的先期实行，新升入高中的学生对于这种形式已经有了一定的了解，实施起来阻力较之以前会有所减小。而在活动主题上，"梳理探究"明显更倾向于语文课本身的内容，活动需要借助的外界因素较之"综合性学习"要少得多。

第二节　写作教材解读

写作是一项以书面形式表达自己思想情感的语言表达活动。它是社会交际的重要手段，也是语文教学的重要组成部分。写作能力是一种综合能力，它是学生的语文能力、思维能力、生活体验、知识积累与文化修养以及写作习惯的综合体现。写作能力的形成需要长期培养，综合训练。但学校的写作教学因受时间、应试观念以及写作教材等因素的影响，教学效果不彰，学生写作能力难以有效形成与发展。为此，加强对写作教材的研究，努力把写作知识、技能与学生的写作实践密切联系起来，使写作教学更贴近学生的生活实际，为学生自主写作创设更广阔的空间，提高写作教学的质量，是十分必要和迫切的。

一、现行中学语文写作教材概览

（一）写作教材编制理念

1. 自主写作观

写作教学要"鼓励学生自由表达、有个性地表达、有创意地表达，尽可能减少对写作的限制，为学生提供广阔的写作空间"，[①] 这是课程标准提出的新理念。所谓"自由表达"，是指要减少学生写作内容和形式的限制，学生想写什么就写什么，想用什么文体表达就用什么文体表达；教师应帮助学生消除对作文的畏难情绪和恐惧感，从而激发学生的写作兴趣和自信心，变"要我写"为"我要写"。所谓"有个性的表达"意在鼓励学生"我手写我心"，怎么想就怎么写，努力用个性化的语言表达自己的思想情感。"有创意地表达"，主要针对的是以往写作教学中学生闭门造车，写假话，写空话，写套话，导致作文千篇一律。为此，现行语文教科书写作教材大力倡导自主作文，淡化了功利色彩；强调学生要体验生活，感受人生，多质疑，多思考；鼓励学生写真话，抒真情，为表达情感、交流思想而写作，矫正为文造情的弊端。因此，教材首先要注重激发学生的写作兴趣。教材所选择的写作素材是与学生密切联系的学习、生活以及社会中的热点问题，即学生能够认识并且易于表达的，以帮助学生解决"写什么"的问题。其次，教材还注重引导学生通过观察分析自然的、生活的与社会的现象，学会独立思考，逐步认识到"写作是认识世界、认识自我，进行创造性表述的过程"，让写作成为自己生活的一部分，成为提升自我的精神世界、完善个性的过程。最后，尊重学生的写作主体性，鼓励学生自主写作，自由表达。一方面，教材对学生作文的立意与文体不作硬性规定，允许学生大胆设想，鼓励不同观点之间的相互碰撞与交流；另一方面，淡化文体要求，学生可以选择自己熟悉、喜欢的文体进行写作；第三，教材设计"自由作文"单元，开辟"自主作文区"；第四，写作教材多引话题、给范围、供材料，以鼓励学生自由地记事、写人、议论、抒情，表达真情实感。不过，在倡导学生自主写作的同时，还需要注意研究的问题是：如何认识文体规则对学生写作实践的规范和指导作用，以避免产生学生写作难以适应社会交际规则的现象；如何既保护学生写作的自主性，又对学生进行写作全程的积极引导，以避免有些学生天马行空，各行其是，逾越了社会道德与价值观念的底线。

[①]　中华人民共和国教育部制订. 普通高中语文课程标准（实验）［S］. 北京：人民教育出版社，2003，17.

2. 生活本源观

从心理学角度看，写作是一种心理需求，是一种情感宣泄。这种需求和宣泄，不是一时心血来潮，更不是无病呻吟，而是来源于生活积累，来源于对生命意义的认识与感受。因此，学生写作文，也应该是把自己眼睛看到的、头脑想到的、心灵感悟到的东西写下来，抒发自己内心的情感，显现自己生活的情趣，表达自己对生活的见解。写作应该是一种发自内心的生命行为，接触生活，体验人生，认识社会，是丰富写作素材、解决无话可写的关键。正如叶圣陶先生所言："生活就如泉源，文章犹如溪水，泉源丰盈而不枯竭，溪水自然活泼泼地流个不歇。"[1] 课程标准也强调：在写作教学中，教师应鼓励学生积极参与生活，体验人生，关注社会热点，激发写作欲望。现行的语文教科书中的写作教材努力把写作与生活联系起来，体现了生活本源理念。为此，写作教材设计多种活动情境，营造学生参与活动的氛围；还通过编写指导短文、设计作文题目等手段，引导学生在学校、家庭、社区和大社会中多观察、勤思考、重积累，用心感受生活百味，体验生活真谛，思考生活哲理，从而发现意义，悟出道理，品出情趣，让学生在自觉与不自觉之中拥有写作素材，产生一吐为快的冲动。

3. 实践过程观

长期以来，我国语文教科书中的写作教材与教学实施，往往只把写作活动视为学生"动笔写"——这实际上窄化了写作过程。虽然，有研究者早就提出了"注重作文的全程训练"观点，[2] 但语文教科书中的写作教材并没有产生明显变化。"新课标"再次强调了写作教学应全面关注写作过程，倡导个人写作应与他人（父母、同学、朋友等）交流，强调学生自我修改的重要性，为此，写作教材首先凸显了写作过程是促进学生认识世界、认识自我的过程。写作教材特别是高中的写作教材有意识地选取了社会、人生的热点作为写作话题，着眼于学生主体的发展，帮助学生树立正确的人生观、价值观，实现写作教学的内在价值。其次，强调写作过程是培养学生对未来社会的适应过程。写作教材选择了与社会生活结合密切的应用文体，培养学生实用性技能，为就业谋生做准备，实现写作教学的外在价值。最后，体现了写作过程是学生自我体验与表达能力形成和发展的过程。实践写作过程的要点是：第一，在现实生活中开发和挖掘写作素材，是解决学生"写什么"的前

---

① 叶圣陶. 叶圣陶语文教育论集. 北京：教育科学出版社，1980，225.

② 顾黄初 - 注重作文全程训练. 见刘国正. 中国现当代名家作文论. 郑州：文心出版社，2000：802－806.

提。写作教材应注重引导学生做有心人，在生活中、在阅读中、在网络上搜集素材。第二，构思立意、列纲起草、选择恰当的表达方式是学生用书面语言表达自我，解决"怎么写"的关键。写作教材继承了我国写作学的研究成果，把思维、语言发展、写作知识、技能训练有机结合起来，指导学生写作。第三，独立修改自己的文章是写作教材着力强调的过程。修改语言，既是调整与修炼语言的过程，也是深化认识与发展思维的过程。修改语言，就是修正对社会，对人生的认识；锤炼语言、调整结构就是锻炼思维。写作教材编辑了较多的修改文章的训练，实质上就是希望学生在修改作文的过程中，逐步提高书面语言表达能力与认识思维能力。总之，写作教材应强调作文教学的全程训练，强调引导学生亲自实践写作的全过程，这样，就可以使学生写一次有一次收获，从而逐步提高写作教学的质量。

4. 遵循规律观

写作是一个复杂的、富有创造性的智力活动过程。写作要经历"物——意——文"的双重转化过程。[①] 第一重转化是现实生活、客观事物向作者"头脑"的转化，依据反映论的精神，能动地、本质地、真实地将现实生活、客观事物转化为作者的认识（观念和情感）；第二重转化是作者的观念、情感向文字表现转化，遵循表现的原则，有"理"有"物"，有"序"有"文"地将作者头脑中的观念、情感转化为书面语言。写作研究与实践还证明，阅读是吸收经验，丰厚积累的基础，是写作的重要资源。叶圣陶也指出："读与写甚有关系，读之得法，所知广博，眼光提高，大有助于写作练习。"[②] 因此，现行语文教科书中的写作教材都大力倡导读写结合。首先是倡导学生多读。"读书破万卷，下笔如有神"，教材借鉴古人以读促写的经验，编辑了配套的自读课本和选修教材，试图通过多读，促使学生获得素材的积累、思想的提升、情感的熏陶，以实现"物—意"的转化。其次是引导学生多揣摩。教材把阅读教学与写作教学结合起来，捕捉课文中的读写结合点，在课后练习和写作单元中以阅读单元课文的内容为素材设计写作话题，"使学生试去揣摩它们（课文），意念要怎样地结构和表达，才能正确而精密，揣摩不出，由教师给予帮助；从这里学生得到写作知识。如果不试去理解，不试去揣摩，只是茫然地今天读一篇朱自清的《背影》，明天读一篇《史

---

① 刘锡庆. 基础写作学. 北京：中央广播电视大学出版社，1985.
② 叶圣陶. 叶圣陶语文教育思想研究. 南京：江苏教育出版社，1990.

记》的《信陵君列传》，那是得不到什么阅读与写作的知识的"。[1] 引导学生在理解、揣摩的过程中积累语言，培养语感；学习作家思考生活和表达生活的角度、方法和技巧，以促进学生"意—文"的转化。最后是指导学生学习技能。"文无定法"是写作的最高境界，但对于绝大多数初学写作的中学生来讲，怎样表达自己的思想情感，仍然是写作中的难题。因而现行的各套初、高中语文写作教材，都以不同的方式编辑了若干的基础知识和基本技能训练，帮助学生在写作实践中，从依"法"表达，逐步走向"文无定法"的自由表达目标。

（二）写作教材的体例

1. 综合性体例

综合性体例，是指写作教材对每一次写作都从话题、写法、实践等方面加以指导的体例。如人教社课标版高中《语文》教科书（必修）中的写作教材，每册 4 个单元，每一单元设计一个专题，全套教材共 20 个单元，20 个专题。这套教材有以下特点：第一，既关注"写什么"，又关注"怎么写"。每一个写作专题包括"话题探讨"、"写法借鉴"和"写作练习"三部分内容。"话题探讨"提出"写什么"的问题，接着的"写法借鉴"对"写什么"进行具体分析，在分析过程中带出"怎么写"，在写法上加以点拨。"写作练习"是在这个"写什么"的范围之内，设计若干个参考题目让学生练习（可以选做）。第二，"话题探讨"、"写法借鉴"与"写作练习"三者密切结合，使学生在人文素养和写作能力上同时得到提高。第三，在解决"写什么"的基础上谈"怎么写"，符合形式服从内容、写法服从题材的写作规律，有利于提高学生的写作水平。[2] 第四，相对集中的技能训练。第一册、第二册主要学习并实践复杂记叙文中常用的各种表达方式；第三册、第四册主要学习并实践议论的各种表达方式；第五册是各种表达方式的综合实践。其安排情况如表 7－2－1。

---

① 叶圣陶. 略谈学习国文. 载全国中语会. 叶圣陶吕叔湘张志公语文教育论文选. 北京：开明出版社，1995，14－15.

② 转引自倪文锦. 高中语文新课程教学法 ［M］. 北京：高等教育出版社，2004，249－250.

表 7-2-1　人教社课标版高中语文写作教材安排简表

	一单元	二单元	三单元	四单元
语文 1	心音共鸣　写触动心灵的事	亲近自然　写景要抓住蒋征	人性光辉　写人要凸显个性	黄河九曲　写事要有点波澜
语文 2	直面挫折　学习描写	美的发现　学习抒情	园丁赞歌　学习选取记叙的角度	想象世界　学习虚构
语文 3	多思善想　学习选取立论的角度	学会宽容　学习选择和使用论据	善待生命　学习论证	爱的奉献　学习议论中的记叙
语文 4	解读时间　学习横向展开议论	发现幸福　学习纵向展开议论	确立自信　学习反驳	善于思辨　学习辨证分析
语文 5	缘事析理　学习写得深刻	讴歌亲情　学习写得充实	锤炼思想　学习写得有文采	注重创新　学习写得新颖

2. 以写作技能为序的体例

这是一种以写作技能为纲组织写作教材的体例。现行语文教科书中的写作教材多以写作的客观程序来确定写作技能训练的重点。如语文版高中（必修）写作教材，选取了写作过程中重要的技能编辑成五个专题，1-5 册五个分别安排的专题是：立意与选材、思路与结构、语言与表达、创意与个性、修改与润色。在每一个专题中，又编辑了"写作导引"、"写作实践"两部分。"写作导引"一般先举例讲解本单元的训练重点，然后提供材料，让学生围绕训练重点进行讨论，以加深对本单元训练重点的认识，之后再进行写作练习。

3. 以写作情境为中心的体例

这是一种致力于创设情境，沟通课堂内外、学校内外的写作教学体例。这种体例让学生在具体的情境中观察、感受和思考生活，从生活中选择写作素材，然后再进行写作；或要求学生走出学校，通过调查、访问等手段从现实情境中获得资料，然后再进行写作。这是把写作与综合性学习、口语交际等整合为活动教材的写作体例。这样做的目的：一是培养学生的观察、想象、分析、概括和表达等综合能力，从整体上提高学生的写作水平；二是使写作生活化、情境化，既有了一定的目的、场合，又有了写作素材，解决了"用什么写"、"写什么"的问题；三是在此基础上的教师写作指导能对学生的写作实践起到真正的辅助作用。如人教版初中语文教科书中的写作教材就把"写作同综合性学习整合在一起，就是力图实现从写作知识中心到写作实践中心的转变"。[①]如人教版第八册（下）"古诗苑漫步"单元中的"分门别类辑古诗"，要求学

---

①　顾振彪. 21 世纪初初中作文教材（人教版）的改革. 语文学习［J］. 2004（1）：5.

生"以古诗中的_____"为题，编写专题诗集；要求学生为诗集起书名——作题解——简介内容——加点评——写前言（或后记）。这一设计就给学生读古诗、解古诗、讲古诗、评古诗、反思自己学古诗的过程，创设了一个具有限制性的语境，同时，在客观上为学生提供了多种样式的写作实践活动。

此外，语文版高中（必修）写作教材，除分专题编写之外，还注重与"探究性学习"相结合。如第三册的探究性学习"走进经济生活"，要求学生写调查报告，并简单讲述调查报告的基本结构；第四册的探究性学习"广告语面面观"，简单讲述广告词的修改、设计以及说明文字等，同时在研究专题中设计了富有挑战性的写作实践——设计一则广告词并附上说明文稿。

4. 与多媒体技术整合的体例

把写作教学与现代技术整合起来，是写作教材的一大突破。如人教社课标版高中语文教科书（必修）写作教材，在每一册都编有网络作文建议（详见下表7-2-2）。每一次网络作文都是针对本单元写作教材中的一个题目或两个题目进行设计的，主要目的一是对网络作文的流程进行粗线条的指导；二是设计明确的网络作文写作任务，培养学生的写作技能；三是根据网络特点，使设计具有开放性，而学生的自主写作空间也更大。

表7-2-2　人教社课标版高中语文网络作文安排简表

册数	语文1	语文2	语文3	语文4	语文5
内容	建立作文主页；评价他人文章，修改自己的文章	建立"资料包"；小组编辑电子版书	设立"谈'共处'"和说"宽容"两个讨论区；发表意见，点评他人作文	幸福指数调查；小组写调查报告；汇总调查情况	设立"亲情"主页；设"荐读区"、"铡区"、"聊天室"

5. 与附录结合的体例

现行写作教材编选的应用文采用了与附录结合的体例。即在写作专题中只提出应用文的任务，不讲解有关应用文的写作知识，范文集中编写在语文教科书的附录中。如苏教版初中教科书是以"示例"方式，把常用的28类应用文（借条、收条、便条、留言条、请假条等）按照由简单到复杂的顺序编辑于各册书的附录中。每例采取旁批的格式，左边提供范文，右边以范文为例，列出对该应用文体的格式、内容、表达方式等方面的解说。对应用文的写作要求是"仿写"，如第七册（上）第一单元要求仿写"通知"，第七册（下）第二单元要求仿写入团"申请书"，等等。

此外，有的编辑者还在教材的空白处，以"补白"的形式编写了一些写作知识，如表7-2-3。

256

表7-2-3　人教社课标版高中语文写作教材选编的"补白"统计表

册次	第一册	第二册	第三册	第四册	第五册
写作教材内容	人性光辉写人要凸显个性	无	多思善想学习选取立论的角度	发现幸福学习纵向展开议论	缘事析理学习写得深刻
补白内容	摘录金人瑞、李贽、毛宗纲对《水浒》、《三国志》人物描写的评价	无	养成整体构思的习惯	养成认真修改的习惯	养成文面美观的习惯

二、初中写作教材解读

（一）写作内容

人教版教材写作系统有三个特点。首先，人教版的这套初中教材最鲜明的特点是将写作与口语交际、综合性学习整合在一起。这样编排，既体现了语文学习的综合性和整体性，又符合写作先要开展活动，激发学生的写作热情，积累好写作材料，然后才能顺畅写作的特点。而这种写作模式也就是李白坚所谓的"前作文教学法"，[①] 与杜威的"做中学"活动课程同出一脉。也就是说，这种编排能让学生在一次次的综合性实践活动中讨论调查与研究的结果，激发出情绪、情感，碰撞出思维的火花，并在此基础上写出文章。

其二，以话题为核心训练点。36次作文，36个话题，展现了"语文即生活的外延"这一思想。古人云：世事洞明皆学问，人情练达即文章。只有对生活进行观察、挖掘、理解和体验，才会得到学问，才能写成文章。写作关键在于成为生活的有心人，在看似平淡的生活中发掘出情趣和意义，在看似单调的生活中体验出波澜与启示。人教版从学生的现实需求出发，用感兴趣的活动来开展作文训练，写作的内容不限于学校、课堂，把大自然和社会列入其中，尊重了学生的亲身实践、主动参与、主动体验、主动探究。

其三，兼顾文体训练。七年级基本上都是记叙文的训练，以绘人、叙事、写景、抒情为主，比如"成长的烦恼"这一单元，去采访妈妈、爸爸、老师、朋友等人少年时期所遇到的烦恼，怎么对待那些烦恼，如何评价当年的那些烦恼等，然后就这个问题与它们做交流写成一篇作文。八年级就引入了说明文训练，比如"说不尽的桥"这一单元，让同学们去了解、搜集"步石"桥、独木桥、钢筋混凝土桥等修建情况资料，写一篇500字左右的介绍性文字。"莲文化的魅力"这一单元，要求以莲为话题写一篇说明性的

---

① 段双全. 语文教研的理论视野与实践追求［M］. 北京：语文出版社，2011，138-139.

文字，说明莲的历史、品种、用途等。九年级就开始往议论文训练方向靠拢，"金钱，共同面对的话题"这一单元，要求学生写调查报告，分析消费状况所潜伏着的深层原因，以及对待金钱应该持有怎样的态度，学生们通过发表议论感慨提升写作思辨能力。可见，人教版的写作训练不仅关注写作文体，而且还从学生实际出发，注重写作文体训练的先后顺序。

下面，对初中阶段三个年级的写作任务进行举例说明，如表7-2-4。

表7-2-4　人教版初中语文写作任务情况统计

年级	上册	下册
七年级		1. 请从下列三项活动中任选一项。（1）选择自己最苦恼的一件事或几件事，写一篇日记。（2）通过采访妈妈（爸爸、老师、朋友等），就他们少年时期的烦恼与他们交流，然后写成一篇作文，题目自拟。（3）写一封信，帮助朋友化解烦恼，争取说得入情入理，使人信服。
	1. 以"这就是我"为题，写一篇500字左右的作文，尽量写出自己的个性。	
	2. 在下列题目中任选一题，写一篇作文。（1）"生活处处有语文"给我的启示。（2）我从中学到了语文。（3）关于规范街头用字的建议。（4）小议荧屏错别字。	2. 任选一项。（1）以"我心中的黄河"为题，写一篇作文，抒发你对黄河的感情。（2）家人你目睹黄河被污染的情况，会想些什么呢？自拟题目写一篇作文。（3）写一则周记，总结一下参加《黄河，母亲河》综合性学习活动的收获。
	3. 请你自拟题目，写一篇作文，模拟现实世界或想象世界中的一种景致，希望你能把自己的情感融入字里行间。	3. 请你以最崇敬的名人为话题，写一篇作文。题目自拟，文体、字数不限。
	4.（1）班上准备一个本子，以"我在月球上的一天"为题，全班同学每天写一段话，进行故事接龙。（2）围绕"月球"这一话题，展开想象，写一篇五六百字的文章。（3）在你的日记本上，写下你参加这次活动的心得体会。	4. 从以下话题中，任选一个，写一篇作文。（1）介绍你所知道的某一剧种的历史发展概况和特点，要做到条理清楚，言简意明。（2）选择你喜欢的一出戏，就其主要情节发挥想象，编写一个小故事。（3）在你看戏、听戏、学戏的过程中，你一定有些感想或者有趣的经历，把它们写出来。
	5. 以探险为话题，写一篇作文，题目自拟，体裁、字数不限，要尽量写得生动，有意思。	5. 下面三项活动中，任选一项，先与他人交流，然后写成作文。（1）老照片的故事。（2）我家的一件珍品。（3）妈妈的唠叨。

续表

年级	上册	下册
七年级	6. 以下两题选做一个（1）从你搜集到的与马有关的材料中选取一则自己最感兴趣的，改写成一个小故事，力求把事情发展的经过叙述清楚，不少于500字。（2）以"马，人类无言的朋友"或"马，我为你哭泣"为题写一篇作文，谈谈你在这次活动中的感想，恰当引用一些自己搜集的资料，文章应不少于500字。	6. 在下面两题中，任选一题。（1）在上述讨论的基础上，写一篇作文，题目自拟。例如"人类起源概说"、"'神创论'可以休矣"、"人类起源神话的魅力"、"'外星人说'之我见"。（2）我国国宝"北京人"头盖骨在抗日战争时期不幸失踪，举国为之震惊。请搜集有关资料，写成一篇作文，题目就叫"国宝失踪之谜"。
八年级	1. 在《世界何时铸剑为犁》活动的基础是，写一篇文章。可以是：（1）记叙这次开展某活动的经过。（2）分析、评论某一件大事或某一个问题。（3）想象未来的尖端武器和战争。根据具体情况确定文体，字数不限。	1. 任选一题。（1）为母亲写一篇小传，力求全面反映母亲的个性和人格特点。可以附上母亲的照片及其他相关资料。（2）以"妈妈，你听我说"或"母爱"为题，写一篇作文，文体、字数不限。
	2. 白拟题目，以"让世界充满爱"为主题，写一篇记叙文，不少于500字。	2. 以"我心目中的春"或"在这个不寻常的春天里"为题写一篇作文。
	3.（1）观察你走过的一些桥，了解、搜集有关它们的一些情况等资料，写一篇500字左右的介绍性文字。（2）试就家乡城市里某座立交桥写一篇"司机指南"式的短文，400字左右。（3）就行人在马路上横冲直撞的现象进行调查，提出解决办法，写成一篇500字左右的文章。	3. 任选一题。（1）根据下面的两则材料，尝试写一篇科学小品或科学童话。（2）在各种科技类书刊中或者相关网络上，查阅、搜索最新的科技成果，写一篇说明性文字，向大家作介绍。

年级	上册	下册
	4. 在充分讨论以上三个问题（上网利弊谈、事物的正确答案只有一个吗、关于克隆的争议）的基础上，自拟题目，写一篇文章，500 字左右。要求观点明确，材料充实，条理清楚。	4. （1）以小组为单位，探寻节日起源，搜集有关这些节日的传说、故事，尝试以"的起源"为题，各小组完成一份研究报告，在班上交流。（2）以"找家乡的节"为题，写一篇600 字左右的文章。要综合运用叙述、描写、抒情等表达方式，表现当地过节的风俗习惯和热闹场景，抒发你对家乡的热爱之情。
	5. 编一首《采莲曲》。	5. （1）以"古诗中的"为题，编一本专题诗集，为诗集写一篇"前言"或"编后记"。（2）选择你最喜欢的一首诗，为它写一篇三五百字的赏析，简要介绍一下这首诗的作者、题材、风格、意境、语言等方面的特点。
	6. 请你对搜集到的资料（中秋节、三峡、电脑）加以整理，并在此基础上，写成一篇专题小论文。	6. 写一篇游记，介绍家乡的风景名胜、人文景观。
九年级	1. 任选一个季节中的雨作为描写对象，抓住带给你的某一种突出的感觉，写一篇抒情文章。	1. 以土地为话题，写一篇抒情性的文章或者一首小诗。
	2. 以"笑对失败"、"善待他人"、"竞争与合作"中的一个为话题，写一篇演讲稿。	2. 根据个人的兴趣和特长，自拟题目，选取一个与小说有关的话题，写一篇作文（包括写小说）。
	3. 我们步入青春，可以说开始用"两条腿"走路了，请以此为话题，写一篇作文。	3. 以"在社区活动站的日子里"为题写一篇作文。
	4. 撰写关于读书的作文。	4. 自选一段乐曲或一首流行歌曲，反复聆听，选好一个角度，写一篇文章，立意自定，体裁自选，字数不限。
	5. 调查同学怎样消费，认真统计有关数据，自拟题目，写一篇调查报告。	5. 以孔子或孟子的某一句名言为题，写一篇议论文，内容不限，题目自拟，600 字左右。注意立论要有依据。
	6. 自选角度，自拟题目，以风流人物为话题，写一篇作文。	6. 以"岁月如歌"为题写一篇文章，体裁、字数不限。

（二）初中语文写作教学核心任务分析

在初中语文写作教学中，教师应引导学生完成以下任务：（1）写作时考虑不同的目的和对象；（2）写作要感情真挚，力求表达自己对自然、社会、人生的独特感受和真切体验；（3）学会观察生活，发现生活的丰富多彩，捕捉事物的特征，力求有创意地表达；（4）根据表达的中心，选择恰当的表达方式；（5）能合理安排内容的先后和详略；（6）能运用联想和想象，借助多种方法，丰富表达的内容；（7）学会在写作过程中搜集素材、构思立意、列纲起草、修改加工。

下面，分别对叙述、描写、说明、议论表达方式的核心任务分析如下：

表 7-2-5　叙述表达方式的训练

任务	陈述性知识	程序性知识	元认知知识
寻找案例、分析：看一段叙述学生社会实践活动的文字	叙述的写作要点	查找叙述学生社会实践活动的文字	叙述可以让更多人了解学生活动的状态。
设定情境：看两段叙述文字	简单叙述和详细叙述的区别	对比两段叙述，体会详细叙述的表达效果	不同的叙述方法，会有不同的效果
片段练习：找出叙述简单的记叙文的问题	叙述简单的记叙文的问题	列举叙述简单的记叙文的问题	叙述简单是记叙文的大忌

表 7-2-6　描写表达方式的训练

任务	陈述性知识	程序性知识	元认知知识
寻找案例、分析：选取一段父亲给孩子送钱的描写	描写的写作要点	查找描写父亲给孩子送钱场景的文字	描写可以渲染人与人之间的情感
设定情境：对比一简一繁了解细致描写的表达效果	简单描写和细致描写的区别	对比两段描写，体会细致描写的表达效果	不同的描写方法，会有不同的效果
片段练习：练习通过描写使语段生动	描写的写作要点	通过描写使语段生动的方法	细致的描写可以使语段生动
写作：写一小段描写	写的写作要点	写一小段描写的文字	不同的人有不同的描写风格

表7-2-7　说明表达方式的训练

任务	陈述性知识	程序性知识	元认知知识
寻找案例、分析：阅读对蜘蛛进行解说的两段文字	说明的写作要点	查找说明蜘蛛的文字	说明是普及科学知识的一种重要方法
设定情境：分发四篇范文，说出文章的精彩之处	简单描写和细致描写的区别	对比四篇范文，说出每篇文章的精彩之处	不同的说明方法，会有不同的效果
片段练习：改写一段说明圆珠笔的文字	说明圆珠笔的文字存在的问题	列举说明文的问题，针对问题进行修改	对说明文字的修改要有针对性
写作：选取身边熟悉的事物，写一篇有创意的说明文	身边熟悉事物的特点说明的写作要点	写一篇有创意的说明文	写说明文可以进一步增进自己对熟悉事物的了解

表7-2-8　议论表达方式的训练

任务	陈述性知识	程序性知识	元认知知识
寻找案例、分析：默读一组事实论据	事实论据的特征	概括事实论据的特点	事实论据中蕴涵了鲜明的观点
设定情境：比较两组内容相同但表达风格各异的事实论据，说出生动的那组	镜头法的特点	比较两组事实论据，说明怎样才能使事实论据变得生动。	作为一种表达风格，镜头法可以使事实论据变得生动
片段练习：通过想象，将《天净沙·秋思》改写成一个能论证思乡主题的事实论据	思乡主题的内容特点	利用句式及标点的变换，调动想象，让事实论据镜头化	运用镜头法，可以使事实论据变得生动
写作：以古代诗歌中的人文主义为话题写一篇议论文	人文主义话题	运用镜头法，写出有文采及立体感的议论文	镜头法可以使议论文变得富有文采

三、高中语文写作教材解读

（一）新课标对写作能力的要求

新课标规定了高中语文课程"应进一步提高学生的语文素养，使学生具有良好的语文应用能力和一定的审美能力、探究能力"，规定了高中语文分为必修和选修两大类。"学生通过必修课的学习，应该具有良好的思想文化修养和较强的运用语言文字的能力，在语文的应用、审美和探究等方面得到比较协调的发展"。必修课程一改传统的语文听说读写四大块教学目标，变成了"阅读与鉴赏"、"表达与交流"两个方面的目标，"表达与交流"对应的就是书面写作和口语交际。对书面写作的要求如下：

基础条件：学会多角度地观察生活，丰富生活经历和情感体验，对自然、社会和人生有自己的感受和思考。能考虑不同的目的要求，以负责任的态度陈述自己的看法，表达真情实感，培育科学理性精神。

基本要求：书面表达要观点明确，内容充实，感情真实健康；思路清晰连贯，能围绕中心选取材料，合理安排结构。

发展要求：在表达实践中发展形象思维和逻辑思维，发展创造性思维。

个性化要求：力求有个性、有创意的表达，根据个人特长和兴趣自主写作。在生活和学习中多方面地积累素材，多想多写，做到有感而发。

具体能力要求：进一步提高记叙、说明、描写、议论、抒情等基本表达能力，并努力学习综合运用多种表达方式。能调动自己的语言积累，推敲、锤炼语言，表达力求准确、鲜明、生动。能独立修改自己的文章，结合所学语文知识，多写多改，养成切磋交流的习惯。乐于相互展示和评价写作成果。

数量要求：45 分钟能写 600 字左右的文章。课外练笔不少于 2 万字。

（二）人教社课标版高中语文写作教材

人教版教科书写作教材，根据教育部颁布的《基础教育课程改革纲要（试行）》和《普通高中语文课程标准（实验）》的精神，作了比较大的改革。人教版写作教材以三种方式呈现，第一种是专题编排，集中在教科书中"表达交流"部分。第二种是读写结合，散落在各篇课文的课后研讨与练习中。第三种是专题研究，集中在与"阅读与鉴赏"、"表达与交流"并行的"梳理探究"部分。

1. 写作专题部分

人教社课标版高中语文写作教材共 5 册，每册"表达交流"板块安排了 4 个专题，共 20 个专题，其中有 6 个专题后面附带了关于写作习惯的知识短文。20 个专题目录见表 7-2-9。

从上表我们可以看出，人教社课标版高中语文写作教材的写作专题是以"主题为经，方法技能训练为纬"编排。每一个写作专题的标题都由写作话题和写法借鉴两部分内容组成，前一部分是写作话题，后一部分是写法借鉴。如语文 1 第三个写作专题的标题"人性光辉——写人要凸显个性"，"人

表 7-2-9　人教社课标版高中语文写作专题统计

模块	训练要点	专题	写作习惯
语文 1	从写作内容的角度训练记叙文写作	心音共鸣——写触动心灵的人和事情	
		园丁赞歌——记叙要选好角度	
		人性光辉——写入要凸显个性	名人评点《水浒传》、《三国演义》中的人物鲜明性格
		黄河九曲——写事要有点波澜	
语文 2	从写作方法的角度训练记叙文的写作	亲近自然——写景要抓住特征	
		直面挫折——学习描写	
		美的发现——学习抒情	
		想象世界——学习虚构	
语文 3	训练一般议论文的写作	多思善想——学习选取立论的角度	养成整体构思的习惯
		学会宽容——学习选择和使用论据	
		善待生命——学习论证	
		爱的奉献——学习议论中的记叙	
语文 4	训练议论文的写作	解读时间——学习横向展开议论	
		发现幸福——学习纵向展开议论	养成认真修改的习惯
		确立自信——学习反驳	
		普于思辨——学习辩证分析	
语文 4	从写作的更高要求进行训练	缘事析理——学习写得深刻	
		讴歌亲情——学习写得充实	养成文面美观的习惯
		锤炼思想——学习写得有文采	作文要道——叶圣陶
		注重创新——学习写得新颖	作文的三个阶段——梁实秋

性光辉"是写作话题，即本专题写人，并且写的是美好的人性；"写人要凸显个性"是写法借鉴，即告诉我们如何写出生动鲜活、富有个性的人物来。人教社课标版高中语文写作教材写作专题兼顾话题和写法的做法，相对以往的写作教材以介绍写法为主，已是一大进步。而人教社课标版高中语文写作教材写作专题还是以文体的方法技能写作训练为线索。综观二十个写作专题的训练要点可知：语文 1 主要从写作内容的角度训练记叙文写作；语文 2 主要从写作方法的角度训练记叙文的写作，重点是各种表达方式的训练；语文 3、语文 4 重点是训练议论文的写作；语文 5 是从写作的更高要求进行训练。

　　此外，我们细看人教社课标版高中语文写作教材每一个写作专题的内部结构，会发现每一个写作专题的内容都包括三大块："话题探讨"、"写法借鉴"和"写作练习"，其中有六个写作专题附带关于写作习惯的知识短文。高中写作的重要目标是在写作实践中养成良好的写作习惯，这 6 篇知识短文既提醒学生重视这一点，也提醒教师在教学中应把养成良好的写作习惯贯穿学生写作的始终。

"话题探讨"主要是由生活中的事例或者我们学过的课文、熟悉的故事引出，一个写作话题，主要解决"写什么"的问题；"写法借鉴"通过分析研究两个成功的案例，对"写什么"进行具体分析，在分析的过程中带出"怎么写"，从而在写法上加以指导。"写作练习"是在"写什么"的范围之内，设计若干个参考题目，让学生运用"写法借鉴"中提到的"怎么写"的方法，进行训练（可以选做）。

我们以语文 1 "人性光辉——写人要凸显个性"专题为例来具体分析每个写作专题的内部结构，见表 7 - 2 - 10。

表 7 - 2 - 10　"人性光辉——写人要凸显个性"专题内容介绍

写作专题	训练步骤	内容要点
人性光辉——写人要凸显个性	1. 话题探讨	认识人性的美和善，发现人性的光辉
	2. 写法借鉴	研究《寻找时传祥——重访精神高原》和苏叔阳《我的老师》两个成功案例，归结出凸显人物个性的两大方法。
	3. 写作练习	设计 5 道关于人性光辉的写作练习，让学生从中选择写作。
	4. 写作习惯	名人评点《水浒传》、《三国演义》中的人物鲜明性格。

这个写作专题的写作话题是"人性光辉"，写法借鉴是"写人要凸显个性"。第一部分"话题探讨"，以杨绛写的"老王"、梁实秋笔下的"梁启超"、胡适的"母亲"三个写人性美的例子引出"只要我们用美好的心灵去感受，就会认识人性的美和善，发现人性的光辉"。第二部分"写法借鉴"，研究分析《寻找时传祥——重访精神高原》和苏叔阳《我的老师》两个范例，水到渠成地归结出凸显人物个性的两大方法：（1）写能表现个性的事。时传祥每天淘粪、背粪，不休节假日，干了七八年；时传祥给耿大爷修厕所，砖块掉进粪坑，他得用手从粪便里一块块捞出来。这些事情有几个人能做得到？就是这些事将一个"不怕苦、不怕累、敬业实在"的时传祥刻画了出来。（2）善于绘声色，即通过个性化的语言、肖像、动作、心理来表现。《我的老师》中老师那忠厚的外表、残疾的肢体给我们留下了深刻的印象，但老师那句为自己残肢解嘲的话"女娲氏用手捏人捏得很累了，便用树枝沾起泥巴向地上甩。甩到地上的泥巴变成了人。只是有的人，由于女娲甩的力

量太大了，挥掉了腿和胳膊"更让我们刻骨铭心，也让老师直面人生的气度和幽默风趣的个性跃然纸上。这一部分能结合具体的案例来谈抽象的写作方法也是其进步之处。第三部分"写作练习"，设计了 5 道关于人性光辉的习题，让学生从中选择写作。5 道写作练习有片段式的写作，也有整篇式的；有命题写作，也有话题、材料写作。基本上每道写作练习都有一段引言（如第 1 题到街道、市场观察卖货的、推车的、修鞋的……抓住某个人特有的动作，把他连贯的动作写下来。要表现出敬业者的个性），这些引言有助于开拓学生的思路，激发学生的兴趣。这些写作练习没有要求非写不可，也不限时间、地点，大都也不限字数，对于写法也不做硬性规定，其目的就是为了能够自由自在、个性化地写作。最后附带的知识短文，是关于名人评点《水浒传》、《三国演义》里人物的鲜明个性，是提醒我们写人物要凸显人物的个性。

这样的专题结构，相对以往写作教材来说有一定进步：人教社课标版高中语文写作教材的写作专题，既讲"写什么"（写作话题、写作练习），又讲"怎么写"（写法借鉴），这就从写作内容和写作方法上双管齐下地进行了指导。第二，"话题探讨"、"写法借鉴"与"写作练习"三者密切结合，使学生在人文素养和写作能力上同时得到提高。第三，在解决"写什么"的基础上谈"怎么写"，符合形式服从内容的写作规律，有利于提高学生的写作水平。只是遗憾的是在谈"写什么"时没有细致落实"用什么写"问题，在谈"怎么写"时，没有更为详细、具体、可操作性的步骤。

2. "阅读鉴赏"部分"研讨与练习"中的写作练习

这一系统与阅读整合在一起，是课文后"研讨与练习"中相应的写作练习。这些练习，从阅读说，属于应用性阅读；从写作说，属于笔记式作文，主要让学生随时随地把阅读的心得体会写下来，强调读写结合。如表 7 - 2 -11。

表 7 - 2 - 11　"研讨与练习"中的写作练习具体内容统计

册次	单元	篇名	写作练习
语文 1	一、现代新诗	3. 大堰河——我的保姆	四、生活中不乏像大堰河这样勤劳善良而又命运悲苦的社会底层劳动者。请你去观察生活，搜集有关素材，写成一首诗或一篇短文。
	二、古代记叙文	6. 鸿门宴	四、许多读者认为项羽是因为鸿门宴上不杀刘邦才失去天下，你同意这个看法吗？写一篇读后感，谈谈你的看法？

续表

册次	单元	篇名	写作练习
语文1	三、写人记事的散文	7. 纪念刘和珍君	四、关于"三一八"惨案，除课本介绍外，你还了解哪些？你对刘和珍、杨德群等受害学生了解多少？你还读过其他作家描写和议论这场青年学生请愿运动的文章吗？查阅有关资料，作些归纳、分析，拟出发言提纲，与同学交流、讨论。想想拓展阅读和交流讨论怎样深化了你对课文的理解，你感受到怎样的气氛，写一点心得体会。
		8. 小狗包弟	二、研读下列材料，联系课文，选取一个合适的话题（如"小议'我靠的是感情'"、"谈'身边琐事'的深广内涵"），写一点独特的感想，与同学讨论。
	四、新闻和报告文学	10. 短新闻两篇	四、从下面两题中选作一题。1. "香港回归，这是一个让亿万中华儿女噙泪的时刻；香港回归，这是一个令所有华夏子孙开颜的瞬间。"搜集有关香港历史的资料，写一段文字，谈谈香港回归对我们中华民族的重大意义。
		11. 包身工	四、包身工在旧社会处在社会底层，受尽剥削、压榨，甚至丧失了做人的尊严，现代社会这种制度已经不复存在，这是社会进步使然，但个别地方仍然有不公正对待工人的现象。如果有条件，可对现在工人的工作和生活状况做些调查，在班上交流调查信息，然后写一篇短文。
		12. 飞向太空的航程	三、为了圆中华民族的飞天梦，中国的航天人经历了近半个世纪的不懈努力。联系课文内容，并补充课外有关资料，编一份"中国航天大事记"。
语文2	一、写景状物散文	3. 囚绿记	三、这篇散文用拟人化的手法来写景状物，赋予景物"性格"、"气质"，取得了特殊的艺术效果。试着借鉴本文的写法，调动你的情感和想象，描述一种景物，力求写出景物的特征。
	三、山水游记散文	10. 游褒禅山记	三、课文第三段中，作者由古人"求思之深而无不在"才能有所得的事实，引起了深入思考。依他看来，"求思"应具备哪些条件？其中哪个条件起决定作用？试查找资料。联系王安石的政治活动。写一篇短论，陈述你的观点。

续表

语文2	四、演讲词	11. 就任北京大学校长之演说	四、北京大学是中国最早的现代意义上的大学。你了解它的历史以及蔡元培的办学方针吗？课外搜集有关资料，并与同学合作，以"我所了解的北大"为主题，办一期墙报。
		13. 在马克思墓前的讲话	一、在恩格斯看来，马克思是个怎样的人物？你对他又有哪些了解？试结合课文，并搜集有关资料，为马克思写篇小传。
语文3	一、中外小说	2. 祝福	四、电影《祝福》有这样一个情节：祥林嫂捐了门槛，仍然被禁止参与祭祀活动，于是拿起菜刀，跑到土地庙怒砍门槛。你觉得增添这个情节妥当吗？写一篇短文，说说你的想法。
	二、唐代诗歌	4. 蜀道难	四、唐代孟棨《本事诗》载："李太白初自蜀至京师，舍于逆旅。贺知章闻其名，首访之，既奇其姿，复请所为文。出《蜀道难》以示之，读未竟，称叹者数四，号为谪仙，解金龟换酒，与倾尽醉，期不间日。由是称誉光赫。"试发挥联想和想象，改写成一则小故事。
		7. 李商隐诗两首	三、从小学到初中，从课内到课外，你读过李商隐的哪些诗？请以"我所知道的李商隐"为题，写一篇短文。
	四、科普文章	14. 一名物理学家的教育历程	三、作者关于鲤鱼"科学家"的幻想十分有趣，如果我们以动物的眼光来观察人类，是不是也很有意思呢？假如有一位动物（狗、猫、鸡、燕子等）"科学家"，专门研究人类的某些行为，它写了一篇"科普文"：人类行为之谜。你替这位动物"科学家"做一回代笔人怎么样？
语文4	二、宋词	4. 柳永词两首	三、《雨霖铃》抒写的是离别之苦。古代诗词中表达这种情感的作品很多。不过，同是写离别，情调上却有着很大的差异，有"风萧萧兮易水寒，壮士一去兮不复还"的悲壮之别，有"相见时别亦难，东风无力百花残"的凄苦之别……请你从读过的诗词中再找出一些来，略加分类后抄录下来，并就其中一首写一篇赏析短文。
		7. 李清照词两首	二、关于《醉花阴》有这样一个故事："易安以重阳《醉花阴》词醋致明诚。明诚叹赏，自愧弗逮，务欲胜之，一切谢客，忘食忘寝者三昼夜，得五十阕。杂易安作以示友人陆德夫。德夫玩之再三，曰：'只三句绝传。'明诚诘之。曰：'莫道不销魂，帘卷西风，人似黄花瘦。'正易安作也。"请结合全词，为这三句写一段赏析文字。

续表

语文4	三、随笔杂文	8. 拿来主义	四、联系实际，全班或分组讨论：近百年来我们从外国"拿来"了什么？还有哪些东西可以"拿来"？然后写成一篇短文。
		10. 短文三篇	三、找出课文中富有哲理的语句，细细品味，并就其中一条写出自己的心得。
语文5	一、小说	3. 边城	三、课外阅读《边城》全文，写一篇读书报告，可以围绕下面的几个问题（也可以自选专题）研读。1. 作者写这样一个世外桃源式是乡村社会，有怎样的思想背景？他想寻求怎样的理想社会模式？2. 边城的人们是那样善良、纯真，翠翠的爱情为什么会以悲剧结束？3. 小说没有激烈的矛盾冲突，主要以景物、风俗描写为主，具有散文化的倾向。探讨一下本文的写作风格。
	二、古代抒情散文	4. 归去来兮辞并序	四、结合已学过的《归园田居》、《五柳先生传》等，说说你心中的陶渊明是怎样一个人，并谈谈你对古代归隐现象的看法。
		5. 滕王阁序	二、骈文十分讲求语言形式美，基本上由对偶句构成，四六句式，多用典故，词彩华美，音韵和谐。本文有凌云之气，言随意遣，如泉源之涌。请从文中找出你认为最好的骈句，体味其艺术效果，说说为什么好，建议仿写一两联。
		7. 陈情表	二、本文层层推进、措辞委婉、情真意切地陈说了自己不能成命的理由。请从中找出后世常引出的文句，加以体味，并尝试写一段话，陈述自己某种无奈之情。
	三、文艺评论和随笔	10. 谈中国诗	三、联系课文，比较曹操的《观沧海》和普希金的《致大海》（见语文课本），写一二百字的短文，评说它们在内容和形式上的异同。

　　读写结合是我国写作教学的传统经验，"阅读是写作的基础"，"阅读是吸收，写作是倾吐，倾吐能否合乎于法度，显然与吸收有密切的联系"、"读与写甚有关系，读之得法，所知广博，眼光提高，大有助于写作练习"，[①] 可见写作与阅读有着密不可分的关系。这一系统的写作练习都是读写结合的产物。如《鸿门宴》写作练习："许多读者认为项羽是因为鸿门宴上不杀刘邦才失去天下。你同意这个看法吗？结合课文内容写一篇读后感，谈谈你的看法？"读的内容与"项羽杀刘邦"有关，写的内容也与"项羽该不该杀刘邦"有关。如《囚绿记》的写作练习："这篇散文用拟人化的手法来写景状

---

① 吕正之. 叶圣陶语文教育思想研究 ［M］. 南京：江苏教育出版社，1990.

物，赋予景物'性格'、'气质'，取得了特殊的艺术效果。试着借鉴本文的写法，调动你的情感和想象，描述一种景物，力求写出景物的特征。"这是让学生学习《囚绿记》写景状物拟人化的手法后，通过写作进一步掌握、运用这种手法。这样将写作与阅读整合在一起有利于学生进一步理解文本，也非常有利于提高学生的写作能力。

其次写作文体多样化。由上面的表 7－2－11 得知，课文后面"研讨与练习"中的写作练习共 26 道（有 2 道是选作），其中结合本单元文体设计的有 3 道，如第一册现代诗歌单元，《大堰河——我的保姆》课后就设计了诗歌写作的练习；第二册写景状物单元，《囚绿记》设计了片段的景物描写训练；其余 23 道写作题文体多样化，有读后感、心得体会、感想、大事记、短论、赏析短文、墙报、小传、故事等，但无论是哪种文体的写作，其写作内容都与阅读鉴赏的课文内容相关。

3. "梳理探究"中的写作练习

将写作与"梳理探究"整合在一起，可以说，是基于写作与语文活动相结合的考虑，也即在语文综合性学习活动中来进行写作，因为这一系统的写作练习都是一些带有综合性、研究性的写作练习。这些写作练习在语文活动中进行，十分贴近生活，这样安排有利于引导学生进行初步的研究思考，同时引起学生更为浓厚的写作兴趣。如表 7－2－12。

表 7－2－12 "梳理探究中"的写作练习具体内容统计

模块	专题	写作练习
语文1	优美的汉字	课外延伸：许多汉字都与典故、轶事联系在一起。学习汉字的同时如果能了解一些与之相关的典故、轶事，不但妙趣横生，而且能提高我们的文化修养。请以"趣话汉字"为题，开一次讨论会，或写一篇短文。
	奇妙的对联	课外延伸：查阅、复习学过的古诗文，包括你在课外所学，从学习、友情、做人、立志等方面任选一个角度辑一副对联。
	新词新语与流行文化	1. 搜集、整理一些新词新语，与同学交流，说明它们反映了什么样的社会变化；试着与同学合编一本新词新语小册子。
语文2	成语——中华文化的微缩景观	1. 从课本和其他各类书籍中搜集成语中容易读错、写错和用错的例子，根据一定的分类标准，班上分工合作编一本小册子。 2. 班上同学分成若干小组，分别从《论语》、《孟子》、《庄子》等先秦诸子散文中找出若干条成语，说说它们的含义；然后按照一定的类别，编成一本小小的《先秦诸子成语手册》。

续表

模块	专题	写作练习
语文2	姓氏源流与文化寻根	2. 西方有不少节日，比如愚人节、情人节、感恩节、圣诞节等，你对它们有兴趣吗？说说这些节日的传说与来源，并选择其中一个，写一篇介绍性的短文。 课外延伸：文化往往具有地域色彩，比如产茶的地方可能发展出独特的茶文化，产酒的地方可能发展出独特的酒文化，产竹子的地方有竹工艺文化，还有的地方有舞狮文化、陶瓷文化、丝绸文化，乃至各地做菜的工艺特色都可以发展出具有当地特色的饮食文化。你所在的地区有什么独具特色的地方文化？这种文化是怎么形成的？试考察一下，写一篇短文。
语文3	交际中的语言运用	文中：1. 学习称谓语，并对你感兴趣的称谓语做一些探究；2. 学习禁忌语，搜集现实生活中的一些禁忌语，弄清它们需要避讳的场合，分析产生这些禁忌语的心理根源；3. 学习委婉语，在现实生活中搜集"委婉语"的例子，分分类，探究一下在哪些场合需要使用，采取这些方式是出于什么样的心理？ 课文延伸：交际中需要注意的语言现象还有很多，比如出于礼貌，经常要说一些客套话，也就是所谓的"寒暄语""致敬语""祝颂语""抚慰语""吉祥话"等。如果你对这些问题感兴趣，不妨自己设计课题，搜集材料，展开探究。
	文学作品的个性化解读	文中：1. 从学过的课文中。选择你熟悉的一篇小说（全文或情节片段），把它改编成课本剧。或者续写。2. 从《三国演义》、《水浒》、《红楼梦》等小说中选取你熟悉的某个人物、场面或情节作为由头，依照自己的理解，展开想象，生发开去，另写一篇。参考题目："孔乙己之死"、"祥林嫂改嫁"、"话别"（把《荷花淀》中水生与妻子话别的情节改编成话剧）、"晴雯"（把《红楼梦》中晴雯的故事独立出来）、"好汉歌"（改写《水浒传》中某个人物的故事）。 课外延伸：在这次探究活动中，我们已经知道了文学接受的多样性以及阅读的个性化，不过也可能产生一些疑问：是否应该承认，一篇作品有一个相对确定的主题？阅读要不要尊重作者的原意？怎样看待语文老师对文学作品的分析和解读？欣赏文学作品是靠理性分析还是跟着感觉走？个性化阅读有没有价值？……就其中一个或多个问题，搜集材料，深入思考，写一篇短文，谈谈你对文学作品个性化阅读的看法，参考题目："个性化阅读之我见"、"我看朦胧诗"、"文学作品的多义性"、"谈'阅读跟着感觉走'"、"尊重作者的原意"、"经典作品何以不朽"。

续表

模块	专题	写作练习
语文3	语文学习的自我评价	文中：1. 就统计数据进行比较与分析，反思并发现自己在语文学习方面存在的问题，想想应当如何改进；如果觉得自己的语文学习有成效，可以写一篇学习经验小结或介绍某项学习方法的文章。2. 提出一些语文学习过程中出现的共性问题，进行探讨。也可以从以下几个参考题目中选择一个，自己设计调查模块，进行统计与分析，写一篇调查报告。（1）语文特长是如何形成的？（2）语文高分成绩是如何获得的？（3）语文学习障碍是如何造成的？（4）语文素养是如何提高的？
语文4	逻辑与语文学习	3. 区别"勇敢"和"鲁莽"、"有主见"和"报成见"这两对概念，各写成一段话。 课外延伸：2. 写一篇短文，阐述逻辑在语文学习中无处不在的现象。
	走进文学大师	1. 从已经学过的大师经典名篇中挑选一种，重新从甘肃"思想力量"这个角度阅读，同时可以参照相关的传记，看看是否有些心得体会，然后写一篇读书笔记。
	影视文化	1. 课文搜集有关资料，探险影视艺术的发展之路，同学合租共同编制一份"电影（电视）发展大事记"。 2. 组织观看一部国产片，说说国产电影相对于西方的大片有什么样的民族特色，并写一篇影评。
语文5	古代文化常识	课外延伸：2. 南宋的钱良臣教儿子读书，告诉他凡是遇到"良臣"二字，读时要改成"父亲"。一天，其子读到《孟子》中"今之所谓良臣，古之所谓民贼也"一句，改读成"今之所谓父亲，古之所谓民贼也"。结果避讳反而成了辱骂。你怎样看待这种避讳？反观现代，你认为直呼父母的名字是社会进步的表现，还是文明堕落的反映？以此为话题，写一段议论性的文字。
	有趣的语言翻译	课文延伸：季羡林先生为《中国翻译词典》作序时说："倘若拿河流来做比，中华文化这一条长河，有水满的时候，也有水少的时候，但却从未枯竭。原因就是有新水注入。注入的次数大大小小是颇多的。最大的有两次，一次是从印度来的水，一次是从西方来的水。而这两次的大注入依靠的都是翻译。中华文化之所以能常葆青春，万应灵药就是翻译。"查找相关资料，探究一下季羡林先生所说的两次外来国的"水"具体指什么，它们对中华民族的发展产生过什么重大的影响。将你的研究成果写成小论文，与老师同学交流。

将写作与"梳理与探究"整合在一起的写作练习多是综合性、研究性的写作，其中包括文学评论（如影评）、研究报告、调查报告、学术性小论文之类的深层次写作，甚至《新词新语小册子》、《先秦诸子成语语录》等工具书的编写等，这既有利于将教材写作专题中没有涵盖的文体包含进去，又有利于将梳理探究的成果以文章的形式保存下来，加深对探究内容的深刻印象。

第三节　口语交际教材解读

在一定的语言环境中，为了完成特定的交际任务，用口头语言表达观点、情感，并与他人交流信息，沟通思想情感的过程就是口语交际。口语交际与以往的听说教学最大的差别在于：听说教学培养的是学生单项的、独立的、静态的"听"、"说"能力；而口语交际教学注重的则是培养学生在真实交际环境中的倾听、表达、应对能力以及文明得体的态度。口语交际是交际主体互动的动态过程。认真倾听是前提，清楚表达是基础，机敏应对是核心，文明得体是关键。研究语文教科书中的口语交际教材，首先要挖掘教材所负载的和潜在的课程内容，解决"教什么"的问题；其次要研究教材本身所提供的材料，以充分利用和开发课程资源，解决"用什么教"的问题；再次，要研究怎样使用教材，即"怎样教学"，以选择恰当的教学策略，促使学生把静态的口语交际知识运用到真实的交际环境中，充分注意口语交际动态技能的形成和能力的培养。

一、现行语文口语交际教材概览

（一）口语交际教材编制理念

1. 以人为本

与以往的教科书相比，现行的语文教科书，较好地体现了以人为本的理念。这主要表现在两个方面：一是以学生发展为本，二是以教师发展为本。从学生发展角度看，首先是面向全体学生，而不是少数口语表达能力较强的学生。绝大多数学生学习语言，是为了运用，为了交流，所以，教材着眼于让学生学习基础的口语交际知识，形成口语交际的基本技能，而不是上升为艺术的口语交际。其次是指全面发展，教材的编写不仅考虑了口语交际情境中的知识与技能、过程与方法的学习与训练，同时关注了情感态度价值观的养成。再次是指可持续的发展，教材蕴涵着对口语交际元认知的培养，为学生步入社会，进一步提高口语交际能力奠定良好的基础。从教师发展角度看，一方面，教材的编辑以"口语交际活动"为主要形式，在每一次大的活动中，往往提供多种口语交际活动项目供教师学生选择，为教师创造性开发课程留下了较大的空间；另一方面，教材的弹性空间，也给教师带来挑战与压力，促使教师加强对语文课程理论及现代教育教学理论的学习与研究，从而不断地提高教育教学质量，向专家型教师迈进。

2. 以言语情境与实践活动为基础

学校的交际主体主要是教师和学生两大群体，因而不可能具有多种多样的语言交际情境；而学校口语交际的教学目标，又要为学生作为合格的现代公民步入社会交际作准备，这就决定了学校的口语交际教学，必须为学生创设一定的、贴近生活的言语交际情境，并在模拟的真实情境中实践多种多样的口语交际。新课标也强调口语交际教学应"努力选择贴近生活的话题，采用灵活的方式组织教学"，"教学活动应该在具体的交际情境中进行"。也就是说，学生必须在一定的言语交际情境中学习口语交际，并在口语交际的实践中形成口语交际技能，进而逐渐形成口语交际能力。为此，现行的语文教科书中的口语交际教材力求贴近学生的生活，贴近学生的情感，尽可能为学生创设真实的交际情境。在口语交际教材中，这一理念首先体现为口语交际活动化。活动创设出的情境使得口语交际的目的、对象和场合更加清楚，使得口语交际既是生活的模拟，又是运用语言的实际操练。

同时，口语交际能力是一项实践性很强的综合能力，必须通过大量的言语实践，才能形成。如吕叔湘指出的那样："语文的使用是一种技能，一种习惯，只有通过正确的模仿和反复的实践才能养成。"[1] 所以，现行的各套初中、高中语文教科书中的口语交际教材充分重视了口语交际的实践性：一是少讲理论知识，多设计活动，让学生承担具体的、有意义的口语交际任务；二是建议教师采用小组活动的教学方式，以增加学生的口语交际实践的机会，让学生在口语交际的实践中学习口语交际，逐步培养学生的参与意识。

3. 以口语交际规律为指导

口语交际主要由交际主体、交际环境和交际工具——语言构成。本章节所述的交际环境，为狭义的"语境"，即排除交际主体的主观因素，而专指言语活动的客观环境。在口语交际中，语言是人们交流思想的工具，人们利用它来互相交际，交流思想，达到互相了解。美国社会语言交际学家海姆斯（DellHymes，1972）认为口语交际能力是：知道什么时候该说话或不该说话，知道在什么时候、什么地方、以什么方式对什么人讲些什么话。我国著

---

① 吕叔湘. 论语文教学. 济南：山东教育出版社，1987，53.

名语言学家吕叔湘先生也有类似的论述，他指出："此时此地对此人说此事，这样的说法最好；对另外的人，在另外的场合，说的还是这件事，这样的说法就不一定最好，就应用另一种说法。"综合中外学者的观点，口语交际能力应该包括语言知识、运用语言（听、说）的能力、交际主客体之间的关系以及选择适合语境的话语，其内容包括正确性、可接受性、适合性、常见性等。也就是说，说话既要符合语言规则，又要适应言语环境。在交际中，人们应遵循得体原则、合作性原则和礼貌性原则。

现行的语文教科书中的口语交际教材遵循口语交际自身的规律，提炼出有关倾听、表达、应对、态度等方面的知识技能，用以指导学生的口语交际实践。

4. 以培养口语交际综合能力为着眼点

口语交际能力是一种综合能力，口语交际能力不仅仅表现为口才好，更主要的是思想、思维、文化、学识、心理等方面因素的综合体现。没有思想和文化内涵的言语，是苍白而贫乏的，不管其表达技巧多么高超，也只能是"银样镴枪头"，既不能够折服他人，更不能够给人以震撼。哈佛大学杜维明教授点评大专辩论会时曾经说过："目明耳聪，也就是明察秋毫的视德和从善如流的听德，才是雄辩的基础。能说善道固然很好，巧言令色就背离了核心价值了。"换言之，学校的口语交际教学要培养学生口语交际的综合能力，不仅仅是口语表达能力。基于此，现行语文教科书中的口语交际教材在编辑时注重了口语交际的综合性，以提高学生的语文素养和综合能力为目的。这主要体现在以下几个方面：一是选编了培养学生养成文明、得体的态度的相关内容；二是精选知识、技能，用以指导学生的口语交际实践；三是选择了发展学生的语言思维的内容；四是与阅读、写作教材密切联系，针对选文内容、写作技法等进行讨论、交流、表达观点等口语技能训练，以提高学生的语文素养；五是注重目标的整合，教材把关于口语交际的"知识和技能"、"过程和方法"、"情感态度和价值观"整合于"活动"中，通过活动让学生在言语实践过程中，整体养成和提高人际交往的素养与能力。

（二）口语交际教材体例

1. 人文主题框架

新课标下的语文实验教科书往往把人文主题作为编制口语交际教材的框架。人教版初中《语文》教科书把综合性学习、写作、口语交际整合为一个单元，每册编排六次，六册共 36 次，具体内容见表 7-3-1。

表 7-3-1　人教版初中语文口语交际内容统计

七	上	这就是我	漫游语文世界	感受自然	探索月球奥秘	我爱我家	追寻人类起源下
	下	成长的烦恼	黄河，母亲河	我也追"星"	戏曲大舞台	漫话探险	马的世界上
八	上	世界何时铸剑为犁	让世界充满爱	说不尽的桥	走上辩论台	莲文化的魅力	怎样搜集
	下	献给母亲的歌	寻觅春天的踪迹	科海泛舟	到民间采风去	古诗苑漫步	背起行囊走四方
九	上	雨的诉说	演讲：微笑着面对生活	青春随想	好读书读好书	金钱，共同面对的话题	话说千古流人物下
	下	脚踏一方土	走进小说天地	关注我们的社区	乘着音乐的翅膀	我所了解的孔子和孟子	岁月如歌

其中活动名称"成长的烦恼"主题下，提出的具体活动见表 7-3-2。

表 7-3-2　口语交际"成长的烦恼"的具体活动内容

活动名称	内　容
说一说自己的烦恼	选择自己最苦恼的一件事或几件事，仔细分析，与同学交流，然后写一篇日记。
妈妈（爸爸、老师、朋友……）少年时期的烦恼	采访你周围的成年人，以"回首成长的烦恼"为话题，与他们做交流，写一作文，题目自拟。
替朋友解脱烦恼	在电话里与朋友交换看法，然后再写一封信，帮他化解烦恼。

从上表中，我们可以看出人教版初中《语文》教科书中的口语交际教材主要有以下几个特点：一是人文主题的选择面广，既关注语文学习本身，又关注培养学生的人文素养和学生的成长；二是口语交际的技能，分散在各次活动中，与读写相结合，追求语文能力的综合发展；三是强调言语实践，强调与生活的联系；四是每一次活动中，一般又列 3-4 项小活动，供教师学生选择，为教师和学生的活动留下较大的选择和创造的空间。

2. 知识——技能纲目

以口语交际的知识与技能为结构教材的线索。例如人教社课标版的高中语文选择了口语交际中的典型形式作为纲目，语文1——语文5的结构具体分布是：朗诵、演讲、讨论、辩论和访谈，这些口语交际技能，是日常生活中比较典型的几种形式，也是学生在校生活或进入社会生活要用到的交际技能。它们是综合性的技能，每一项技能都要有若干个子技能作支撑。

3. 附着于文选

在现行的语文教科书中，还有一种把口语交际的知识技能与阅读文本相结合的体例，主要是以阅读文本的内容作为口语交际的素材。例如苏教版高中《语文》教科书（必修），口语交际的知识、技能与"文本研习"、"问题探讨"、"活动体验"等相结合。一般来讲，都是针对文本进行思考，谈看法，或组织讨论，有时也就口语交际技能设计针对性较强的练习。如第三册"寻觅文言津梁"专题中的"研习·活动"课《鸿门宴》中就设计了这样的题目："试比较《鸿门宴》中樊哙对项羽说的话和刘邦对项伯说的话，在内容与说话方式上有哪些异同。"又如苏教版高中《语文》教科书（必修），还进行了语言专题设计，以指导学生集中学习口语交际。在第四册中设计了"走进语言现场"的专题。在这个专题中，把阅读课文、活动体验和与口语交际结合起来，集中训练"演讲"、"访谈"和"辩论"技能。此外，其他现行的语文教科书，在课文后的研讨与练习中，也安排了口语交际练习，形式有发言（表达自己的观点）、讨论、辩论等。编者大都意在以文本为话题，省去搜集材料之苦，直接进入口语交际训练，并试图在言语的应用中加深对文本的理解，通过应用把阅读文本内化为自己的知识和能力；与此同时，还可以通过不断地重复训练来强化口语交际的技能。

二、初中语文口语交际教材解读

（一）人教版教科书口语交际内容呈现

1. 内容呈现

人教版教科书中口语交际内容主要有两种呈现方式：一种是以活动的方式呈现，另一种主要是以知识短文的方式呈现。下面分别从这两个方面概括人教版教科书中口语交际内容：

人教版语文教科书中口语交际内容的活动呈现，主要是指"写作、口语交际与综合性学习"整合编制的内容中，呈现出来的具有口语交际教学意义的口语交际活动。下面分别从教材位置、呈现活动、呈现内容等三个方面，将人教版语文教科书中口语交际内容列表呈现，概括如表7－3－3。

表 7-3-3　人教版初中语文口语交际内容呈现

	教材位置	呈现活动	呈现内容
七年级上册	第一单元	自我介绍	真诚地把自己介绍给大家。
		推荐自己	根据自己的特长和爱好，拟一份发言提纲，在一定的场合，推荐自己。
七年级上册	第一单元	模拟面试	"小记者招聘会"，由同学分别扮演"考官"和应聘者，进行一场模拟面试。
	第二单元	讨论	1. 怎样在其他课程中学习语文？ 2. 你从街头语文中学到了什么？ 3. 怎样看待改动成语的广告？
	第三单元	口头介绍	向全班同学介绍自己一两个自然界的"朋友"，并说明成为朋友的原因。
		口头描述	具体描述自己最喜欢的季节的独特景色。
		口头描述	用生动形象、有感染力的语言，描述属于自己心里的自然图景。
	第四单元	专题汇报	按兴趣分组探究月球奥秘，各组推选代表作专题汇报。
		现场咨询	参观天文台或天文馆，咨询人类观察天体的历史，了解著名的天文学家、常见的天文观测仪器和天文现象。
		讨论	在科技高度发达的今天，人们为什么仍然喜欢关于月亮的神话传说、民风民俗和文艺作品？
	第五单元	现场咨询	向家人询问你最感兴趣的老照片背后的故事。
		现场咨询	向家人询问家中最有意义物品的来龙去脉。
		劝告	王子轩收到孙萌的信（孙萌受不了妈妈的唠叨，准备离家出走）之后，准备打电话劝说他。请同学分别扮演他们，模拟电话交谈。
	第六单元	讲故事	在班级里讲"关于神创造人类的神话"，尽可能绘声绘色，引人入胜。
		讨论	关于神创造人这类神话为什么能够世代流传？
七年级下册	第一单元	讨论	和同学讨论你最苦恼的一件事或几件事的原因。
		采访	采访周围的成年人，主要内容：他们在少年时期怎么对待烦恼的？现在重新审视，怎样评价当年的烦恼？
		电话交谈	（好朋友转到省城读书后，不适应环境缺少知心朋友）设身处地想他的烦恼，然后打电话与他交流看法。
	第二单元	专题汇报	以"黄河之忧"为主题，作专题汇报。

续表

教材位置		呈现活动	呈现内容
七年级下册	第三单元	讲故事	以小组为单位，讲名人故事，看谁讲的生动有趣。
		讲故事	向同学介绍你最近读过的名人传记中的主要内容。
		口头评论	评论你所崇敬的名人的缺点。
	第四单元	采访	访问当地专业人士，了解戏曲文化和家乡的地方戏。
		讨论	中国传统戏曲去留问题？中国传统戏曲如何摆脱困境，获得新生？
	第五单元	讲故事	讲古今中外探险家的故事，看谁讲的生动感人。
		辩论	以"探险"利大于弊还是弊大于利展开辩论。
		模拟招聘会	生存夏令营活动小组招聘会。招聘人员设计好问题以便针对不同应聘者提问，应聘者陈述自己参加的目的，做了哪些准备，准备如何面对可能遇到的困难。
	第六单元	讲故事	搜集有关马的故事，并绘声绘色地讲给同学听。
		讨论	1. 马的未来命运将如何？2. 伯乐与千里马之间，有人认为伯乐起决定作用，有人认为千里马在任何地方都会显示卓越才能，你的观点，说明理由？
八年级上册	第一单元	采访	就当地留下的战争遗址，采访当地的老人。
		讲故事	讲讲英雄的故事，看谁讲的生动感人。
		讨论	选择一个角度，讨论战争与和平的问题。
	第二单元	讨论	针对伙伴的具体情况，讨论如何给予帮助。
		谈话	与街头平民交流、交往，与同学分享感受和心得。
		讨论	针对特殊情况，讨论应该采取哪些行动帮助他们？
	第三单元	讨论	"连心桥"设计获得优胜，你同意吗？为什么？
		专题汇报	设想未来的桥，画出来，推选代表在全班汇报。
	第四单元	辩论	怎样看待上网？
		辩论	"事物的正确答案只有一个"这个观点对不对？
		辩论	我看克隆。
	第五单元	讨论	1. "莲"的哪些品质值得赞美？2. 如何看待"出淤泥而不染"的人？

续表

教材位置		呈现活动	呈现内容
八年级上册	第六单元	口头介绍	（搜集整理中秋节资料）说给老师和同学听，尽量简洁、生动。
		采访	采访你身边到过三峡、了解三峡的人，了解三峡情况。
		口头介绍	把从网上搜集到的有关"电脑"资料，介绍给同学。
八年级下册	第一单元	采访	采访母亲，让她谈旧照片背后的故事，了解母亲生活经历。
		讲故事	讲述几件倾注着母爱的小故事，谈谈自己的感受。
	第三单元	讲故事	讲述你"第一次迷上科学"的故事。
		口头介绍	介绍你的小发明、小制作，展示成果并做口头介绍。
		讨论	讨论科学技术的正面和反面功能。
	第四单元	采访	采访身边的人或专业人士，了解家乡的风土人情。
		口头介绍	向班上的同学介绍你的家乡。
		讨论	你怎样看对待物质生活和精神生活不同态度的人？
	第五单元	赛诗会	开展古诗朗诵比赛。
	第六单元	采访	采访当地老人，了解家乡的风景名胜、人文景观。
		模拟导游	一人做导游，其他同学做游客。导游向其他同学介绍自己家乡的风景名胜，游客对导游提出意见和建议。
九年级上册	第一单元	口头描述	描述你听到的或记忆中最动人的雨声。
		口头陈述	列出"雨"的数条罪状，并简要陈述理由。
	第二单元	演讲	以"笑对失败"为话题。
		演讲	以"善待他人"为话题。
		演讲	以"竞争与合作"为话题。
	第四单元	讲故事	讲"名人读书故事"，看谁讲的好。
		讨论（分组进行）	1. 怎样处理读流行作品与经典名著的关系？2. 我看"读图"。3. 对"阅读模式"的讨论。
		讨论	"网上阅读"带给我们哪些巨大变化？
	第五单元	口头介绍	讲解钱币的相关知识。
		讨论	结合自己的见闻，查抄相关资料，就对待"金钱"的态度展开讨论。
	第六单元	讲故事	选出你所敬佩的历史人物，讲讲他们的故事。
		古诗文朗诵会	选择喜欢的诗文，认真准备，力求声情并茂的朗诵。

续表

	教材位置	呈现活动	呈现内容
九年级下册	第一单元	采访	采访当地土地主管部门，了解家乡的土地使用情况。
		讨论	自古以来，"土地"有哪些丰富的含义？
	第二单元	讲故事	讲讲自己最难忘的小说故事。
	第三单元	采访	采访你所在社区的几位中年人，了解他们上下三代的人口状况（包括人口数量、文化程度、职业等）。
		演讲	针对社区不文明现象，发表演讲，号召大家共同努力，行动起来消除这些现象。
	第四单元	讲故事	讲音乐背后的故事，要讲的有条理，有感情。
		口头陈述	向同学介绍或者推荐你所喜欢的音乐，简要说明理由。
	第五单元	讲故事	讲与孔子和孟子有关的小故事。
		讨论	就感兴趣的某一方面，研读《孔子》和《孟子》之后，讨论不同的感受和体会。
	第六单元	讲述见闻	讲讲三年来同学、师生之间的逸闻趣事。

2. 口语交际支撑性知识呈现

人教版教科书中口语交际支撑性知识呈现，指的是人教版教科书中以知识短文的方式将口语交际支撑性知识单独呈现出来。下面分别从教材位置、呈现主题、具体内容等三个方面，将教科书内容呈现如表 7-3-4。

表 7-3-4　人教版初中语文口语交际支撑性知识呈现

教材位置	呈现主题	具体内容
八年级上册 P19	养成良好的听话态度和习惯	要求：1. 听别人讲话要诚恳而谦虚，一边细心聆听，一边注视对方。2 正式场合不要随便打断别人的话和中途插话。3. 要忠于说话人原意，不要曲解别人的意思。4. 要善于抓住关键词句，把握讲话要点。
八年级上册 P74	说话要有中心	提供口语交际案例，明确：说话要有中心。
八年级上册 P154	说话要连贯	提供案例，明确：说话句与句之间连接得上。
八年级下册 P37	说话要简洁	提供口语交际案例，明确：说话要简洁，不啰嗦。
八年级下册 P48	说话要讲究方式	明确：1. 直言就是所用词语的意思与所要表达的实际意思一致，直截了当。2. 婉言就是对于有些事物，有时不便于说明白，而用一些相应的同义词语婉转曲折地表达出来。3. 区分直言和婉言的适用场合。

续表

教材位置	呈现主题	具体内容
八年级下册 P111	说话要看对象	明确：1. 对小孩或同龄人，说话要坦诚、亲切。2. 对老人或自己的师长，要尊重。3. 如何通过言谈话语了解对象。
八年级下册 P171	学习复述	明确：1. 复述分为重复性复述和改造性复述（转述）。2. 重复性复述分为详细复述和摘要复述。3. 改造性复述分为概括性转述和改编性转述。4. 复述的前提是熟悉内容，理清思路，把握重点。5. 复述要注意把握关键性的词语和句子，把所获得的材料在头脑中重新组合，灵活调整。
九年级上册 P52	写好演讲稿	1. 选好话题。要求：大家感兴趣而自己熟悉，有话可说，有独立见解，有真情实感，不要人云亦云，或者说假话、空话。2. 观点明确，不能模棱两可。要求：做到条理清楚，逻辑严密，事例典型、有说服力。3. 运用表达技巧。遣词造句要简明准确，设问要发人深省，比喻要生动形象，排比要富有气势，陈述事实要感人，抒发情感要有感染力。

注："学习复述"、"写好演讲稿"主要是用来指导写作活动的知识，但对指导口语交际活动的开展亦有很大的帮助，故在此一并呈现出来。

（二）人教版初中语文口语交际内容对课程标准的反映

教科书内容是对课程标准要求的具体反映，同时又是课程标准中规定的课程目标在实际教学过程中得以实现的载体。那么，人教版语文教科书中呈现的口语交际内容是如何反映课程标准中规定的阶段目标的呢？

我们将语文新课标第四学段（七——九年级）阶段目标中的 8 个口语交际目标（2011 版课标合并为 6 个目标）逐项列出，并将教科书中呈现的相关内容分别列出，或语文知识或针对性练习（此处的针对性练习专指在教材中提出明确要求，并与课程目标相吻合的那部分练习）与课程目标一一对应，为进一步分析教科书中的口语交际内容做好准备。同时，如果前两学段口语交际目标有与本学段目标相关者，一并列出，作为基础铺垫，加以参考。下面我们逐项看一下具体情况：

1. 目标要求：能注意对象和场合，学习文明得体地进行交流。

基础铺垫：第一学段——"与别人交谈，态度自然大方，有礼貌。"第二学段——"能根据交流的对象和场合，稍做准备，做简单的发言。"

知识支撑：八年级下　说话要看对象　补白 82－3－14（八年级下册第三单元第 14 课）。

针对性练习：七年级上　自我介绍　　　　综合性学习 71 － 1 － 1

　　　　　　　七年级上　自我推荐　　　　综合性学习 71 － 1 － 2

　　　　　　　七年级上　模拟面试　　　　综合性学习 71 － 1 － 3

　　　　　　　七年级上　辩论　　　　　　研讨与练习 71 － 5 － 22 － 3

　　　　　　　七年级上　模拟电话交谈　　综合性学习 71 － 5 － 3

　　　　　　　七年级下　电话交谈　　　　综合性学习 72 － 1 － 3

　　　　　　　七年级下　模拟面试　　　　综合性学习 72 － 5 － 3

　　　　　　　八年级下　模拟谈话　　　　综合性学习 82 － 4 － 2

　　　　　　　八年级下　模拟导游　　　　综合性学习 82 － 6 － 2

2. 目标要求：耐心专注地倾听，能根据对方的话语、表情、手势等，理解对方的观点和意图。

基础铺垫：第一学段——"能认真听别人讲话，努力了解讲话的主要内容。"第二学段——"在交谈中认真倾听。""听人说话能把握主要内容，并能简要转述。"第三学段——"听他人说话认真耐心，能抓住要点，并能简要转述。"

知识支撑：八年级上　养成良好的听话态度和习惯　补白 81 － 1 － 2

针对性练习：八年级上　测一测你的听力　　　　补白 81 － 1 － 1

　　　　　　　八年级上　听报告　　　　　综合性学习 81 － 1 － 2

　　　　　　　九年级下　听取意见　　　　综合性学习 92 － 3 － 2

笔者按：欠缺态势语言的相关知识。

3. 目标要求：自信、负责地表达自己的观点，做到清楚、连贯、不偏离话题。

基础铺垫：第一学段——"有表达的自信心。"第二学段——"能清楚明白地讲述见闻，并说出自己的感受和想法。"第三学段——"表达要有条理。"

知识支撑：八年级上　说话要连贯　补白 81 － 4 － 19

针对性练习：七年级下　口头评论　综合性学习 72 － 3 － 3

笔者按：此项目标要求的针对性练习严重不足。

4. 目标要求：注意表情和语气，使说话有感染力和说服力。

基础铺垫：第二学段——"表达要有条理，语气、语调适当。"

针对性练习：七年级上　口头描述　综合性学习 71 － 3 － 3

　　　　　　　七年级下　劝说　　　综合性学习 72 － 5 － 3

笔者按：欠缺相关的支撑性知识。

5. 目标要求：在交流过程中，注意根据需要调整自己的表达内容和方式，不断提高应对能力。

知识支撑：八年级下　说话要讲究方式　补白 82 – 1 – 5

针对性练习：七年级上　辩论　　　　　综合性学习 71 – 4 – 1

　　　　　　七年级上　辩论　　　　　研讨与练习 71 – 6 – 26 – 3

　　　　　　七年级下　辩论　　　　　综合性学习 72 – 5 – 2

　　　　　　八年级下　辩论　　　　　研讨与练习 82 – 4 – 20 – 3

6. 目标要求：讲述见闻，内容具体、语言生动。复述转述，完整准确、突出要点。

基础铺垫：第一学段——"听故事、看音像作品，能复述大意和精彩细节。""能较完整地讲述小故事，能简要讲述自己感兴趣的见闻。"第二学段——"能具体生动地讲述故事，努力用语言打动他人。"

知识支撑：八年级下　学习复述　补白 82 – 5 – 21

针对性练习：七年级上　讲故事　　　　综合性学习 71 – 6 – 1

　　　　　　七年级下　讲故事　　　　综合性学习 72 – 3 – 1

　　　　　　七年级下　口头介绍　　　综合性学习 72 – 3 – 2

　　　　　　七年级下　讲故事　　　　综合性学习 72 – 5 – 1

　　　　　　七年级下　讲故事　　　　综合性学习 72 – 6 – 2

　　　　　　八年级上　测一测你的听力　补白 81 – 1 – 1

　　　　　　八年级上　讲故事　　　　综合性学习 81 – 1 – 2

　　　　　　八年级上　口头介绍　　　综合性学习 81 – 6 – 1

　　　　　　九年级上　讲故事　　　　综合性学习 91 – 4 – 1

　　　　　　九年级下　讲故事　　　　综合性学习 92 – 4 – 1

7. 目标要求：能就适当的话题作即席讲话和有准备的主题演讲，有自己的观点，有一定的说服力。

知识支撑：九年级上　写好演讲稿　综合性学习 91 – 2

针对性练习：七年级下　即席发言　研讨与练习 72 – 1 – 5 – 4

　　　　　　九年级上　演讲　　　综合性学习 91 – 2 – 1

　　　　　　九年级上　演讲　　　综合性学习 91 – 2 – 2

　　　　　　九年级上　演讲　　　综合性学习 91 – 2 – 3

　　　　　　九年级下　演讲　　　综合性学习 92 – 3 – 2

　　　　　　九年级下　演讲　　　研讨与练习 92 – 5 – 18 – 4

笔者按：欠缺即席讲话和主题演讲的相关知识。

8. 目标要求：课堂内外讨论问题，能积极发表自己的看法，有中心、有条理、有根据。能听出讨论的焦点，并有针对性地发表意见。①

　　知识支撑：八年级上　　说话要有中心　　补白 81 - 2 - 8

　　针对性练习：七年级上　　讨论　　　　综合性学习 71 - 2 - 2

　　　　　　　　七年级上　　讨论　　　　综合性学习 71 - 4 - 3

　　　　　　　　七年级上　　讨论　　　　综合性学习 71 - 6 - 3

　　　　　　　　七年级下　　口头交流　　研讨与练习 72 - 4 - 19 - 3

　　　　　　　　七年级下　　讨论　　　　综合性学习 72 - 4 - 3

　　　　　　　　八年级上　　讨论　　　　综合性学习 81 - 1 - 4

　　　　　　　　八年级上　　讨论　　　　综合性学习 81 - 2 - 1

　　　　　　　　八年级上　　讨论　　　　综合性学习 81 - 2 - 3

　　　　　　　　八年级上　　讨论　　　　综合性学习 81 - 3 - 4

　　　　　　　　八年级上　　讨论　　　　综合性学习 81 - 4 - 1

　　　　　　　　八年级上　　讨论　　　　综合性学习 81 - 4 - 2

　　　　　　　　八年级上　　讨论　　　　综合性学习 81 - 4 - 3

　　　　　　　　八年级上　　讨论　　　　综合性学习 81 - 5 - 3

　　　　　　　　八年级下　　讨论　　　　综合性学习 82 - 3 - 4

　　　　　　　　八年级下　　讨论　　　　综合性学习 82 - 4 - 5

　　　　　　　　九年级上　　讨论　　　　综合性学习 91 - 4 - 2

　　　　　　　　九年级上　　讨论　　　　综合性学习 91 - 4 - 3

　　　　　　　　九年级上　　讨论　　　　综合性学习 91 - 5 - 2

　　　　　　　　九年级下　　讨论　　　　综合性学习 92 - 1 - 3

　　笔者按：欠缺讨论的相关知识。

　　通过以上对教科书中口语交际内容的检索归类和这些口语交际内容对课程标准要求反映情况的对比可以看到，教科书针对课程标准的 8 项要求，提供了 7 项支撑性知识，基本照顾到课程标准的各项要求，但课程标准的 8 项要求中所含的知识量远大于教科书所提供的 7 项内容，支撑性知识显得单薄：如上表中呈现的"说话要有中心"、"说话要连贯"、"说话要简洁"等主题，仅呈现了一个口语交际案例；有的知识点教科书中是为了写作内容而呈现的，又如上表中呈现的"学习复述"、"写好演讲稿"等主题。这些都表明教科书中呈现的口语交际支撑性知识与口语交际八项课程目标中涵盖的知识要求相去甚远。另外，针对性活动安排的比例也不尽合理，最多的如第

---

　　①　以上各项"目标要求"参见陆志平. 语文课程新探［M］. 长春：东北师范大学出版社，2002，155 - 165.

八项目标要求安排了十七项针对性活动，而最少的如第二项目标要求仅安排了两项针对性活动，这样的活动安排对学生口语交际能力的全面发展必然存在着很多制约。总之，教科书中口语交际内容的编排基本上照顾到了课程标准的目标要求，并能将各项要求落到实处。

（三）初中语文口语交际教学核心任务分析

在初中语文口语交际教学中，教师应引导学生完成以下任务：（1）用普通话清晰、顺畅地与人交流；（2）根据不同场合、不同对象选择合适的话语；（3）说话文明，称呼得当，口气平和，态度诚恳，内容健康，用词不粗俗。如表7－3－5。

表7－3－5　人教版初中语文口语交际教学中的核心任务分析表

任务	陈述性知识	程序性知识	元认知知识
能用普通话清晰、顺畅地与人交流	普通话的发音要点	保持交谈顺畅进行的基本技巧	说话清晰、发音标准，是确保交谈顺畅的基础
能根据不同场合、不同对象选择合适的话语	说话的场合与对象	根据不同场合与不同对象，选择合适的话语	各种不同的场合和对象，都有其特有的话语
说话文明，称呼得当，口气平和，态度诚恳，内容健康，用词不粗俗	适当称呼的注意事项，常见的文明用语，常见的粗俗用语	文明、和谐、得体地与人交流	说话文明得体是一个人修养的综合表现

三、高中语文口语交际教材解读

（一）课程标准的要求

分析课程标准对于"口语交际能力"的论述，我们可以看到培养目标主要集中在以下几个方面：

1. 表达要规范。规范的表达是交际的前提条件。首先，学生要讲普通话，发音标准，用词恰当，其次，学生表达时要有逻辑性，思维清晰；再次，学生与人交际时的仪态、表情要端庄、自然。

2. 表达要流畅。"口语交际教学应注重培养人际交往的文明态度和语言修养，如有自信心……"学生在众人面前讲话时如果能做到不紧张、不怯场，并能侃侃而谈，流畅的表达自己的观点，无疑会大大提高学生的自信心。

3. 表达要得体。学生在日常生活中，无论是和同学、老师还是和家里人交谈，都要保持彬彬有礼的态度，注意自己的言行举止，体现良好的素养，"使学生具有文明和谐地进行人际交流的素养"。具体地说，就是要根据对方的言语、表情和肢体语言来理解对方的意图，不偏离话题地表达自己的观点。得体的表达是口语交际教学追求的高层次，涉及的内容比较复杂，教师最好能结合典型案例引导学生体会、练习。

总体来说，口语表达最基本的要求就是规范、流畅和得体。无论教师还是学生，在教与学中时刻要以此为前提。

（二）口语交际教学内容

2003 年《普通高中语文课程标准（实验）》出台后，据此重新修订的人教版语文必修教材于 2004 年开始在全国范围内推广使用，下面以人教社课标版高中语文必修教材为例，分析教材中口语交际教学的内容。

1. 口语交际专题

结合《普通高中语文课程标准（实验）》中"表达要求"的最后一条，人教社课标版高中语文（必修）在五本书中分别设置了五个专题，语文 1 是"朗诵"，语文 2 是"演讲"，语文 3 是"讨论"，语文 4 是"辩论"，语文 5 是"访谈"。根据王漫对口语交际内容的分类，"朗诵"和"演讲"属于"独白口语"中的"以有声语言表达的书面语"；"讨论"、"辩论"和"访谈"属于"交际口语"范畴。也就是说，朗诵和演讲以说话人个人的口语表达为主，以听众的反应为辅；其他三个专题重点培养的是交际过程中的临场应变能力、双方互动能力等。这种编排顺序，体现了编者对学生个体口语循序发展的重视。见表 7-3-6。

表 7-3-6　人教社课标版高中语文口语交际专题编排顺序和基本内容

口语交际专　　题	语文 1	语文 2	语文 3	语文 4	语文 5
	朗诵	演讲	讨论	辩论	访谈
指导与探讨	引入主题，提出思考				
实践与交流	1. 现代诗歌朗诵；2. 古诗文朗诵；3. 现当代散文朗诵；4. 新闻播报。	1. 演讲与情境；2. 即兴演讲；3. 尝试劝说；4. 诉说梦想。	提供议题：1. 同龄人；2. 幽默；3. 人才；4. 求知；5. 苦难；6. 传统文化。	1. 正反方辩论；2. 驳斥的方法；3. 设题辩论；4. 参考辩题。	1. 引导受访者；2. 访谈提纲；3. 访谈同学；4. 电话或网络访谈。
补白	朗诵的特点	——	——	——	——

口语交际专题包括两个部分：指导与探讨、实践与交流。

"指导与探讨"首先介绍相关专题的概念，然后提出相关要求，最后提出开展实践交流活动时应思考的问题。以必修 1 "朗诵"专题为例，首先提出朗诵的概念："朗诵是学习语文的重要方式……通过朗诵，可以创造性地表现出原作的思想感情和语言文字的音韵美。"其次提出相关要求："朗诵要读准字音……要准确把握作品的背景、主旨……"最后提出 3 道思考问题。思考问题的作用是使学生在实践交流之前有所准备，将理论和实际结合起来。

"实践与交流"先设置情境，情境的特点是与学生生活实际密切相关，然后根据不同主题来组织小组活动。值得注意的是，组织活动时会先对一些必要过程予以讲解，活动结束后也会提出反思问题。每个专题都会有四到六个主题，主题设置的特点是由易到难，由具体到抽象。

"朗诵"和"演讲"属于"独白口语"中的"以有声语言表达的书面语"，根据这一特点，这两个专题的"实践与交流"部分与前面的"阅读鉴赏"有一定联系。详见表 7-3-7 和表 7-3-8。

表 7-3-7　人教社课标版高中语文口语交际"朗诵"与阅读鉴赏的联系

"朗诵"——实践与交流训练要点	阅读鉴赏对应篇目		
1. 现代诗歌朗诵	第一单元　沁园春　长沙	诗两首	大堰河——我的保姆
2. 古诗文朗诵	第二单元　烛之武退秦师	荆轲刺秦王	鸿门宴
3. 现当代散文朗诵	第三单元　纪念刘和珍君	小狗包弟	
4. 新闻播报	第四单元　短新闻两篇		

表 7-3-8　人教社课标版高中语文口语交际"演讲"与阅读鉴赏的联系

"演讲"——实践与交流训练要点	阅读鉴赏对应篇目		
1. 演讲与情境	—	——	
2. 即兴演讲	第二单元　诗经　氓	孔雀东南飞	
3. 尝试劝说	—	—	
4. 诉说梦想	第四单元　我有一个梦想		

2. 其他形式的口语交际内容

每册教材的《致同学们》都介绍到："'口语交际'全套书共设计了五次活动，每册围绕一个重点进行。需要注意的是，'研讨与练习'和'梳理探究'中也有写作与口语交际方面的练习，供你们选择。"这句话往往被人所忽略，但是正是从这句介绍中我们可以得知，尽管在这五册书中口语交际专题所占比重很小，但是在阅读鉴赏模块里的"研讨与练习"和"梳理探究"模块其实也贯彻了新课标的"采用灵活的形式组织口语交际教学"的思想。

（1）"研讨与练习"中的口语交际

表7-3-9　人教社课标版高中语文"研讨与练习"中与口语交际相关的内容

	课文	研讨与练习	训练要点
语文1	第一课沁园春　长沙	第一题　反复朗读并背诵这首词，注意把握情感和节奏。	朗诵
	第一课沁园春　长沙	第二题　用自己的话描述这首词所描写的湘江秋景。	口头描述
	第二课　诗两首	第一题　从课文中选出一两节诗划分节奏，标出韵脚，反复朗读，体会其音乐性，并背诵这两首诗。	朗诵
	第二课　诗两首	第四题　丁香花纤小文弱，清香优雅。古代诗人以此立意，写出不少古今传诵的名作……描述一下你心目中的"丁香一样的姑娘"的形象。	口头描述
	第三课　大堰河——我的保姆	第一题　朗读这首诗，结合有关诗句，说说诗人笔下的大堰河是一个怎样的形象。	朗诵与口头描述
	第七课　纪念刘和珍君	第四题　你还读过其他作家描写和议论这场青年学生请愿运动的文章吗？查阅有关资料，作些归类、分析，拟出发音提纲，与同学交流、讨论。	讨论
	第十二课　飞向太空的航程	第一题　标题是新闻的"眼睛"，好的标题可以吸引读者。课文的标题就很有特色，请你说说它的含义。你还见过什么好的标题？介绍给大家，并就此谈谈标题对于新闻的价值。	口头介绍
语文2	第一课　荷塘月色	第三题　下面是一些有关朱自清散文的评论，各是从什么角度分析的？对于这些不同甚至相反的意见，你有什么看法？与同学讨论一下。	讨论
	第二课　故都的秋	第三题　你读过哪些描写秋天的诗文？你最喜欢其中的哪一篇？向同学介绍这些诗文，并就你最喜欢的诗文做简要的赏析。	口头介绍
	第五课　离骚	第一题　疏通课文大意，有感情地朗读课文。	朗诵
	第六课　孔雀东南飞	第一题　熟读全诗，就以下问题展开讨论……	朗诵与讨论
	第十二课　我有一个梦想	第二题　朗读第9至第14自然段，体会排比句式在演讲中的独特效果。文中还有哪些地方运用了排比手法？找出来并试着自己演讲一下。	朗诵与演讲

续表

	课文	题目	类型
语文3	第一课　林黛玉进贾府	第四题　参考下面的资料，以"话说贾宝玉"为题，谈谈你对这一人物形象的看法。	讨论
	第二课　祝福	第一题　全部或分组讨论：造成祥林嫂悲剧的原因到底是什么？	讨论
	第三课　老人与海	第一题　桑迪亚哥是位怎样的老人？在你看来，他是成功了还是失败了？人生的成败到底应该如何衡量？同学们之间讨论一下。	讨论
	第四课　蜀道难	第一题　朗读并背诵这首诗。	朗诵
	第五课　杜甫诗三首	第四题　朗读并背诵这三首诗。	朗诵
	第六课　琵琶行	第一题　阅读诗序，朗读并背诵全诗。	朗诵
	第八课　寡人之于国也	第三题　试站在现代社会立场，对孟子的论述加以评述。	谈论
	第九课　劝学	第四题　在知识激增的现代社会，我们对于学习的看法有了很大变化。你认为荀子的观点是否过时？有哪些观点需要补充发展？	讨论
	第十一课　师说	第三题　试说说作者的观点在当时有哪些进步意义，在今天仍有什么借鉴作用。作者说："弟子不必不如师……"试就这一观点谈谈自己的认识。	谈论
	第十三课　宇宙的边疆	第三题　作者带领我们遨游宇宙后说："人类返回家园的长途旅行已经开始"那么，请你做解说员，向大家介绍一下地球的情况。	口头介绍
语文4	第二课　雷雨	第三题　有条件的可阅读《雷雨》全剧，在班上就有关问题展开一个读书讨论会；也可以从剧中找出一些精彩片段进行表演。	读书讨论会与戏剧表演
	第八课　拿来主义	第四题　联系实际，全班或分组讨论：近百年来我们从外国"拿来"了什么？还有哪些东西可以"拿来"？	讨论
	第九课　父母与孩子之间的爱	第三题　本文是一篇译作，在遣词造句和修辞方面，与纯粹的汉语写作有所不同。你认为哪些语句反映了译文的特点？可结合前几册学过的译文跟同学一起讨论。	讨论
	第十三课　张衡传	第三题　郭沫若曾评价张衡是一个"全面发展"的人。课文搜集资料，联系课文，以"我看张衡"为题，在班里做一次三分钟演讲。	演讲

续表

语文5	第四课　归去来兮辞	第四题　结合已学过的《归园田居》、《五柳先生传》等，说说你心目中的陶渊明是怎样一个人，并探讨你对古代归隐现象的看法。	谈论
	第十二课　作为生物的社会	第四题　结合这段论述，联系本文，谈谈你对生物的社会行为的认识。	谈论
	第十三课　宇宙的未来	第二题　举出文中几个语言幽默风趣的例子加以分析，体会霍金这位科学大师的演说风格。	演讲
	第十三课　宇宙的未来	第三题　请推荐出一两位班上的"天文爱好者"，组织一次科普讲座。	讲座

　　语文1－5中研讨与练习里与口语交际有关的题目共30题，训练要点33个，基本分布见表7－3－10。

表7－3－10　人教社课标版高中语文研讨与练习中与口语交际有关的训练要点比例

训练要点	朗诵	演讲	讨论	谈论	口头介绍（描述）	讲座	戏剧
数目	9	3	8	5	6	1	1
比例	27.3%	9.1%	24.2%	15.2%	18.2%	3.03%	3.03%

　　从该表可以得出一些结论：训练要点以朗诵、讨论、口头介绍或描述居多，这几部分总和占全部的近70%。其中朗诵训练要点多在诗歌和文言文课文后出现，一方面培养学生对诗歌的语感，另一方面也陶冶了学生的情操，提高了学生的朗读水平。

　　随着年级的升高，训练要点有不同的侧重方向，并与课文紧密相连。在必修1－3里，主要是朗诵、口头介绍和谈论，必修4－5中出现了戏剧表演和讲座，难度明显增大。而且课后练习中不仅有"朗诵"、"演讲"，还有"讲座"、"戏剧"等，内容丰富，形式多样。

　　（2）"梳理探究"中的口语交际

　　语文1《新词新语与流行文化》"搜集资料，探讨一下新词新语与流行文化之间的关系。"

　　语文2《成语：中华文化的微缩景观》"在不下万条的成语中，四字成语占绝大多数，而二字、五字、六字、七字等成语很少，这是为什么？试探讨这个问题，发表自己的见解。"《修辞无处不在》"搜集古今中外'推敲'

的故事，并与同学交流。”

语文 3《交际中的语言运用》是整套教材的“梳理探究”模块里与口语交际最密切相关的一篇文章，该文共分三部分，分别是“称谓语”、“禁忌语”和“委婉语”，并在每部分都设置了与口语交际相关的小活动。

语文 4《影视文化》设置了这样一个活动：“对白是影视语言的重要组成部分，请朗诵或分角色表演一些精彩的影视对白。”这样的活动不仅有实践性还有一定的鉴赏性和趣味性，学生对这样的活动有很大的积极性。

以上仅举了一些有代表性的例子，该模块使“口语交际”成为学习的有效形式或呈现结果的有效形式，在活动中学生需要运用调查、访谈、讨论等多种方式，这有利于学生综合能力尤其是口语交际能力的提高。

【思考题】

一、请阅读下面的案例，根据所掌握的有关理论进行评析。

1. 你怎样看待《一件高兴的事情》的真实写作[①]

师：好作文的基本标准第一个是真，真实写作。同学们赞同我这个观点吗？

（学生纷纷表示赞同）

师：那么你怎样评价下面这篇文章的真情实感？

学生阅读《一件高兴的事情》。文章大致内容是：弟弟写了一篇作文，抒发自己在放学后路上捡到五元钱，很高兴，并考虑怎样用这五元钱买自己喜欢的东西。作文交给老师后，老师很生气，打了个叉。哥哥教导弟弟：“你写上把这五元钱捐给希望工程，老师不就给你打高分了吗？”弟弟说：“那我还有什么可高兴的呢？”

师：你们怎样评价弟弟、哥哥、老师？

生1：弟弟确实是写真情实感，老师打叉太过分了。这样以后谁还敢在作文中表达真情实感呢？

生2：哥哥的教导不就是教弟弟在作文中说假话吗？

生3：可是弟弟这样的真情实感也只能让人一笑了之，有什么意义呢？

师：弟弟是在真实写作，符合作文评价的首要标准。这是值得肯定的。但是一个求真的标准还不够，写作的基本标准不仅仅是真。弟弟的作文缺点是什么？弟弟的高兴还停留在人性中的初级阶段。写作的基本标准之二应该

---

① 本案例由浙江郑逸农老师提供，转引自蔡可. 义务教育课程标准 2011 版案例式解读. 初中语文 [M]. 北京：教育科学出版社，2012.

是善。只有达到这一标准，才算得上是真诚写作。所谓真诚写作，应该是希望大家都好。

那么我们来想主意，弟弟的作文可以怎样续写？

生4：弟弟回到家，妈妈教导他，不可以这么做。

生5：那弟弟还高兴吗？

师：假如我们让弟弟来个自我教育，弟弟后来想到：我的高兴是因为我捡到了钱，而这钱是人家的，丢钱的人一定很难过。这样一想，我不能高兴。不过后来我又高兴起来，因为我发现我已经可以自我教育了。

师：这样写应该是合情合理的，写作过程就是自我成长的过程。好作文除了真和善，还有什么呢？

生：美。

师：要在哪些方面体现出美？

……

对照好作文的基本标准，我们应该在哪些方面需重点努力？平时该怎样来提高写作水平？

2. 口语交际"这就是我"片段

在进行口语交际"这就是我"课堂教学之前，教师让学生采访几个人，解决这样几问题：

（1）你名字的来由。

（2）请父母回忆你小时候让他们印象最深的一件事。

（3）访问一个长辈，请他说说他对你的评价。

（4）访问一个同辈，请他说说他对你的评价。

教师的课后反思：通过这些采访，学生高兴地说："我对自己有了更深的了解，认识到了周围人对我的关心和爱护。"因为有了这个铺垫，在介绍自己时，学生普遍有话可说。

这次口语交际课中，介绍自己这种口语交际类型，对能力的要求是多方面的。请结合课程标准的相关内容，与此次活动相关的能力，可以从哪些方面进行考虑？

二、模拟教学训练

1. 以下材料节选自人民教育出版社义务教育课程标准实验教科书《语文》八年级下册的"民俗"单元，该单元包括沈从文的《云南的歌会》、汪曾祺的《端午的鸭蛋》、萧乾的《吆喝》、琦君的《春酒》、冯骥才的《俗世奇人》等文章。请你认真阅读，并完成以下训练内容。

（1）根据材料设计一个课堂教学方案。内容是指导学生开展相关活动，一课时。要求：体现出对初中语文课程理念的理解；格式规范、结构严谨、文字流畅、书写工整。

（2）进行一次模拟教学训练。

哲学家常说，一滴水中见太阳，一粒沙中见世界。的确如此，即便是我们日常生活中一些平常小事，如逢年过节的风俗，吃饭穿衣的习惯，细心探究起来，几乎每一件都包含着丰厚的文化内涵，蕴藏着语文学习的宝贵资源。到民间去"采风"，关注我们平常习焉不察的民风民情，探寻日常生活背后的"学问"，一定会有许多惊喜地发现！

（一）家乡素描

俗话说："一方水土养一方人。"你的家乡在地理环境、历史文化、风土人情方面有什么特色？其他地方的人是怎样形容你的家乡的？你的家乡历史上曾经出现过哪些有影响的人物？请查阅地方志或者向身边的亲友进行调查访问，然后对材料进行整理，向班上同学说说你家乡的事。

（二）认识方言（以下活动，选做两三项）

（1）小知识。你知道吗？汉语方言有七大类，即北方方言、吴方言、湘方言、赣方言、客家方言、闽方言、粤方言。查一查有关资料，看看你家乡的方言属于哪一种；在你所属的县市，主要说哪几种方言？

（2）小游戏。你平时在家，可能经常用方言和家人交谈。现在让我们做一个小游戏，分组模拟一家人（爷爷、奶奶、父母、自己）在饭桌上的谈话，用方言交流三四分钟，记录下方言在发音、语法、词汇等方面与普通话差异最大的一些词语、短句，并总结它们的不同。

（3）编词条。走出学校，去田间地头、街头巷尾倾听人们的谈话，注意他们使用的鲜活的、富于表现力的语言，搜集广泛流传的当地民歌、民谣、笑话（要求内容健康），在班上与同学交流；然后选出几个你认为有代表性的方言词语，仿照《现代汉语词典》词语注释的体例，编写几个方言词条。

（三）乡土发现

根据条件，组织到当地民间进行调查访问，内容包括：当地各民族同胞的信仰、禁忌，婚嫁寿诞、衣食住行等方面的民俗特征。汇集采访笔记、摄影作品、配有文字介绍的实物，举办一次民俗文化展览。有兴趣的可以采写成新闻通讯稿，报道这次活动的情况。

（四）节日探源

请搜集有关中秋、端午、重阳、春节、元宵节等传统节日的诗词、对联、灯谜，并在班上展示你的成果。比一比，看谁搜集得多。

以小组为单位，探寻节日起源，搜集有关这些节日的传说、故事，尝试以"……的起源"为题，各小组合作完成一份研究报告，在班上交流。

2. 请认真阅读，并根据材料设计一组活动教学方案。方案包括活动指导一课时、写作指导一课时、展示成果一课时。要求体现出对高中语文课程理念的理解并做到格式规范、结构严谨、文字流畅、书写工整。

以下材料节选自广东教育出版社《普通高中课程标准实验教科书·语文（必修5）》（2004年版）的"走近经济"单元。该单元包括王则柯的《钱》、茅于轼的《市场经济中新的道德和法治》、沈杰的《向小康生活迈进的期待》等文章。

我们每天必须吃、喝、住、穿，然后才能从事学习和其他社会活动，因此，人类开展经济活动就成为一种必需。要想了解市场经济活动与人类生存发展的复杂关系，可以运用所学过的语文知识和所掌握的语文技能，选定一个与自己、家庭或社区经济活动密切相关的课题，以"走近经济"为平台，开展一次语文综合学习活动。

（一）读文选题

联系个人、家庭和社会实际，与同学交流，讨论自己最感兴趣的经济问题，确定活动的课题，按课题组成"走近经济"语文学习活动探究小组。

（二）实践探究

（1）制订活动方案。学习活动探究小组共同讨论、制订活动计划，明确探究题目，确定活动的目标、内容、方式、分工与合作的要求、成果体现形式等。

（2）查找相关资料。

（3）问卷调查。

（4）专题访谈。

（5）实地考察和调查。认真做好调查工作，搜集和保存调查所得的资料信息。

（三）总结交流

（1）活动小组根据活动的目标整合资料，小组成员互相交流对问题的看法；每个人自选角度，组织材料，撰写一篇调查报告、访谈纪要、新闻报道或小论文等。

（2）活动小组优化组合各人文章的优点，集体合作写出本小组的调查报告。

（3）可以将学习活动的成果编辑成手抄报或制作成网页，尽可能做到图文并茂。

（四）展示评价

各活动小组展示学习成果。有条件的小组可以将第一单元语文综合性学习·教学设计技能训练学习成果制作成演示文稿，进行演示。

设立调查报告、音像作品、访谈、手抄报、演示文稿等单项奖。

小组自评和互评，教师、家长和社会有关人士参评，可以从创新精神、个性特长等角度，鉴赏和评议小组的探究成果，提出改进建议，然后评出各单项奖。

小组成员交流本次学习活动的心得体会和收获。

三、教材研习训练

请根据下表格式，完成人教社课标版高中语文课本中 20 个写作专题例文及编选指导内容的统计。

写作专题	分布	例文	编选指导
心音共鸣 ——写触动心灵的人和事	话题探讨	学生作品：哑巴母亲 《敬畏自然》	文学作品中的情感表达和理性思考都会引起人的共鸣
	写法借鉴	黄方国《父亲》	抓住细节写作，能够触动心灵，引发思考。

参考文献

蔡可．义务教育课程标准（2011 版）案例式解读（初中语文）．北京：教育科学出版社，2012

程晓堂．任务型语言教学．北京：高等教育出版社，2004

丁帆，杨九俊．普通高中课程标准实验《语文》教科书（必修二）第 2 版．南京：凤凰出版传媒集团，江苏教育出版社 2005

段双全．语文教研的理论视野与实践追求．北京：语文出版社，2011

干国祥．确定多元之界的四个维度［J］．语文教学通讯 o 初中刊，2005．3．

高尔基．论剧本［M］．人民文学出版社，1978．

顾黄初．中国现代语文教育百年事典［M］．上海：上海教育出版社，2001．

顾黄初．注重作文全程训练．见刘国正．中国现当代名家作文论．郑州：文心出版社，2000

顾振彪．21 世纪初初中作文教材（人教版）的改革．语文学习，2004

韩雪屏、王相文、王松泉主编、顾黄初主审．语文课程教学资源［M］．北京：高等教育出版社，2010．

韩雪屏．寻求与文本对话的策略［J］．语文教学通讯（高中刊），2003．12．

韩雪萍，王相文，王松泉．语文课程教学资源．北京：高等教育出版社，2010

何进军．学习策略研究的理论意义简析［J］．黄冈师范学院学报，1994，（03）

何晓文，程红兵．新课标高中语文必修课教材教学设计．［M］华东师范大学出版社，2004．11，（第一版）

贺卫东．中学语文教材研究与教学设计［M］．西安：陕西师范大学出版社，2011．

洪宗礼．汉语文教材评介［M］．南京：江苏教育出版社，2000．

胡寅．现行苏、人教版初中语文口语交际教材研究．［J］中国优秀硕士论文数据库．2011．4．

加涅．学习的条件．傅统先，陆有铨译．［M］．北京：人民教育出版社，1985．

江山野．简明国际教育百科全书 o 课程．北京：教育科学出版社，1991

教育部基础教育司．语文课程标准研修［M］．北京：高等教育出版社，2004．

教育部基础教育司语文课程标准研制组．全日制义务教育语文课程标准（实验稿）解读［M］．武汉：湖北教育出版社，2002．

课程教材研究所．20 世纪中国中小学课程标准 o 教学大纲汇编：语文卷［M］．北京：人民教育出版社，2001．

课程教材研究所．新中国中小学教材建设史（1949－2000）研究丛书（中学语文卷）［M］．人民教育出版社，2010．

李锋．基于课程标准的教学设计研究［D］．上海：华东师范大学博士学位论文，2010．

李何林．从百草园到三味书屋［J］．山东师院等四院校编《语文教学》，1978．1．

李玉鸽．戴望舒《雨巷》的三重意蕴［J］．襄樊职业技术学院学报，2002（2）．

联合国教科文组织．学会生存——教育世界的今天和明天［M］．北京：教育科学出版社，1996．12．

廖艳萍．《窦娥冤》的几种解读［D］．华中师范大学出版社，2012．

林晖，陈建伟．语文综合性学习教学技能训练．广州．暨南大学出版社，2010

刘国正，毕养赛．叶圣陶语文教育思想研究．南京：江苏教育出版社，1990

刘锡庆．基础写作学．北京：中央广播电视大学出版社，1985

刘彦君．戏剧鉴赏［M］．高等教育出版社，2010．03．

刘永康．语文教育学．［M］．北京：高等教育出版社，2011．

刘远碧．新中国义务教育学制改革与发展研究［M］．北京：中国社会科学出版社，2009．

柳斌，叶澜．中国教师新百科（中学教育卷）［M］．北京：中国大百科全书出版社，2002．

龙斌．中学散文整体阅读教学研究与实践［D］．江西师范大学，2005．

卢彦元．中学文学作品阅读教学的多元解读探讨［D］．华中师范大学，2003．

鲁洪生，赵敏俐．中国古代文学名篇导读：全二册［M］．北京：中华书局，2003．

马克思·范梅南．教学机智——教育智慧的意蕴［M］．北京：教育科学出版社，2002．13．

倪文锦．初中语文新课程实验教科书"综合性学习"单元比较研究．［J］中国优秀硕士论文数据库．2005．10

倪文锦．高中语文新课程教法［M］．北京：高等教育出版社，2004．

裴娣娜．教学论［M］．北京：教育科学出版社，2007．

彭会资．中国古代文论教程［M］．桂林：广西师范大学出版社，1996．

彭小明．语文课程与教学新论［M］．杭州：浙江大学出版社，2009．

蒲方合．中国古代公案戏中的法律文化解读——以《窦娥冤》为视角［J］．黄石理工学院学报（人文社会科学版），2011．1．

普通高中语文课程标准（实验）．中华人民共和国教育部制订．北京：人民教育出版社，2003

施良方．课程理论——课程的基础、原理与问题．北京：教育科学出版社，1996

王爱华．新课程高中语文写作教程比较研究［D］上海：华东师大优秀硕士论文，2009

王策三．教学论稿［M］．北京：人民教育出版社，2005．

王红，谢谦．中国诗歌艺术［M］．北京：高等教育出版社，2004．

王璞玉．人教版高中语文教科书（必修）"表达与交流"部分研究．［J］中国优秀硕士论文数据库．2009．6

王相文，韩雪屏，王松泉．语文教材研究．［M］．北京：高等教育出版社，1999．

王振香．新课标背景下人教版（7－9年级）教材中语文综合性学习设计述评．［J］中国优秀硕士论文数据库．2005．10．

危艳萍．《窦娥冤》中的窦娥并非反抗英雄［J］．文学教育，2008．02．

吴平安．对话与碰撞——窦娥冤及剧单元教学［J］．语文教学与研究，1999．

夏静芳．中学语文阅读教学多元解读研究［D］．南京师范大学，2008．

夏敏．职高语文教学多样性解读与创新思维培养例谈［J］．职业教育，2004（7）．

谢德民．论学习——学习科学与学习指导的探索［M］．北京：人民出版社，1992．222

颜禾．我国近现代中学语文教材编写史略［J］．教育评论，1988（1）．

杨晶．两套高中语文教科书中的写作系统的比较研究．［J］中国优秀硕士论文数据库．2008．5

姚咏梅．新课程三维目标教学操作丛书初中语文．北京：北京师范大学出版集团．2010

叶青．人教版初中语文教材综合性学习内容的基本构成研究．［J］中国优秀硕士论文数据库．2007．9

叶圣陶．略谈学习国文．载全国中语会．叶圣陶吕叔湘张志公语文教育论文选．北京：开明出版社，1995

叶圣陶语文教育论集，北京，教育科学出版社，1980：225．

义务教育语文课程标准修订组．突出语文课程的核心目标，加强可操作性［J］．人民教育，2012 年增刊．

于非．中国古代文学作品选：全三册［M］．北京：高等教育出版社，1994．

余映潮．论初中语文教学提问设计的创新［J］．语文教学通讯，2003．5．

语文课程标准研制组．全日制义务教育语文课程标准（实验稿）解读［M］．武汉：湖北教育出版社，2002．

郁贤皓．中国古代文学作品选：全六卷［M］．北京：高等教育出版社，2010．

袁和平．中学戏剧教学论［D］．华中师范大学，2005．11．

张栋．人教社课标版高中语文必修教科书写作部分研究．［J］中国优秀硕士论文数据库．2011．4

张桂清．人教版初中语文教科书口语交际内容分析与思考．［J］中国优秀硕士论文数据库．2006．5

张鸿苓．新中国中学语文教育大典［M］．北京：语文出版社，2001．

张华．经验课程论．上海：上海教育出版社，2011

张建榕．中学文学作品多元解读的实践探索［D］．河北师范大学，2008．

张隆华，曾仲珊. 中国古代语文教育史 ［M］. 成都：四川教育出版社，2000.

张守基. 试论窦娥性格上的封建烙印 ［J］. 渭南师专学报（综合版），1989. 1.

张硕城. 《从百草园到三味书屋》的主题思想不在批判封建教育制度 ［J］. 语文月刊，1983. 5.

张维娟. 元杂剧作家的女性意识 ［M］. 中华书局，2007. 04.

郑国民. 新世纪语文课程改革研究 ［M］. 北京：北京师范大学出版社，2003.

郑银凤. 中国百年中学语文课程标准（教学大纲）发展历程研究 ［D］. 重庆：西南大学硕士学位论文，2008.

中华人民共和国教育部制订. 普通高中语文课程标准（实验）. ［S］. 北京：人民教育出版社，2003.

中华人民共和国教育部制订. 全日制义务教育语文课程标准（实验稿）［S］. 北京：北京师范大学出版社，2001

钟启泉. 《课程的逻辑》［M」. 上海：华东师范大学出版社2008. 63，70－71

钟启泉等. 基础教育课程改革纲要（试行）解读. 教育部文件. 基础教育课程改革纲要（试行）上海：华东师范大学出版社，2001

周莉. 高中语文戏剧阅读教学初探 ［D］. 东北师范大学，196. 2011. 05.

周庆元. 语文教育研究. 长沙：湖南教育出版社，2005

周小蓬. 《普通高中语文课程标准》实践导读 ［M］. 北京：北京大学出版社，2011.

周啸天. 诗词赏析七讲 ［M］. 成都：四川文艺出版社，2010.

朱本轩，冯守仲. 中学语文教材研究. ［M］. 青岛：青岛海洋大学出版社，1991.

倪文锦. 高中语文新课程教学法. 北京：高等教育出版社，2004

宗在红. 《窦娥冤》中窦娥反抗精神的再思考 ［J］. 文学教育，2009. 11.

［美］拉尔夫泰勒施良方. 课程与教学的基本原理. 北京. 人民教育出版社，1994

附录一　义务教育语文课程标准（2011 年版）

中华人民共和国教育部制定

第一部分　前言

语言文字是人类最重要的交际工具和信息载体，是人类文化的重要组成部分。语言文字的运用，包括生活、工作和学习中的听说读写活动以及文学活动，存在于人类生活的各个领域。当今世界，经济全球化趋势日渐增强，现代科学和信息技术迅猛发展，新的交流媒介不断出现，给社会语言生活带来巨大变化，对中华民族优秀传统文化的继承，对语言文字运用的规范带来新的挑战。时代的进步要求人们具有开阔的视野、开放的心态、创新的思维，对人们的语言文字运用能力和文化选择能力提出了更高的要求，也给语文教育的发展提出了新的课题。

语文课程致力于培养学生的语言文字运用能力，提升学生的综合素养，为学好其他课程打下基础；为学生形成正确的世界观、人生观、价值观，形成良好个性和健全人格打下基础；为学生的全面发展和终身发展打下基础。语文课程对继承和弘扬中华民族优秀文化传统和革命传统，增强民族文化认同感，增强民族文化认同感，增强民族凝聚力和创造力，具有不可替代的优势。语文课程的多重功能和奠基作用，决定了它在九年义务教育中的重要地位。

一、课程性质

语文课程是一门学习语言文字运用的综合性、实践性课程。义务教育阶段的语文课程，应使学生初步学会运用祖国语言文字进行交流沟通，吸收古今中外优秀文化，提高思想文化修养，促进自身精神成长。工具性与人文性的统一，是语文课程的基本特点。

二、课程基本理念

（一）全面提高学生的语文素养

九年义务教育阶段的语文课程，必须面向全体学生，使学生获得基本的语文素养。

语文课程应激发和培育学生热爱祖国语文的思想感情，引导学生丰富语言积累，培养语感，发展思维，初步掌握学习语文的基本方法，养成良好的学习习惯，具有适应实际生活需要的识字写字能力、阅读能力、写作能力、口语交际能力，正确运用祖国语言文字。语文课程还应通过优秀文化的熏陶感染，促进学生和谐发展，使他们提高思想道德修养和审美情趣，逐步形成良好的个性和健全的人格。

（二）正确把握语文教育的特点

语文课程丰富的人文内涵对学生精神世界的影响是广泛而深刻的，学生对语文材料的感受和理解又往往是多元的。因此，应该重视语文课程对学生思想情感所起的熏陶感染作用，注意课程内容的价值取向，要继承和发扬中华优秀文化传统和革命传统，体现社会主义核心价值体系的引领作用，突出中国特色社会主义共同理想，弘扬以爱国主义为核心的民族精神和以改革创新为核心的时代精神，树立社会主义荣辱观，培养良好思想道德风尚，同时也要尊重学生在语文学习过程中的独特体验。

语文课程是实践性课程，应着重培养学生的语文实践能力，而培养这种能力的主要途径也应是语文实践。语文课程是学生学习运用祖国语言文字的课程，学习资源和实践机会无处不在，无时不有。因而，应该让学生多读多写，日积月累，在大量的语文实践中体会、把握运用语文的规律。

语文课程应特别关注汉语言文字的特点对学生识字写字、阅读、写作、口语交际和思维发展等方面的影响，在教学中尤其要重视培养良好的语感和整体把握的能力。

（三）积极倡导自主、合作、探究的学习方式

学生是学习的主体。语文课程必须根据学生身心发展和语文学习的特点，爱护学生的好奇心、求知欲，鼓励自主阅读、自由表达，充分激发他们的问题意识和进取精神，关注个体差异和不同的学习需求，积极倡导自主、合作、探究的学习方式。教学内容的确定，教学方法的选择，评价方式的设计，都应有助于这种学习方式的形成。

语文学习应注重听说读写的相互联系，注重语文与生活的结合，注重知识与能力、过程与方法、情感态度与价值观的整体发展。综合性学习既符合语文教育的传统，又具有现代社会的学习特征，有利于学生在感兴趣的自主活动中全面提高语文素养，有利于培养学生主动探究、团结合作、勇于创新的精神，应该积极提倡。

（四）努力建设开放而有活力的语文课程

语文课程的建设应继承我国语文教育的优良传统，注重读书、积累和感

悟，注重整体把握和熏陶感染；同时应密切关注现代社会发展的需要。拓宽语文学习和运用的领域，注重跨学科的学习和现代科技手段的运用，使学生在不同内容和方法的相互交叉、渗透和整合中开阔视野，提高学习效率，初步养成现代社会所需要的语文素养。

语文课程应该是开放而富有创新活力的。要尽可能满足不同地区、不同学校、不同学生的需求，确立适应时代需要的课程目标，开发与之相适应的课程资源，形成相对稳定而又灵活的实施机制，不断地自我调节、更新发展。

三、课程设计思路

1. 九年义务教育语文课程，应以邓小平理论和"三个代表"重要思想为指导，深入贯彻落实科学发展观，坚持以人为本，继承我国语文教育的优良传统，汲取当代语文教育科学理论的精髓，借鉴国外母语教育改革的经验，遵循语文教育的规律，努力提高学生的语文素养，为弘扬民族精神、增强民族创造力和凝聚力、培养德智体美全面发展的社会主义建设者和接班人，发挥积极的作用，为学生的终身发展奠定基础。

2. 语文课程应注重引导学生多读书、多积累，重视语言文字运用的实践，在实践中领悟文化内涵和语文应用规律。

3. 课程目标九年一贯整体设计。课程标准在"总目标"之下，按1－2年级、3－4年级、5－6年级、7－9年级四个学段，分别提出"学段目标与内容"，体现语文课程的整体性和阶段性。各个学段相互联系，螺旋上升，最终全面达成总目标。

4. 学段目标与内容从"识字与写字"、"阅读"、"写作"（第一学段为"写话"，第二、第三学段为"习作"）、"口语交际"四个方面提出要求。课程标准还提出了"综合性学习"的要求，以加强语文课程内部诸多方面的联系，加强与其他课程以及与生活的联系，促进学生语文素养全面协调地发展。

5. 课程标准的"实施建议"部分，对教学、评价、教材编写，以及课程资源的开发与利用等提出了实施的原则、方法和策略，也为具体实施留有创造的空间。

第二部分　课程目标与内容

一、总体目标与内容

课程目标从知识与能力、过程与方法、情感态度与价值观三个方面设计。三者相互渗透，融为一体。目标的设计着眼于语文素养的整体提高。

1. 在语文学习过程中，培养爱国主义、集体主义、社会主义思想道德和健康的审美情趣，发展个性，培养创新精神和合作精神，逐步形成积极的人生态度和正确的世界观、价值观。

2. 认识中华文化的丰厚博大，汲取民族文化智慧。关心当代文化生活，尊重多样文化，吸收人类优秀文化的营养，提高文化品位。

3. 培育热爱祖国语言文字的情感，增强学习语文的自信心，养成良好的语文学习习惯，初步掌握学习语文的基本方法。

4. 在发展语言能力的同时，发展思维能力，学习科学的思想方法，逐步养成实事求是、崇尚真知的科学态度。

5. 能主动进行探究性学习，激发想象力和创造潜能，在实践中学习和运用语文。

6. 学会汉语拼音。能说普通话。认识 3500 个左右常用汉字。能正确工整地书写汉字，并有一定的速度。

7. 具有独立阅读的能力，学会运用多种阅读方法。有较为丰富的积累和良好的语感，注重情感体验，发展感受和理解的能力。能阅读日常的书报杂志，能初步鉴赏文学作品，丰富自己的精神世界。能借助工具书阅读浅易文言文。背诵优秀诗文 240 篇（段）。九年课外阅读总量应在 400 万字以上。

8. 能具体明确、文从字顺地表达自己的见闻、体验和想法。能根据需要，运用常见的表达方式写作，发展书面语言运用能力。

9. 具有日常口语交际的基本能力，学会倾听、表达与交流，初步学会运用口头语言文明地进行人际沟通和社会交往。

10. 学会使用常用的语文工具书。初步具备搜集和处理信息的能力，积极尝试运用新技术和多种媒体学习语文。

二、学段目标与内容

第一学段（1－2 年级）

（一）识字与写字

1. 喜欢学习汉字，有主动识字、写字的愿望。

2. 认识常用汉字 1600 个左右，其中 800 个左右会写。

3. 掌握汉字的基本笔画和常用的偏旁部首，能按笔顺规则用硬笔写字，注意间架结构。初步感受汉字的形体美。

4. 努力养成良好的写字习惯，写字姿势正确，书写规范、端正、整洁。

5. 学会汉语拼音。能读准声母、韵母、声调和整体认读音节。能准确地拼读音节，正确书写声母、韵母和音节。认识大写字母，熟记《汉语拼音字母表》。

6. 学习独立识字。能借助汉语拼音认读汉字，学会用音序检字法和部首检字法查字典。

（二）阅读

1. 喜欢阅读，感受阅读的乐趣。养成爱护图书的习惯。

2. 学习用普通话正确、流利、有感情地朗读课文。学习默读。

3. 结合上下文和生活实际了解课文中词句的意思，在阅读中积累词语。借助读物中的图画阅读。

4. 阅读浅近的童话、寓言、故事，向往美好的情境，关心自然和生命，对感兴趣的人物和事件有自己的感受和想法，并乐于与人交流。

5. 诵读儿歌、儿童诗和浅近的古诗，展开想象，获得初步的情感体验，感受语言的优美。

6. 认识课文中出现的常用标点符号。在阅读中体会句号、问号、感叹号所表达的不同语气。

7. 积累自己喜欢的成语和格言警句。背诵优秀诗文 50 篇（段）。课外阅读总量不少于 5 万字。

（三）写话

1. 对写话有兴趣，留心周围事物，写自己想说的话，写想象中的事物。

2. 在写话中乐于运用阅读和生活中学到的词语。

3. 根据表达的需要，学习使用逗号、句号、问号、感叹号。

（四）口语交际

1. 学说普通话，逐步养成讲普通话的习惯。

2. 能认真听别人讲话，努力了解讲话的主要内容。

3. 听故事、看音像作品，能复述大意和自己感兴趣的情节。

4. 能较完整地讲述小故事，能简要讲述自己感兴趣的见闻。

5. 与别人交谈，态度自然大方，有礼貌。

6. 有表达的自信心。积极参加讨论，敢于发表自己的意见。

（五）综合性学习

1. 对周围事物有好奇心，能就感兴趣的内容提出问题，结合课内外阅读共同讨论。

2. 结合语文学习，观察大自然，用口头或图文等方式表达自己的观察所得。

3. 热心参加校园、社区活动。结合活动，用口头或图文等方式表达自己的见闻和想法。

第二学段（3－4 年级）

（一）识字与写字

1. 对学习汉字有浓厚的兴趣，养成主动识字的习惯。

2. 累计认识常用汉字 2500 个左右，其中 1600 个左右会写。

3. 有初步的独立识字能力。会运用音序检字法和部首检字法查字典、词典。

4. 能使用硬笔熟练地书写正楷字，做到规范、端正、整洁。用毛笔临摹正楷字帖。

5. 写字姿势正确，有良好的书写习惯。

（二）阅读

1. 用普通话正确、流利、有感情地朗读课文。

2. 初步学会默读，做到不出声，不指读。学习略读，粗知文章大意。

3. 能联系上下文，理解词句的意思，体会课文中关键词句表达情意的作用。能借助字典、词典和生活积累，理解生词的意义。

4. 能初步把握文章的主要内容，体会文章表达的思想感情。能对课文中不理解的地方提出疑问。

5. 能复述叙事性作品的大意，初步感受作品中生动的形象和优美的语言，关心作品中人物的命运和喜怒哀乐，与他人交流自己的阅读感受。

6. 诵读优秀诗文，注意在诵读过程中体验情感，展开想象，领悟诗文大意。

7. 在理解语句的过程中，体会句号与逗号的不同用法，了解冒号、引号的一般用法。

8. 积累课文中的优美词语、精彩句段，以及在课外阅读和生活中获得的语言材料。背诵优秀诗文 50 篇（段）。

9. 养成读书看报的习惯，收藏图书资料，乐于与同学交流。课外阅读总量不少于 40 万字。

（三）习作

1. 乐于书面表达，增强习作的自信心。愿意与他人分享习作的快乐。

2. 观察周围世界，能不拘形式地写下自己的见闻、感受和想象，注意把自己觉得新奇有趣或印象最深、最受感动的内容写清楚。

3. 能用简短的书信、便条进行交流。

4. 尝试在习作中运用自己平时积累的语言材料，特别是有新鲜感的词句。

5. 学习修改习作中有明显错误的词句。根据表达的需要，正确使用冒号、引号等标点符号。

6. 课内习作每学年 16 次左右。

（四）口语交际

1. 能用普通话交谈。学会认真倾听，能就不理解的地方向人请教，就不同的意见与人商讨。

2. 听人说话能把握主要内容，并能简要转述。

3. 能清楚明白地讲述见闻，说出自己的感受和想法。讲述故事力求具体生动。

（五）综合性学习

1. 能提出学习和生活中的问题，有目的地搜集资料，共同讨论。

2. 结合语文学习，观察大自然，观察社会，用书面或口头方式表达自己的观察所得。

3. 能在教师的指导下组织有趣味的语文活动，在活动中学习语文，学会合作。

4. 在家庭生活、学校生活中，尝试运用语文知识和能力解决简单问题。

第三学段（5－6 年级）

（一）识字与写字

1. 有较强的独立识字能力。累计认识常用汉字 3000 个左右，其中 2500 个左右会写。

2. 硬笔书写楷书，行款整齐，力求美观，有一定的速度。

3. 能用毛笔书写楷书，在书写中体会汉字的优美。

4. 写字姿势正确，有良好的书写习惯。

（二）阅读

1. 能用普通话正确、流利、有感情地朗读课文。

2. 默读有一定的速度，默读一般读物每分钟不少于 300 字。学习浏览，扩大知识面，根据需要搜集信息。

3. 能联系上下文和自己的积累，推想课文中有关词句的意思，辨别词语的感情色彩，体会其表达效果。

4. 在阅读中了解文章的表达顺序，体会作者的思想感情，初步领悟文章的基本表达方法。在交流和讨论中，敢于提出看法，作出自己的判断。

5. 阅读叙事性作品，了解事件梗概，能简单描述自己印象最深的场景、人物、细节，说出自己的喜爱、憎恶、崇敬、向往、同情等感受。阅读诗歌，大体把握诗意，想象诗歌描述的情境，体会作品的情感。受到优秀作品的感染和激励，向往和追求美好的理想。阅读说明性文章，能抓住要点，了解文章的基本说明方法。阅读简单的非连续性文本，能从图文等组合材料中找出有价值的信息。

6. 在理解课文的过程中，体会顿号与逗号、分号与句号的不同用法。

7. 诵读优秀诗文，注意通过语调、韵律、节奏等体味作品的内容和情感。背诵优秀诗文 60 篇（段）。

8. 扩展阅读面。课外阅读总量不少于 100 万字。

（三）习作

1. 懂得写作是为了自我表达和与人交流。

2. 养成留心观察周围事物的习惯，有意识地丰富自己的见闻，珍视个人的独特感受，积累习作素材。

3. 能写简单的记实作文和想象作文，内容具体，感情真实。能根据内容表达的需要，分段表述。学写读书笔记，学写常见应用文。

4. 修改自己的习作，并主动与他人交换修改，做到语句通顺，行款正确，书写规范、整洁。根据表达需要，正确使用常用的标点符号。

5. 习作要有一定速度。课内习作每学年 16 次左右。

（四）口语交际

1. 与人交流能尊重和理解对方。

2. 乐于参与讨论，敢于发表自己的意见。

3. 听人说话认真、耐心，能抓住要点，并能简要转述。

4. 表达有条理，语气、语调适当。

5. 能根据对象和场合，稍作准备，作简单的发言。

6. 注意语言美，抵制不文明的语言。

（五）综合性学习

1. 为解决与学习和生活相关的问题，利用图书馆、网络等信息渠道获取资料，尝试写简单的研究报告。

2. 策划简单的校园活动和社会活动，对所策划的主题进行讨论和分析，学写活动计划和活动总结。

3. 对自己身边的、大家共同关注的问题，或电视、电影中的故事和形象，组织讨论、专题演讲，学习辨别是非、善恶、美丑。

4. 初步了解查找资料、运用资料的基本方法。

第四学段（7－9 年级）

（一）识字与写字

1. 能熟练地使用字典、词典独立识字，会用多种检字方法。累计认识常用汉字 3500 个左右。

2. 在使用硬笔熟练地书写正楷字的基础上，学写规范、通行的行楷字，提高书写的速度。

3. 临摹名家书法，体会书法的审美价值。

4. 写字姿势正确，有良好的书写习惯。

（二）阅读

1. 能用普通话正确、流利、有感情地朗读。

2. 养成默读习惯，有一定的速度，阅读一般的现代文，每分钟不少于500字。能较熟练地运用略读和浏览的方法，扩大阅读范围。

3. 在通读课文的基础上，理清思路，理解、分析主要内容，体味和推敲重要词句在语言环境中的意义和作用。

4. 对课文的内容和表达有自己的心得，能提出自己的看法，并能运用合作的方式，共同探讨、分析、解决疑难问题。

5. 在阅读中了解叙述、描写、说明、议论、抒情等表达方式。

6. 能够区分写实作品与虚构作品，了解诗歌、散文、小说、戏剧等文学样式。

7. 欣赏文学作品，有自己的情感体验，初步领悟作品的内涵，从中获得对自然、社会、人生的有益启示。对作品中感人的情境和形象，能说出自己的体验；品味作品中富于表现力的语言。

8. 阅读简单的议论文，区分观点与材料（道理、事实、数据、图表等），发现观点与材料之间的联系，并通过自己的思考，作出判断。阅读新闻和说明性文章，能把握文章的基本观点，获取主要信息。阅读科技作品，还应注意领会作品中所体现的科学精神和科学思想方法。阅读由多种材料组合、较为复杂的非连续性文本，能领会文本的意思，得出有意义的结论。

9. 诵读古代诗词，阅读浅易文言文，能借助注释和工具书理解基本内容。注重积累、感悟和运用，提高自己的欣赏品位。

10. 随文学习基本的词汇、语法知识，用来帮助理解课文中的语言难点；了解常用的修辞方法，体会它们在课文中的表达效果。了解课文涉及的重要作家作品知识和文化常识。

11. 能利用图书馆、网络搜集自己需要的信息和资料，帮助阅读。

12. 学会制订自己的阅读计划，广泛阅读各种类型的读物，课外阅读总量不少于260万字，每学年阅读两三部名著。背诵优秀诗文80篇（段）。

（三）写作

1. 写作要有真情实感，力求表达自己对自然、社会、人生的感受、体验和思考。

2. 多角度观察生活，发现生活的丰富多彩，能抓住事物的特征，有自己的感受和认识，表达力求有创意。

3. 注重写作过程中搜集素材、构思立意、列纲起草、修改加工等环节，提高独立写作的能力。

4. 写作时考虑不同的目的和对象。根据表达的需要，围绕表达中心，选择恰当的表达方式。合理安排内容的先后和详略，条理清楚地表达自己的意思。运用联想和想象，丰富表达的内容。正确使用常用的标点符号。

5. 写记叙性文章，表达意图明确，内容具体充实；写简单的说明性文章，做到明白清楚；写简单的议论性文章，做到观点明确，有理有据；根据生活需要，写常见应用文。

6. 能从文章中提取主要信息，进行缩写；能根据文章的基本内容和自己的合理想象，进行扩写；能变换文章的文体或表达方式等，进行改写。

7. 根据表达的需要，借助语感和语文常识，修改自己的作文，做到文从字顺。能与他人交流写作心得，互相评改作文，以分享感受，沟通见解。

8. 作文每学年一般不少于 14 次，其他练笔不少于 1 万字，45 分钟能完成不少于 500 字的习作。

（四）口语交际

1. 注意对象和场合，学习文明得体地交流。

2. 耐心专注地倾听，能根据对方的话语、表情、手势等，理解对方的观点和意图。

3. 自信、负责地表达自己的观点，做到清楚、连贯、不偏离话题。

4. 注意表情和语气，根据需要调整自己的表达内容和方式，不断提高应对能力，增强感染力和说服力。

5. 讲述见闻，内容具体、语言生动。复述转述，完整准确、突出要点。能就适当的话题作即席讲话和有准备的主题演讲，有自己的观点，有一定说服力。

6. 讨论问题，能积极发表自己的看法，有中心、有根据、有条理。能听出讨论的焦点，并能有针对性地发表意见。

（五）综合性学习

1. 自主组织文学活动，在办刊、演出、讨论等活动过程中，体验合作与成功的喜悦。

2. 能提出学习和生活中感兴趣的问题，共同讨论，选出研究主题，制订简单的研究计划。能从书刊或其他媒体中获取有关资料，讨论分析问题，独立或合作写出简单的研究报告。

3. 关心学校、本地区和国内外大事，就共同关注的热点问题，搜集资料，调查访问，相互讨论，能用文字、图表、图画、照片等展示学习成果。

4. 掌握查找资料、引用资料的基本方法，分清原始资料与间接资料的主要差别，学会注明所援引资料的出处。

第三部分　实施建议

一、教学建议

（一）充分发挥师生双方在教学中的主动性和创造性

学生是语文学习的主体，教师是学习活动的组织者和引导者。语文教学应在师生平等对话的过程中进行。

语文教学应激发学生的学习兴趣，培养学生自主学习的意识和习惯，引导学生掌握语文学习的方法，为学生创设有利于自主、合作、探究学习的环境。应尊重学生的个体差异，鼓励学生选择适合自己的学习方式。

教师应确立适应社会发展和学生需求的语文教育观念，注重吸收新知识，不断提高自身的综合素养。应认真钻研教材，正确理解、把握教材内容，创造性地使用教材；积极开发、合理利用课程资源，灵活运用多种教学策略和现代教育技术，努力探索网络环境下新的教学方式；精心设计和组织教学活动，重视启发式、讨论式教学，启迪学生智慧，提高语文教学质量。

（二）教学中努力体现语文的实践性和综合性

教师应努力改进课堂教学，整体考虑知识与能力、过程与方法、情感态度与价值观的综合，注重听说读写之间的有机联系，加强教学内容的整合，统筹安排教学活动，促进学生语文素养的整体提高。

重视学生读书、写作、口语交际、搜集处理信息等语文实践，提倡多读多写，改变机械、粗糙、繁琐的作业方式，让学生在语文实践中学习语文，学会学习。善于通过专题学习等方式，沟通课堂内外，沟通听说读写，增加学生语文实践的机会。充分利用学校、家庭和社区等教育资源，开展综合性学习活动，拓宽学生的学习空间。

（三）重视情感、态度、价值观的正确导向

培养学生正确的思想观念、科学的思维方式、高尚的道德情操、健康的审美情趣和积极的人生态度，是与帮助他们掌握学习方法、提高语文能力的过程融为一体的，不应该当做外在的附加任务。应该根据语文学科的特点，注重熏陶感染，潜移默化，把这些内容渗透于日常的教学过程之中。

（四）重视培养学生的创新精神和实践能力

语文教学要注重语言的积累、感悟和运用，注重基本技能训练，让学生打好扎实的语文基础。尤其要注重激发学生的好奇心、求知欲，发展学生的思维，培养想象力，开发创造潜能，提高学生发现、分析和解决问题的能力，提高语文综合应用能力。

（五）具体建议

学生生理、心理以及语言能力的发展具有阶段性特征，不同内容的教学也有各自的规律，应该根据不同学段学生的特点和不同的教学内容，采取合适的教学策略。

1. 关于识字、写字与汉语拼音教学

识字、写字是阅读和写作的基础，是第一学段的教学重点，也是贯串整个义务教育阶段的重要教学内容。

低年级阶段学生"会认"与"会写"的字量要求有所不同。在教学过程中要"多认少写"，要求学生会认的字不一定同时要求会写。本标准附有"识字、写字教学基本字表"，建议先认先写"字表"中的 300 个字，逐步发展识字写字能力。

识字教学要注意儿童特点，将学生熟识的语言因素作为主要材料，结合学生的生活经验，引导他们利用各种机会主动识字，力求识用结合。

要运用多种识字教学方法和形象直观的教学手段，创设丰富多彩的教学情境，提高识字教学效率。

按照规范要求认真写好汉字是教学的基本要求，练字的过程也是学生性情、态度、审美趣味养成的过程。每个学段都要指导学生写好汉字。要求学生写字姿势正确，指导学生掌握基本的书写技能，养成良好的书写习惯，提高书写质量。第一、第二、第三学段，要在每天的语文课中安排 10 分钟，在教师指导下随堂练习，做到天天练。要在日常书写中增强练字意识，讲究练字效果。

汉语拼音教学要尽可能有趣味性，宜多采用活动和游戏的形式，应与学说普通话、识字教学相结合，注意汉语拼音在现实语言生活中的运用。

2. 关于阅读教学

阅读是运用语言文字获取信息、认识世界、发展思维、获得审美体验的重要途径。阅读教学是学生、教师、教科书编者、文本之间对话的过程。

阅读是学生的个性化行为。阅读教学应引导学生钻研文本，在主动积极的思维和情感活动中，加深理解和体验，有所感悟和思考，受到情感熏陶，获得思想启迪，享受审美乐趣。要珍视学生独特的感受、体验和理解。教师应加强对学生阅读的指导、引领和点拨，但不应以教师的分析来代替学生的阅读实践，不应以模式化的解读来代替学生的体验和思考；要善于通过合作学习解决阅读中的问题，但也要防止用集体讨论来代替个人阅读。

阅读教学应注重培养学生感受、理解、欣赏和评价的能力。这种综合能力的培养，各学段可以有所侧重，但不应把它们机械地割裂开来。

在理解课文的基础上，提倡多角度、有创意的阅读，利用阅读期待、阅读反思和批判等环节，拓展思维空间，提高阅读质量。但要防止逐字逐句的过深分析和远离文本的过度发挥。

各个学段的阅读教学都要重视朗读和默读。各学段关于朗读的目标中都要求"有感情地朗读"，这是指，要让学生在朗读中通过品味语言，体会作者及作品中的情感态度，学习用恰当的语气语调朗读，表现自己对作者及其作品情感态度的理解。朗读要提倡自然，要摒弃矫情做作的腔调。

应加强对阅读方法的指导，让学生逐步学会精读、略读和浏览。有些诗文应要求学生诵读，以利于丰富积累、增强体验，培养语感。

在阅读教学中，为了帮助理解课文，可以引导学生随文学习必要的语文知识，但不能脱离语文运用的实际去进行"系统"的讲授和操练，更不应要求学生死记硬背概念、定义。

要重视培养学生广泛的阅读兴趣，扩大阅读面，增加阅读量，提高阅读品位。提倡少做题，多读书，好读书，读好书，读整本的书。关注学生通过多种媒介的阅读，鼓励学生自主选择优秀的阅读材料。加强对课外阅读的指导，开展各种课外阅读活动，创造展示与交流的机会，营造人人爱读书的良好氛围。

3. 关于写作教学

写作是运用语言文字进行表达和交流的重要方式，是认识世界、认识自我、创造性表述的过程。写作能力是语文素养的综合体现。写作教学应贴近学生实际，让学生易于动笔，乐于表达，应引导学生关注现实，热爱生活，积极向上，表达真情实感。

关于"写作"的目标，第一学段定位于"写话"，第二学段开始"习作"，这是为了降低学生写作起始阶段的难度，重在培养学生的写作兴趣和自信心。

在写作教学中，应注重培养学生观察、思考、表达和创造的能力。要求学生说真话、实话、心里话，不说假话、空话、套话，并且抵制抄袭行为。

为学生的自主写作提供有利条件和广阔空间，减少对学生写作的束缚，鼓励自由表达和有创意的表达。鼓励写想象中的事物，加强平时练笔指导，改进作文命题方式，提倡学生自主选题。

写作教学应抓住取材、构思、起草、加工等环节，指导学生在写作实践中学会写作。重视引导学生在自我修改和相互修改的过程中提高写作能力。

要重视写作教学与阅读教学、口语交际教学之间的联系，善于将读与写、说与写有机结合，相互促进。要关注作文的书写质量，要使学生把作文的书写也当做练字的过程。

积极合理利用信息技术与网络的优势，丰富写作形式，激发写作兴趣，增加学生创造性表达、展示交流与互相评改的机会。

4. 关于口语交际教学

口语交际能力是现代公民的必备能力。应培养学生倾听、表达和应对的能力，使学生具有文明和谐地进行人际交流的素养。

口语交际是听与说双方的互动过程。教学活动主要应在具体的交际情境中进行，不宜采用大量讲授口语交际原则、要领的方式。应努力选择贴近生活的话题，采用灵活的形式组织教学。

重视在语文课堂教学中培养口语交际的能力，鼓励学生在各科教学活动以及日常生活中锻炼口语交际能力。

5. 关于综合性学习

综合性学习主要体现为语文知识的综合运用、听说读写能力的整体发展、语文课程与其他课程的沟通、书本学习与生活实践的紧密结合。

综合性学习应贴近现实生活。联系生活中的实际问题开展学习活动，在实现语文学习目标的同时，提高对自然、社会现象与问题的认识，追求积极、健康、和谐的生活方式，增强抵御风险和侵害的意识，增强在与自然、社会和他人互动中的应对能力。

综合性学习应突出学生的自主性，重视学生主动积极地参与精神，主要由学生自行设计和组织活动，特别注重探索和研究的过程，要加强教师在各环节中的指导作用。

综合性学习应强调合作精神，注意培养学生策划、组织、协调和实施的能力。

综合性学习的设计应开放、多元，提倡与其他课程相结合，开展跨领域学习。跨学科学习，也应以提高学生语文素养为目的。

积极构建网络环境下的学习平台，拓展学生学习和创造的空间，支持和丰富语文综合性学习。

6. 关于语法修辞知识

本标准"学段目标与内容"中涉及语音、文字、词汇、语法、修辞、文体、文学等丰富的知识内容。在教学中应根据语文运用的实际需要，从所遇到的具体语言实例出发进行指导和点拨。指导与点拨的目的是为了帮助学生更好地识字、写字、阅读与表达，形成一定的语言应用能力和良好的语感，而不在于对知识系统的记忆。因此，要避免脱离实际运用，围绕相关知识的概念、定义进行"系统、完整"的讲授与操练。

本标准通过所附的"语法修辞知识要点"对相关内容略加展开，大致规定教学中点拨的范围和难度；这一部分提到有关的名称，则便于教师在引导学生认识语言现象和问题时称说。关于语言结构和运用的规律，须让学生在具有比较丰富的语言积累和良好语感的基础上，在实际运用中逐步体味把握。

二、评价建议

语文课程评价的根本目的是为了促进学生学习，改善教师教学。语文课程评价应准确反映学生的学习水平和学习状况，全面落实语文课程目标。应充分发挥语文课程评价的多重功能，恰当运用多种评价方式，注重评价主体的多元与互动，突出语文课程评价的整体性和综合性。要根据不同年龄学生的学习特点，按照不同学段的课程目标，抓住关键，突出重点，采用合适方式，提高评价效率。语文课程评价应该改变过于重视甄别和选拔的状况，突出评价的诊断和发展功能。

（一）充分发挥语文课程评价的多种功能

语文课程评价具有检查、诊断、反馈、激励、甄别和选拔等多种功能，其目的是为了考查学生实现课程目标的程度，检验和改进学生的学习和教师的教学，改善课程设计，完善教学过程。应发挥语文课程评价的多种功能，尤其应注意发挥其诊断、反馈和激励的功能，有效地促进学生的发展。

（二）恰当运用多种评价方式

形成性评价关注学习过程，有利于及时揭示问题、及时反馈、及时改进教与学活动。终结性评价关注学习结果，有利于对教学活动作出总结性的结论。形成性评价和终结性评价都是必要的。应加强形成性评价，注意收集、积累能够反映学生语文学习与发展的资料，可采用成长记录袋等各种方式，记录学生的成长过程。对学生语文学习的日常表现，应以表扬、鼓励等积极的评价为主，采用激励性的评语，从正面加以引导。

要坚持定性评价和定量评价相结合，全面反映学生语文学习的状态及水平。评价方法除了纸笔测试以外，还有平时的行为观察与记录、问卷调查、面谈讨论等各种方法。语文学习具有重情感体验和感悟的特点，更应重视定性评价。学校和教师要对学生的成长记录和考试结果进行分析，评价结果的呈现方式除了等级或分数以外，还可用代表性的事实客观描述学生语文学习的进步，并提出建议。

各种评价方法都有其一定的适应性，在评价的客观性和深刻性上也各有差别，因此，评价设计要注重可行性和有效性，力戒繁琐，防止片面追求形式。

（三）注重评价主体的多元与互动

应注意将教师的评价、学生的自我评价及学生之间的相互评价相结合，加强学生的自我评价和相互评价，促进学生主动学习，自我反思。评价要理解和尊重学生的自我评价与相互评价。要尊重学生的个体差异，有利于每个学生的健康发展。

根据需要，可让学生家长、社区、专业人员等适当参与评价活动，争取社会对学生语文学习的更多关注和支持。

（四）突出语文课程评价的整体性和综合性

语文课程评价要体现语文课程目标的整体性和综合性，全面考查学生的语文素养。应注意识字与写字、阅读、写作、口语交际和综合性学习五个方面的有机联系，注意知识与能力、过程与方法、情感态度与价值观的交融、整合，避免只从知识、技能方面进行评价。

（五）具体建议

1. 关于识字与写字的评价

汉语拼音学习的评价，重在考查学生认读和拼读的能力，以及借助汉语拼音认读汉字、讲普通话、纠正地方音的情况。

识字的评价，要考查学生认清字形、读准字音、掌握汉字基本意义的情况，以及在具体语言环境中运用汉字的能力，借助字典、词典等工具书查检字词的能力。第一、第二学段应多关注学生主动识字的兴趣，第三、第四学段要重视考查学生独立识字的能力。

写字的评价，要考查学生对于要求"会写"的字的掌握情况，重视书写的正确、端正、整洁，在此基础上，逐步要求书写流利。第一学段要关注学生写好基本笔画、基本结构和基本字，第二、第三学段还要关注学生的毛笔书写，第四学段还要关注学生基本行楷字的书写和对名家书法作品的临摹。义务教育的各个学段的写字评价都要关注学生写字的姿势与习惯，引导学生提高书写质量。第三学段要求学生会写 2500 个字。对学生写字学习情况的评价，当以本标准附录 5 "义务教育语文课程常用字表·字表一"为依据。

评价要有利于激发学生识字、写字的兴趣，帮助学生养成写规范字的习惯，减少错别字。

2. 关于阅读的评价

阅读的评价，要综合考查学生阅读过程中的感受、体验和理解，要关注其阅读兴趣与价值取向、阅读方法与习惯，也要关注其阅读面和阅读量，以及选择阅读材料的能力。重视对学生多角度、有创意阅读的评价。语文知识的学习重在运用，其概念不作为考试内容。

能用普通话正确、流利、有感情地朗读课文，是朗读评价的总要求。根据阶段目标，各学段的要求可以有所侧重。评价学生的朗读，可从语音、语调和语气等方面进行综合考察，评价"有感情地朗读"，要以对内容的理解与把握为基础，要防止矫情做作。

诵读的评价，重在提高学生的诵读兴趣，增加积累，发展语感，加深体验和领悟。在不同学段，可在诵读材料的内容、范围、数量、篇幅、类型等方面逐渐增加难度。

默读的评价，应从学生默读的方法、速度、效果和习惯等方面进行综合考查。

精读的评价，重点评价学生对阅读材料的综合理解能力，要重视评价学生的情感体验和创造性的理解。第一学段可侧重考查对文章内容的初步感知和文中重要词句的理解、积累；第二学段侧重考查通过重要词句帮助理解文章，体会其表情达意的作用，以及对文章大意的把握；第三学段侧重考查对文章表达顺序和基本表达方法的了解领悟；第四学段侧重考查理清思路、概括要点、探究内容等方面的情况，以及读懂不同文体文章的能力。

略读的评价，重在考查学生能否把握阅读材料的大意。浏览的评价，重在考查学生能否从阅读材料中捕捉有用信息。

文学作品阅读的评价，着重考查学生感受形象、体验情感、品味语言的水平，对学生独特的感受和体验应加以鼓励。第一学段侧重考查学生能通过朗读和想象等手段，大体感受作品的情境、节奏和韵味；第二学段侧重考查在阅读全文基础上对重要段落和语句的细致阅读，具体感受作品的形象和语言；第三、第四学段，可通过考查学生对形象、情感、语言的领悟程度，以及自己的体验，来评价学生初步鉴赏文学作品的水平。

评价学生阅读古代诗词和浅易文言文，重点考查学生的记诵积累，考查他们能否凭借注释和工具书理解诗文大意。词法、句法等方面的概念不作为考试内容。

要重视学生课外阅读的评价。应根据各学段的要求，通过小组和班级交流、学习成果展示等方式，了解学生的阅读量和阅读面，进而考查其阅读的兴趣、习惯、品位、方法和能力。

3. 关于写作的评价

写作的评价，应按照不同学段的目标要求，综合考查学生写作水平的发展状况。第一学段主要评价学生的写话兴趣；第二学段是习作的起始阶段，要鼓励学生大胆习作；第三、第四学段要通过多种评价，促进学生具体明确、文从字顺地表达自己的见闻、体验和想法。对于作文的评价还须关注学生汉字书写的情况。

写作的评价，要重视学生的写作兴趣和习惯，鼓励表达真情实感，鼓励有创意的表达，引导学生热爱生活，亲近自然，关注社会。

写作材料准备过程的评价，不仅要具体考查学生占有材料的丰富性、真实性，也要考查他们获取材料的方法。要引导学生通过观察、调查、访谈、阅读等途径，运用多种方法搜集材料。

重视对作文修改的评价。要考查学生对作文内容、文字表达的修改，也要关注学生修改作文的态度、过程和方法。要引导学生通过自改和互改，取长补短，促进相互了解和合作，共同提高写作水平。

评价结果的呈现方式，根据实际需要，可以是书面的，可以是口头的；可以用等级表示，也可以用评语表示；还可以采用展示、交流等多种方式。

提倡学生在成长记录中收存有代表性的课内外作文和有价值的典型案例分析，以反映写作的实际情况和发展过程。

4. 关于口语交际的评价

口语交际的评价，须注重提高学生对口语交际的认识和表达沟通的水平。考查口语交际水平的基本项目可以有讲述、应对、复述、转述、即席讲话、主题演讲、问题讨论等。

口语交际的评价，应按照不同学段的要求，综合考查学生的参与意识、情意态度和表达能力。第一学段主要评价学生口语交际的态度与习惯，重在鼓励学生自信地表达；第二、第三学段主要评价学生日常口语交际的基本能力，学会倾听、表达与交流；第四学段要通过多种评价方式，促进学生根据不同的对象和内容，文明地进行人际沟通和社会交往。评价宜在具体的交际情境中进行，让学生承担有实际意义的交际任务，并结合学生在日常生活和学习活动中的表现，综合考查学生真实的口语交际水平。

5. 关于综合性学习的评价

综合性学习的评价，应着重考查学生的语文综合运用能力、探究精神与合作态度。主要着眼于学生在综合性学习过程中的表现，如是否能积极参与活动，是否能主动提出问题，还有搜集整理材料、综合运用语文知识探究问题、展示与交流学习成果等方面的情况。第一、第二学段要较多地关注学生参与语文学习活动的兴趣与态度。第三、第四学段要多关注学生在语文活动中提出问题、探究问题以及展示学习活动成果的能力。各个学段综合性学习的评价都要着眼于促进学生提高语文水平的效率，并有助于他们扩大视野，更好地掌握学习语文的方法。

评价要尊重和保护学生学习的自主性和积极性，鼓励学生运用多种方法，从不同的角度进行探究。要充分注意学生解决问题的思路和方法。对有新意的思路和表达以及有特点的展示方式，尤其要给予足够的重视。除了教师的评价之外，要多让学生开展自我评价和相互评价。

三、教材编写建议

1. 教材编写应依据课程标准，全面有序地安排教学内容，设计教学活动，并注意体现基础性和阶段性，关注各学段之间的衔接。

2. 教材应体现时代特点和现代意识，关注现实，关注人类，关注自然，理解和尊重多样文化，有助于学生树立正确的世界观、人生观、价值观。

3. 教材要注重继承与弘扬中华民族优秀文化和革命传统，有助于增强学生的民族自尊心和爱国主义感情。

4. 教材应符合学生的身心发展特点，适应学生的认知水平，密切联系学生的经验世界和想象世界，有助于激发学生的学习兴趣和创新精神。

5. 教材选文要文质兼美，具有典范性，富有文化内涵和时代气息，题材、体裁、风格丰富多样，各种类别配置适当，难易适度，适合学生学习。要重视开发高质量的新课文。

6. 教材应注意引导学生掌握语文学习的方法，养成良好的学习习惯。课文注释和练习等应少而精，具有启发性，有利于学生在探究中学会学习。

7. 教材内容的安排要避免繁琐，简化头绪，突出重点，加强整合，注重情感态度、知识能力之间的联系，致力于学生语文素养的整体提高。

8. 教材的体例和呈现方式应灵活多样，避免模式化。设计的体验性活动和研究性专题要体现语文特点，内容适量，便于实施。

9. 教材要有开放性和弹性。在合理安排基本课程内容的基础上，给地方、学校和教师留有开发、选择的空间，也为学生留出选择和拓展的空间，以满足不同学生学习和发展的需要。

10. 教材编写应努力追求设计的创新和编写的特色。要重视现代教育技术在语文课程中的运用。编写语言应准确、规范。

四、课程资源开发与利用的建议

1. 语文课程资源包括课堂教学资源和课外学习资源，例如：教科书、相关配套阅读材料、其他图书、报刊、工具书、教学挂图，电影、电视、广播、网络，报告会、演讲会、辩论会、研讨会、戏剧表演，生产劳动与社会实践场所，图书馆、博物馆、纪念馆、展览馆，布告栏、报廊、各种标牌广告，等等。

自然风光、文化遗产、风俗民情、方言土语，国内外的重要事件，日常生活的话题等也都可以成为语文课程的资源。

2. 各地都蕴藏着多种语文课程资源。学校要有强烈的资源意识，认真分析本地和本校的特点，充分利用已有的资源，积极开发潜在的资源，特别是人的资源因素和在课程实施过程中生成的资源因素。

3. 学校应积极创造条件，努力为语文教学配置相应的设备；还应当争取社会各方面的支持，与社区建立稳定的联系，给学生创设语文实践的环境，开展多种形式的语文学习活动。

4. 语文教师应高度重视课程资源的开发与利用，创造性地开展各类活动，增强学生在各种场合学语文、用语文的意识，通过多种途径提高学生的语文素养。

附录1　关于优秀诗文背诵推荐篇目的建议

《全日制义务教育语文课程标准》要求学生背诵古今优秀诗文，包括中国古代、现当代和外国优秀诗文，具体篇目可由教科书编者和任课教师推荐，这里仅推荐古诗文 135 篇（段）。其中 1－6 年级 75 篇，7－9 年级 61 篇。1－6 年级的背诵篇目都是诗歌；7－9 年级的篇目，除诗歌外，也选入了一些短篇散文。这些诗文主要供学生读读背背，增加积累，在教科书中可作不同的安排，不必都编成课文。

1~6 年级（75 篇）	
1　江南（江南可采莲）	汉乐府
2　长歌行（青青园中葵）	汉乐府
3　敕勒歌（敕勒川）	北朝民歌
4　咏鹅（鹅鹅鹅）	骆宾王
5　风（解落三秋叶）	李峤
6　咏柳（碧玉妆成一树高）	贺知章
7　回乡偶书（少小离家老大回）	贺知章
8　凉州词（黄河远上白云间）	王之涣
9　登鹳雀楼（白日依山尽）	王之涣
10　春晓（春眠不觉晓）	孟浩然
11　凉州词（葡萄美酒夜光杯）	王翰
12　出塞（秦时明月汉时关）	王昌龄

续表

13	芙蓉楼送辛渐（寒雨连江夜入吴）	王昌龄
14	鹿柴（空山不见人）	王维
15	送元二使安西（渭城朝雨浥轻尘）	王维
16	九月九日忆山东兄弟（独在异乡为异客）	王维
17	静夜思（床前明月光）	李白
18	古朗月行（小时不识月）	李白
19	望庐山瀑布（日照香炉生紫烟）	李白
20	赠汪伦（李白乘舟将欲行）	李白
21	黄鹤楼送孟浩然之广陵（故人西辞黄鹤楼）	李白
22	早发白帝城（朝辞白帝彩云间）	李白
23	望天门山（天门中断楚江开）	李白
24	别董大（千里黄云白日曛）	高适
25	绝句（两个黄鹂鸣翠柳）	杜甫
26	春夜喜雨（好雨知时节）	杜甫
27	绝句（迟日江山丽）	杜甫
28	江畔独步寻花（黄师塔前江水东）	杜甫
29	枫桥夜泊（月落乌啼霜满天）	张继
30	滁州西涧（独怜幽草涧边生）	韦应物
31	游子吟（慈母手中线）	孟郊
32	早春呈水部张十八员外（天街小雨润如酥）	韩愈
33	渔歌子（西塞山前白鹭飞）	张志和
34	塞下曲（月黑雁飞高）	卢纶
35	望洞庭（湖光秋月两相和）	刘禹锡
36	浪淘沙（九曲黄河万里沙）	刘禹锡
37	赋得古原草送别（离离原上草）	白居易
38	池上（小娃撑小艇）	白居易
39	忆江南（江南好）	白居易
40	小儿垂钓（蓬头稚子学垂纶）	胡令能
41	悯农（锄禾日当午）	李绅
42	悯农（春种一粒粟）	李绅

续表

43	江雪（千山鸟飞绝）	柳宗元
44	寻隐者不遇（松下问童子）	贾岛
45	山行（远上寒山石径斜）	杜牧
46	清明（清明时节雨纷纷）	杜牧
47	江南春（千里莺啼绿映红）	杜牧
48	蜂（不论平地与山尖）	罗隐
49	江上渔者（江上往来人）	范仲淹
51	元日（爆竹声中一岁除）	王安石
51	泊船瓜洲（京口瓜洲一水间）	王安石
52	书湖阴先生壁（茅檐长扫净无苔）	王安石
53	六月二十七日望湖楼醉书（黑云翻墨未遮山）	苏轼
54	饮湖上初晴后雨（水光潋滟晴方好）	苏轼
55	惠崇春江晓景（竹外桃花三两枝）	苏轼
56	题西林壁（横看成岭侧成峰）	苏轼
57	夏日绝句（生当作人杰）	李清照
58	三衢道中（梅子黄时日日晴）	曾几
59	示儿（死去元知万事空）	陆游
60	秋夜将晓出篱门迎凉有感（三万里河东入海）	陆游
61	四时田园杂兴（昼出耘田夜绩麻）	范成大
62	四时田园杂兴（梅子金黄杏子肥）	范成大
63	小池（泉眼无声惜细流）	杨万里
64	晓出净慈寺送林子方（毕竟西湖六月中）	杨万里
65	春日（胜日寻芳泗水滨）	朱熹
66	观书有感（半亩方塘一鉴开）	朱熹
67	题临安邸（山外青山楼外楼）	林升
68	游园不值（应怜屐齿印苍苔）	叶绍翁
69	乡村四月（绿遍山原白满川）	翁卷
70	墨梅（我家洗砚池头树）	王冕
71	石灰吟（千锤万凿出深山）	于谦
72	竹石（咬定青山不放松）	郑燮

续表

73	所见（牧童骑黄牛）	袁枚
74	村居（草长莺飞二月天）	高鼎
75	己亥杂诗（九州生气恃风雷）	龚自珍
	7-9年级（61篇）	
1	关雎（关关雎鸠）	《诗经》
2	蒹葭（蒹葭苍苍）	《诗经》
3	十五从军征（十五从军征）	汉乐府
4	观沧海（东临碣石）	曹操
5	饮酒（结庐在人境）	陶潜
6	木兰辞（唧唧复唧唧）	北朝民歌
7	送杜少府之任蜀州（城阙辅三秦）	王勃
8	登幽州台歌（前不见古人）	陈子昂
9	次北固山下（客路青山外）	王湾
10	使至塞上（单车欲问边）	王维
11	闻王昌龄左迁龙标遥有此寄（杨花落尽子规啼）	李白
12	行路难（金樽清酒斗十千）	李白
13	黄鹤楼（昔人已乘黄鹤去）	崔颢
14	望岳（岱宗夫如何）	杜甫
15	春望（国破山河在）	杜甫
16	茅屋为秋风所破歌（八月秋高风怒号）	杜甫
17	白雪歌送武判官归京（北风卷地白草折）	岑参
18	酬乐天扬州初逢席上见赠（巴山楚水凄凉地）	刘禹锡
19	卖炭翁（卖炭翁）	白居易
20	钱塘湖春行（孤山寺北贾亭西）	白居易
21	雁门太守行（黑云压城城欲摧）	李贺
22	赤壁（折戟沉沙铁未销）	杜牧
23	泊秦淮（烟笼寒水月笼沙）	杜牧
24	夜雨寄北（君问归期未有期）	李商隐
25	无题（相见时难别亦难）	李商隐
26	相见欢（无言独上西楼）	李煜

续表

27	渔家傲（塞下秋来风景异）	范仲淹
28	浣溪沙（一曲新词酒一杯）	晏殊
29	登飞来峰（飞来峰上千寻塔）	王安石
30	江城子（老夫聊发少年狂）	苏轼
31	水调歌头（明月几时有）	苏轼
32	渔家傲（天接云涛连晓雾）	李清照
33	游山西村（莫笑农家腊酒浑）	陆游
34	南乡子（何处望神州）	辛弃疾
35	破阵子（醉里挑灯看剑）	辛弃疾
36	过零丁洋（辛苦遭逢起一经）	文天祥
37	天净沙·秋思（枯藤老树昏鸦）	马致远
38	山坡羊·潼关怀古（峰峦如聚）	张养浩
39	己亥杂诗（浩荡离愁白日斜）	龚自珍
40	满江红（小住京华）	秋瑾
41　《论语》12 章（学而时习之；吾日三省吾身；吾十有五而志于学；温故而知新；学而不思则罔；贤哉回也；知之者不如好之者；不义而富且贵；三人行；子在川上曰；三军可夺帅也；博学而笃志）		
42　曹刿论战		《左传》
43《孟子》三则（鱼我所欲也；富贵不能淫；天将降大任于斯人也）		
44　《庄子》一则（北冥有鱼……亦若是则已矣。）		
45《礼记》一则（虽有佳肴）		
46《列子》一则（伯牙善鼓琴……吾于何逃声哉？）		
47　邹忌讽齐王纳谏		《战国策》
48　出师表		诸葛亮
49　桃花源记		陶潜
50　与谢中书书		陶弘景
51　三峡		郦道元
52　杂说（四）		韩愈

53	陋室铭	刘禹锡
54	小石潭记	柳宗元
55	岳阳楼记	范仲淹
56	醉翁亭记	欧阳修
57	爱莲说	周敦颐
58	记承天寺夜游	苏轼
59	送东阳马生序（余幼时即嗜学……况才之过于余者乎？）	宋濂
60	湖心亭看雪	张岱
61	河中石兽	纪昀

附录2　关于课外读物的建议

《义务教育语文课程标准》要求学生9年课外阅读总量达到400万字以上，阅读材料包括适合学生阅读的各类图书和报刊。对此提出如下建议：

童话，如安徒生童话、格林童话、叶圣陶《稻草人》、张天翼《宝葫芦的秘密》等。

寓言，如中国古今寓言、《伊索寓言》等。

故事，如成语故事、神话故事、中外历史故事、各民族民间故事等。

诗歌散文作品，如鲁迅《朝花夕拾》、冰心《繁星·春水》、《艾青诗选》、《革命烈士诗抄》、中外童谣、儿童诗歌等。

长篇文学名著，如吴承恩《西游记》、施耐庵《水浒传》、老舍《骆驼祥子》、罗广斌和杨益言《红岩》、笛福《鲁滨逊漂流记》、斯威夫特《格列佛游记》、夏绿蒂·勃朗特《简·爱》、高尔基《童年》、奥斯特洛夫斯基《钢铁是怎样炼成的》等。

教师可根据需要，从中外各类优秀文学作品中选择合适的读物，向学生补充推荐。

科普科幻作品，如儒勒·凡尔纳的系列科幻小说，各类历史、文化读物及传记，以及介绍自然科学与社会科学常识的普及性读物等，可由语文教师和各有关学科教师商议推荐。

附录3　语法修辞知识要点

1. 词的分类：名词、动词、形容词、数词、量词、代词、副词、介词、连词、助词、语气词、叹词。

2. 短语的结构：并列式、偏正式、主谓式、动宾式、补充式。

3. 单句的成分：主语、谓语、宾语、定语、状语、补语。

4. 复句的类型：并列、递进、选择、转折、因果、假设、条件。

5. 常见修辞格：比喻、拟人、夸张、排比、对偶、反复、设问、反问。

附录4　识字、写字教学基本字表（略）

附录5　义务教育语文课程常用字表（略）

附录二　普通高中语文课程标准（实验）

中华人民共和国教育部制定

第一部分　前言

普通高中教育是面向大众的、与九年义务教育相衔接的基础教育。社会的发展对我国高中教育提出了新的要求。适应时代的需要，调整课程的内容和目标，变革学习方式和评价方式，构建具有时代性、基础性和选择性的高中语文课程，是基础教育改革的一项重要任务。

高中语文课程的建设，应以马克思主义和教育科学理论为指导，在义务教育语文课程改革的基础上继续推进。高中语文课程要充分发挥其促进学生发展的独特功能，使全体高中学生获得应该具备的语文素养，并为学生的不同发展倾向提供更大的学习空间；要为造就时代所需要的多方面人才，弘扬和培育民族精神，增强民族创造力和凝聚力发挥发挥应有的作用。

一、课程性质

语文是最重要的交际工具，是人类文化的重要组成部分。工具性与人文性的统一，是语文课程的基本特点。

高中语文课程应进一步提高学生的语文素养，使学生具有较强的语文应用能力和一定的语文审美能力、探究能力，形成良好的思想道德素质和科学文化素质，为终身学习和有个性的发展奠定基础。

二、课程的基本理念

建设高中语文课程，应继续坚持《全日制义务教育语文课程标准（实验）》中提出的基本理念，根据新时期高中语文教育的任务和学生的需求，从"知识和能力"、"过程和方法"、"情感态度和价值观"三个方面出发设计课程目标，努力改革课程的内容、结构和实施机制。

（一）全面提高学生的语文素养，充分发挥语文课程的育人功能

高中语文课程应帮助学生获得较为全面的语文素养，在继续发展和不断提高的过程中有效地发挥作用，以适应未来学习、生活和工作的需要。

高中语文课程必须充分发挥自身的优势，弘扬和培育民族精神，使学生

受到优秀文化的熏陶，塑造热爱祖国和中华文明、献身人类进步事业的精神品格，形成健康美好的情感和奋发向上的人生态度；应增进课程内容与学生成长的联系，引导学生积极参与实践活动，学习认识自然、认识社会、认识自我、规划人生，实现本课程在促进人的全面发展方面的价值追求。

（二）注重语文应用、审美与探究能力的培养，促进学生均衡而有个性地发展

高中语文课程，应注重应用，加强与社会发展、科技进步的联系，加强与其他课程的沟通，以适应现实生活和学生自我发展的需要。要使学生掌握语言交际的规范和基本能力，并通过语文应用学生养成认真负责、实事求是的科学态度。

审美教育有助于促进人的知、情、意全面发展。文学艺术的鉴赏和创作是重要的审美活动，科学技术的创造发明以及社会生活的许多方面也都贯串着审美追求。未来社会更崇尚对美的发现、追求和创造。语文具有重要的审美教育功能，高中语文课程应关注学生情感的发展，让学生受到美的熏陶，培养自觉的审美意识和高尚的审美情趣，培养审美感知和审美创造的能力。

现代社会要求人们思想敏锐，富有探索精神和创新能力，对自然、社会和人生具有更深刻的思考和认识。高中学生身心发展渐趋成熟，已具有一定的阅读表达能力和知识文化积累，促进他们探究能力的发展应成为高中语文课程的重要任务。应在继续提高学生观察、感受、分析、判断能力的同时，重点关注学生思考问题的深度和广度，使学生增强探究意识和兴趣，学习探究的方法，使语文学习的过程成为积极主动探索未知领域的过程。

（三）遵循共同基础与多样选择相统一的原则，构建开放、有序的语文课程

高中语文课程应遵循共同基础与多样选择相统一的原则，精选学习内容，变革学习方式，使全体学生都获得必需的语文素养；同时，必须顾及学生在原有基础、自我发展方向和学习需求等方面的差异，激发学生的兴趣和潜能，增强课程的选择性，为每一个学生创设更好的学习条件和更广阔的成长空间，促进学生特长和个性的发展。

高中语文课程应该具有相对稳定的结构系统，并形成富有弹性的实施机制。学校应在课程标准的指导下，有选择地、创造性地设计和实施课程，帮助教师提高水平、发展特长，开发和利用各方面的课程资源，建立互补互动的资源网络，建设开放、多样、有序的语文课程体系。

三、课程设计思路

（一）为了适应高中教育发展的趋势，适应社会对人才的多样化需求和

学生对语文教育的不同期待，高中语文课程必须体现时代性、基础性和选择性，既要在义务教育的基础上，使学生的语文素养普遍获得进一步的提高，同时也要为具有不同需求的学生提供更大的发展空间。因此，需要建设一个新的高中语文课程结构体系和实施机制。

（二）高中语文课程包括必修课程和选修课程两部分。

（三）必修课程要突出课程的基础性和均衡性。学生通过必修课程的学习，应该具有良好的思想文化修养和较强的运用语言文字的能力，在语文的应用、审美和探究等方面得到比较协调的发展。选修课程也应该体现基础性，但更应该致力于让学生有选择地学习，促进学生有个性地发展。

（四）必修和选修课程均按模块组织学习内容，每个模块 36 学时，2 学分。每个学期分两段，每一学段（约 10 周）完成一个模块的学习。这样的设计有利于学校灵活安排课程，也有利于满足学生多样的学习需求，便于学生根据自己的实际情况选学或者重新学习某个模块的内容。

（五）必修课程包含"阅读与鉴赏"、"表达与交流"两个方面的目标，组成"语文 1"至"语文 5"五个模块。每个模块都是综合的，体现"阅读与鉴赏"、"表达与交流"的目标和内容。必修课程五个模块的学习可在高一至高二两个学期半的时间里循序渐进地完成，也可以根据需要灵活安排。

（六）选修课程设计五个系列。系列 1：诗歌与散文；系列 2：小说与戏剧；系列 3：新闻与传记；系列 4：语言文字应用；系列 5：文化论著研读。每个系列可设计若干模块。学校应按照各个系列的课程目标，根据本校的课程资源和学生的需求，有选择地设计模块，开设选修课。对于模块的内容组合以及模块与模块之间的顺序编排，各学校可以根据实际情况灵活实施。课程的具体名称可由学校自定。

（七）学生修满必修课的 10 学分便可视为完成了本课程的基本学业，达到高中阶段的最低要求；应鼓励学生根据自己的学习兴趣、未来学业和就业的需要，选修有关课程。对于希望进一步学习的学生，建议从五个系列的选修课程中任意选修 4 个模块，获得 8 学分，加上必修课程的 10 学分，共计可获得 18 学分；对于学习兴趣浓厚并希望进一步深造的学生，建议在此基础上，再从这五个系列里任意选修 3 个模块，这样一共可获得 24 学分。

第二部分　课程目标

通过高中语文必修课程和选修课程的学习，学生应该在以下五个方面获得发展。

积累·整合

能围绕所选择的目标加强语文积累，在积累的过程中，注重梳理。根据自己的特点，扬长补短，逐步形成富有个性的语文学习方式。了解学习方法的多样性，掌握学习语文的基本方法，能根据需要，采用适当的方法解决阅读、交流中的问题。通过对语文知识、能力、学习方法和情感、态度、价值观等方面要素的融汇整合，切实提高语文素养。

感受·鉴赏

阅读优秀作品，品味语言，感受其思想、艺术魅力，发展想象力和审美力。具有良好的现代汉语语感，努力提高对古诗文语言的感受力。在阅读中，体味大自然和人生的多姿多彩，激发珍爱自然、热爱生活的感情；感受艺术和科学中的美，提升审美境界。通过阅读和鉴赏，深化热爱祖国语文的感情，体会中华文化的博大精深、源远流长，陶冶性情，追求高尚情趣，提高道德修养。

思考·领悟

根据自己的学习目标，选读经典名著和其他优秀读物，与文本展开对话。通过阅读和思考，领悟其丰富内涵，探讨人生价值和时代精神，以利于逐步形成自己的思想、行为准则，树立积极向上的人生理想，增强为民族振兴而努力的使命感和社会责任感。养成独立思考、质疑探究的习惯，发展思维的严密性、深刻性和批判性。乐于进行交流和思想碰撞，在相互切磋中，加深领悟，共同提高。

应用·拓展

能在生活和其他学习领域中，正确、熟练、有效地运用祖国语言文字。在语文应用中开阔视野，初步认识自己学习语文的潜能和倾向，根据需要和可能，在自己喜爱的领域有所发展。增强文化意识，重视人类文化遗产的传承，尊重和理解多元文化，关注当代文化生活，学习对文化现象的剖析，积极参与先进文化的传播和交流。注重跨领域学习，拓展语文学习的范围，通过广泛的实践，提高语文综合应用能力。

发现·创新

注意观察语言、文学和中外文化现象，学习从习以为常的事实和过程中发现问题，培养探究意识和发现问题的敏感性。对未知世界始终怀有强烈的兴趣和激情，敢于探异求新，走进新的学习领域，尝试新的方法，追求思维的创新、表达的创新。学习多角度多层次地阅读，对优秀作品能够常读常新，获得新的体验和发现。学习用历史眼光和现代观念审视古代作品的内容和思想倾向，提出自己的看法。在探究活动中，勇于提出自己的见解，尊重他人的成果，不断提高探究能力，逐步养成严谨、求实的学风。

一、必修课程

（一）阅读与鉴赏

1. 在阅读与鉴赏活动中，不断充实精神生活，完善自我人格，提升人生境界，逐步加深对个人与国家、个人与社会、个人与自然关系的思考和认识。

2. 发展独立阅读的能力。从整体上把握文本内容，理清思路，概括要点，理解文本所表达的思想、观点和感情。善于发现问题、提出问题，对文本能作出自己的分析判断，努力从不同的角度和层面进行阐发、评价和质疑。根据语境揣摩语句含义，运用所学的语文知识，帮助理解结构复杂、含义丰富的语句，体会精彩语句的表现力。

3. 注重个性化的阅读，充分调动自己的生活经验和知识积累，在主动积极的思维和情感活动中，获得独特的感受和体验。学习探究性阅读和创造性阅读，发展想象能力、思辨能力和批判能力。

4. 能阅读理论类、实用类、文学类等多种文本。根据不同的阅读目的，针对不同的阅读材料，灵活运用精读、略读、浏览、速读等阅读方法，提高阅读效率。

5. 能用普通话流畅地朗读，恰当地表达出文本的思想感情和自己的阅读感受。

6. 学习鉴赏中外文学作品，具有积极的鉴赏态度，注重审美体验，陶冶性情，涵养心灵。能感受形象，品味语言，领悟作品的丰富内涵，体会其艺术表现力，有自己的情感体验和思考。努力探索作品中蕴涵的民族心理和时代精神，了解人类丰富的社会生活和情感世界。

7. 在阅读鉴赏中，了解诗歌、散文、小说、戏剧等文学体裁的基本特征及主要表现手法。了解作品所涉及的有关背景材料，用于分析和理解作品。

8. 学习中国古代优秀作品，体会其中蕴涵的中华民族精神，为形成一定的传统文化底蕴奠定基础。学习从历史发展的角度理解古代文学的内容价值，从中汲取民族智慧；用现代观念审视作品，评价其积极意义与历史局限。

9. 阅读浅易文言文，能借助注释和工具书，理解词句含义，读懂文章内容。了解并梳理常见的文言实词、文言虚词、文言句式的意义或用法，注重在阅读实践中举一反三。诵读古代诗词和文言文，背诵一定数量的名篇。

（可参考附录中关于诵读篇目和课外读物的建议）

10. 具有广泛的阅读兴趣，努力扩大阅读视野。学会正确、自主地选择阅读材料，读好书，读整本书，丰富自己的精神世界，提高文化品位。课外自读文学名著（五部以上）及其他读物，总量不少于150万字。（可参考附录中关于诵读篇目和课外读物的建议）

11. 注重合作学习，养成互相切磋的习惯。乐于与他人交流自己的阅读鉴赏心得，展示自己的读书成果。

12. 学会灵活使用常用语文工具书，能利用多种媒体搜集和处理信息。

（二）表达与交流

1. 学会多角度地观察生活，丰富生活经历和情感体验，对自然、社会和人生有自己的感受和思考。

2. 能考虑不同的目的要求，以负责的态度陈述自己的看法，表达真情实感，培育科学理性精神。

3. 书面表达要观点明确，内容充实，感情真实健康；思路清晰连贯，能围绕中心选取材料，合理安排结构。在表达实践中发展形象思维和逻辑思维，发展创造性思维。

4. 力求有个性、有创意的表达，根据个人特长和兴趣自主写作。在生活和学习中多方面地积累素材，多想多写，做到有感而发。

5. 进一步提高记叙述、说明、描写、议论、抒情等基本表达能力，并努力学习运用多种表达方式。能调动自己的语言积累，推敲、锤炼语言，表达力求准确、鲜明、生动。

6. 能独立修改自己的文章，结合所学语文知识，多写多改，养成切磋交流的习惯。乐于相互展示和评价写作成果。45分钟能写600字左右的文章。课外练笔不少于2万字。

7. 增强人际交往能力，在口语交际中树立自信，尊重他人，说话文明，仪态大方，善于倾听。敏捷应对。

8. 注意口语的特点，能根据不同的交际场合和交际目的，恰当地进行表达。借助语调、语气、表情和手势，增强口语交际的效果。

9. 学会演讲，做到观点鲜明，材料充分、生动，有说服力和感染力，力求有个性和风度。在讨论或辩论中积极主动地发言，恰当地应对和辩驳。朗诵文学作品，能准确把握作品内容，传达作品的思想内涵和感情倾向，具有一定的感染力。

二、选修课程

高中语文选修课程设计五个系列：诗歌与散文、小说与戏剧、新闻与传记、语言文字应用、文化论著研读。

（一）诗歌与散文

1. 培养鉴赏诗歌和散文作品的浓厚兴趣，丰富自己的情感世界，养成健康高尚的审美情趣，提高文学修养。

2. 阅读古今中外优秀的诗歌、散文作品，理解作品的思想内涵，探索作品的丰富意蕴，领悟作品的艺术魅力。用历史的眼光和现代的观念审视古代诗文的思想内容，并给予恰当的评价。

3. 借助工具书和有关资料，读懂不太艰深的我国古代诗文（与附录中所建议的古诗文程度相当），背诵一定数量的古代诗文名篇。学习古代诗词格律基础知识，了解相关的中国古代文化常识，丰富传统文化积累。

4. 学习鉴赏诗歌、散文的基本方法，初步把握中外诗歌、散文各自的艺术特性，注意从不同角度和层面发现作品意蕴，不断获得新的阅读体验。

5. 尝试进行诗歌、散文的创作，组织文学社团，展示成果，交流体会。

（二）小说与戏剧

1. 培养阅读古今中外各类小说、戏剧作品（包括影视剧本）的兴趣，从优秀的小说、戏剧作品中吸取思想、感情和艺术的营养，丰富、深化对历史、社会和人生的认识，提高文学修养。

2. 形成良好的文化心态，学会尊重、理解作品所体现的不同时代、不同民族、不同流派风格的文化，理解作品所表现出来的价值判断和审美取向，作出恰当的评价。

3. 学习鉴赏小说、戏剧的基本方法，初步把握中外小说、戏剧各自的艺术特性。注意从不同的角度和层面解读小说、戏剧作品，提高阅读能力和鉴赏水平。学写小说、戏剧评论，力求表达出自己的独特感受和新颖见解。

4. 朗诵小说或表演剧本的精彩片段，品味语言，深入领会作品内涵，体验人物的命运遭遇和内心世界，把握人物的性格特征。

5. 尝试对感兴趣的古今中外小说、戏剧进行比较研究或专题研究。

6. 留心观察社会生活，丰富人生体验，有意识地积累创作素材，尝试创作小说、剧本，相互交流。

（三）新闻与传记

1. 养成阅读新闻的习惯，关心国内外大事及社会生活，能迅速、准确地捕捉基本信息，就所涉及的事件和观点作出自己的评判。

2. 阅读新闻、通讯（包括特写、报告文学等）作品，了解其社会功用、体裁特点和构成要素，把握语言特色。

3. 广泛搜集资料，根据表达需要和体裁要求，对资料进行核实、筛选、提炼，尝试新闻、通讯的写作。

4. 阅读古今中外的人物传记、回忆录等作品，能把握基本事实，了解传主的人生轨迹，从中获得有益的人生启示，并形成有一定深度的思考和判断。

5. 认识传记作品的基本特性。尝试人物传记的写作。

（四）语言文字应用

1. 注意在生活和跨学科的学习中学语文、用语文，在学习和运用的过程中提高语言文字应用能力。

2. 能综合运用在语文与其他学科中获得的知识、能力和方法，读懂与自己学识程度相当的著作，运用多种方式展开交流和讨论。

3. 阅读应用文，能把握主要内容和关键信息。能根据需要，按照相关格式和要求，写作应用文，力求准确、简明、得体。在学写应用文的过程中，培养对事负责、与人合作的精神和严谨细致的作风。

4. 在实践活动中增强口头应用的能力，能根据交际的需要，选择恰当的时机和场合，提出话题，敏捷应对，注意表达效果。参加演讲与辩论，学习主持集会、演出等活动。

5. 联系语言文字应用中的现象和问题，阅读有关著作，尝试用所学的知识和方法作出解释；了解语言文字法规的有关内容，增强规范意识，学会辨析和纠正错误，提高语言文字应用的正确性和有效性。

6. 观察语言文字应用中的新现象，思考语言文字发展中的新问题，努力在语言文字应用过程中有所创新。

7. 拓展运用语言文字交流的途径，学会用现代信息技术辅助交流，如使用计算机进行编辑、版面设计，制作个人网页和演示文稿。

（五）文化论著研读

1. 选读古今中外文化论著，拓宽文化视野和思维空间，培养科学精神，提高文化修养。以发展的眼光和开放的心态看待传统文化和外来文化，关注当代文化生活，能通过多种途径，开展文化专题研讨。思考人生价值和时代精神，增强使命感和责任感，努力形成自己的思想、行为准则。

2. 借助工具书、图书馆和互联网查找有关资料，了解论著作者情况、相关背景和论著中涉及的主要问题，排除阅读中遇到的障碍。在整体了解论著内容的基础上，选读其中的重点章节，有侧重地进行探究学习，把握论著的主要观点和基本倾向，了解用以支撑观点的关键材料。

3. 学习运用科学的思想方法发现问题、分析问题和解决问题，在阅读过程中注重反思，探究论著中的疑点和难点，敢于提出自己的见解，并乐于和他人交流切磋，共同提高。

4. 关注现实生活和社会的发展，对感兴趣的问题进行思考，参考有关论著，学习对当代社会生活中的问题和中外文化现象作出分析和解释，积极参与先进文化的传播和交流，提高自己的思考、交流能力和认识水平。

第三部分　实施建议

一、教学建议

（一）全面发挥语文课程的功能，促进学生素质的整体提高

语文课程的功能是多方面的。高中语文课程应在义务教育的基础上进一步提高学生的语文素养。应该继续关注学生的语言积累以及语感和思维的发展，帮助学生在阅读与鉴赏、表达与交流的实践中，掌握学习语文的方法，增强语文应用能力，培养审美能力、探究能力。

高中语文教学还应体现高中课程的共同价值，重视情感、态度、价值观的正确导向，充分发挥本课程的优势，促进学生整体素质的提高。

（二）针对高中语文课程的特点实施教学

语文课程具有丰富的人文内涵和很强的实践性。应该重视语文的熏陶感染作用和教学内容的价值取向，尊重学生在学习过程中的独特体验。应该让学生在广泛的语文实践中学语文、用语文，逐步掌握运用语言文字的规律。语文教学应该注意汉语言文字的特点，重视培养语感和整体把握能力。

学生经过义务教育阶段的学习，已具备一定的语文素养，语文学习中的个性倾向渐渐明显，不同学生的学习兴趣和需求的差异逐渐增大。高中语文的教学，要在保证全体学生达到共同的基本目标的前提下，充分关注学生在语文学习中面临的选择，努力满足其学习要求，支持其特长和个性的发展。学生对于应用性目标、审美性目标、探究性目标可能各有侧重，教师应该指导他们通过适当的选修课实现目标。

（三）积极倡导自主、合作、探究的学习方式

语文教学应为学生创设良好的自主学习情境，帮助他们树立主体意识，根据各自的特点和需要，自觉调整学习心态和策略，探寻适合自己的学习方法和途径。为改变过于强调接受学习、死记硬背、机械训练的状况，特别要重视探究的学习方式，教师应努力提高组织教学和引导学生学习的质量。

合作学习有利于在互动中提高学习效率，有利于培养合作意识和团队精神。应鼓励学生在个人钻研的基础上，积极参与讨论及其他学习活动，善于倾听、吸纳他人的意见，学会宽容和沟通，学会协作和分享。

（四）教师和语文课程同步发展

教师是学习活动的组织者和引导者。教师应认真研究《基础教育课程改革纲要（试行）》和《普通高中语文课程标准（实验）》，研究自己的教学对象，从本课程的目标和学生的具体情况出发，灵活运用多种教学策略，有针对性地组织和引导学生在实践中学会学习。在教学中，充分发挥主动性，创造性地使用教科书和其他有关资料。

教师要努力适应课程改革的需要，继续学习，更新观念，丰富知识，提高自身文化素养；要认真读书，精心钻研教科书，在与学生平等对话的合作互动中，加强对学生的点拨和指导，实现教学相长。

教师应遵循教学基本规律，并根据自身的特点和条件，发挥优势和特长，努力形成自己的教学特色；应从学生的需要出发，按照学校的规划，积极开设选修课，充分利用本校本地区的课程资源，拓展学生的学习空间。

（五）关于必修课程的教学

必修课程根据"阅读与鉴赏"、"表达与交流"两个方面的目标，组织五个模块实施教学。

1. 阅读与鉴赏

阅读是搜集处理信息、认识世界、发展思维、获得审美体验的重要途径。阅读教学是学生、教师、教科书编者、文本之间的多重对话，是思想碰撞和心灵交流的动态过程。阅读中的对话和交流，应指向每一个学生的个体阅读。教师既是与学生平等的对话者之一，又是课堂阅读活动的组织者、学生阅读的促进者。教师要为学生的阅读实践创设良好环境，提供有利条件，充分关注学生阅读态度的主动性、阅读需求的多样性、阅读心理的独特性，尊重学生个人的见解，应鼓励学生批判质疑，发表不同意见。教师的点拨是必要的，但不能以自己的分析讲解代替学生的独立阅读。

在具体的教学过程中，对不同类型文本的阅读指导应该有所侧重。阅读论述类文本，教师应引导学生把握观点与材料之间的联系，着重关注思想的深刻胜、观点的科学性、逻辑的严密性、语言的准确性。阅读实用类文本中的新闻，应引导学生注意材料的来源与真实性、事实与观点的关系、基本事件与典型细节、文本的价值取向与实用效果等；常用应用文教学，应主要借助文本示例来了解其功用和基本格式，以学生自学为主，不必作过多分析。阅读文学作品的过程，是发现和建构作品意义的过程。作品的文学价值，是由读者在阅读鉴赏过程中得以实现的。文学作品的阅读鉴赏，往往带有更多的主观性和个人色彩。应引导学生设身处地去感受体验，重视对作品中形象和情感的整体感知与把握，注意作品内涵的多义性和模糊性，鼓励学生积极地、富有创意地建构文本意义。应引导学生在阅读文学作品时努力做到知人论世，通过查阅有关资料，了解与作品相关的作家经历、时代背景、创作动机以及作品的社会影响等，加深对作家作品的理解。

古代诗文的阅读，应指导学生学会使用有关工具书，自行解决阅读中的障碍。文言常识的教学要少而精，重在提高学生阅读古诗文的能力。要求学生精读一定数量的优秀古代散文和诗词曲作品，教师应激发学生诵读的兴趣，培养学生诵读的习惯。

课外阅读活动是阅读教学的重要组成部分。应根据不同学生的具体情况，适时推荐文化品位高、难易程度适当的课外读物。鼓励学生开展多种活动，如写书评、读后感，举办读书报告会、作品讨论会等，分享阅读乐趣，交流阅读成果，共同提高阅读能力。

2. 表达与交流

写作是运用语言文字进行书面表达和交流的重要方式，是认识世界、认识自我、进行创造性表述的过程。写作教学应着重培养学生的观察能力、想象能力和表达能力，重视发展学生的思维能力，发展创造性思维。鼓励学生自由地表达、有个性地表达、有创意地表达，尽可能减少对写作的束缚，为学生提供广阔的写作空间。

在写作教学中，教师应鼓励学生积极参与生活，体验人生，关注社会热点，激发写作欲望。引导学生表达真情实感，不说假话、空话、套话，避免为文造情。指导学生根据写作需要搜集素材，可以采用走访、考察、座谈、问卷等方式进行社会调查，通过图书、报刊、文件、网络、音像等途径获得有用信息。应鼓励学生将自己或同学的文章加以整理，按照要求进行加工，汇编成册，回顾和交流学习成果。还可采用现代信息技术演示自己的文稿，学习用计算机进行文稿编辑、版面设计，用电子邮件进行交流。

良好的口语交际能力是现代公民的重要素养。口语交际是在一定的语言情境中相互传递信息、分享信息的过程，是人与人之间交流和沟通的基本手段。口语交际教学应注重培养人际交往的文明态度和语言修养，如有自信心、有独立见解、相互尊重和理解、谈吐文雅等。应重视指导学生在各种交际实践中提高口语交际能力，选择他们感兴趣的、贴近生活的交际话题，采用灵活的形式组织口语交际教学，而不必过多传授口语交际知识。还应鼓励学生在各科教学活动以及日常生活中锻炼口语交际能力。

（六）关于选修课程的设计与教学

高中语文选修课程是在必修课程基础上的拓展与提高，有的侧重于实际应用，有的着眼于鉴赏陶冶，有的旨在引导探索研究。

1. 选修课程的设计

选修课的设计，必须以课程目标为依据，充分考虑学生的需求和实际水平。不能把选修课上成必修课的补习课和应考的辅导课，也不能简单地照搬大学里的选修课。

学校及教师应充分发挥积极性和创造性，努力创造条件，建设满足社会发展需求和学生愿望的选修课。学校及其所在地区具有的某种特殊条件，教师具有的某些特长，都是课程的重要资源，可以成为一些特色课的生长点。

2. 对学生选课的指导

选课的指导，首先是要让学生充分了解所开选修课的主要内容和特点，并且要让学生明白，选课既是为了满足自己当前的学习需求，也是为了锻炼自己，学习自我规划。教师应该认真做好选修课的介绍。其次，要帮助学生了解在若干选修课中哪一门或哪几门最适合自己，学会正确行使选课的自主权。学生可能并不完全了解自己在学习兴趣、需求和发展趋向等方面的特点，教师要帮助学生认识自己，根据自己的兴趣和未来发展的需要，决定取舍。

3. 选修课程的教学

选修课和必修课的教学存在一定的差别，选修课的学生人数不像必修课那样固定，课程有较大的灵活性和拓展性，学生具有不同于必修课的期望。选修课的教学，要按照课程目标制订计划，不能因其设置灵活而凌乱随意、漫无计划，也不能因其拓展性要求而片面追求新奇深奥，脱离课程目标和学生实际。

选修课应该具有很强的针对性，教学内容和要求，必须在充分考虑学生需要和特点的基础上设定。不能单纯从教师的知识储备和喜好出发决定教学内容。

学校开设选修课应当从实际出发，充分估计所具备的现实条件，包括师资条件和学校所能利用的物质条件，不要简单照搬外校的课程。课程设计也要因地制宜，注意开发潜在的资源，如聘请校外行家兼课，选派教师进修，利用电视、互联网等手段和当地的人文、自然资源等条件，建设选修课程。

不同类型的选修课之间存在着课程目标和教学方法上的差异。有的重在实际操作，需要突出某一方面的专门知识和技能；有的重在发挥想象和联想，注重情感和审美的体验；有的重在思辨和推理，强调理性和严谨。所以选修课特别需要注意寻求与课程内容相适应的教学方法。

4. 关于五个系列选修课的教学

诗歌与散文

本系列课程，应在一定阅读量的基础上，精选重点，鉴赏研读。

可通过多种途径帮助学生阅读和鉴赏，如加强诗文的诵读，在诵读中感受和体验作品的意境和形象，得到精神陶冶和审美愉悦；采用多媒体教学辅助手段，帮助学生感受和理解作品；提供必需的作家作品资料，或引导学生自行从书刊、互联网搜集有关资料，丰富对作品的理解。对有兴趣尝试诗歌散文创作的学生应给予鼓励。

应重视作品阅读鉴赏的实践活动，注重对作品的个性化解读，充分激发学生的想象力和创造潜能，努力提高审美能力。教学中不要一味追求统一答案，也不必系统讲授鉴赏理论和文学史知识。提倡举办诗歌散文朗诵会，组织文学社团，创办文学刊物，积极向校内外报刊投稿。

小说与戏剧

本系列课程的一些基本教学要求，与"诗歌与散文"大致相同，如应重视作品阅读欣赏的实践活动，不必系统讲授鉴赏理论和文学史知识；提供必需的作家作品资料，引导学生自行从书刊、互联网搜集有关资料，或采用多媒体教学辅助手段，丰富对作品的理解；组织小说、剧本阅读欣赏的报告会、讨论会，交流阅读欣赏的心得。此外，可结合观摩根据小说改编的戏剧影视作品，帮助对小说的感悟和理解；鼓励学生组织文学社团，创办义学刊物，积极向校内外报刊投稿；通过观摩戏剧演出，尝试戏剧表演，加深对戏剧作品的体验。

新闻与传记

重在指导学生阅读典范性新闻作品，要理解其基本内容和社会影响，有的还可以了解其采写过程，深入把握作者立场、观点，学习其敬业精神和捕捉重大新闻的能力。新闻与传记的写作应以学校社区生活和熟悉的人物为对象，从写新闻评述、综述或传记性小故事开始，逐步提高。在写作中引导学生运用调查、访问、讨论、查找资料等多种方式获取素材，提高根据表达需要搜集和处理信息的能力。

语言文字应用

应引导学生增强应用意识，注重在生活和其他学科的学习中学习语文，在广泛的实践中提高运用语言文字的能力。指导学生在阅读中逐步学会筛选和整合，提高提取信息的准确性和速度；阅读规范的应用文，了解应用文的性质和用途，注意应用文的格式、术语和语言风格；结合阅读和生活实际开展活动或创设情境，练习写作和口头交流。引导学生在自己的语言实践中发展思维品质，提高思维能力。

选择合适的语言文字方面的著作，推荐给学生阅读，帮助学生用所学的基本知识和方法，认识、分析有关问题，并进一步了解自己的语文学习状况，提高正确运用语言文字的自觉性。引导学生注意观察学习和生活中的语言文字现象，有计划地收集材料，学习表达的创新，思考语言文字应用与发展中的问题，展开专题研究。引导学生在调查、探究的过程中养成严谨、虚心、求实的作风。

鼓励学生参加专题研讨会、读书报告会等活动，有条件的学校可以举办专家讲座，或组织学生访问专家学者。注意运用生动的实例展开教学，力求科学性与趣味性相结合，创造性地设计多种形式的活动。

文化论著研读

应指导学生通过阅读论著、调查和梳理材料，增强文化意识，学习探究文化问题的方法，提高认识和分析文化现象的能力，吸收优秀文化的营养，参与先进文化的传播。

阅读文化论著，重在领会精神，抓住重点，对其中的主要内容或观点进行讨论，不必面面俱到。对著作中的疑难问题，应引导学生自行钻研、相互探讨，必要时教师可作适当的讲解。

应积极开发和利用本地文化资源，引导学生联系生活实际和社会现象考察文化问题，进行分析和解释，提出自己的见解，通过口头、文字、图表、图片等多种形式展示考察成果。引导专题探究，重在培养学生的探究意识和探究能力，让学生体验探究的过程，学习探究的方法。所追求的探究结果应该切合实际，不要盲目拔高目标。

二、评价建议

（一）评价的基本原则

1. 评价的根本目的是为了促进学生语文素养的全面提高。

普通高中语文课程与九年义务教育语文课程相衔接，致力于进一步提高学生的语文应用能力、审美能力和探究能力，全面提高学生的语文素养。语文课程评价要突出整体性和综合性，从知识和能力、过程和方法、情感态度和价值观几方面进行全面考察。

2. 评价应以课程目标为基准，面向全体学生。

课程目标是评价的基准，语文课程评价要根据总目标和分类目标，抓住关键，突出重点，在保证达成基本目标的基础上，尊重学生的个体差异，关注学生的不同兴趣、不同表现和不同学习需要。评价要有利于鼓励学生对课程的自主选择，促进每个学生的健康发展，要根据学生的个体差异和个性化要求，采用生动活泼、灵活多样的评价方法。

3. 评价应充分发挥诊断、激励和发展的功能。

课程评价具有检查、诊断、反馈、甄别、选拔、激励和发展等多种功能，正确的评价能真实地了解学生的学习过程和学习状况，准确地判断学生的学业水平与发展需求。评价的各种功能都不能忽视，但首先应充分发挥其诊断、激励和发展的功能，不应片面强调评价的甄别和选拔功能。语文课程评价重在激发学生提高语文素养的热情；并有利于教师发现学生学习上的优势和不足，在此基础上提出有针对性的发展建议，同时反思自己的教学行为，不断调整和完善教学过程，促进自身的发展。

4. 提倡评价主体多元化。

"评价主体多元化"是当前评价改革的重要理念和方向。语文课程评价一方面要尊重学生的主体地位，指导学生开展自我评价和促进反思，另一方面要鼓励同伴、家长等参与到评价之中，使评价成为学校、教师、学生、同伴、家长等多个主体共同积极参与的交互活动。

5. 评价应注意必修课和选修课的联系与区别。

普通高中语文课程分必修课和选修课两种类型，它们的目标既有联系又有区别，共同构成高中语文课程总目标。语文课程评价既要注意两者的相互衔接，更要注意它们的不同特点。必修课的评价应立足于共同基础，而选修课的评价在注重基础的同时，更多地着眼于差异性和多样性。选修课的评价尤其要突破一味追求刻板划一的传统评价模式，努力探索新的评价方式来促进目标的达成。要注意各类选修课本身的特点和要求，因课制宜地制订评价方案，密切联系社会实践活动和语文的实际运用，使评价更富实效。

6. 评价应根据不同的情况综合采用不同的方式。

课程评价有多种方式，每一种方式都有其优势和局限，都有适用的条件和范围。学生发展的不同侧面有不同特点和表现形式，对评价也有不同的要求。如书面的语文考试较适合于评价认知水平，观察活动较适合于评价学生的兴趣特长，成长记录能较全面地评价学生的情感态度和实践能力等。再如，探究能力的形成，具有重过程、重体验的特点，所以评价学生的探究能力不能简单地以活动结果作为主要依据；而应将学生自主探究的过程与结果统一起来，以学生在自主探究中的表现，如态度、创意、责任心、意志力、合作精神、参与程度和交往能力等方面，作为评价的重点。要努力探寻适合于不同目的的评价手段和方法，提高评价效率。

（二）必修课程的评价

1. 阅读与鉴赏的评价

论述类文本阅读的评价，着重考查学生的抽象思维能力，如能否概括和提炼文本的观点、发现观点与材料之间的逻辑联系，并作出初步的评价。对言之有据的独特见解，应予以鼓励。

实用类文本阅读的评价，着重考查学生对文本内容的准确解读，以及对文本信息的筛选和处理能力。实用文体的语言风格、格式等特征，学生只需作基本的了解。

文学类文本阅读的评价，是阅读与鉴赏评价的重点。要重视评价学生对作品的整体把握，特别是对艺术形象的感悟和文本价值的独到理解，鼓励学生的个性化阅读和创造性的解读。要重视评价学生对不同文体作品的阅读鉴赏能力，以及借助有关资料评价作品的能力。

文言文阅读的评价，重点考查阅读不太艰深的文言文的能力。还要注意考查学生能否了解文化背景，感受中华文化精神，用历史眼光和现代观念审视作品的内容和思想倾向。

2. 表达与交流的评价

对于写作的评价，应关注学生的写作态度和写作水平。论述类文本写作的评价，应考查能否恰当地表达自己的观点，并能用可靠的材料支撑观点。实用类文本写作的评价，应考查学生能否根据此类文本中常用文体的特点和要求，完成常见实用文的写作。

口语交际的评价，应考查学生参与口语交际实践活动的态度，能否把握口语交际的基本要求，善于倾听，在交流中捕捉重要的信息，清楚、准确、自信地表达自己的思想和感情。

（三）选修课程的评价

1. 诗歌与散文

学生的阅读积累是评价的基础，要注意考查他们的阅读兴趣和文化视野。

以学生的审美能力、艺术趣味和欣赏个性作为评价的重点，如能否展开想象和联想，能否对作品的形象和意境产生感情的共鸣，能否发现作品的丰富内蕴和深层意义，是否对作品有独到的感受和创造性理解，是否具有批判质疑的能力等。可通过写读书报告、读书札记、评论鉴赏文章、举行朗诵表演等具体成果考查学生的诗歌散文鉴赏水平。

在诗歌散文评论和创作方面，既要考查学生的参与态度，也要评价其成果的水平。

2. 小说与戏剧

评价的基本要求和"诗歌与散文"大致相同。评价中还应关注学生对作品的人物、情节和场景等的感受。

3. 新闻与传记

重在评价学生是否关心国内外大事，是否养成阅读新闻的习惯，并能准确把握主要内容和关键信息。

评价学生能否运用多种形式写作简短的新闻并关注其效果反馈，能否掌握新闻写作的基本要求，是否具有良好文风；传记写作的评价应关注内容的真实，文字的生动，以及是否给人以有益的启示。

4. 语言文字应用

注意考查学生是否能综合运用有关的知识、能力和方法，进行广泛阅读和交流讨论，具有积极地运用意识和负责的态度；能否读懂语文学科以外与自己学识相当的著作；在交流中是否能注意所掌握和运用的材料充分而真实可信，并有针对性；语言表达是否严密而有条理，并讲究语言艺术和实际效果。关于应用文的写作，重在评价学生是否具有良好的文风，掌握基本的格式要求。

注意考查学生能否运用所学的知识归纳、梳理语言文字的规则，能否发现语言文字表达中的错误并予以纠正；是否能对语言文字的发展变化、对语言文字应用的创新和规范化有较好的理解和认识，考查学生对语言文字现象的敏锐性和探究兴趣，考查其能否运用一些基本的知识和方法分析、探究语言文字问题。

5. 文化论著研读

考查学生是否认真研读经典原著，对论著内容的理解和观点的把握是否正确，能否借助注释、工具书、参考资料自主学习。注意评价他们提问题的角度、思考的深度，还要注意考查他们的阅读兴趣和文化视野。

对学生阅读经典著作所写的读书心得或小论文，以及文化专题探究方面的成果，进行展示、比较，做出总体评价，也应兼顾学生在参加研讨会、报告会、讲座、调查考察等活动中的表现。评价中应对学生的探究意识、参与程度、探究方法及探究结果进行综合考虑。

三、教科书编写建议

（一）教科书编写要以马克思主义为指导，坚持面向现代化、面向世界、面向未来；贯彻国家课程改革的精神，落实《普通高中语文课程标准（实验）》的要求，全面达到高中语文教育的各项目标。

（二）教科书编写应以教育科学理论为指导，充分体现时代特点和现代意识，要重视继承和弘扬中华民族优秀文化，理解和尊重多元文化，要有助于学生增强民族自尊心和爱国情感，有助于树立正确的世界观、人生观和价值观。

（三）教科书要适应高中学生身心发展的特点，符合语文能力形成和发展的规律，要有助于培养学生的实践能力和创新精神，有助于形成学生良好的个性和健全的人格。

（四）教科书应突出语文课程的特点，要便于指导学生自学。内容的确定和教学方法的选择，都要有利于学生自主、合作与探究的学习，掌握自学的方法，养成自学的习惯，不断提高独立学习和探究的能力。

（五）教科书选文要具有时代性和典范性，富于文化内涵，文质兼美，丰富多样，难易适度，能激发学生的学习兴趣，开阔学生的眼界。

（六）教科书的体例和呈现方式应灵活多样，避免模式化。要注重设计体验性活动和研究性学习专题，有助于学生创造性地学习。

（七）教科书应有开放性，在合理安排课程计划和课程内容的基础上，给地方、学校和教师留有开发和选择的空间，也要给学生留出选择和拓展的余地，以满足不同学生学习和发展的需要。

（八）教科书要重视现代信息技术的运用。

（九）必修课教科书，可以将课程内容综合设计成五个模块；也可以按"阅读与鉴赏"、"表达与交流"的目标分编，供学校在教学中自行组合成五个模块。

（十）选修课教科书，可以根据五个系列的课程目标，在每个系列中设计若干选修模块进行编写。学校也可以选用现成的图书作为教科书。

四、课程资源的利用与开发

（一）高中语文课程要满足多样化和选择性的需要，必须增强课程资源意识。各地区都蕴藏着自然、社会、人文等多方面的语文课程资源，应积极利用和开发。

（二）语文课程资源包括课堂教学资源和课外学习资源，例如：教科书、教学挂图、工具书、其他图书、报刊，电影、电视、广播、网络，报告会、演讲会、辩论会、研讨会、戏剧表演，图书馆、博物馆、纪念馆、展览馆，布告栏、报廊、各种标牌广告，等等。

自然风光、文物古迹、风俗民情，国内外的重要事件，学生的家庭生活，以及日常生活话题等也都可以成为语文课程的资源。

（三）各地区、各学校的课程资源是有差别的，各学校应该认真分析本地和本校的资源特点，充分利用已有的资源，积极开发潜在的资源。

（四）学校应积极创造条件，努力为语文教学配置相应的设备；还应当争取社会各方面的支持，与社区建立稳定的联系，给学生创设语文实践的环境，开展多种形式的语文学习活动。

（五）学校在充分利用已有资源、逐步推动语文课程新资源生成的同时，也应该注意学校之间资源的互补与共享。

（六）语文教师应高度重视课程资源的利用与开发，充分发挥自身的潜力，参与必修课和选修课的建设，创造性地开展各类活动，增强学生在各种场合学语文、用语文的意识，多方面地提高学生的语文素养。

附录

一、关于诵读篇目和课外读物的建议

1. 关于诵读篇目的建议

关于诵读篇目提出如下建议：

先秦散文，如荀子《劝学》、庄子《逍遥游》等；

唐宋散文，如韩愈《师说》、杜牧《阿房宫赋》、苏轼《前赤壁赋》等；

《诗经》，如《氓》等；

《楚辞》，如《离骚》等；

唐诗，如李白《蜀道难》、杜甫《登高》、白居易《琵琶行》、李商隐《锦瑟》等；

唐宋词，如李煜《虞美人》（春花秋月何时了）、苏轼《念奴娇》（大江东去）、辛弃疾《永遇乐》（千古江山）等；

白话诗文，由教科书编者和任课教师推荐。

2. 关于课外读物的建议

课外读物包括适合高中学生阅读的各类图书和报刊。对此提出如下建议：

文化经典著作，如《论语》、《孟子》、《庄子》等；

小说，如罗贯中《三国演义》、曹雪芹《红楼梦》、鲁迅《呐喊》、茅盾《子夜》、巴金《家》、沈从文《边城》、塞万提斯《堂·吉诃德》、雨果《巴黎圣母院》、巴尔扎克《欧也妮·葛朗台》、狄更斯《匹克威克外传》、列夫·托尔斯泰《复活》、海明威《老人与海》、莫泊桑短篇小说、契诃夫短篇小说、欧·亨利短篇小说等；

诗歌散文，如郭沫若《女神》、普希金诗、泰戈尔诗、鲁迅杂文、朱自清散文等；

剧本，如王实甫《西厢记》、曹禺《雷雨》、老舍《茶馆》、莎士比亚《哈姆莱特》等；

语言文学理论著作，如吕叔湘《语文常谈》、朱光潜《谈美书简》、爱克曼《歌德谈话录》等；

当代文学作品，建议教师从近年来发表的各类中外优秀作品中选择推荐；

科学与人文方面的各类读物可由语文教师和各有关学科教师商议推荐。

二、选修课程举例

选修课程，要根据本校的课程资源和学生的需求，按照课程目标，逐步加以建设。

选修课的内容和实施方式，可以是多方面内容的综合，如"中国古代诗歌散文选读"、"中外小说名作选读"，这样的课程有利于使课内的学习扩展、延伸到课外，学生在课内学到某一作者著作的选篇，产生了强烈的兴趣和进一步了解作者全部著作的愿望，课外多方搜集，系统学习；也可以选择一本书或某一个时期、某一位作者的著作，指导学生用多种方法、多角度地阅读与探究。学生在一段时间里专注地读好一两本书，会终生受益。

有的选修课，其内容实践性很强，可以到生活实践中学习，理论与实际相联系。如"新闻与传记"、"语言文字应用"、"文化论著研读"系列课程的学习，应引导学生关注国内外重大事件和社会热点问题，注意观察生活中出现的各种语言文字现象，思考从现实中提取出来的文化问题，积极参与本地区文化建设。

以下所列关于选修课的设想，详略不等，目的在于提供一些思路，供建设选修课时参考。

课程举例一：唐诗选读

选读唐代不同时期（初唐、盛唐、中唐、晚唐）重要诗歌流派和诗人的代表作品，联系当时的时代背景和社会环境，理解作品的思想感情内涵，了解作品的价值取向，领略作品所反映的时代精神，认识唐代诗歌创作的杰出成就，培养热爱中华优秀文化的民族自豪感。

在鉴赏的过程中要具有强烈的自主意识，激发浓厚的鉴赏兴趣，充分展开联想和想象，对作品进行多元的开放性的解读，对作品的意蕴力求有新的发现；学习用历史眼光和现代观念审视作品，就思想内容或艺术特色的某一方面作出富有创意和个性的评述。

加强诵读涵泳，在诵读涵泳中感受作品的意境和形象，获得情感的体验、心灵的共鸣和精神的陶冶。在整体感知的基础上，学习从创意和构思、意境和意象、语言技巧等方面对唐诗作品进行赏析，感悟作品的艺术魅力，获得丰富的审美感受。运用诗词格律知识鉴赏唐诗作品。背诵一定数量的优秀唐诗作品。

可以把若干具有相同因素的唐诗组编在一起，进行专题性阅读鉴赏。从书刊、网络等渠道搜集有关的历史文化知识和作品评论资料，帮助阅读鉴赏；组织学生诗社等业余社团，开展专题研究活动；依托本地自然、人文资源，围绕所读的唐诗作品组织游览、考察活动；利用多媒体技术帮助感受和理解作品。

类似课程，如宋词选读、杜甫诗歌选读、东坡词选读等。

课程举例二：中外戏剧选读

选读、观摩若干中外戏剧（包括影视剧）的经典作品，可以是篇幅短小的独幕剧，也可以是一部剧本的节选。了解作品所反映的历史现象、社会生活和人生百态，丰富、深化对历史、社会和人生的认识。正确理解中外戏剧作品表现出来的价值判断和审美取向，从中吸取思想和艺术的营养，提升艺术欣赏品位，丰富精神生活。

了解中外戏剧的基础知识和相关的文化常识，了解有代表性的作家、作品的有关情况。学习欣赏中外戏剧的基本方法，学习解读戏剧作品，对戏剧作品具有欣赏兴趣和初步的鉴赏能力。

结合鉴赏中国古典戏剧作品，培养对传统戏曲和地方戏曲的兴趣，领略民族文化的独特魅力，加深对传统文化的了解。

对感兴趣的中外戏剧作品进行专题研究或比较研究，开展戏剧评论。组织观看传统剧目的演出，请有关专家和演员作专题讲座，帮助理解戏剧的内容和艺术特色。举行阅读报告会、作品讨论会、戏曲演唱会等，以形象生动的形式提高学习戏剧的效果。

课程举例三：中外小说戏剧名著精读

专选中外小说与戏剧的单部经典名著，用精读的方法进行鉴赏和专题研讨。中国古代小说如《三国演义》、《水浒传》、《西游记》、《红楼梦》、《儒林外史》、《聊斋志异》等，古代戏剧名著如《窦娥冤》、《西厢记》、《琵琶记》、《牡丹亭》、《桃花扇》等，中国现代小说如鲁迅、茅盾、巴金、沈从文的作品，现代戏剧名著如田汉、老舍、曹禺的作品；外国小说如塞万提斯、雨果、巴尔扎克、列夫·托尔斯泰、卡夫卡的作品；戏剧名著如莎士比亚、果戈理、莫里哀的作品。

课程举例四：新闻通讯的阅读与写作

指导学生阅读新闻、通讯作品，学会迅速、准确地捕捉基本信息，并能综合其他相关知识，就所涉及的事件和观点，文本的写作意图和实效，作出自己的评判。增强关注社会发展的意识，培养对时事的敏感，能及时发现相关事件、人物的社会意义和影响。

阅读典范的新闻、通讯（含特写、报告文学）作品，了解新闻、通讯作品的内容要素和结构特点，分析观点与所报道的事实之间的关系，辨析其表达方式和表达效果。知道搜集与处理素材的一般要求，学习写作新闻、通讯。组织采访小组，通过实地察访、个别访谈、开座谈会等调查方法，搜集第一手和第二手资料（包括统计数据和个案），根据表现主旨的需要，对素材加以筛选，使用最具典型性的材料，进行报道和分析。

类似课程，如采访与编辑等。

课程举例五：传记选读

阅读人物传记，在了解时代和社会背景的基础上，分析各种因素对传主成长历程的影响；认识传主对人类物质文明和精神文明发展所产生的正面作用或负面影响，评价其功过得失；了解传主的人生轨迹和内心感情世界，丰富自己的人生经验，获得有益的启示。

能把握作品中具有典型意义的事件细节，理解作者对传主及有关事实所作的评价，并形成自己的思考和判断。认识传记的基本特性和功用，注重作品材料的可靠性与真实性，分析作品在事件叙述、人物描写和语言表达等方面的特色。

可以比较阅读不同作家关于同一传主的传记作品，或者同一作家对不同传主的传记作品；也可以将相关题材的影视片，与传记作品进行比较，对不同作品作出评论。

在阅读中，了解传记作者的基本观点，结合自己阅读感受作出评价；通过阅读，大体掌握传记写作中选择和组织材料的方法；体会传记褒贬鲜明、文采斐然的语言特色，吸收有用的语言表达方式。同时注意引导学生在阅读传记的同时，适当参考阅读相关作品进行比较阅读，并结合传记阅读，介绍有关的文化背景，观看相关的影视作品，举办读书报告会、讨论会等活动。特别建议选取体现时代特点，贴近学生生活的传记文学来让学生阅读，并结合教学，鼓励学生尝试写小传。

课程举例六：语言文字专题

引导学生认识语言文字在社会沟通、信息交流过程中的重要作用，学习现代汉语和文言文的基础知识，练习对语言材料进行分析和归纳，梳理有关语言文字结构和运用的规则，提高理性认识能力和实际运用能力。

可以设置文字、语法、修辞、逻辑、普通话与方言等方面的专题，阅读相关论著，了解基本的知识、原理和方法，联系实际问题进行探究。关注学校和社会生活中的语言现象，尝试运用所学的知识作出分析解释。例如根据语音、词汇、语法知识，对说普通话时出现的一些错误能够识别并学会纠正。了解生活区域内方言的情况，分析当地人学说普通话的主要障碍和解决对策。也可以针对一两个专门领域（如司法、商务、传媒等领域）的语言使用情况进行调查研究，尝试分析其风格和特征。

类似课程，如汉字专题、语法专题、修辞专题、逻辑专题、普通话与方言等。

课程举例七：演讲与辩论

讨论若干典型的演讲、辩论案例，从多方面进行分析研究，总结其经验和教训，从中获得启示。观摩演讲、辩论活动，感受在演讲、辩论过程中表现出来的机智与艺术。分析演讲者、辩论者的文化修养、思想深度、应对策略、语言技巧、神态风度等，观察听众的反应，了解演讲者、辩论者表达的效果。

引导学生平时加强积累，扩大知识面，熟悉一些典范的演讲、辩论案例；提高思想文化修养，增强观察事物的敏锐性和思考问题的深刻性。设计丰富多彩的活动，指导学生在每一次活动前做好充分准备，通过反复实践，丰富临场经验，提高语言艺术水平和随机应变能力。

课程举例八：先秦诸子论著选读

先秦时期是我国思想文化取得辉煌成就的时期，出现了许多学派，他们的论著代表着中华文化精神，对后世产生了极其深远的影响。开设《先秦诸子论著选读》课程，对继承和发扬我国优秀文化遗产，体会中华文化的博大精深、源远流长，提高学生的思想道德修养，形成积极健康的人生观和价值观，培养好学深思的探究态度，具有十分重要的意义。

本课程可选择先秦诸子各学派代表人物（如孔子、孟子、墨子、老子、庄子、荀子、韩非子）有代表性的文章或片段，进行阅读探究。

在此基础上，还可以结合有关阅读内容，形成若干专题，如"孔子论学"、"孟子论义与利"、"《老子》中的矛盾观"、"《庄子》中的譬喻"等。

课程举例九：《人间词话》选读

王国维的《人间词话》是重要的近代文艺美学论著，也是古代诗词曲鉴赏的典范之作。通读全书，了解基本内容，初步领悟王国维词学、美学理论的民族特色，以及它所接受的外来影响。

阅读《人间词话》，宜侧重从作品鉴赏的角度领会其基本理论观点，对书中涉及的古代诗词曲作品有所接触和感知，并用来帮助对王氏理论观点的了解。根据自己对书中所涉及作品的熟悉程度，自主选择精读若干则词话，或围绕几个专题，有重点地加以研读，运用某一理论观点（如"有我之境"与"无我之境"，"造境"与"写境"，"诗人之境界"与"常人之境界"，以及情与景、隔与不隔、自然与雕琢、雅与俗、入与出），帮助欣赏诗词曲作品，提高运用理论观点鉴赏评价作品的能力。不求面面俱到，一些比较偏僻的知识和比较艰深的内容可以从略。

课程举例十：《歌德谈话录》选读

歌德友人爱克曼整理的《歌德谈话录》一书，记录了德国近代最伟大的文学家之一歌德的重要思想和文艺理论观点，是世界文学的杰出成果。高中学生阅读此书，可以接触外国优秀文学传统，培养尊重多元文化的态度，拓宽文化视野，提高文艺理论修养。歌德的不少见解在今天仍有重要借鉴意义，当然也有其历史局限，要使学生对此能有初步的认识和评价。

在通读全书、大体了解基本内容的基础上，可以尝试对书中涉及的文化或文学问题进行归类，如：文学与时代、文学与民族、文学与自然、文学与现实、文学与人生、文学与作家人格、个别与一般、抽象思维与形象思维、文学作品的整体性、艺术创造性、美感和艺术鉴赏力、论著名作家作品（如古希腊戏剧、莎士比亚、席勒、拜伦、莫扎特、拉斐尔）等。联系已有的阅读经验和积累的相关知识，根据自己的兴趣和熟悉程度，选择若干专题进行探究，结合了解歌德和本书产生的时代背景，理解其主要观点和内涵，扩展到对其他文化和文学问题的思考，提出自己的见解。

如有兴趣和可能，可结合阅读歌德传记和他的代表作品（如《少年维特之烦恼》、《浮士德》），以帮助对有关观点的理解。对书中提及的重要文学艺术家的传世作品，也可从各种途径搜集品赏，用以印证歌德的相关观点，或据以提出不同看法。

课程举例十一：中华文化寻根

通过古代文化知识的学习，感受中华文化的辉煌多姿和源远流长，以激发爱国情怀和文化寻根的兴趣。积累历史文化知识，增加文化底蕴，并融会贯通于语文学习的全过程。关心并学习调查自己身边的文化现象，探求其历史根源和演变轨迹，讨论传统文化对现代社会以及社会发展的影响。

本课程可选择的内容专题，可包括民族、氏族、宗教、婚姻、家庭、姓氏，天文、地理、历法、纪时、风俗，艺术、文教、汉字、文献，衣、食、住、行、用等。不追求内容上的面面俱到，可以选择若干古代文化专题作为教学的切入点。通过若干专题的学习，激发学生的兴趣，在自主学习中扩大古代文化的知识面。

教学方法上既要给学生介绍古代文化知识，也要引导学生关注现今文化现象，探求其历史源流，使学生学会搜集材料、调查分析，说明和讨论传统文化现象的社会影响。可根据本地区历史、民俗、文物、古迹等文化资源，设计专题内容，因地制宜地引导学生做调查研究。

课程举例十二：社区文化专题

培养社会参与意识，关注当代文化生活，在城市或农村展开社区文化的调查，搜集整理材料，对社区中市民或村民的生活方式、风俗习惯、思想观念、文化演变等进行分析讨论。在有关部门的领导下，采用多种形式，开展文化交流和社区文化建设活动，积极传播先进文化，提高参与文化建设的自觉性和语文综合应用能力。

注意调查访问与书面学习相结合，现状调查与比较研究相结合，分析研究与参与传播建设相结合。阅读有关书籍，了解关于文化及社区文化的知识和资料；通过观察、访谈、问卷调查、开座谈会等方式，向社区干部、中小学生、市民或村民等进行调查，整理分析资料，写成调查报告、社区建设的建议书等。

类似课程，如民俗文化专题、旅游文化专题、流行文化专题、大众传媒专题、网络文化专题等。